Quarkus 实践指南

构建新一代的 Kubernetes 原生 Java 微服务

任 钢◎著

电子工业出版社
Publishing House of Electronics Industry
北京·BEIJING

内 容 简 介

Quarkus 是一个来自 Red Hat 公司的超音速亚原子 Kurbernetes 原生 Java 框架。该框架允许 Java 开发人员结合容器、微服务和 Kurbernetes 的能力来构建可靠的、高性能的、快速的云原生应用和 Serverless 应用。

本书是一本 Quarkus 开发指南，涵盖了使用 Quarkus 所需的大部分知识，书中的所有主题都配有典型案例，全书一共包含 50 多个案例。全书共 12 章，第 1 章是 Quarkus 概述，可以从整体上认识 Quarkus；第 2 章是对 Quarkus 的初探，将使用 Quarkus 构建一个微服务并开发一些基础应用；第 3 章至第 10 章是本书的主要部分，将详细讲解如何在 Quarkus 架构上进行 Web、Data、Message、Security、Reactive、Tolerance、Health、Tracing、Spring 集成等应用场景的开发和实现；第 11 章将介绍 Quarkus 在云原生应用场景下的实施和部署；第 12 章将引出一个更高级的话题——Quarkus Extension，帮助高级开发者在 Quarkus 的基础上扩展外部组件。

本书适合对 Quarkus 感兴趣且想在这方面获得更多知识或者实现更多想法的 IT 从业者，尤其适合那些在 Spring 框架上已经有所积累的工程师。

未经许可，不得以任何方式复制或抄袭本书之部分或全部内容。
版权所有，侵权必究。

图书在版编目（CIP）数据

Quarkus 实践指南：构建新一代的 Kubernetes 原生 Java 微服务 / 任钢著. —北京：电子工业出版社，2021.9
ISBN 978-7-121-41803-7

Ⅰ.①Q… Ⅱ.①任… Ⅲ.①JAVA 语言—程序设计 Ⅳ.①TP312.8

中国版本图书馆 CIP 数据核字（2021）第 165645 号

责任编辑：付　睿
印　　刷：三河市君旺印务有限公司
装　　订：三河市君旺印务有限公司
出版发行：电子工业出版社
　　　　　北京市海淀区万寿路 173 信箱　　邮编：100036
开　　本：787×980　1/16　　印张：34　　字数：753 千字
版　　次：2021 年 9 月第 1 版
印　　次：2021 年 9 月第 1 次印刷
定　　价：129.00 元

凡所购买电子工业出版社图书有缺损问题，请向购买书店调换。若书店售缺，请与本社发行部联系，联系及邮购电话：（010）88254888，88258888。
质量投诉请发邮件至 zlts@phei.com.cn，盗版侵权举报请发邮件至 dbqq@phei.com.cn。
本书咨询联系方式：（010）51260888-819，faq@phei.com.cn。

推荐序一

Java，作为经久不衰的程序设计语言，以其面向对象、跨平台、分布式、高性能、组件化、动态特性等诸多特点，在企业计算、个人计算、移动计算等领域，一直备受开发者青睐。以 Java 语言为蓝本，在软件工程方法、设计模式等领域的迭代与发展，更是层出不穷。Java 语言，在近三十年的发展历程中，形成了诸多被工业界广泛接受的标准和框架，为开发大型应用提供了便利，屏蔽了计算机底层技术的复杂性，使开发者可以更专注于业务逻辑，可以快速、高效地开发应用，以及稳定、可靠地运行应用。因此，在软件行业中，多年来也培养出、成长起一大批具有 Java 开发背景的软件工程师、架构师、管理者。这些从业者形成了强大的 Java 开发者社区，推动着 Java 语言不断向前发展。

历史的车轮不断向前，从传统的企业计算，到云计算，再到雾计算，计算无处不在。应用架构从传统的单体应用、三层架构走向分布式、微服务、无服务器架构，架构不断演变，从"大而全"转向"小而多"，便于应用的快速开发、迭代、集成、上线。因此，对于程序设计语言及其开发框架来说，也提出了适应时代发展的新要求，比如为了使应用可以更快地启动、运行时占用更少的内存以便大量的应用可以同时运行，语言及其框架需要做出一些改变，等等。传统的 Java 框架在这种新需求下显得有些"厚重"了，如何让其"瘦身"，成为 Java 社区的热点。

Quarkus 正是在这样的背景下应运而生的，我们可以称它为云原生时代的 Java 框架，或者"超音速亚原子 Java 框架"，这恰恰说明了 Quarkus 的两个最重要的特点，一个是"快"，一个是"小"。具体的 Quarkus 是什么？它有哪些优点？它是如何应用的？相信你一定很好奇，带着疑问阅读本书吧，你必将收获良多。

本书作者以大量的亲身实践，带读者掌握 Quarkus 技术、走进云原生应用开发的世界。愿我们一起拥抱云原生、拥抱未来！

张家驹
红帽中国首席架构师

推荐序二

在当今这个追求效率和便捷性的互联网时代,阅读这样一本用心撰写的 IT 图书,让我获益匪浅。作者图、文、码并茂地介绍了 Quarkus 开发相关知识,可以让读者在追求企业微服务体系规划实施的道路上实现快速学习、弯道超车。

在本书中,详细说明了在微服务应用开发和架构设计中 Quarkus 是如何结合 Redis、MongoDB、Kafka、Message Queue 和 Vert.x 等相关框架,让读者在学习 Quarkus 知识的同时,具备让 Quarkus 实际落地实施的能力。我在读完本书后,对作者在微服务体系架构设计、规划实施及管理整合上展现出的能力,感到钦佩不已。

最后,本书最让我印象深刻的是,作者在介绍 Quarkus 时所体现出的整体结构规划和深入浅出的表达,这些都让我这个 IT 老兵能迅速把握书中要点。期待作者持续创作,不断写出在 IT 界有影响力的图书。

陈明仪(Simon Chen)
亚马逊云科技专业顾问服务团队经理

前言

读者对象

本书适合对 Quarkus 感兴趣且想在这方面获得更多知识或者实现更多想法的 IT 从业者。

初级读者，可以通过本书知道如何使用 Quarkus 进行 Web、Data 和 Message 方面的开发，能非常迅速、高效、简单地搭建一个微服务应用系统。

中级读者，如有着丰富开发经验的软件开发工程师等，可以通过本书获得全面的对 Quarkus 的认识，能构建安全的、集成的、伸缩性和容错能力强的云原生应用。

高级读者，如有着丰富经验的架构师和分析师，可以通过本书知道 Quarkus 的核心特性，能利用这些特性游刃有余地构建响应式的、高可靠的、高可用的、维护性强的云原生架构体系。

本书尤其适合在 Spring 上已经有经验积累的工程师，他们几乎可以零成本地又掌握一套基于 Java 语言的云原生开发工具。从笔者的角度来看，Quarkus 非常容易上手，读者如果有一些工作经验，曾经用类似的工具（如 Spring 等）进行过软件开发，那么将能非常快速地掌握 Quarkus 的使用方法。

本书定位

本书是一本 Quarkus 开发指南，简单地说，就是告诉读者如何快速、高效和精准地进行 Quarkus 开发。本书中实践内容占九成，而理论知识提及较少，因此本书是一本实践性和可操作性强的图书。本书既可以作为学习 Quarkus 的教程，也可以作为架构师的参考手册，以备不时之需。

本书以案例为基础，包含了案例程序的源码、讲解和验证。针对各个案例，笔者并没有简单地贴源码，而是以源码、图示和文字说明相结合的方式进行了详细解析，帮助读者理解案例总体思路和设计意图。

Quarkus 官网上有非常多案例，让人眼花缭乱，那么笔者为什么会选择书中的这些案例进行讲解呢？这是因为笔者根据自己的实际工作经验进行了筛选。如果要开发一个云原生微服务应用，那么需要网络支持、数据支持（包括关系型数据库、缓存数据库、NoSQL 数据库等）和安全框架，实现这些基本上就能够完成一个云原生微服务系统的大部分功能。如果涉及异步处理或事件处理，还可以加上一个消息组件或流组件。更进一步地，如果还有更高级的用法，那就接着添加容错、监控、非阻塞等组件。上述这些知识基本上都被笔者精选的案例所囊括。可以说，笔者选择的案例已经可以覆盖 80%~90%的云原生微服务应用开发相关内容。

本书中反复提及 Java 的规范和标准。在 IT 世界中，各种开源平台和产品层出不穷，而且进行着快速迭代。学习每个平台和产品都需要时间成本和投入精力，但是很多时候往往是，开发者非常辛苦地学习了一套平台的用法，没想到稍过一段时间，就发现所学技术或技能已经落后。而在 Java 领域中，学习相关规范和标准能让学习成本变低，让我们更快、更容易地学习技术和技能。

如何使用本书

本书中的每个案例都是一个故事，讲故事有很多种方法，就好似不同的导演拍同一个电影题材所展现给观众的故事都不一样。笔者讲故事的总体思路是这样的：首先概述这个故事的目的、组成、环境（上下文）；然后重点分析这个故事的要点及实现，还会提供一两张图来描述整个故事的发展过程；最后笔者会给出验证环节的实现。这样读者花非常少的时间和精力就可以进行具体的实践。

本书还是一本软件编程书。编程是一项实践性强的活动，讲 100 句道理也不如写上 10 行代码。本书中的每个案例都有验证环节，也就是让读者亲手实践，而且针对这些环节，笔者还准备了相关代码，读者可以看到结果是否与设想一致。读者也许很容易就能看明白书中的文字和图示部分，可是具体实操时，却发现好像不是那么回事，笔者也曾经历过这样的事。因此，要不断地分析、排错，在踩过无数个"坑"后，最终实现自己想要的效果。笔者笃信：纸上得来终觉浅，绝知此事要躬行。这也是编程的真谛。

在开始具体的案例之旅前，笔者强烈建议读者阅读第 2 章的"2.4 应用案例说明"一节，其中包含了各个具体案例的总体说明，是关于所有案例的应用场景、原则和规则的通用说明。读者若能明白这些内容，就能更轻松、方便、高效地理解各个案例的核心含义，从而达到事半功倍的效果。

本书结构

本书总共 12 章，首先是 Quarkus 概述，可以让读者从整体上认识 Quarkus；其次是对 Quarkus 的初探；再次是本书的主要部分，将详细讲解如何在 Quarkus 中进行 Web、Data、

Message、Security、Reactive、Tolerance、Health、Tracing、Spring 集成等应用场景的开发和实现；接着将介绍 Quarkus 在云原生应用场景下的实施和部署；最后引出一个更高级的话题——Quarkus Extension。各章简介如下。

第 1 章　Quarkus 概述

首先将介绍 Quarkus 的概念和特征；其次将简单介绍 Quarkus 的整体优势；再次将阐述 Quarkus 的适用场景、目标用户和竞争对手；接着将探讨为什么 Java 开发者会选择 Quarkus；最后将介绍 Quarkus 的架构和核心概念。

第 2 章　Quarkus 开发初探

首先将给出开发 hello world 微服务全过程；其次将介绍 Quarkus 开发基础，主要使用 6 个基础开发案例来进行讲解；再次将介绍用 Quarkus 实现 GoF 设计模式的案例；最后是对应用案例的整体说明，可以认为这部分内容是整本书实战案例的导读。

第 3 章　开发 REST/Web 应用

将分别介绍如何在 Quarkus 中开发 REST JSON 服务、增加 OpenAPI 和 SwaggerUI 功能、编写 GraphQL 应用、编写 WebSocket 应用，包含案例的源码、讲解和验证。

第 4 章　数据持久化开发

将分别介绍如何在 Quarkus 中使用 Hibernate ORM 和 JPA 实现数据持久化、使用 Java 事务、使用 Redis Client 实现缓存处理、使用 MongoDB Client 实现 NoSQL 处理、使用 Panache 实现数据持久化等，包含案例的源码、讲解和验证。

第 5 章　整合消息流和消息中间件

将分别介绍如何在 Quarkus 中调用 Apache Kafka 消息流、创建 JMS 应用实现队列模式、创建 JMS 应用实现主题模式和创建 MQTT 应用等，包含案例的源码、讲解和验证。

第 6 章　构建安全的 Quarkus 微服务

首先将对微服务 Security 进行概述并介绍 Quarkus 的 Security 架构；其次将分别介绍如何在 Quarkus 中实现基于文件存储用户信息的安全认证、基于数据库存储用户信息并采用 JDBC 获取的安全认证、基于数据库存储用户信息并用 JPA 获取的安全认证、基于 Keycloak 实现认证和授权、使用 OpenID Connect 实现安全的 JAX-RS 服务、使用 OpenID Connect 实现安全的 Web 应用、使用 JWT 加密令牌、使用 OAuth 2.0 实现认证等，包含案例的源码、讲解和验证。

第 7 章　构建响应式系统应用

首先将简介响应式系统；其次将简介 Quarkus 响应式应用；再次将分别介绍如何在 Quarkus 中创建响应式 JAX-RS 应用、响应式 SQL Client 应用、响应式 Hibernate 应用、响应式 Redis 应用、响应式 MongoDB 应用、响应式 Apache Kafka 应用、响应式 AMQP 应用等，包含案例的源码、讲解和验证；最后将介绍 Quarkus 响应式基础框架 Vert.x 的应用，包含案例的源码、讲解和验证。

第 8 章　Quarkus 微服务容错机制

首先将简介微服务容错；然后将介绍如何在 Quarkus 中开发包括重试、超时、回退、熔断器和舱壁隔离等微服务容错的应用，包含案例的源码、讲解和验证。

第 9 章　Quarkus 监控和日志

首先将介绍 Quarkus 中的健康监控，其次将介绍 Quarkus 中的监控度量，最后将介绍 Quarkus 中的调用链日志。这些应用都包含案例的源码、讲解和验证。

第 10 章　集成 Spring 到 Quarkus 中

将分别介绍如何在 Quarkus 中整合 Spring 的 DI 功能、Web 功能、Data 功能、安全功能，以及获取 Spring Boot 的配置文件属性功能、获取 Spring Cloud 的 Config Server 配置文件属性功能，包含案例的源码、讲解和验证。

第 11 章　Quarkus 的云原生应用和部署

将分别介绍如何在 Quarkus 中构建容器镜像、生成 Kubernetes 资源文件、生成 OpenShift 资源文件、生成 Knative 资源文件等，包含案例的源码、讲解和验证。

第 12 章　高级应用——Quarkus Extension

首先将概述 Quarkus Extension；然后将介绍如何创建一个 Quarkus 扩展应用，包含案例的源码、讲解和验证；最后是一些关于 Quarkus Extension 的说明。

参考文献

将列出本书参考文献，以及本书中会涉及的基于 Quarkus 应用的软件或平台，如果读者需要了解更多细节，可以查阅相关文献和资料。

后记

Quarkus 还处于不断发展的过程中，本部分将告诉读者如何使本书中的案例与 Quarkus 版本保持同步更新。

勘误和支持

由于笔者水平有限，而且本书中所描述的产品也在快速发展过程中，因此书中的纰漏和错误在所难免，希望读者能给予批评和指正。

笔者的联系方式为 rengang66@sina.com。

读者服务

微信扫码回复：41803

- 获取本书配套代码和参考资料地址[1]
- 加入"后端"交流群，与更多同道中人互动
- 获取【百场业界大咖直播合集】（持续更新），仅需1元

---

[1] 请访问 http://www.broadview.com.cn/41803 下载本书提供的附加参考资料。正文中提及链接1、链接2等时，可在下载的"参考资料.pdf"文件中进行查询。

目录

第 1 章 Quarkus 概述 1
  1.1 Quarkus 的概念和特征 1
  1.2 Quarkus 的整体优势 3
  1.3 Quarkus 的适用场景、目标用户和竞争对手 5
  1.4 为什么 Java 开发者会选择 Quarkus 7
  1.5 Quarkus 的架构和核心概念 8
  1.6 本章小结 11

第 2 章 Quarkus 开发初探 12
  2.1 开发 hello world 微服务全过程 12
    2.1.1 3 种开发方式 12
    2.1.2 编写程序内容及说明 15
    2.1.3 测试 hello world 微服务 17
    2.1.4 运行程序及打包 19
  2.2 Quarkus 开发基础 21
    2.2.1 Quarkus 的 CDI 应用 21
    2.2.2 Quarkus 命令模式 30
    2.2.3 Quarkus 应用程序生命周期 34
    2.2.4 Quarkus 配置文件 36
    2.2.5 Quarkus 日志配置 40
    2.2.6 缓存系统数据 43
    2.2.7 基础开发案例 46
  2.3 GoF 设计模式的 Quarkus 实现 47

####### 2.3.1 GoF 设计模式简介 47
####### 2.3.2 GoF 设计模式案例的 Quarkus 源码结构及演示 47
####### 2.3.3 案例场景、说明和 Quarkus 源码实现 51
2.4 应用案例说明 73
####### 2.4.1 应用案例场景说明 73
####### 2.4.2 应用案例简要介绍 75
####### 2.4.3 与应用案例相关的软件和须遵循的规范 78
####### 2.4.4 应用案例的演示和调用 84
####### 2.4.5 应用案例的解析说明 86
2.5 本章小结 88

第 3 章 开发 REST/Web 应用 90
3.1 编写 REST JSON 服务 90
####### 3.1.1 案例简介 90
####### 3.1.2 编写程序代码 92
####### 3.1.3 验证程序 98
####### 3.1.4 Quarkus 的 Web 实现原理讲解 99
3.2 增加 OpenAPI 和 SwaggerUI 功能 100
####### 3.2.1 案例简介 101
####### 3.2.2 编写程序代码 102
####### 3.2.3 验证程序 103
3.3 编写 GraphQL 应用 107
####### 3.3.1 案例简介 107
####### 3.3.2 编写程序代码 107
####### 3.3.3 验证程序 113
3.4 编写 WebSocket 应用 121
####### 3.4.1 案例简介 121
####### 3.4.2 编写程序代码 122
####### 3.4.3 验证程序 127
3.5 本章小结 128

第 4 章 数据持久化开发 130

4.1 使用 Hibernate ORM 和 JPA 实现数据持久化 130
4.1.1 前期准备 130
4.1.2 案例简介 132
4.1.3 编写程序代码 133
4.1.4 验证程序 141
4.1.5 其他数据库配置的实现 142
4.1.6 关于其他 ORM 实现 146

4.2 使用 Java 事务 146
4.2.1 Quarkus 事务管理 146
4.2.2 案例简介 149
4.2.3 编写程序代码 150
4.2.4 验证程序 155
4.2.5 JTA 事务的多种实现 156

4.3 使用 Redis Client 实现缓存处理 161
4.3.1 前期准备 161
4.3.2 案例简介 162
4.3.3 编写程序代码 162
4.3.4 验证程序 166

4.4 使用 MongoDB Client 实现 NoSQL 处理 168
4.4.1 前期准备 168
4.4.2 案例简介 169
4.4.3 编写程序代码 170
4.4.4 验证程序 175

4.5 使用 Panache 实现数据持久化 177
4.5.1 前期准备 177
4.5.2 案例简介 177
4.5.3 编写程序代码 177
4.5.4 验证程序 183

4.6 本章小结 185

第 5 章 整合消息流和消息中间件 186

5.1 调用 Apache Kafka 消息流 186
- 5.1.1 前期准备 186
- 5.1.2 案例简介 188
- 5.1.3 编写程序代码 190
- 5.1.4 验证程序 198

5.2 创建 JMS 应用实现队列模式 200
- 5.2.1 前期准备 200
- 5.2.2 案例简介 203
- 5.2.3 编写程序代码 205
- 5.2.4 验证程序 211

5.3 创建 JMS 应用实现主题模式 213
- 5.3.1 前期准备 213
- 5.3.2 案例简介 213
- 5.3.3 编写程序代码 214
- 5.3.4 验证程序 220

5.4 创建 MQTT 应用 221
- 5.4.1 前期准备 221
- 5.4.2 案例简介 222
- 5.4.3 编写程序代码 223
- 5.4.4 验证程序 228

5.5 本章小结 229

第 6 章 构建安全的 Quarkus 微服务 231

6.1 微服务 Security 概述 231

6.2 Quarkus Security 架构 232
- 6.2.1 Quarkus Security 架构概述 232
- 6.2.2 Quarkus Security 支持的身份认证 233
- 6.2.3 API 令牌方案概述 234

6.3 基于文件存储用户信息的安全认证 235
- 6.3.1 案例简介 235
- 6.3.2 编写程序代码 236

	6.3.3 验证程序	240
6.4	基于数据库存储用户信息并用 JDBC 获取的安全认证	241
	6.4.1 案例简介	241
	6.4.2 编写程序代码	242
	6.4.3 验证程序	244
6.5	基于数据库存储用户信息并用 JPA 获取的安全认证	246
	6.5.1 案例简介	246
	6.5.2 编写程序代码	247
	6.5.3 验证程序	253
6.6	基于 Keycloak 实现认证和授权	255
	6.6.1 前期准备	255
	6.6.2 案例简介	258
	6.6.3 编写程序代码	266
	6.6.4 验证程序	270
6.7	使用 OpenID Connect 实现安全的 JAX-RS 服务	274
	6.7.1 案例简介	274
	6.7.2 编写程序代码	276
	6.7.3 验证程序	280
6.8	使用 OpenID Connect 实现安全的 Web 应用	283
	6.8.1 案例简介	283
	6.8.2 编写程序代码	284
	6.8.3 验证程序	287
6.9	使用 JWT 加密令牌	289
	6.9.1 案例简介	289
	6.9.2 编写程序代码	290
	6.9.3 验证程序	295
6.10	使用 OAuth 2.0 实现认证	298
	6.10.1 前期准备	298
	6.10.2 案例简介	298
	6.10.3 编写程序代码	299
	6.10.4 验证程序	303
6.11	本章小结	309

第 7 章　构建响应式系统应用 310

7.1　响应式系统简介 310
7.2　Quarkus 响应式应用简介 317
7.2.1　Quarkus 的响应式总体架构 317
7.2.2　Quarkus 中整合的响应式框架和规范 317
7.2.3　使用 Quarkus 实现响应式 API 320
7.3　创建响应式 JAX-RS 应用 325
7.3.1　案例简介 325
7.3.2　编写程序代码 326
7.3.3　验证程序 332
7.4　创建响应式 SQL Client 应用 334
7.4.1　前期准备 334
7.4.2　案例简介 335
7.4.3　编写程序代码 335
7.4.4　验证程序 340
7.5　创建响应式 Hibernate 应用 342
7.5.1　前期准备 342
7.5.2　案例简介 342
7.5.3　编写程序代码 343
7.5.4　验证程序 348
7.6　创建响应式 Redis 应用 350
7.6.1　前期准备 350
7.6.2　案例简介 350
7.6.3　编写程序代码 350
7.6.4　验证程序 356
7.7　创建响应式 MongoDB 应用 357
7.7.1　前期准备 357
7.7.2　案例简介 357
7.7.3　编写程序代码 357
7.7.4　验证程序 363
7.8　创建响应式 Apache Kafka 应用 364
7.8.1　前期准备 364

	7.8.2	案例简介 364
	7.8.3	编写程序代码 368
	7.8.4	验证程序 373

7.9 创建响应式 AMQP 应用 374
    7.9.1 前期准备 374
    7.9.2 案例简介 374
    7.9.3 编写程序代码 375
    7.9.4 验证程序 380

7.10 Quarkus 响应式基础框架 Vert.x 的应用 382
    7.10.1 案例简介 383
    7.10.2 编写程序代码 384
    7.10.3 Vert.x API 应用讲解和验证 385
    7.10.4 WebClient 应用讲解和验证 389
    7.10.5 routes 应用讲解和验证 391
    7.10.6 EventBus 应用讲解和验证 394
    7.10.7 stream 应用讲解和验证 396
    7.10.8 pgclient 应用讲解和验证 397
    7.10.9 delay 应用讲解和验证 402
    7.10.10 JSON 应用讲解和验证 404

7.11 本章小结 405

第 8 章 Quarkus 微服务容错机制 406

8.1 微服务容错简介 406

8.2 Quarkus 容错的实现 407
    8.2.1 案例简介 407
    8.2.2 编写程序代码 408
    8.2.3 Quarkus 重试的实现和验证 409
    8.2.4 Quarkus 超时和回退的实现和验证 412
    8.2.5 Quarkus 熔断器的实现和验证 415
    8.2.6 Quarkus 舱壁隔离的实现 418

8.3 本章小结 418

第 9 章 Quarkus 监控和日志 419

9.1 Quarkus 的健康监控 419
9.1.1 案例简介 419
9.1.2 编写程序代码 420
9.1.3 验证程序 424

9.2 Quarkus 的监控度量 427
9.2.1 案例简介 427
9.2.2 编写程序代码 427
9.2.3 验证程序 429

9.3 Quarkus 的调用链日志 432
9.3.1 案例简介 432
9.3.2 编写程序代码 434
9.3.3 验证程序 437

9.4 本章小结 438

第 10 章 集成 Spring 到 Quarkus 中 439

10.1 整合 Spring 的 DI 功能 439
10.1.1 案例简介 439
10.1.2 编写程序代码 439
10.1.3 验证程序 445

10.2 整合 Spring 的 Web 功能 447
10.2.1 案例简介 447
10.2.2 编写程序代码 448
10.2.3 验证程序 452

10.3 整合 Spring 的 Data 功能 453
10.3.1 案例简介 453
10.3.2 编写程序代码 454
10.3.3 验证程序 460

10.4 整合 Spring 的安全功能 461
10.4.1 案例简介 461
10.4.2 编写程序代码 462
10.4.3 验证程序 465

10.5 获取 Spring Boot 的配置文件属性功能 466
10.5.1 案例简介 466
10.5.2 编写程序代码 467
10.5.3 验证程序 470
10.6 获取 Spring Cloud 的 Config Server 配置文件属性功能 471
10.6.1 案例简介 471
10.6.2 编写程序代码 472
10.6.3 验证程序 474
10.7 本章小结 475

第 11 章 Quarkus 的云原生应用和部署 476
11.1 构建容器镜像 476
11.1.1 Quarkus 构建容器镜像概述 476
11.1.2 案例简介 479
11.1.3 编写程序代码 480
11.1.4 创建 Docker 容器镜像并运行容器程序 481
11.2 生成 Kubernetes 资源文件 482
11.2.1 Quarkus 在 Kubernetes 上部署云原生应用 482
11.2.2 案例简介 483
11.2.3 编写程序代码 486
11.2.4 创建 Kubernetes 部署文件并将其部署到 Kubernetes 中 489
11.3 生成 OpenShift 资源文件 492
11.3.1 Quarkus 在 OpenShift 中部署云原生应用 492
11.3.2 案例简介 492
11.3.3 编写程序代码 493
11.3.4 创建 OpenShift 部署文件并将其部署到 OpenShift 中 494
11.4 生成 Knative 资源文件 499
11.4.1 Quarkus 生成 Knative 部署文件 499
11.4.2 案例简介 499
11.4.3 编写程序代码 501
11.4.4 创建 Knative 部署文件并将其部署到 Kubernetes 中 502
11.5 本章小结 504

第 12 章　高级应用——Quarkus Extension 505

12.1　Quarkus Extension 概述 505
12.1.1　Quarkus Extension 的哲学 505
12.1.2　Quarkus Extension 基本概念 506
12.1.3　Quarkus Extension 的组成 507
12.1.4　启动 Quarkus 应用程序 507

12.2　创建一个 Quarkus 扩展应用 508
12.2.1　案例简介 508
12.2.2　编写程序代码 508
12.2.3　验证程序 516

12.3　一些关于 Quarkus Extension 的说明 517
12.4　本章小结 517

后记 519

参考文献 521

第 1 章 Quarkus 概述

最近几年，随着 Go、Node 等新语言、新技术的出现，Java 作为服务端开发语言的地位受到了挑战。虽然 Java 的市场地位在短时间内并不会发生改变，但 Java 社区还是将挑战视为机遇，并努力、不断地提高自身应对高并发服务端开发场景的能力。

1.1 Quarkus 的概念和特征

Quarkus 的概念定义有多个方面的解释，本书采用的是官方定义：Quarkus 是一个全栈 Kubernetes 云原生 Java 开发框架，Quarkus 可以配合 Java 虚拟机做本地应用编译，它是专门针对容器进行优化的 Java 框架。Quarkus 可以促使 Java 成为 Serverless（无服务）、云原生和 Kubernetes 环境中的高效开发基础。

Red Hat 官网将 Quarkus 定位为超音速亚原子 Java，宣称这是一个用于编写 Java 应用且以容器优先的云原生框架，其核心特点如下。

- 容器优先（Container First）：基于 Quarkus 的 Java 应用程序占用的空间很小，很适合在容器中运行。
- 云原生（Cloud Native）：支持在 Kubernetes 等环境中采用十二要素。
- 统一命令式和响应式（Unify Imperative and Reactive）：在统一的编程模型下实现非阻塞式和命令式开发模式的协同。
- 基于 Java 规范（Standards-based）：基于标准的 Java 规范和实现这些规范的翘楚框架，如 RESTEasy 和 JAX-RS 规范、Hibernate ORM 和 JPA 规范、Netty、Eclipse Vert.x、Eclipse MicroProfile、Jakarta EE 等。

- **微服务优先（Microservice First）**：可以实现 Java 应用快速启动和 Java 代码的迅速迭代。
- **开发者的乐趣（Developer Joy）**：以开发体验为核心，让开发者的应用程序能迅速生成、测试和投入应用。

为什么会出现 Quarkus 呢？这还要从 Java 的历史谈起。

Java 诞生于 20 多年前，软件产业在这 20 年里经历了多次革命，但 Java 总是能够自我改造以与时俱进。多年来，大多数应用程序都运行在拥有大量 CPU 和内存资源的大型计算机和服务器上，在这种环境条件下，应用程序都独自占有 CPU 和内存。可是现在应用程序运行在虚拟化云上或容器中，其受限于环境、资源共享等要求，单位面积运行应用程序的密度发生了变化。每个节点都会尽可能多地运行小型应用程序（或微服务），并通过添加更多的应用实例而不是获得更强大的单个实例来进行扩展。

20 年前设计的 Java 已经不太适合这种新环境。当年 Java 的核心理念是跨平台运行，Java 应用程序被设计成可以全天候运行数月甚至数年，JIT 随着时间的推移优化执行，GC 有效地管理内存……但是所有这些特性都有代价。当部署 20 或 50 个微服务而不是一个应用程序时，运行 Java 应用程序所需的内存和启动时间就需要特别注意了。在引入微服务和高分布式架构后，启动时间甚至成为区分 Java 框架优劣的主要标志。同时，伴随着云平台和容器技术不断运用到软件开发中，计算和内存资源消耗情况同样也成为技术选型的主要关注点。这些关注点并不是 Java 虚拟机（JVM）本身的缺陷，而是需要重新打造 Java 生态系统。

Quarkus 就是 Java 重新改造后的产物，这是一个基于 Java 云原生的开发框架，它配合 Java 虚拟机做本地应用编译并专门针对容器进行了优化，使 Java 成为 Serverless、云原生和 Kubernetes 环境中的高效开发基础。可以说，Quarkus 推动了 Java 在云原生开发方面的运用，使 Java 这门古老的编程语言再一次焕发了青春。

Quarkus 建议推广"提前技术"。当构建 Quarkus 应用程序时，一些通常在运行时处理的工作会提前转移到构建时。因此，当应用程序运行时，所有的运行初始化内容都已经预先准备好，所有的注解扫描、XML 解析等都不会再执行。这样做带来了两个直接的好处：启动快多了和内存消耗低多了。

因此，如图 1-1 所示，Quarkus 确实针对基础设施进行了一些改造。首先其用于支持构建时元数据发现（如注解），声明哪些类在运行时需要反射。Quarkus 在构建时启动，并且通常无偿地提供大量的 GraalVM 优化。事实上，由于所有这些元数据，Quarkus 可以配置原生编译器，例如 SubstrateVM 编译器，为 Java 应用程序生成原生可执行程序文件，消除一些死代码，最终的结果就是可执行文件更小、启动更快、使用的内存更少。

第 1 章 Quarkus 概述

图 1-1　Quarkus 编译的优化过程图

Quarkus 还提供了很好的开发者体验。其统一了响应式和命令式编程方式，以便可以在同一个应用程序中混合常规 JAX-RS 和面向事件的代码。最后，Quarkus 与很多流行的框架兼容，比如 Eclipse Vert.x、Apache Camel、Undertow……

1.2　Quarkus 的整体优势

Quarkus 的价值主要体现在以下 4 个方面。

1. 节省资源、节约成本

Quarkus 受追捧的一个原因是节约成本。Quarkus 和传统 Java 框架相比占用的内存更少、启动更快，甚至其性能获得了数百倍的大幅度提升。IDC 的验证报告证实了这些好处。使用 Quarkus JVM（虚拟机模式）和 Quarkus Native（原生模式），可以通过降低内存消耗和缩短启动时间来节约成本，从而提高 Kubernetes Pod 的部署密度并降低内存利用率。另外，Quarkus 的定位是面向云端开发，因此其必须匹配 Serverless、高密度 Kubernetes 容器和云原生应用等新应用开发模式下对资源和速度的需求。在生产环境中使用 Quarkus 来节约成本，这是用户一致认可的 Quarkus 的第一大价值。节省计算资源和开发工时，对用户尤其对公有云用户来讲就是实实在在省钱了，这颠覆了之前引入新技术需要额外投入更多资源的观点。

Quarkus 运维成本也较低。原生模式下运行的 Quarkus——使用 GraalVM 创建的，不在传统 JVM 上运行的，独立、可优化的可执行文件——的成本可以节约 64%，而在 JVM 上运行时，成本可以节约 37%。这些成本的节约还来自容器利用率，并且只在需要资源的时候使用资源。

2. 较强的技术优势

Quarkus 提供了显著的运行时效率（基于 Red Hat 测试），表现在：①快速启动（几十毫秒），允许自动扩展、减少容器和 Kubernetes 上的微服务，以及 FaaS 现场执行；②低内存利用率有助于优化需要多个容器的微服务架构部署中的容器密度；③较小的应用程序和容器镜像占用空间。

开发者在使用 Quarkus 时，最初可以发现它提高了内存利用率，因为 Java 曾被认为启动时使用了过多内存，并且与轻量级应用不兼容。研究发现，Quarkus Native 减少了 90%的启动内存使用量，Quarkus JVM 减少了 20%。在虚拟机和原生模式下，启动时节省的内存会在相同的内存占用情况下带来更高的吞吐量，这意味着在相同的内存量下可以完成更多的工作。由于使用 Quarkus Native 的开发者可以获得多 8 倍的 Pod，而使用 Quarkus JVM 的开发者可以获得多 1.5 倍的 Pod，因此通过使用 Quarkus，客户可以用相同数量的资源做更多的事情，并且可以使用相同数量的内存部署更多的应用。部署密度和降低内存利用率是 Quarkus 为容器优化 Java 的几个关键方法。

另外，Quarkus 的启动非常快——Quarkus Native 比一般的 Java 框架快 12 倍，比 Quarkus JVM 快 2 倍。这使得应用对负载变化的响应更迅速，在大规模操作（如 Serverless 架构）时更可靠，从而增加了创新机会，并提供了相对于竞争对手的优势。

3. 全面支持云原生和 Serverless

Quarkus 是容器优先的，Quarkus 为应用在 HotSpot 和 GraalVM 运行上做了优化和裁剪。它支持快速启动和较低的 RSS 内存，并且符合 Serverless 架构要求，形成了面向应用容器化的解决方案。Quarkus 还是一个完整的生态系统。Quarkus 为在 Serverless 架构、微服务、容器、Kubernetes、FaaS 和云这个新世界中运行 Java 应用提供了有效的解决方案，能够为开发者提供在云、容器和 Kubernetes 环境中编写微服务和应用程序所需的一切能力和功能。Quarkus 不仅是一个运行时，而且是一个包含丰富扩展的生态系统，目前已经拥有上百个扩展组件，并且仍然在不断壮大。

4. 提高云原生开发的生产力

Quarkus 针对云原生 Java 应用程序的容器优先方法统一了微服务开发的命令式和响应式编程范例，使开发者可以自由组合这两种编程选项，并可以通过允许较少的项目和源文件来缩短维护时间和减少开发者需要管理的项目数量。这样大多数 Java 开发者都熟悉命令式编程模型，并希望在采用新平台时利用这种体验。Quarkus 提供了一组可扩展的基于标准的企业 Java 库和框架，以及极高的开发者生产力，有望彻底改变我们的 Java 开发方式。与此同时，开发者正在迅速采用云原生、事件驱动、异步和反应模型来满足业务需求，以构建高度并发且响应迅速的应用程序。Quarkus 旨在将两种模型无缝地集中在同一平台上，从而在组织内实现强大的杠杆作用。

IDC 报告证实了 Quarkus 能比一般的 Java 开发框架更好地简化和改善开发者的日常工作。Quarkus 的开发乐趣包括统一配置，包含单个属性文件中的所有配置；零配置，眨眼间实时重新加载；精简了 80%的常见代码，仅保留 20%的灵活代码；全自动生成没有麻烦的原生可执行程序。该报告证实,与一般的 Java 开发框架相比,Quarkus 提高了开发者的生产力。这一点很重要,因为开发者生产力的提高可以加快上市时间、交付更具创新性的解决方案,从而使组织保持很强的竞争力。

同时,Quarkus 学起来很容易,一方面它是创新技术,另一方面它对于 Java 程序员来说具有较平滑的学习曲线,也拥有大量优秀的参考文档。Quarkus 可以加快应用程序的启动速度,让 Java 程序员用较少的时间排除故障,减少分析堆栈转储日志的情况,通过准确的错误信息直接定位错误,这意味着它解放了 Java 程序员的生产力。因此,企业也能快速拥有新技术能力,通过业务实现和交付的速度优势来确保自己在商业竞争中领先。

另外,社区提供了应用脚手架在线生成工具。这个工具可以帮助用户引导 Quarkus 应用程序并探索其可扩展的生态系统。它可以将 Quarkus 扩展组件作为项目依赖;把扩展配置、启动和框架或技术融入 Quarkus 应用程序;它还为 GraalVM 提供了正确的配置信息以负担应用程序进行本地编译的所有繁重工作。

Quarkus 减少了更新应用程序所需的操作步骤,因此可以更有效地进行更新。具体而言,IDC 报告指出,使用 Quarkus 对源码进行更改和测试的开发者一般只需要执行两个步骤:更改代码和保存。Quarkus 的两步操作不仅提高了开发者的生产力,而且使代码编译更容易和高效。另外,Quarkus 可以实时编码,对应用所做的更新可以立即被看到,提高了开发者的操作效率,同时有助于快速排除故障,并能够跟踪、显示最有修改价值的错误。

1.3 Quarkus 的适用场景、目标用户和竞争对手

1. Quarkus 的适用场景

Quarkus 的适用场景主要有 5 个方面。

(1)**全新构建微服务架构**:Quarkus 支持多种微服务架构,对于全新构建微服务体系,可以采用 Quarkus 技术栈来实现落地。

(2)**构建 Serverless 架构**:Quarkus 应用程序可以瞬间启动,其将 Java 成功地引入了 Function-as-a-Service(FaaS)运行时的行列。由于 Serverless 架构的整个技术栈都包含在 Quarkus 内,因此 Quarkus 具备在 Serverless 环境中实现任何类型的业务逻辑所需的功能。

(3)**响应式系统**:由于 Quarkus 的基础架构设计就是基于响应式模式和响应式编程的,因此其非常适合编写处理异步事件和内置事件总线的应用。

（4）物联网：Quarkus 占用空间小，这样其在物联网应用程序和系统中才占有优势。

（5）单体应用转为微服务：在单体应用被拆分为微服务的情况下，无论是运行在服务器上的应用或 Spring Boot 应用，都会占用很多的内存，启动时间很长。将这些应用迁移到 Quarkus 框架上会是一个解决问题的好选择。

2. Quarkus 的目标用户

Quarkus 的目标用户主要是有下列特征的公司和开发者。

- 那些使用 Red Hat®JBoss®企业应用平台（JBoss EAP）或在 OpenShift®上运行 Spring Boot 的抱怨内存占用过多的用户。
- 那些希望实现数字化和现代化转型的用户。
- 那些由于某种原因想放弃 Java 语言而转向 Go 或 Python 语言的用户。
- 那些提供很少被调用但需要一直维护且不能间断的应用服务的用户。
- 那些正在寻找替代 Netflix OSS 容错能力方案的用户。
- 那些希望构建无服务功能（如部署 Serverless 集成逻辑）的用户。
- 那些希望使用轻量级连接器集成 Kafka 的用户。
- 那些想用 Java 开发集成路由，需要用到 JavaScript 或 Groovy 语言，同时需要快速启动和低内存消耗的用户。
- 那些正在寻找基于 BPMN 和 DMN 的、运行时轻量级开发微服务的、实现行之有效的决策和自动化业务逻辑的用户。

3. Quarkus 的竞争对手

按照微服务体系的划分，Quarkus 框架应该归属于微服务开发框架。微服务开发框架的主要目标是推进微服务化、平台化的发展，结合服务治理规范，开发和实现便于管理服务、可降低开发成本的软件开发框架。微服务开发框架的功能应包括两方面。一方面，为了降低微服务的开发成本，微服务开发框架平台应该对服务框架集成、服务定义、服务通信、服务持续交付、服务生命周期管理等通用和重复的工作进行封装，减轻开发者的学习负担，减少重复劳动，提高复用水平，提升开发效率。另一方面，为了满足微服务治理规范等统一的服务管理能力，根据微服务化和服务治理规范，结合微服务基础设施，支持平台化开发的服务框架和工具。

在 Java 应用领域中，Quarkus 的竞争对手包括 Spring Boot、Micronaut、Payara Micro 和 Helidon MP 等。其中，Spring Boot 框架基于 Spring 体系，Spring 体系是在 2003 年面世的，目标是应对旧时代 Java 企业级开发的复杂性。Spring 以依赖注入和面向切面编程为核心，逐渐演进成一个易用的开发框架。Spring 有着非常多的文档、广泛的用户基础和丰富的开发库，可以让开发者高效地创建和维护应用程序，并且提供了平滑的学习曲线。Micronaut 是一个现代化的微服务开发框架，其目标是使应用程序更快速地启动和拥有更低的内存开销。这一切都发生在编译期间而非运行时，使用了 Java Annotation 处理器执行依赖注入，创建面向切面的代理，配置应用程序。Payara Micro 是一种起源于 GlassFish 的 Jakarta 企业级服务器，是 MicroProfile 的实现之一。Helidon MP 则是一个运行时平台，由 Oracle 公司于 2018 年发起，提供了对 MicroProfile 规范的实现。

在开发语言层面上，Quarkus 框架代表新一代 Java 语言与 Go、C#、JavaScript、Python、PHP 等语言在微服务开发领域展开竞争。

1.4 为什么 Java 开发者会选择 Quarkus

Java 开发者选择 Quarkus 框架来进行开发，一般都是基于如下原因。

1. Quarkus 的技术优势

Quarkus 是面向容器化开发的解决方案。因此，与传统 Java 应用相比，其拥有更短的应用程序启动时间。无论应用程序托管在公有云上或内部托管在 Kubernetes 集群上，快速启动和低内存消耗都是降低整体成本的重要保证。Quarkus 构建的应用程序与传统 Java 应用相比，其能够将内存消耗减少到十分之一，启动速度加快 300 倍。正是因为这两个突出表现，大大降低了云资源的投入成本。

2. 开发体验的提升和乐趣

Quarkus 开发体验的提升主要体现在如下几个方面。① 易于使用：Quarkus 框架从产品设计之初就考虑到了易用性，启用时不需要特殊配置，零配置即可快速、实时重新加载；② 自由选择运行模式：应用程序可以编译、运行在 JVM 和 Native 两种模式下；③ 整合和优化的开发者体验：基于标准和框架，统一配置，实时编码，精简了 80%的常用代码，仅保留 20%的灵活代码，可生成一致的本地运行文件；④ 统一了命令式和响应式编程：大多数 Java 开发者都对命令式编程很熟悉，并希望在采用新平台时利用这种体验，与此同时，开发者正在迅速采用云原生、事件驱动、异步和响应式模型来满足业务需求，以构建高度并发且响应迅速的应用程序，Quarkus 旨在将两种编程方式无缝地集合在同一个平台上，从而在组织内实现强大的杠杆作用；⑤ Quarkus 将阻塞和非阻塞的代码相结合，包括一个内置的事件总线，将命令式和响应式编程结合运用，可以注入事件总线或者 Vert.x 上下文，因此可以开放地采用适用场景的技术，这是基于事件驱动的应用程序的响应式系统的关键。

正是源于以上这些优势，使 Quarkus 成为在新开发领域（如 Serverless 架构、微服务、Kubernetes、FaaS 和云）中运行 Java 的一种有效的解决方案。

3．扩展了最稳定、最流行的框架

Quarkus 通过利用开发者喜爱的最佳库及在规范标准主干上使用的在线库，带来了一个有凝聚力、易于使用的全栈框架，包括 Eclipse MicroProfile、JPA／Hibernate、JAX-RS／RESTEasy、Eclipse Vert.x、Netty、Apache Camel、Undertow……Quarkus 还包括第三方框架作者开发的扩展组件。Quarkus 扩展组件降低了运行第三方框架并编译为 GraalVM 本机二进制文件的复杂度。

4．Quarkus 正处于上升阶段，社区非常活跃

Quarkus 已经发布了 1.11 版本，其背后有像 Red Hat 这样的开源大厂商支持，是值得信赖的新技术。Quarkus 还是一个完全开源的技术，它的上游社区十分活跃，版本发布节奏非常快，能够快速释放新特性和修复问题。依靠活跃的社区，维护者会快速回复问题和提供协助，用户会得到全面的问题解答。用户反馈 Quarkus 在可靠性方面表现得可圈可点：

"一旦 Quarkus 的 MongoDB 客户端扩展组件发布，我们立即能够将整个服务切换到原生模式。"

"Quarkus 社区和 Quarkus 工程师非常活跃，即便在外部论坛中也是如此。"

"Red Hat 在软件市场上的信誉让我们相信，使用由 Red Hat 主导的 Quarkus 是正确的选择。"

1.5　Quarkus 的架构和核心概念

当应用 Quarkus 框架时，很多功能都已经打包封装，非常易于开发。这些封装的功能就是由基础的 Quarkus 扩展组件组成的。在 Quarkus 运行时，几乎所有的部分都已经配置好，启动时仅应用运行时配置属性（如数据库 URL）即可。

所有元数据都是由扩展部分计算和管理的，Quarkus 框架的架构图如图 1-2 所示。

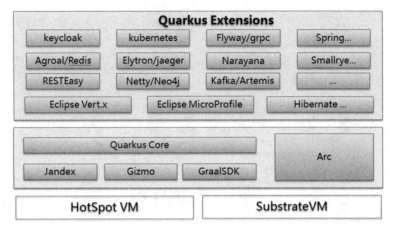

图 1-2　Quarkus 框架的架构图

Quarkus 框架的架构分为 3 个层次，分别是 JVM 平台层、Quarkus 核心框架层和 Quarkus Extensions 框架层。

1. JVM 平台层

JVM 平台层主要包括 HotSpot VM 和 SubstrateVM。

HotSpot VM 是 Sun JDK 和 OpenJDK 中的虚拟机，也是目前使用范围最广的 Java 虚拟机。它是 JVM 实现技术，与以往的实现方式相比，在性能和扩展能力上得到了很大的提升。

SubstrateVM 主要用于 Java 虚拟机语言的 AOT 编译，SubstrateVM 的启动时间和内存开销非常少。SubstrateVM 的轻量特性使其适合嵌入其他系统中。

2. Quarkus 核心框架层

Quarkus 核心框架层包括 Jandex、Gizmo、GraalSDK、Arc、Quarkus Core 等。其中，Jandex 是 JBoss 的库。Gizmo 是 Quarkus 开源的字节码生成库。GraalVM 是以 Java HotSpot 虚拟机为基础，以 Graal 即时编译器为核心，以能运行多种语言为目标，包含一系列框架和技术的大集合基础平台。这是一个支持多种编程语言的执行环境，比如 JavaScript、Python、Ruby、R、C、C++、Rust 等语言，可以显著地提高应用程序的性能和效率。GraalVM 还可以通过 AOT（Ahead-Of-Time）编译成可执行文件来单独运行（通过 SubstrateVM）。Arc（DI）是 Quarkus 的依赖注入管理，其内容是 io.quarkus.arc，这是 CDI 的一种实现。

3. Quarkus Extensions 框架层

Quarkus Extensions 框架层包括 RESTEasy、Hibernate ORM、Netty、Eclipse Vert.x、Eclipse MicroProfile、Apache Camel 等外部扩展组件。Quarkus 常用的外部扩展组件如图 1-3 所示。

图 1-3　Quarkus 常用的外部扩展组件

下面简单介绍后续案例中会使用到的外部扩展组件。

Eclipse Vert 扩展组件：该组件是 Quarkus 的网络基础核心框架扩展组件。本书大部分案例都与其相关，但由于该扩展组件位于底层，故开发者一般不会察觉。

RESTEasy 扩展组件：RESTEasy 框架是 JBoss 的一个开源项目，提供了各种框架来帮助构建 RESTful Web Services 和 RESTful Java 应用程序框架。在后续的案例中，基本上也会用到该扩展组件。

Hibernate 扩展组件：这是对关系型数据库进行处理的 ORM 框架集成，遵循 JPA 规范。

Eclipse MicroProfile 扩展组件：会在响应式和消息流中使用该扩展组件。

Elytron 扩展组件：主要用于安全类的扩展，包括 elytron-security-jdbc、elytron-security-ldap、elytron-security-oauth2 等。

Keycloak 扩展组件：这是应用 Keycloak 开源认证授权服务器的扩展组件，包括 quarkus-keycloak-authorization、quarkus-oidc 等。

SmallRye 扩展组件：这是响应式客户端的扩展组件，SmallRye 是一个响应式编程库。

Narayana 扩展组件：这是处理数据库事务的扩展组件。

Kafka 扩展组件：这是应用 Kafka 开源消息流平台的扩展组件。

Artemis 扩展组件：这是应用 Artemis 开源消息服务器中间件的扩展组件。

Agroal 扩展组件：这是数据库连接池的扩展组件。

Redis 扩展组件：这是应用 Redis 开源缓存服务器的扩展组件。

Spring 扩展组件：这是应用 Spring 框架的扩展组件。

Kubernetes 扩展组件：这是应用 Kubernetes 服务器的扩展组件。

另外，关于 JSON 集成的扩展组件有 Jackson、JAXB 等。

1.6 本章小结

本章主要介绍了 Quarkus 的基本内容，从如下 5 个部分进行了讲解。

第一，介绍了 Quarkus 的概念及其特征，这是本书的出发点。

第二，简单介绍了 Quarkus 的优势，这是与现有的部分成熟 Java 框架进行比较后得到的，优势主要体现在 4 个方面。

第三，阐述了 Quarkus 的适用场景、潜在用户和竞争对手。

第四，抛出一个问题，为什么 Java 开发者会选择 Quarkus，并且给出了答案。

第五，简述了 Quarkus 的架构和核心概念。

第 2 章 Quarkus 开发初探

2.1 开发 hello world 微服务全过程

下面基于 Quarkus 开发一个简单的 hello world 应用程序。需要在笔记本电脑或开发主机上安装以下工具软件：Git、Java™ JDK 1.8 或以上版本、开发者熟悉的 Java 开发 IDE 工具（本书选择的是 Eclipse）、Maven 3.6.2 或以上版本。

2.1.1 3 种开发方式

第 1 种方式，使用 UI 实现

进入 Quarkus 自动生成代码项目 UI 界面（如图 2-1 所示），可以手动创建 Quarkus 项目。

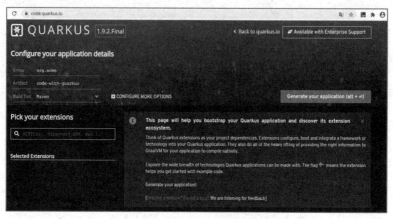

图 2-1 Quarkus 自动生成代码项目 UI 界面

在这个界面上，可以通过 3 个步骤来初始化一个 Quarkus 项目。

（1）界面中提供了 Quarkus 应用程序开发的指导，也给出了其扩展生态系统。首先要定义 Group 名称，其次要定义 Artifact，最后选择构建模式，有 Maven 和 Gradle 两种构建模式，在这里选择 Maven 构建模式。

（2）选择扩展组件（Selected Extensions），即应用程序要用到的扩展组件，可选列表中现阶段 Quarkus 所支持的扩展组件。可以选择多个扩展组件，其中对这些扩展组件进行了分类，如图 2-2 所示。

图 2-2　选择扩展组件

现阶段扩展组件的分类包括 Web、Data、Messaging、Core、Reactive、Cloud、Observability、Security、Integration、Business Automation、Serialization、Miscellaneous、Compatibility 等 14 个大类，包括上百个 Quarkus 扩展组件。

（3）选择好扩展组件后，单击 "Generate your application"，应用程序源码就会打包下载到本地目录。

这是生成一个典型的 Maven 工程项目的结构，典型的 Maven 工程项目把 Quarkus 扩展组件添加到 pom.xml 的项目依赖项中；进行扩展配置、引导并将框架或技术集成到 Quarkus 应用程序中；还负责给 GraalVM 提供正确的信息，以便应用程序能够在本机进行编译。这样开发者就可以初始化 Maven 工程项目并开始自己后续的编程任务了。

第 2 种方式，写命令文件实现

也可以通过 Maven 的命令来初始化 Quarkus 程序。如果使用的是 Windows 的命令行窗口，可以写如下命令：

```
mvn io.quarkus:quarkus-maven-plugin:1.11.1.Final:create ^
    -DprojectGroupId=com.iiit.quarkus.sample ^
    -DprojectArtifactId=010-quarkus-hello ^
    -Dversion=1.0-SNAPSHOT ^
    -DclassName=com.iiit.quarkus.sample.hello.HelloResource ^
    -Dpath=/hello
```

io.quarkus:quarkus-maven-plugin:1.11.1.Final 表示构建本项目的 Quarkus 核心版本，DprojectGroupId 表示构建本项目的 GroupId，而 DprojectArtifactId 表示构建本项目的 ArtifactId，Dversion 表示本项目的版本，DclassName 表示生成本项目源码资源的整个限定名，Dpath 表示生成本项目资源的路径。

注意：尖括号后面不能有其他字符（包括空格），否则命令不能生效。

如果使用的是 PowerShell 终端，可以写如下命令：

```
mvn io.quarkus:quarkus-maven-plugin:1.11.1.Final:create `
    "-DprojectGroupId=com.iiit.quarkus.sample" `
    "-DprojectArtifactId=010-quarkus-hello " `
    "-DclassName=com.iiit.quarkus.sample.hello.HelloResource" `
    "-Dpath=/hello"
```

注意：在每行后有一个符号"`"。

如果是 Linux 系统，其 Bash Shell 终端的命令如下：

```
mvn io.quarkus:quarkus-maven-plugin:1.11.1.Final:create \
    -DprojectGroupId=com.iiit.quarkus.sample \
    -DprojectArtifactId=010-quarkus-hello \
    -DclassName=com.iiit.quarkus.sample.hello.HelloResource \
    -Dpath=/hello
```

注意：在每行后有一个符号"\"。

上述 3 种命令实现的效果都一样，生成的文件与 quarkus.io 界面相同，都是一个典型的 Maven 工程项目的结构。

第 3 种方式，下载源码实现

导入 Maven 工程项目，可以从 GitHub 上克隆预先准备好的示例代码：

```
git clone https://******.com/rengang66/iiit.quarkus.sample.git（见链接 1）
```

该程序位于"010-quarkus-hello"目录中，是一个 Maven 工程项目。

2.1.2　编写程序内容及说明

这是一个 Maven 工程项目，可以直接把它导入 IDE（通过如图 2-3 所示的 Eclipse 工具）。

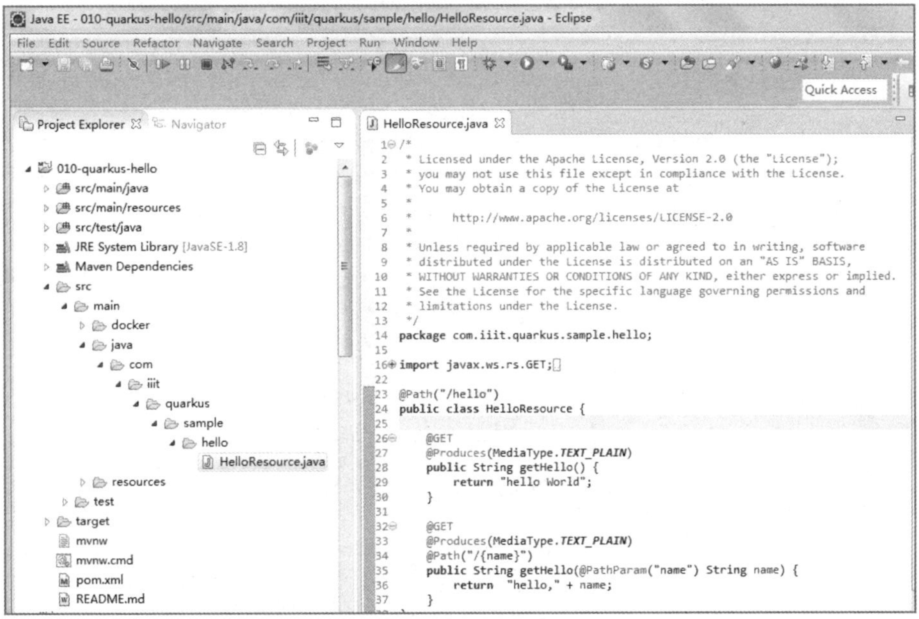

图 2-3　程序界面图

这个工程项目包含了几个文件，即 application.properties 配置文件、pom.xml 文件和源码文件。

打开 pom.xml 文件，其 dependencyManagement 属性部分依赖于 quarkus-universe-bom 文件，这带来了一个优点，即可以忽略配置不同 Quarkus 版本依赖的麻烦工作，同时可以避免由于依赖组件的版本选择不当带来的冲突问题。相关代码如下：

```
<properties>
    <compiler-plugin.version>3.8.1</compiler-plugin.version>
    <maven.compiler.parameters>true</maven.compiler.parameters>
    <maven.compiler.source>8</maven.compiler.source>
    <maven.compiler.target>8</maven.compiler.target>
    <project.build.sourceEncoding>UTF-8</project.build.sourceEncoding>
    <project.reporting.outputEncoding>UTF-8</project.reporting.outputEncoding>
    <quarkus-plugin.version>1.11.1.Final</quarkus-plugin.version>
    <quarkus.platform.artifact-id>quarkus-universe-bom</quarkus.platform.artifact-id>
    <quarkus.platform.group-id>io.quarkus</quarkus.platform.group-id>
```

```xml
        <quarkus.platform.version>1.11.1.Final</quarkus.platform.version>
        <surefire-plugin.version>2.22.1</surefire-plugin.version>
</properties>

<dependencyManagement>
    <dependencies>
        <dependency>
            <groupId>${quarkus.platform.group-id}</groupId>
            <artifactId>${quarkus.platform.artifact-id}</artifactId>
            <version>${quarkus.platform.version}</version>
            <type>pom</type>
            <scope>import</scope>
        </dependency>
    </dependencies>
</dependencyManagement>
```

在上述文件中,quarkus-plugin.version 和 quarkus.platform.version 的版本都是 1.11.1.Final。

在 pom.xml 中,还可以看到 quarkus-plugin.version 属性,将其赋值给 quarkus-maven-plugin 插件。该插件负责打包应用、管理开发模式及导入依赖等辅助环节。

针对该工程项目,其 pom.xml 文件有以下依赖:

```xml
<dependency>
    <groupId>io.quarkus</groupId>
    <artifactId>quarkus-resteasy</artifactId>
</dependency>
```

在该程序中,只有一个 com.iiit.quarkus.sample.hello.HelloResource 类负责暴露/hello 服务,还有配套的简单测试类,其代码如下:

```java
@Path("/hello")
public class HelloResource {
    @GET
    @Produces(MediaType.TEXT_PLAIN)
    public String getHello() {
        return "hello world";
    }

    @GET
    @Produces(MediaType.TEXT_PLAIN)
    @Path("/{name}")
    public String getHello(@PathParam("name") String name) {
        return "hello," + name;
    }
}
```

程序遵循 JAX-RS 规范，相关注解说明如下。

① @Path("/hello")——当 Path 标注一个 Java 类时，表明该 Java 类是一个资源类。资源类必须使用该注解，表示路径可以通过/hello 来访问。

② @GET——指明接收 HTTP 请求的方式属于 get 方式。

③ @Path("/{name}")——当 Path 标注 method 时，表示具体的请求资源的路径。

④ @Produces(MediaType.TEXT_PLAIN)——指定 HTTP 响应的 MIME 类型，默认是*/*，表示任意的 MIME 类型。这里的类型是 TEXT_PLAIN。

如果对 javax.ws.rs-api 比较熟悉的话，理解起来会比较容易。程序实现的功能比较简单。HelloResource 类有两个方法：当通过 HTTP 访问时，答复是 hello world；当带着参数访问时，答复是 hello 加上参数。

应用程序启动后，可以通过浏览器 URL（http://localhost:8080/hello）访问服务。

2.1.3 测试 hello world 微服务

本节介绍如何构建 Quarkus 的测试程序。

对于测试程序，其 Maven 依赖组件主要包括测试组件和与测试 HTTP 服务相关的组件。

1. 对 pom.xml 进行设置

通过 Maven 执行单元测试，需要引入相应的依赖组件：

```
<dependency>
    <groupId>io.quarkus</groupId>
    <artifactId>quarkus-junit5</artifactId>
    <scope>test</scope>
</dependency>
```

若要测试 HTTP 服务，还需要引入 Rest Assured 依赖：

```
<dependency>
    <groupId>io.rest-assured</groupId>
    <artifactId>rest-assured</artifactId>
    <scope>test</scope>
</dependency>
```

Quarkus 支持 JUnit 5 测试，因此，必须设置 Surefire Maven 插件的版本，因为默认版本不支持 JUnit 5。

我们还设置了 java.util.logging 属性，以确保测试将使用正确的日志管理器和 maven.home

来自定义配置${maven.home}/conf/settings.xml 应用。

```xml
<plugin>
    <artifactId>maven-surefire-plugin</artifactId>
    <version>${surefire-plugin.version}</version>
    <configuration>
        <systemPropertyVariables>
            <java.util.logging.manager>org.jboss.logmanager.LogManager</java.util.logging.manager>
            <maven.home>${maven.home}</maven.home>
        </systemPropertyVariables>
    </configuration>
</plugin>
```

以上只说明了 Quarkus 对 Maven 构建工具的支持。除此之外，Quarkus 也支持 Gradle 工具的构建。

2. 单元测试示例

使用 HTTP 直接测试 REST 服务，打开程序源码文件 src/test/java/com/iiit/quarkus/sample/hello/HelloResourceTest.java，其代码如下：

```java
@QuarkusTest
public class HelloResourceTest {
    @Test
    public void testHelloEndpoint() {
        given().when().get("/hello").then().statusCode(200).body(is("hello world"));
    }

    @Test
    public void testGreetingEndpoint() {
        String uuid = UUID.randomUUID().toString();
        given().pathParam("name",uuid).when().get("/hello/{name}").then()
            .statusCode(200).body(is("hello," + uuid));
    }
}
```

可以看到测试方法 testHelloEndpoint 有两个主要功能，解释如下。

① 访问/hello REST 服务，测试成功的 HTTP 服务的返回状态码为 200。

② 带参数访问/hello REST 服务，测试返回的报文是否是 hello world。

3. 运行测试程序

用简单的 Maven 命令 mvn clean test 就可以进行测试，默认的测试端口是 8080。当出现如

图 2-4 所示的界面时，表示测试成功。

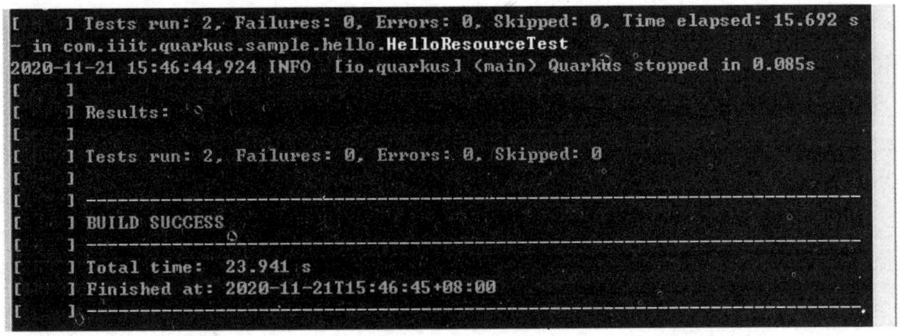

图 2-4 测试成功界面

2.1.4 运行程序及打包

1. 在开发环境下运行程序

在当前工程项目目录下打开命令行窗口并执行命令 mvnw compile quarkus:dev 或者 mvnw quarkus:dev，可以看到 Quarkus 服务启动界面，如图 2-5 所示。

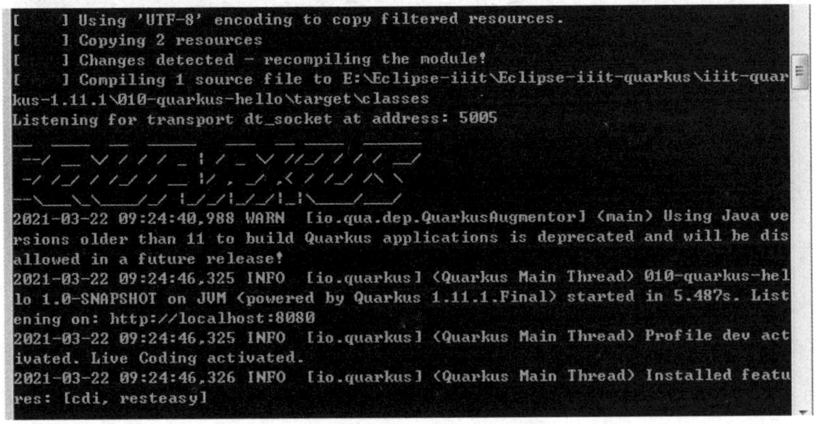

图 2-5 Quarkus 服务启动界面

在服务启动完毕后，将打开一个命令行窗口，可以执行下面的 curl 命令来验证应用是否正常运行：

```
$ curl http://localhost:8080/hello
```

输出结果：hello world。

2. 打包 jar 应用并运行程序

Quarkus 应用程序可以被打包成 JVM 可执行的 jar 文件。

在当前工程项目目录下打开命令行窗口并执行命令 mvn clean package 或者/mvnw clean package。运行命令后，会在 target/目录下生成一个可执行的 jar 文件，名为 010-quarkus-hello-1.0-SNAPSHOT-runner.jar。这可不是一个 uber-jar 文件，相关依赖文件已经被复制到 target/lib 目录下。

运行可执行的 jar 文件，命令如下：

```
java -Dquarkus.http.port=8081 -jar target/010-quarkus-hello-1.0-SNAPSHOT-runner.jar
```

这里用-Dquarkus.http.port=8081 命令启用了 8081 端口，可以避免同在线编程示例使用的 8080 端口发生冲突，如图 2-6 所示。

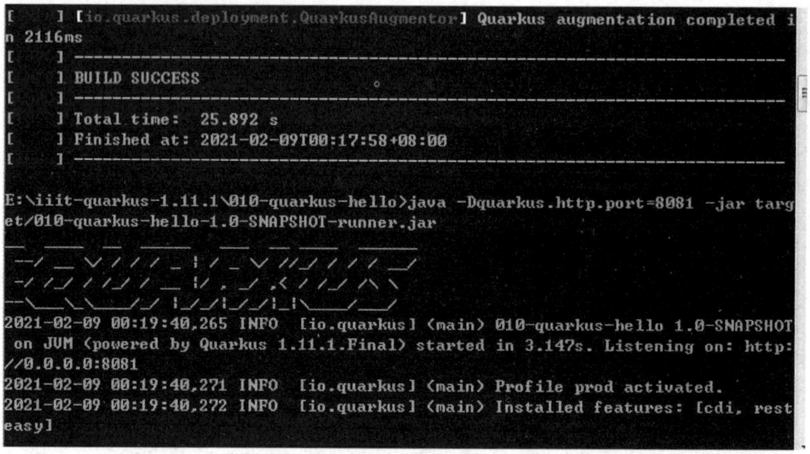

图 2-6　打包并运行打包文件

以上是构建一个基本的 Quarkus 应用程序的过程，这和开发普通的 Java 应用没有区别。应用会被打包成可执行的 jar 文件，并且快速启动。这个 jar 文件可以像任何常见的可执行 jar 文件一样使用，比如直接运行或把它封装成 Linux 容器镜像。

3. 创建原生可执行程序并运行

要创建原生可执行程序，可在当前工程项目目录下打开命令行窗口并执行命令 mvnw package-Pnative 来创建原生可执行程序。

如果没有安装 GraalVM，则只能在本机容器中运行，命令为 mvnw package -Pnative -Dquarkus.native.container-build=true。

然后可以使用/target/010-quarkus-hello-1.0-SNAPSHOT-runner 来执行原生可执行程序。

2.2 Quarkus 开发基础

本节主要讲解 Quarkus 的一些常见用法，包括其核心的 CDI 方式等。

2.2.1 Quarkus 的 CDI 应用

1. Quarkus 的 CDI 简介

CDI（Contexts and Dependency Injection for Java 2.0）即 Java 的容器、依赖和注入规范。关于规范的详细内容，可参阅与 JSR 365 规范相关的网址。

Quarkus 的 CDI 方案是基于 Java 上下文的依赖注入 2.0 标准，但该方案只实现了 CDI 的一部分功能，是一个不完全符合 TCK 的 CDI 实现。其实 Quarkus CDI 与 Spring 的依赖注入很相似，在 CDI 中，Bean 是定义应用程序状态和/或逻辑的上下文对象的源，如果 Bean 容器可以根据 CDI 规范中定义的生命周期上下文模型来管理 Bean 实例的生命周期，那么这些 Java EE 组件就是 Bean。

2. Bean 发现

Bean 是一个容器管理对象，支持一组基本服务，如依赖项的注入、生命周期回调和拦截器。Quarkus 简化了 Bean 发现。Bean 是根据以下内容合成的：①application 类；②包含 beans.xml 的依赖项；③包含 Jandex 索引的依赖项 META-INF/jandex.idx；④application.properties 文件中定义的 quarkus.index-dependency 所用到的依赖；⑤Quarkus 集成代码。

一个简单的 Bean 示例如下：

```java
import javax.inject.Inject;
import javax.enterprise.context.ApplicationScoped;
import org.eclipse.microprofile.metrics.annotation.Counted;

@ApplicationScoped
public class Translator {

    @Inject
    Dictionary dictionary;

    @Counted
    String translate(String sentence) {
        //...
    }
}
```

@ApplicationScoped 是一个范围注解。该注解告诉容器与 Bean 实例关联的上下文。在这个特定的例子中，为应用程序创建一个 Bean 实例，并可被所有其他注入转换器的 Bean 使用。

@Inject 是一个现场注入点。该注解告诉容器转换器要依赖字典 Bean。如果没有匹配的 Bean，则构建失败。

@Counted 是一个拦截器绑定注解。在本例中，该注解来自 MicroProfile 度量规范。

Quarkus 不会发现没有注解 Bean Defining Annotation 的 Bean 类，这是由 CDI 定义的。但是，包含 producer 方法、字段和 observer 方法的类，即使未注解也会被发现，这与 CDI 中的定义稍微有所不同。实际上，注解了@Dependent 的类表示可以被发现。另外，Quarkus 扩展组件可以声明其他发现规则。例如，即使声明类没有注解@Scheduled 业务方法也会被注册。

3. 原生可执行程序与私有成员

Quarkus 使用 GraalVM 构建原生可执行程序。GraalVM 的限制之一就是反射的使用，其支持反射操作，但必须为所有相关成员进行显式注册以实现反射。这些注册会带来更大的原生可执行程序。

如果 Quarkus DI 需要访问私有成员，则必须使用反射。因此，Quarkus 鼓励用户不要在 Bean 中使用私有成员。这涉及注入字段、构造函数和初始化程序、观察者方法、生产者方法和字段、处理程序和拦截器的方法。

如何避免使用私有成员？可以使用 package-private 修饰符：

```
@ApplicationScoped
public class CounterBean {
    @Inject
    CounterService counterService;
    void onMessage(@Observes Event msg) {
    }
}
```

以及 package-private 注入字段、package-private 监听方法，或通过构造函数注入：

```
@ApplicationScoped
public class CounterBean {
    private CounterService service;
    CounterBean(CounterService service) {
        this.service = service;
    }
}
```

在 package-private 构造函数注入这种情况下，@Inject 是可选的。

4．Quarkus 的依赖解析原理

在 Quarkus 的 CDI 中，匹配 Bean 到注入点的过程点是类型安全的。首先，每个 Bean 都声明一组 Bean 类型。然后，一个 Bean 被分配给一个注入点，如果这个 Bean 的类型和需要的类型相匹配，那就需要限定词（Qualifier）。

依赖解析中有一个规则，一个 Bean 只能被分配给一个注入点，否则将编译失败。如果有一个 Bean 没被分配，应用系统的编译也会失败，会抛出 UnsatisfiedResolutionException 异常。如果一个注入点被分配给多个 Bean，会抛出 AmbiguousResolutionException 异常。这个特性导致 CDI 容器不能找到任何注入点的明确依赖，应用系统也会快速报错。

同时，可以使用 setter 和构造方法注入，但是在 CDI（Contexts and Dependency Injection for Java EE）中 setter 被更有效的初始化方法替代，初始化方法可以接收多个参数，而不必遵循 JavaBean 的命名约定。以下为一个示例：

```
@ApplicationScoped
public class Translator {
    private final TranslatorHelper helper;
    Translator(TranslatorHelper helper) {
        this.helper = helper;
    }

    //初始化方法必须用@Inject注解，可以接收多个参数，每个参数都是一个注入点
    @Inject
    void setDeps(Dictionary dic, LocalizationService locService) {
        // ...
    }
}
```

这是一个构造函数注入。实际上，这段代码在常规的 CDI 实现中不起作用，在这种实现中，具有普通作用域的 Bean 必须始终声明一个无参构造函数，并且该 Bean 的构造函数必须用 @Inject 进行注解。然而，在 Quarkus 中，如果检测到没有参数的构造函数，那么就会直接在字节码中"添加"构造函数。如果只存在一个构造函数，也不是必须添加@Inject 注解的。

5．关于 Qualifier 的含义

@Qualifier 注解的限定符用于帮助容器区分实现了相同类型的 Bean。如果一个 Bean 具有所需的所有限定符，那么只能被分配给一个注入点。但是，如果注入点未声明限定符，那么就使用@Default 限定符。

限定符类型是被定义为@Retention（RUNTIME）的 Java 注解，并使用@ javax.inject. Qualifier 元注解进行注解。例如：

```
@Qualifier
@Retention(RUNTIME)
@Target({METHOD, FIELD, PARAMETER, TYPE})
public @interface Superior {}
```

被限定的 Bean 的声明是通过注解 Bean 类、生产方法或者限定类型的类的属性实现的，例如：

```
@Superior
@ApplicationScoped
public class SuperiorTranslator extends Translator {
    String translate(String sentence) {
        //...
    }
}
```

@Superior 是一个限定符注解。

解释：该 Bean 可被分配给 @Inject @Superior Translator 和 @Inject @Superior SuperiorTranslator，但不能被分配给@Inject Translator，原因是在类型安全解析期间，@Inject 转换器会自动转换为 @Inject @Default Translator，而且由于 SuperiorTranslator 不声明 @Default，所以只能分配原始的 Translator Bean。

6. Bean 的范围

Bean 的范围（Scope）决定了其实例化的生命周期，即何时何地被实例化创建和销毁，每一个 Bean 都有一个准确的范围，内置的所有范围都能使用，除了 javax.enterprise.context.ConversationScoped。内置范围注解介绍如下。

@javax.enterprise.context.ApplicationScoped 是该应用程序的单个 Bean 实例，并在所有注入点之间共享。实例是延迟创建的，即在客户端代理上调用方法后。

@javax.inject.Singleton 就像@ApplicationScoped 一样，只是不使用任何客户端代理。在注入注解为@Singleton Bean 的注入点时创建该实例化对象。

@javax.enterprise.context.RequestScoped Bean 实例与当前请求（通常是 HTTP 请求）相关联。

@javax.enterprise.context.Dependent 是一个伪作用域，其含义是由此形成的实例不能被共享，并且每个注入点都会生成一个新的依赖 Bean 实例。Dependent Bean 的生命周期与注入它的 Bean 绑定，同时将与注入它的 Bean 一起创建和销毁。

@javax.enterprise.context.SessionScoped 范围由 javax.servlet.http.HttpSession 对象支持，仅在使用 quarkus-undertow 扩展名时才可用。

提示：Quarkus 扩展组件可以提供其自定义的范围。例如，quarkus-narayana-jta 就提供了 javax.transaction.TransactionScoped 的自定义范围。

7. 客户端代理概念

客户端代理（Client Proxy）原则上是一个将所有方法调用委托给目标 Bean 实例的对象，也就是一个由 Bean 容器构造的对象。客户端代理实现 io.quarkus.arc.ClientProxy 并继承 Bean 类。客户端代理仅限于方法调用的委托，故不能读取或写入普通作用域 Bean 字段，否则将使用非上下文环境或过时的数据。示例如下：

```
@ApplicationScoped
class Translator {
    public Translator(){}

    public String translate(String sentence) {
        //...
    }

    public static Translator getTranslatorInstanceFromTheApplicationContext(){
        Translator translator = new Translator();
        return translator;
    }
}

//该客户端代理类如下
class Translator_ClientProxy extends Translator {

    public String translate(String sentence) {
        //找到正确的 translator 实例化对象……
        Translator translator = getTranslatorInstanceFromTheApplication-Context();
        //并将方法调用委托给……
        return translator.translate(sentence);
    }
}
```

Translator_ClientProxy 实例总是被注入，而不是直接引用 Translator Bean 的上下文实例。

客户端代理允许的操作：①延迟实例化，在代理上调用方法后才创建实例化对象；②可以将作用域"更窄"的 Bean 注入作用域"更宽"的 Bean（例如，可以将@RequestScoped Bean 注入@ApplicationScoped Bean）；③依赖关系图中的循环依赖关系，具有循环依赖关系则通常表明这不是一个好的设计，应考虑进行重新设计，但有时循环依赖关系很难避免；④可以手动销毁 Bean，直接注入的引用将导致过时的 Bean 实例化对象。

8. Bean 的类型

首先，Bean 分为 Class Bean、Producer 方法、Producer 字段、Synthetics（复合类型）Beans 等。Producer 方法与字段主要用来对 Bean 实例化对象加以控制，此外，在集成第三方库时，既不能控制源码，也不能添加其他注解，这时 Producer 方法与字段就非常有用了。Producers 示例如下：

```java
import javax.enterprise.inject.Produces;

@ApplicationScoped
public class Producers {

    @Produces   double pi = Math.PI;

    @Produces
    List<String> names() {
        List<String> names = new ArrayList<>();
        names.add("Andy");
        names.add("Adalbert");
        names.add("Joachim");
        return names;
    }
}

@ApplicationScoped
public class Consumer {
    @Inject   double pi;
    @Inject   List<String> names;
    //...
}
```

提示：可以声明限定符，将依赖项注入 Producer 方法参数中。

9. Bean 的生命周期回调

Bean 类可以声明生命周期@PostConstruct 和@PreDestroy 回调。生命周期示例如下：

```java
import javax.annotation.PostConstruct;
import javax.annotation.PreDestroy;

@ApplicationScoped
public class Translator {
//在 Bean 实例化之后和加入服务之前被调用，在此处执行初始化任务是安全的
    @PostConstruct
    void init() {
```

```
        //...
    }

    //在 Bean 实例销毁前被调用,在这里执行一些清理任务是安全的
    @PreDestroy
    void destroy() {
        //...
    }
}
```

提示：最好在回调函数中保持逻辑"无副作用",即应该避免在回调函数中调用其他 Bean。

10. 拦截器的定义

拦截器用于将跨领域关注点与业务逻辑分开。有一个单独的规范 Java Interceptors,该规范定义了基本的编程模型和语义。示例如下：

```
import javax.interceptor.Interceptor;
import javax.annotation.Priority;
import javax.interceptor.AroundInvoke;
import javax.interceptor.InvocationContext;
import org.slf4j.Logger;

@Priority(2020)    //优先级用于影响启动拦截器的顺序,优先级值较小的拦截器首先被调用
@Interceptor      //@Interceptor 是标记拦截器组件的注解
public class LoggingInterceptor {

    //拦截器实例化对象可能是依赖注入的目标
    @Inject  Logger logger;

    @AroundInvoke   //@AroundInvoke 表示插入业务方法的方法注解
    public Object logInvocation(InvocationContext context) {
        //之前的日志记录
        //进入拦截器链中的下一个拦截器或调用被拦截的业务方法
        Object ret = context.proceed();
        //之后的日志记录
        return ret;
    }
}
```

提示：拦截器实例化对象是拦截的 Bean 实例的相关对象,即为每个拦截到的 Bean 都创建一个新的拦截器实例化对象。

11. 事件与观察者（Event and Observer）

Bean 可以实现生产事件和消费事件在完全解耦的方式下交互，任何 Java 对象都可以充当事件的有效负载。可选的限定符充当主题选择器。示例如下：

```
class TaskCompleted {
    //...
}
@ApplicationScoped
class ComplicatedService {
    //javax.enterprise.event.Event 用于触发事件
    @Inject
    Event<TaskCompleted> event;
    void doSomething() {
        //...
        //表示同步触发事件
        event.fire(new TaskCompleted());
    }
}

@ApplicationScoped
class Logger {
    //当触发 TaskCompleted 事件时，将通知此方法
    void onTaskCompleted(@Observes TaskCompleted task) {
        //任务的日志记录
    }
}
```

Quarkus 中也使用依赖注入和面向切面的基本方法和技巧。

12. 基于 Quarkus 框架的 CDI 程序的实现

下面是一个基于 Quarkus 框架的 CDI 程序的简单实现，主要包括两个类：一个是资源类，一个是服务类。服务类会注入资源类，通过调用资源类来实现相关功能。

（1）导入工程项目

导入 Maven 工程项目，可以从 GitHub 上克隆预先准备好的示例代码：

```
git clone https://******.com/rengang66/iiit.quarkus.sample.git（见链接 1）
```

该程序位于 "011-quarkus-hello-cdi" 目录中，是一个 Maven 工程项目。

（2）程序说明

该程序由 HelloResource 类和 HelloService 类组成。

其中一个是资源类,打开 com.iiit.quarkus.sample.hello.HelloResource 类文件。该 Bean 负责暴露/hello 服务,其代码如下:

```
@Path("/hello")
public class HelloResource {
    @Inject
    HelloService service;

    @GET
    @Produces(MediaType.TEXT_PLAIN)
    public String getHello() {
        return service.getHello();
    }

    @GET
    @Produces(MediaType.TEXT_PLAIN)
    @Path("/{name}")
    public String getHello(@PathParam("name") String name) {
        return service.getHello(name);
    }
}
```

程序说明:

① HelloResource 类有两个方法。当通过 HTTP 访问时,答复是 hello world;当带着参数访问时,答复是 hello 加上参数。

② @Inject 是一个现场注入点。它告诉容器本 Bean 依赖于 HelloService Bean。如果没有匹配的 Bean,则构建失败。

另一个 Bean 是服务类,打开 com.iiit.quarkus.sample.hello.HelloService 类文件,其代码如下:

```
@ApplicationScoped
public class HelloService {
    public String getHello() {
        return "hello world";
    }

    public String getHello(String name) {
        return "hello " + name;
    }
}
```

程序说明:

@ApplicationScoped 是一个范围注解,它告诉容器与 Bean 实例关联的上下文。在这个特定的例子中，为应用程序创建一个 Bean 实例，并由所有其他注入的 Bean 一起使用。

程序实现过程为，当外部调用 /hello 时，转到 HelloResource 的调用方法 getHello，而 HelloResource 的 getHello 方法最终调用的是 HelloService 的 getHello 方法。

（3）在开发模式下启动应用

在当前目录下，打开命令行窗口并执行命令 mvnw compile quarkus:dev。

应用启动完毕后，可在任意位置打开一个命令行窗口来执行命令 curl http://localhost:8080/hello，以此验证应用是否正常运行。也可以通过浏览器 URL（http://localhost:8080）访问服务。结果输出都是 hello world。

2.2.2　Quarkus 命令模式

1．Quarkus 命令模式简介

（1）Quarkus 启动命令模式的方式

Quarkus 有两种不同的方法来实现运行并退出应用程序。第 1 种方法是实现 QuarkusApplication，并让 Quarkus 自动运行此方法。第 2 种方法是实现 QuarkusApplication 和 Java 的 main 方法，并使用 Java 的 main 方法启动 Quarkus。

QuarkusApplication 实例被称为应用程序主实例，具有 Java main 方法的类被称为 Java main。可以访问 Quarkus API 的最简单的命令模式应用程序如下所示：

```java
import io.quarkus.runtime.QuarkusApplication;
import io.quarkus.runtime.annotations.QuarkusMain;

@QuarkusMain
public class HelloWorldMain implements QuarkusApplication {
    @Override
    public int run(String... args) throws Exception {
        System.out.println("Hello World");
        return 10;
    }
}
```

@QuarkusMain 注解告诉 Quarkus 这是主入口点。

一旦 Quarkus 启动，就会调用 run 方法，而应用程序在完成时停止。

（2）Quarkus 启动命令的 main 方法

如果我们想使用 Java 的 main 方法来运行应用程序 main，其代码如下：

```
import io.quarkus.runtime.Quarkus;
import io.quarkus.runtime.annotations.QuarkusMain;

@QuarkusMain
public class JavaMain {
    public static void main(String... args) {
        Quarkus.run(HelloWorldMain.class, args);
    }
}
```

这实际上与直接运行 HelloWorldMain 应用程序中的 main 方法相同，但是该方法的优点是可以从 IDE 运行，这样便于调试和监控。

如果实现 QuarkusApplication 并具有 JavaMain 类，则 Java 的 main 方法将运行。建议 Java 的 main 方法只执行很少的逻辑，只需启动应用程序的 main 方法。在开发模式下，Java 的 main 方法在主应用程序不同的类加载器中运行，因此其行为可能不像预期的那样。

QuarkusMain 也支持多种主要方法。一个应用程序中可以有多个主方法，并在构建时在它们之间进行选择。@QuarkusMain 注解采用可选的 name 参数，在生成 quarkus.package.main-class 时配置选项来定义要选择的 name 参数。如果不想使用注解，也可以使用该 name 参数来指定主类的完全限定符。

默认情况下，将使用没有名称的 @QuarkusMain（即空字符串），如果它不存在或 quarkus.package.main-class 未指定，则 Quarkus 将自动生成一个只运行应用程序的主类。

@QuarkusMain 的名称必须唯一（包括空字符串的默认名称）。如果应用程序中有多个 @QuarkusMain 注解，而且名称不唯一，则程序运行将失败，编译通不过。

（3）命令模式程序的基本生命周期

运行命令模式程序时，基本生命周期环节包括：① 启动 Quarkus；② 运行 QuarkusApplication 主方法；③ 在 main 方法返回后关闭 Quarkus 并退出 JVM。

应用程序总是由主线程返回，如果希望在启动时运行一些逻辑，然后像普通应用程序一样运行（即不退出），那么需要在主线程上调用 Quarkus.waitForExit（非命令模式应用程序本质上只运行了一个只调用 waitForExit 的应用程序）。如果希望关闭正在运行的应用程序，而不在主线程中，那么应该调用 Quarkus.asyncExit，以解锁主线程并启用关闭进程。

2．Quarkus 命令模式程序的实现

下面编写一个 Quarkus 命令模式程序的简单实现。在上面的程序中再增加一个类，即命令的启动类。

（1）导入工程项目

导入 Maven 工程项目，可以从 GitHub 上克隆预先准备好的示例代码：

```
git clone https://******.com/rengang66/iiit.quarkus.sample.git（见链接1）
```

该程序位于 "012-quarkus-hello-command-mode" 目录中，是一个 Maven 工程项目。

（2）程序说明

在该程序中，HelloMain 类是核心。com.iiit.quarkus.sample.hello.HelloMain 类负责启动程序，其代码如下：

```java
@QuarkusMain
public class HelloMain implements QuarkusApplication {
    @Inject
    HelloResource service;

    @Override
    public int run(String... args) {
        if(args.length>0) {
            System.out.println("hi,commond mode,this is args:" + args);
        } else {
            System.out.println("hi,commond mode");
        }

        Quarkus.waitForExit();
        return 0;
    }

    public static void main(String... args) {
        Quarkus.run(HelloMain.class, args);
    }
}
```

程序说明：

① @QuarkusMain 注解告诉 Quarkus 使用当前类作为主方法，除非它在配置中被重写。这个主类将引导 Quarkus 并运行它，直到停止。这与自动生成的主类没有什么不同，但是优点是开发者可以直接从 IDE 启动它，而不需要运行 Maven 或 Gradle 命令。

② 如果希望在启动时实际执行业务逻辑（或者编写完成任务后会退出的应用程序），需要给 run 方法提供一个 io.quarkus.runtime.QuarkusApplication 类。在 Quarkus 启动后，将调用应用程序的 run 方法。当此方法返回时，Quarkus 应用程序将退出。

③ 如果希望在启动时执行逻辑，你应该调用 Quarkus.waitForExit 方法，该方法将一直等待请求关闭（来自外部信号，如按 Ctrl+C 组合键时或线程已调用 Quarkus.asyncExit 方法时）。

（3）在命令模式下启动程序

可以直接在 IDE 工具上运行程序。如果 IDE 工具是 Eclipse，选择一级菜单 Run 中的 Run 命令即可启动程序，其界面如图 2-7 所示。

图 2-7　Eclipse 启动命令行界面

如果 IDE 工具是 IntelliJ IDEA，选择一级菜单 Run 中的 Run "HelloMain" 命令即可启动程序，其界面如图 2-8 所示。

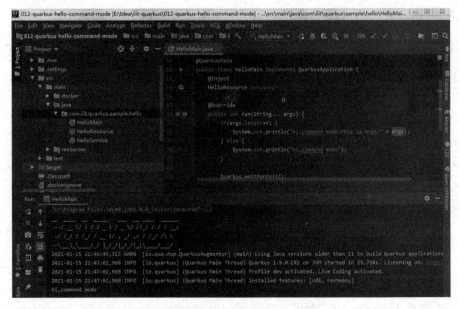

图 2-8　IntelliJ IDEA 启动命令行界面

由于输入了 Quarkus.waitForExit()，因此程序保持原有状态，没有退出。

在程序启动完毕后，可在其他任何位置打开一个新命令行窗口并执行命令 curl http://localhost:8080 来验证程序是否正常运行，也可以通过浏览器 URL（http://localhost:8080）来访问服务。

2.2.3　Quarkus 应用程序生命周期

1．Quarkus 应用程序生命周期简介

Quarkus 应用程序具有生命周期，包括启动、运行、终止等过程。本节主要讲述 Quarkus 应用程序在启动时执行自定义操作，并在应用程序停止时清理所有内容。

Quarkus 应用程序生命周期涉及的事件包括使用 main 方法编写 Quarkus 应用程序、编写运行任务后退出的命令模式程序，以及应用程序启动时或应用程序停止时的通知。

2．Quarkus 应用程序生命周期程序的实现

下面编写一个 Quarkus 应用程序生命周期程序的简单实现。在上面的命令模式程序上增加两个类。

导入 Maven 工程项目，可以从 GitHub 上克隆预先准备好的示例代码：

```
git clone https://******.com/rengang66/iiit.quarkus.sample.git（见链接1）
```

该程序位于"013-quarkus-hello-lifecycle"目录中，是一个 Maven 工程项目。

在该程序中打开 com.iiit.quarkus.sample.hello.AppLifecycleBean 类文件，其代码如下：

```
@ApplicationScoped
public class AppLifecycleBean {
    private static final Logger LOGGER = LoggerFactory.getLogger("ListenerBean");
    @Inject
    AppRuntimeStatusBean bean;
    void onStart(@Observes StartupEvent ev) {
        LOGGER.info("The application is starting...{}", bean.startupStatus());
    }

    void onStop(@Observes ShutdownEvent ev) {
        LOGGER.info("The application is stopping... {}", bean.terminationStatus());
    }
}
```

程序注入了一个 AppRuntimeStatusBean 对象，这样就能调用 AppRuntimeStatusBean 对象的方法。当启动 StartupEvent 事件时，调用 AppRuntimeStatusBean 对象的 startupStatus 方法；

当启动 ShutdownEvent 事件时，调用 AppRuntimeStatusBean 对象的 terminationStatus 方法。

打开 com.iiit.quarkus.sample.hello.AppRuntimeStatusBean 类文件，其代码如下：

```
@ApplicationScoped
public class AppRuntimeStatusBean {
    public String startupStatus() {
        return "hello,this app is open.";
    }
    public String terminationStatus() {
        return "bye bye,this app is close";
    }
}
```

我们在命令模式下启动程序，可以直接在 IDE 工具上运行程序，选择一级菜单 Run 中的 Run 命令即可启动程序。运行程序后的界面如图 2-9 所示。

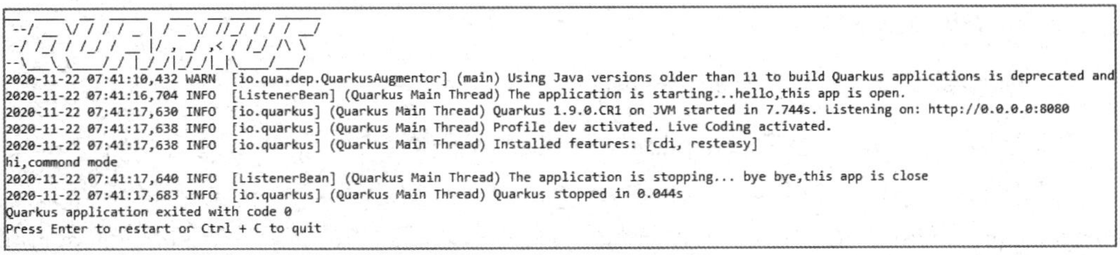

```
2020-11-22 07:41:10,432 WARN  [io.qua.dep.QuarkusAugmentor] (main) Using Java versions older than 11 to build Quarkus applications is deprecated and
2020-11-22 07:41:16,704 INFO  [ListenerBean] (Quarkus Main Thread) The application is starting...hello,this app is open.
2020-11-22 07:41:17,630 INFO  [io.quarkus] (Quarkus Main Thread) Quarkus 1.9.0.CR1 on JVM started in 7.744s. Listening on: http://0.0.0.0:8080
2020-11-22 07:41:17,638 INFO  [io.quarkus] (Quarkus Main Thread) Profile dev activated. Live Coding activated.
2020-11-22 07:41:17,638 INFO  [io.quarkus] (Quarkus Main Thread) Installed features: [cdi, resteasy]
hi,commond mode
2020-11-22 07:41:17,640 INFO  [ListenerBean] (Quarkus Main Thread) The application is stopping... bye bye,this app is close
2020-11-22 07:41:17,683 INFO  [io.quarkus] (Quarkus Main Thread) Quarkus stopped in 0.044s
Quarkus application exited with code 0
Press Enter to restart or Ctrl + C to quit
```

图 2-9 运行程序后的界面

在程序启动后，接着运行，直至退出，其日志如下所示：

```
 2020-11-22 07:41:10,432 WARN  [io.qua.dep.QuarkusAugmentor] (main) Using Java versions older than 11 to build Quarkus applications is deprecated and will be disallowed in a future release!
 2020-11-22 07:41:16,704 INFO  [ListenerBean] (Quarkus Main Thread) The application is starting...hello,this app is open.
 2020-11-22 07:41:17,630 INFO  [io.quarkus] (Quarkus Main Thread) Quarkus 1.9.0.CR1 on JVM started in 7.744s. Listening on: http://0.0.0.0:8080
 2020-11-22 07:41:17,638 INFO  [io.quarkus] (Quarkus Main Thread) Profile dev activated. Live Coding activated.
 2020-11-22 07:41:17,638 INFO  [io.quarkus] (Quarkus Main Thread) Installed features: [cdi, resteasy]
hi,commond mode
 2020-11-22 07:41:17,640 INFO  [ListenerBean] (Quarkus Main Thread) The application is stopping... bye bye,this app is close
 2020-11-22 07:41:17,683 INFO  [io.quarkus] (Quarkus Main Thread) Quarkus stopped in 0.044s
Quarkus application exited with code 0
```

通过日志可以看到，Quarkus Main Thread 首先启动的是 StartupEvent 事件，之后才开启 JVM 并启动监听端口，然后是处理配置文件，接着开始安装 Quarkus 的外部扩展组件，并进入运行模式，监听外部信息。最后结束流程。

虚拟机模式和原生模式稍微有一点区别，也就是在虚拟机模式下，StartupEvent 事件总是在（ApplicationScoped.class）的@Initialized 之后被触发，而关闭事件在@destroy 之前被触发（ApplicationScoped.class）。但是，在原生模式下，可执行程序@Initialized(ApplicationScoped.class)在原生模式的构建过程中被触发，而 StartupEvent 事件在生成原生模式镜像时被触发。

在 CDI 应用程序中，带有限定符@Initialized 的事件（ApplicationScoped.class）在初始化应用程序上下文时被触发。

2.2.4　Quarkus 配置文件

1. Quarkus 配置文件简介

（1）Quarkus 配置属性的文件和程序访问

默认情况下，Quarkus 会读取 application.properties 配置文件。Quarkus 遵循 MicroProfile 配置规范在应用程序中注入配置，注入使用@ConfigProperty 注解。当以编程方式访问配置文件 application.properties 时，可以通过访问配置方法 org.eclipse.microprofile.config.ConfigProvider.getConfig 来实现。

Quarkus 常用配置信息只在创建应用程序时才有效，在应用程序运行时有可能会被覆盖。

（2）Quarkus 配置属性列表

Quarkus 的配置属性非常多，可参阅官网上的说明。该网站中列出了大部分 Quarkus 配置属性，Quarkus 第三方扩展组件基本上都有自己的配置属性，所以 Quarkus 的配置参数也基本上是按照 Quarkus 扩展组件来分类的。这些类别包括但不限于 AWS Lambda、Agroal Database connection pool、Amazon DynamoDB Client、Amazon IAM、Amazon KMS、Amazon S3、Amazon SES、Amazon SNS、Amazon SQS、Apache Kafka、Apache Tika、ArC、Artemis Core、Cache、Consul Config、Container Image、Datasource configuration、Eclipse Vert.x、Elasticsearch REST Client、Elytron Security、Flyway、Funqy、Google Cloud Functions、Hibernate、Infinispan Client、Jaeger、Keycloak Authorization、Kubernetes、Liquibase、Logging、Mailer、Micrometer Metrics、MongoDB Client、Narayana JTA、Neo4j Client、OpenID Connect、Picocli、Quarkus Core、Console Logging、Quarkus Extension for Spring Cloud Config Client、Quartz、Qute Templating、RESTEasy JAX-RS、Reactive DB2 Client、Redis Client、Scheduler、SmallRye、Swagger UI、Undertow、Vault、gRPC 等。

基本上每个 Quarkus 扩展组件都有其对应的配置信息，这些配置信息都统一在 application.properties 文件中进行定义。

（3）Quarkus 支持多配置文件

Quarkus 允许同一个文件中存在多个配置，并通过配置文件名在它们之间进行选择。

语法是%{profile}.config.key=value.，示例如下：

```
quarkus.http.port=9090
%dev.quarkus.http.port=8181
```

其含义是：Quarkus HTTP 端口为 9090，但当 dev 配置文件处于活动状态时，Quarkus HTTP 端口为 8181。

尽管可以使用任意多个配置文件，可是在默认情况下，Quarkus 只有如下 3 个配置文件。

- 开发阶段：在开发模式下激活（即 quarkus:dev）。
- 测试阶段：在运行测试时激活（即 quarkus:test）。
- prod 阶段：不在开发或测试模式下运行时的默认配置文件。

有两种方法可以设置自定义配置文件，即通过 quarkus.profile 文件系统属性或 QUARKUS_PROFILE 环境变量。如果两者都已设置，则系统属性优先。不需要在任何地方定义这些配置文件的名称，只需使用配置文件名称创建一个配置属性，然后将当前配置文件设置为该名称。例如，如果想要一个具有不同 HTTP 端口的 staging profile 文件，可以将以下内容添加到 application.properties 文件中：

```
quarkus.http.port=9090
%staging.quarkus.http.port=9999
```

2．Quarkus 配置文件程序的实现

下面编写一个 Quarkus 配置文件程序的简单实现。

（1）导入工程项目

导入 Maven 工程项目，可以从 GitHub 上克隆预先准备好的示例代码：

```
git clone https://******.com/rengang66/iiit.quarkus.sample.git（见链接 1）
```

该程序位于 "014-quarkus-hello-config" 目录中，是一个 Maven 工程项目。

（2）程序说明

在该程序目录下，有一个 application.properties 配置文件，还有一个 application.properties 配置文件标准样例（该文件可通过 mvnw quarkus:generate-config 来生成）。

打开 application.properties 配置文件：

```
hello.message = config-hello
hello.name = config-quarkus
configProvider.message = configProvider-quarkus
quarkus.http.port=8080
%dev.quarkus.http.port=8081
%test .quarkus.http.port=8082
...
```

关于 HTTP 端口，在正常环境条件下，程序会监听 8080 端口。在开发环境下（即配置文件的%dev.quarkus.http.port=8081），程序会监听 8081 端口。在测试环境下（即配置文件的%test .quarkus.http.port=8082），程序会监听 8082 端口。

除去配置信息的内容，后续有很多已经注解掉的配置信息，是通过下面的命令来实现的：

```
mvnw quarkus:generate-config -Dfile=application.properties
```

开发者可根据具体工程的配置需求，对配置信息进行增加、修改和删除。

打开 com.iiit.quarkus.sample.hello.HelloResource 类文件，其代码如下：

```java
@Path("/hello")
public class HelloResource {
    @Inject
    HelloService service;

    @GET
    @Produces(MediaType.TEXT_PLAIN)
    public String getHello() {
        return service.getHello();
    }

    @GET
    @Produces(MediaType.TEXT_PLAIN)
    @Path("/config")
    public String getConfigProvider() {
        return service.getConfigProvider();
    }

    @GET
```

```java
    @Produces(MediaType.TEXT_PLAIN)
    @Path("/{name}")
    public String getHello(@PathParam("name") String name) {
        return service.getHello(name);
    }
}
```

程序说明：HelloResource 类是一个资源类，通过 getConfigProvider 方法，暴露/config 外部服务。

在 HelloResource 类中注入一个 HelloService 对象，其代码如下：

```java
@ApplicationScoped
public class HelloService {
    @ConfigProperty(name = "hello.message")
    String message;

    @ConfigProperty(name = "hello.name", defaultValue = "reng")
    String helloName;

    public String getHello() { return message; }

    public String getHello(String name) { return helloName+":" + name;   }

    public String getConfigProvider() {
        String message = ConfigProvider.getConfig().getValue("config-Provider. message", String.class);
        return message ;
    }
}
```

程序说明：

① 对于 message 和 helloName 两个属性，分别使用@ConfigProperty 注解注入。

② 对于 getConfigProvider 方法，通过访问配置方法 org.eclipse.microprofile.config.ConfigProvider. getConfig 来实现。

（3）在命令模式下启动程序

可以直接在 IDE 工具上运行 HelloMain 程序，即选择一级菜单 Run 下的 run 命令启动程序。

在程序启动后，可以分别执行下列命令，并观察获取到的不同结果：

```
curl http://localhost:8081/hello
```

```
curl http://localhost:8081/hello/config
curl http://localhost:8081/hello/reng
```

注意：这里的监听端口是 8081，因为程序是在开发模式下启动的。

3. Quarkus 组件常用配置信息及其说明

Quarkus 组件采用了统一配置方式，即所有扩展组件的配置信息都放在统一的 application.properties 文件中，这样的配置属性有几千个，表 2-1 中列出的是 Quarkus 常用配置信息及其简介。

表 2-1　Quarkus 常用配置信息及其简介

属性名称	简介	默认值
quarkus.http.root-path	这是 Quarkus 的 HTTP 根目录，所有 Web 内容都将相对于此根路径提供服务	
quarkus.http.port	Quarkus 程序 HTTP 端口	8080
quarkus.http.test-port	Quarkus 程序测试的 HTTP 端口	8081
quarkus.http.host	开发/测试模式下的 HTTP 主机默认为 localhost，在 prod 模式下，默认为 0.0.0.0，这样将使 Quarkus 更容易部署到容器	localhost
quarkus.args	传递给命令行的参数。arg 参数不是一个列表，因为 arg 是用空格分隔的，而不是用逗号	
quarkus.application.name	应用程序的名称。如果未设置，则默认为项目名称（完全未设置的测试除外）	
quarkus.application.version	应用程序的版本。如果未设置，则默认为项目的版本（完全未设置的测试除外）	
quarkus.banner.path	可以使用提供的横幅，并输入横幅文件的路径（相对于类路径的根路径）	default_banner.txt
quarkus.banner.enabled	是否显示横幅	
quarkus.log.level	根类别的日志级别，用作所有类别的默认日志级别	

2.2.5　Quarkus 日志配置

1. Quarkus 日志配置简介

（1）Quarkus 支持的日志组件

Quarkus 支持的日志组件有 JDK java.util.logging、JBoss Logging、SLF4J、Apache Commons Logging 等。其内部默认使用 JBoss 日志记录，可供开发者在应用程序中直接使用，无须为日志添加其他依赖项。如果开发者使用 JBoss 日志记录，但是其中一个 Java 库使用了不同的日志 API，则需要配置日志适配器。

（2）Quarkus 日志级别

以下是 Quarkus 使用的日志级别。

- OFF（关闭日志）：关闭日志记录的特殊级别。
- FATAL（致命日志）：严重的服务故障/完全无法处理任何类型的请求。
- ERROR（错误日志）：请求中的严重中断或无法为请求提供服务。
- WARN（警告日志）：不需要立即纠正的非关键服务错误或问题。
- INFO（信息日志）：服务生命周期事件或重要的相关极低频信息。服务生命周期事件或重要性相当低的信息。
- DEBUG（调试日志）：传递有关生命周期或非请求绑定事件的额外信息的消息，这些信息可能有助于调试。
- TRACE（跟踪日志）：传递额外的每个请求调试信息的消息，这些消息的出现频率可能非常高。
- ALL（所有日志）：所有消息的特殊级别，包括自定义级别。

此外，可以为运行的应用程序和库配置以下级别的 java.util.logging 文件。

- SEVERE（严重日志）：与错误日志相同。
- WARNING（警示日志）：与警告日志相同。
- CONFIG（配置日志）：服务配置信息。
- FINE（正常日志）：与调试日志相同。
- FINER（复杂日志）：与跟踪（TRACE）日志相同。
- FINEST（精细日志）：该日志比跟踪日志含更多的调试信息，可能出现的频率更高。

（3）Quarkus 日志运行时配置

日志记录是按类别配置的。每个类别都可以独立配置，应用在某一个类别的配置也将应用于该类别的所有子类别，除非定义了更具体的子类别配置。对于每个类别，都应用 console/file/syslog 配置的相同设置，也可以通过将一个或多个命名处理程序附加到类别来重写这些处理程序。

根记录器类别是单独处理的，并通过相关属性来进行配置。如果给定记录器类别不存在级别配置，则检查封闭（父）类别。如果没有配置包含相关类别的类别，则使用根记录器配置。

（4）Quarkus 日志格式

默认情况下，Quarkus 使用日志格式化程序来生成可读的文本日志。

可以通过专用属性为每个日志处理程序配置格式，例如对于控制台处理程序，属性为 quarkus.log.console.format。

可以更改控制台日志的输出格式，由外部环境服务捕获 Quarkus 应用程序日志输出功能将非常有用，例如，可以处理和存储日志信息以供以后分析。

（5）日志处理程序

日志处理程序是一个日志组件，负责向接收者发送日志事件。Quarkus 有 3 种不同的日志处理程序：控制台、文件和系统日志。

- 控制台日志处理程序：默认情况下，将启用控制台日志处理程序。日志处理程序将所有日志事件输出到应用程序的控制台。
- 文件日志处理程序：默认情况下，文件日志处理程序处于禁用状态。日志处理程序将所有日志事件输出到应用程序主机上的一个文件中。它支持日志文件旋转。
- 系统日志处理程序：Syslog 是一种使用 RFC5424 定义的协议，是在类 UNIX 系统上发送日志消息的协议。Syslog 处理程序将所有日志事件发送到 Syslog 服务器。默认情况下，该功能处于禁用状态。

2．Quarkus 日志配置程序的实现

下面编写一个 Quarkus 日志配置程序的简单实现。

（1）导入工程项目

导入 Maven 工程项目，可以从 GitHub 上克隆预先准备好的示例代码：

```
git clone https://******.com/rengang66/iiit.quarkus.sample.git（见链接1）
```

该程序位于"015-quarkus-hello-logging"目录中，是一个 Maven 工程项目。

（2）程序说明

在该程序中，打开 com.iiit.quarkus.sample.hello.LoggingFilter 类文件，其代码如下：

```
@Provider
public class LoggingFilter implements ContainerRequestFilter {
    private static final Logger LOG = Logger.getLogger(LoggingFilter.class);

    @Context
```

```
        UriInfo info;

        @Context
        HttpServerRequest request;

        @Override
        public void filter(ContainerRequestContext context) {
            final String method = context.getMethod();
            final String path = info.getPath();
            final String address = request.remoteAddress().toString();
            LOG.infof("Request %s %s from IP %s", method, path, address);
        }
    }
```

程序说明：

① @Provider 注解表明自定义类，说明 LoggingFilter 类是实现了 ContainerRequestFilter 的自定义类，然后实现具体的 filter 方法。

② filter 方法可以实现在日志上显示外部调用 Request 方法的名称、访问路径和 IP 地址。

（3）在命令模式下启动程序

可以直接在 IDE 工具上运行 HelloMain 程序，即运行一级菜单 Run 中的 Run 命令启动程序。

在程序启动后，可以分别运行下列命令，并观察日志的记录信息：

```
curl http://localhost:8080/hello
curl http://localhost:8080/hello/config
curl http://localhost:8080/hello/reng
```

2.2.6 缓存系统数据

1. Quarkus 内部缓存简介

本节将介绍如何在 Quarkus 应用程序的任何 CDI 管理的 Bean 中启用应用程序数据缓存。

Quarkus 会对缓存进行注解，即 Quarkus 提供了一组可以在 CDI 管理的 Bean 中使用的注解来启用缓存功能。这些注解分别介绍如下。

■ @CacheResult，尽可能不执行方法体，从缓存加载方法结果。

当使用@CacheResult 注解的方法被调用时，Quarkus 将计算一个缓存键并使用它检查缓存中是否已经调用了该方法。如果该方法有一个或多个参数，则从所有方法参数或用@CacheKey 注解的所有参数来计算键。作为键一部分的每个非基元方法参数，必须正确实现 equals 方法和

hashCode 方法，只有这样缓存才能按预期工作。该注解也可以用于没有参数的方法，在这种情况下，将使用从缓存名称派生的默认键。如果在缓存中找到一个值，则返回该值，而带注解的方法不会实际执行。如果找不到值，则调用带注解的方法，并使用计算出来的键将返回的值存储到缓存中。

使用@CacheResult 注解的方法受缓存锁定未命中机制的保护。如果多个并发调用尝试从同一个丢失的键中检索缓存值，则该方法将只被调用一次。第一个并发调用将触发方法调用，而随后的并发调用将等待方法调用结束后才能获取缓存的结果。lockTimeout 参数可用于给定延迟后的中断锁定。默认情况下，锁定超时是禁用的，这意味着锁定不会中断。该注解不能用于返回 void 的方法，但 Quarkus 能够缓存空值。

- @CacheInvalidate，从缓存中移除项。

当使用@CacheInvalidate 注解的方法被调用时，Quarkus 将计算一个缓存键并使用它尝试从缓存中删除现有项。如果该方法有一个或多个参数，则从所有方法参数或使用@CacheKey 注解的所有参数来计算键。该注解也可以用于没有参数的方法，在这种情况下，将使用从缓存名称派生的默认键。如果该键没有标识任何缓存项，则不会发生任何事情。

- @CacheInvalidateAll，当使用@CacheInvalidateAll 注解的方法被调用时，Quarkus 将删除缓存中的所有条目。

- @CacheKey，当方法参数使用@CacheKey 注解时，在调用由 @CacheResult 或 @CacheInvalidate 注解的方法时，@CacheKey 才会被标识为缓存键的一部分。该注解是可选的，仅当某些方法参数不是缓存键的一部分时才应使用。

复合缓存密钥生成逻辑是，如果一个缓存键是由多个方法参数共同构建的，那么不管它们是否用@CacheKey 显式标识，构建逻辑都取决于这些参数在方法签名中出现的顺序。另一方面，参数名根本不会被使用，因此对缓存键没有任何影响。

2．Quarkus 内部缓存程序的实现

下面编写一个 Quarkus 内部缓存程序的简单实现。

（1）导入工程项目

导入 Maven 工程项目，可以从 GitHub 上克隆预先准备好的示例代码：

```
git clone https://******.com/rengang66/iiit.quarkus.sample.git（见链接1）
```

该程序位于"016-quarkus-hello-cache"目录中，是一个 Maven 工程项目。

（2）程序说明

在该程序中，打开 com.iiit.quarkus.sample.hello.HelloResource 类文件，其代码如下：

```java
@Path("/hello")
public class HelloResource {

    private static final Logger LOG = Logger.getLogger(HelloResource.class);

    @Inject
    HelloService service;

    @GET
    @Produces(MediaType.TEXT_PLAIN)
    public String getHello() {
        long executionStart = System.currentTimeMillis();
        String hello = service.getHello();
        long executionEnd = System.currentTimeMillis();
        long execution = executionEnd - executionStart;
        LOG.infof(hello + execution);
        return hello + execution;
    }
}
```

程序说明：

① HelloResource 类注入了带有缓存处理的 HelloService 对象。

② HelloResource 类通过两次调用 HelloService 对象方法所用的时间计算出时间差，这样可以了解两次调用之间的区别。

打开程序中的 com.iiit.quarkus.sample.hello.HelloService 类文件，其代码如下：

```java
@ApplicationScoped
public class HelloService {
    @ConfigProperty(name = "hello.message")
    String message;

    @CacheResult(cacheName = "hello-cache")
    public String getHello() {
        try {
            Thread.sleep(2000L);
        } catch (InterruptedException e) {
            Thread.currentThread().interrupt();
        }
        return "获取"+message+"的时间：";
    }
}
```

程序说明：

① @CacheResult(cacheName = "hello-cache")定义了一个名为 hello-cache 的缓存值。

② 当第一次从外部调用 getHello 方法时，会沉睡 2000μs，然后返回调用时间。当第二次及以后调用该方法时，由于从缓存中获取数据，故调用时间非常短。

（3）在命令模式下启动程序

可以直接在 IDE 工具上运行 HelloMain 程序，即选择一级菜单 Run 中的 run 命令启动程序。

在程序启动后，可以反复执行命令 curl http://localhost:8080/hello 并观察反馈信息。这时的开发工具控制台反馈信息如下：

```
2021-01-13  11:12:46,580  INFO  [com.iii.qua.sam.hel.HelloResource] (executor-thread-198) 获取 config-hello 的时间: 2002
2021-01-13  11:12:58,093  INFO  [com.iii.qua.sam.hel.HelloResource] (executor-thread-198) 获取 config-hello 的时间: 0
2021-01-13  11:13:00,992  INFO  [com.iii.qua.sam.hel.HelloResource] (executor-thread-198) 获取 config-hello 的时间: 0
2021-01-13  11:13:03,812  INFO  [com.iii.qua.sam.hel.HelloResource] (executor-thread-198) 获取 config-hello 的时间: 0
2021-01-13  11:13:06,773  INFO  [com.iii.qua.sam.hel.HelloResource] (executor-thread-198) 获取 config-hello 的时间: 0
```

可以看到，第一次获取数据的时间最长，其后获取数据的时间都为 0。

2.2.7 基础开发案例

Quarkus 基础开发案例及其简介如表 2-2 所示。

表 2-2 Quarkus 基础开发案例及其简介

案 例 名 称	简 介	关 键 词
010-quarkus-hello	一个 hello world 程序	hello world
011-quarkus-hello-cdi	一个 CDI 简单应用的 Quarkus 案例	CDI
012-quarkus-hello-command-mode	介绍 Quarkus 命令模式的简单案例	command-mode
013-quarkus-hello-lifecycle	介绍 Quarkus 生命周期的简单案例	lifecycle
014-quarkus-hello-config	介绍 Quarkus 配置管理的简单案例	config
015-quarkus-hello-logging	介绍 Quarkus 日志管理的简单案例	logging
016-quarkus-hello-cache	介绍 Quarkus 缓存处理的简单案例	cache

2.3 GoF 设计模式的 Quarkus 实现

2.3.1 GoF 设计模式简介

自从 GoF（Erich Gamma、Richard Helm、Ralph Johnson 和 John Vlissides 这 4 位博士）的《设计模式：可复用面向对象软件的基础》问世以来，全世界的开发者形成了学习、使用设计模式的热潮。在本节中，会结合 Quarkus 和具体语言来完成 GoF 设计模式的实现，一方面对设计模式进行了诠释和给出了案例说明，另一方面也可以学习 Quarkus 开发的一些基本技巧。

GoF 设计模式总共 23 种，可分为如下 3 类。

（1）**创建型模式（Creational Pattern）**：主要负责对象的创建工作，其应用过程不再是简单地直接实例化对象。创建型模式包括工厂方法（Factory Method）模式、抽象工厂（Abstract Factory）模式、构造器（Builder）模式、原型（Prototype）模式及单例（Singleton）模式等 5 种模式。

（2）**结构型模式（Structural Pattern）**：一般用于复杂的用户界面和统计数据，结构型模式描述了如何组合类与对象以形成更大的结构，包括适配器（Adapter）模式、桥梁（Bridge）模式、组合（Composite）模式、装饰（Decorator）模式、门面（Facade）模式、享元（Flyweight）模式和代理（Proxy）模式等 7 种模式。

（3）**行为型模式（Behavioral Pattern）**：主要用于精确定义系统中对象之间的通信流程，以及在一些相当复杂的程序中如何控制该流程。通常可以分为职责链（Chain of Responsibility）模式、命令（Command）模式、解释器（Interpreter）模式、迭代器（Iterator）模式、调停者（Mediator）模式、备忘录（Memento）模式、观察者（Observer）模式、状态（State）模式、策略（Strategy）模式、模板（Template）模式和访问者（Visitor）模式等 11 种模式。

本节按照 23 种设计模式分别完成实现和讲解。首先给出设计模式的经典概念，并结合设计模式来分析和解析；然后针对设计模式虚拟应用场景进行介绍；最后对应用场景进行编程实现。

2.3.2 GoF 设计模式案例的 Quarkus 源码结构及演示

获取代码，可以从 GitHub 上克隆预先准备好的示例代码：

```
git clone https://******.com/rengang66/iiit.quarkus.sample.git（见链接1）
```

该程序位于"018-quarkus-sample-gof23"目录中，是一个 Maven 工程项目。

导入 Maven 工程项目，这是一个典型的 Maven 工程的结构。程序结构如图 2-10 所示。

图 2-10　程序结构

在基于 Quarkus 的 GoF 设计模式中，每个模式程序都由其名称、位置和主程序类组成。表 2-3 列出了程序的设计模式名称、程序源码位置和主程序类表。

表 2-3　程序的设计模式名称、程序源码位置和主程序类表

模式名称	源码位置	主程序类
工厂方法模式	com.iiit.quarkus.sample.gof23.creationalpattern.factorymethod	FactorymethodClient
抽象工厂模式	com.iiit.quarkus.sample.gof23.creationalpattern.abstractfactory	AbstractfactoryClient
构造器模式	com.iiit.quarkus.sample.gof23.creationalpattern.builder	BuilderClient
原型模式	com.iiit.quarkus.sample.gof23.creationalpattern.prototype	PrototypeClient
单例模式	com.iiit.quarkus.sample.gof23.creationalpattern.singleton	SingletonClient
适配器模式	com.iiit.quarkus.sample.gof23.structuralpattern.adapter	AdapterClient
桥梁模式	com.iiit.quarkus.sample.gof23.structuralpattern.bridge	BridgeClient
组合模式	com.iiit.quarkus.sample.gof23.structuralpattern.composite	CompositeClient
装饰模式	com.iiit.quarkus.sample.gof23.structuralpattern.decorator	DecoratorClient
门面模式	com.iiit.quarkus.sample.gof23.structuralpattern.facade	FacadeClient
享元模式	com.iiit.quarkus.sample.gof23.structuralpattern.flyweight	FlyweightClient
代理模式	com.iiit.quarkus.sample.gof23.structuralpattern.proxy	ProxyClient

续表

模式名称	源码位置	主程序类
职责链模式	com.iiit.quarkus.sample.gof23.behavioralpattern.chainofresponsibility	ChainofresponsibilityClient
命令模式	com.iiit.quarkus.sample.gof23.behavioralpattern.command	CommandClient;
解释器模式	com.iiit.quarkus.sample.gof23.behavioralpattern.interpreter	InterpreterClient
迭代器模式	com.iiit.quarkus.sample.gof23.behavioralpattern.iterator	IteratorClient
调停者模式	com.iiit.quarkus.sample.gof23.behavioralpattern.mediator	MediatorClient
备忘录模式	com.iiit.quarkus.sample.gof23.behavioralpattern.memento	MementoClient
观察者模式	com.iiit.quarkus.sample.gof23.behavioralpattern.observer	ObserverClient
状态模式	com.iiit.quarkus.sample.gof23.behavioralpattern.state	StateClient
策略模式	com.iiit.quarkus.sample.gof23.behavioralpattern.strategy	StrategyClient
模板模式	com.iiit.quarkus.sample.gof23.behavioralpattern.template	TemplateClient
访问者模式	com.iiit.quarkus.sample.gof23.behavioralpattern.visitor	VisitorClient

有 3 种方式可以演示应用程序的执行效果。

第 1 种是在通过 Quarkus 开发模式启动程序后，在命令行窗口中键入相关内容，查看演示效果。

例如，要查看工厂方法模式的演示效果，步骤如下。

（1）在程序目录下输入命令 mvnw compile quarkus:dev，启动程序。

（2）在命令行窗口中键入命令 curl http://localhost:8080/gof23/factorymethod。

（3）在 Quarkus 的命令行窗口中可以看到输出结果，如图 2-11 所示。

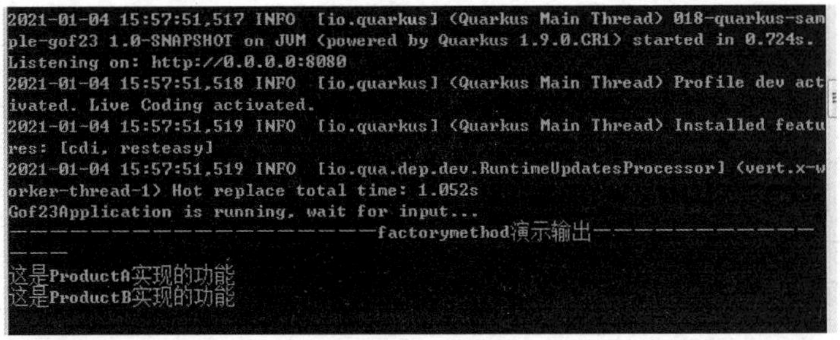

图 2-11 工厂方法模式在开发模式下的演示效果图

对于这种模式，程序目录中有一个执行文件 quarkus-sample-gof23-test.cmd，可以一次性演示全部效果。

第 2 种是在 Gof23Application 类上通过 Quarkus 命令模式启动程序，然后在命令行窗口中键入相关内容，查看演示效果。

例如，要查看工厂方法模式的演示效果，步骤如下。

（1）在开发工具（如 Eclipse）中执行 Gof23Application 类的 run 命令，启动程序。

（2）在命令行窗口中键入命令 curl http://localhost:8080/gof23/factorymethod。

（3）在开发工具（如 Eclipse）的控制台窗口中可以看到输出结果，如图 2-12 所示。

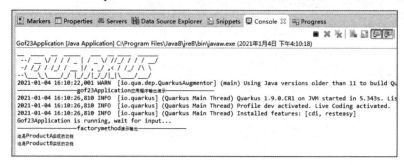

图 2-12　工厂方法模式在命令模式下结合外部调用的演示效果图

对于这种模式，程序目录下有一个执行文件 quarkus-sample-gof23-test.cmd，可以一次性演示全部效果。

第 3 种是在设计模式的各个主程序类上，通过命令模式运行程序，查看演示效果。

例如，要查看工厂方法模式的演示效果，步骤如下。

（1）首先打开工厂方法模式的 FactorymethodClient 类文件，然后在开发工具（如 Eclipse）中执行 run 命令，启动程序。

（2）在开发工具（如 Eclipse）的控制台窗口中可以看到输出结果，如图 2-13 所示。

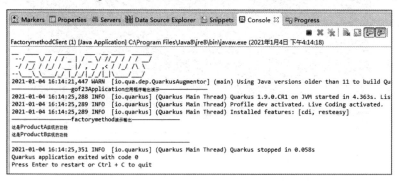

图 2-13　工厂方法模式在命令模式下的演示效果图

其他 22 种设计模式都可以参照上述 3 种方式来查看演示效果。

2.3.3 案例场景、说明和 Quarkus 源码实现

为了方便理解程序，下面对设计模式及其应用场景进行简要说明，这样可以了解各个案例具体的实现过程并理解 Quarkus 使用方法。

1. 工厂方法模式

（1）标准定义和分析说明

工厂方法模式标准定义：定义一个用于创建对象的接口，让子类决定实例化哪一个类。工厂方法使一个类的实例化延迟到其子类。工厂方法模式是一个创建型模式，它要求工厂类和产品类分开，由一个工厂类根据传入的参数决定创建哪一种产品类的实例，但这些不同的实例有共同的父类。工厂方法把创建这些实例的具体过程封装了起来，当一个类无法预料将要创建哪个类的对象或一个类需要由子类来指定创建的对象时，就需要用到工厂方法模式了。

（2）应用场景举例

比如某一类公司能提供一种产品，但是这种产品有不同的型号。当客户需要一种产品，但是没有具体给出是哪一种型号，只是提供了一些产品参数时，公司就根据这些参数来提供产品，这就是工厂方法模式。

在这里，可以把公司（Company）理解为抽象工厂角色；把 CompanyA 理解为具体工厂（Concrete Creator）角色；把 Product 理解为抽象产品（Product）角色；把 ProductA 和 ProductB 理解为具体产品（Concrete Product）角色。图 2-14（遵循 UML 2.0 规范绘制）是实现该应用场景的类结构图。

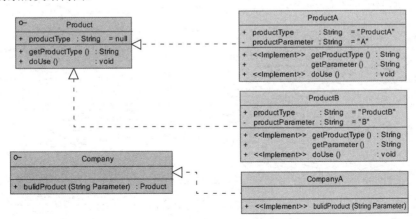

图 2-14　工厂方法模式的应用案例类结构图

2. 抽象工厂模式

（1）标准定义和分析说明

抽象工厂模式标准定义：提供一个创建一系列相关或相互依赖对象的接口，而无须指定它们具体的类。抽象工厂模式是一个创建型模式，与工厂方法模式一样，它要求工厂类和产品类分开。但是核心工厂类不再负责所有产品的创建，而是将具体的创建工作交给子类去做，成为一个抽象工厂角色，仅负责给出具体工厂类必须实现的接口，而不接触哪一个产品类应当被实例化这种细节，由一个具体的工厂类负责创建产品族中的各个产品。其实质就是由 1 个工厂类层次、N 个产品类层次和 $N×M$ 个产品组成的。

（2）应用场景举例

比如，几家公司同时能生产计算机和电话，但是计算机系列包括 PC 机、笔记本电脑和服务器，电话系列包括座机电话和手机，对于这种情况就可以采用抽象工厂模式。

在这里，可以把 Company 理解为抽象工厂（Abstract Factory）角色；把 CompanyA 和 CompanyB 理解为具体工厂（Concrete Creator）角色；把 Computer 和 Telephone 理解为两类不同的抽象产品（Product）角色；把 NotebookComputer 和 PersonalComputer 理解为基于 Computer 抽象产品的具体产品（Concrete Product）角色；把 DesktopPhone 和 Mobile 理解为基于 Telephone 抽象产品的具体产品（Concrete Product）角色。图 2-15（遵循 UML 2.0 规范绘制）是实现该应用场景的类结构图。

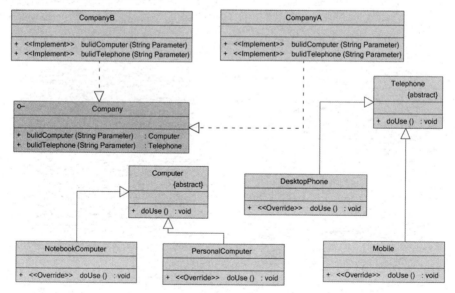

图 2-15 抽象工厂模式的应用案例类结构图

3. 构造器模式

（1）标准定义和分析说明

构造器模式标准定义：将一个复杂对象的构建与它的表示分离，使得同样的构建过程可以创建不同的表示。构造器模式属于创建型模式，它就是将产品的内部表象和产品的生成过程分割开来，从而使一个构建过程生成具有不同内部表象的产品对象。构造器模式使得产品内部表象可以独立变化，客户不必知道产品内部组成的细节。构造器模式可以强制实行一种分步骤进行的构造过程。构造器模式就是解决这类问题的一种思想方法——将一个复杂对象的构建与它的表示分离，使得同样的构建过程可以创建不同的表示。

（2）应用场景举例

比如，公司要做一个软件项目，该软件项目由可行性研究、技术交流、投标、签订合同、需求调研、系统设计、系统编码、系统测试、系统部署和实施、系统维护等多个过程组成，但是不同的项目由不同的过程组成，对于这种情况就可以采用构造器模式。

对于非投标项目 ProjectA，只有需求调研、系统设计、系统编码、系统测试、系统部署和实施、系统维护等过程，这时就可以采用构造器模式。可以把 AbstractProjectProcessBuilder 理解为抽象构造者（Builder）角色；把 ConcreteProjectProcessBuilder 理解为实现抽象构造者（Builder）角色的具体构造者（Concrete Builder）角色；把 ProjectA 理解为导演者（Director）角色和产品（Product）角色的结合。图 2-16（遵循 UML 2.0 规范绘制）是实现该应用场景的类结构图。

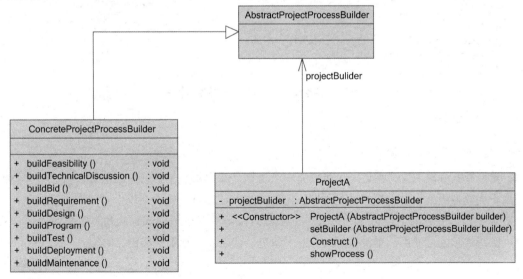

图 2-16 构造器模式的应用案例类结构图

4．原型模式

（1）标准定义和分析说明

原型模式标准定义：用原型实例指定创建对象的种类，并且通过复制（克隆）这些原型创建新的对象。原型模式也是一种创建型模式。当一个系统应该独立于它的产品创建、构成和表示，以及要实例化的类是在运行时指定的时候，可使用原型模式。原型模式适用于任何等级结构。原型模式的缺点是每一个类都必须配备一个克隆方法。

（2）应用场景举例

比如，公司对各个产品都有自己的宣传资料，每个宣传资料都是首先对公司进行介绍，然后对公司组织结构进行介绍，中间内容才是对产品的技术介绍、案例说明，最后还要留下公司的通信联系方式。不同产品的宣传资料中公司介绍、组织结构介绍和通信联系方式都是一样的，这样就可以采用原型模式，从基本的公司产品资料中克隆出一个介绍模板，然后根据具体产品来加上产品的技术参数。

在这里，可以把 AbstractPrototype 类理解为抽象原型（Prototype）角色，把 CompanyBaseIntroduction 理解为具体原型（Concrete Prototype）角色。图 2-17（遵循 UML 2.0 规范绘制）是实现该应用场景的类结构图。

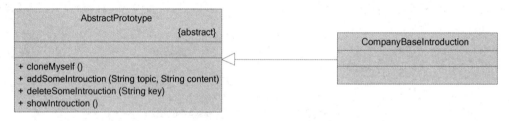

图 2-17　原型模式的应用案例类结构图

5．单例模式

（1）标准定义和分析说明

单例模式标准定义：保证一个类仅有一个实例，并提供一个访问它的全局访问点。单例模式属于创建型模式。单例模式就是采取一定的方法保证在整个软件系统中对某个类只能存在一个对象实例，并且其他类可以通过某种方法访问该实例。单例模式只应在有真正的"单一实例"的需求时才可使用。单例模式只有一个角色，就是要进行唯一实例化的类。

（2）应用场景举例

比如，公司规定一个市场用户只能由一个市场人员跟踪。最初用户联系公司的时候，任命一个市场人员负责这个用户，以后这个用户再联系公司时，仍由指定的这个市场人员负责。

在这里，SaleMan 类是一个要求唯一实例化的类，ServiceManager 类是一个提供唯一实例化方法的类。图 2-18（遵循 UML 2.0 规范绘制）是实现该应用场景的类结构图。

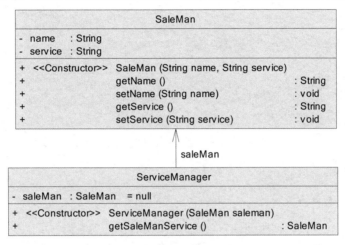

图 2-18　单例模式的应用案例类结构图

6．适配器模式

（1）标准定义和分析说明

适配器模式标准定义：将一个类的接口转换成客户希望的另一个接口，使得原本由于接口不兼容而不能一起工作的那些类可以一起工作。适配器模式属于结构型模式。适配器模式也叫变压器模式，也叫包装器模式。

（2）应用场景举例

比如，公司的客户与公司设计代码的开发人员直接进行交流比较困难，这时加入一个需求分析人员，就可以使事情变得简单。客户把自己的想法告诉需求分析人员，需求分析人员把用户需求转化成需求分析，并告诉设计代码的开发人员如何进行设计和实现。需求分析人员就是一个适配器，把两个毫无联系的人员匹配起来。在软件外包行业内就有这样的实际情况。

在这里，可以把 Customer 类理解为目标（Target）角色；把 Designer 类理解为源（Adapter）角色；把 Analyst 类理解为适配器（Adapter）角色。图 2-19（遵循 UML 2.0 规范绘制）是实现该应用场景的类结构图。Analyst 类继承自 Customer 类并关联 Designer 类。

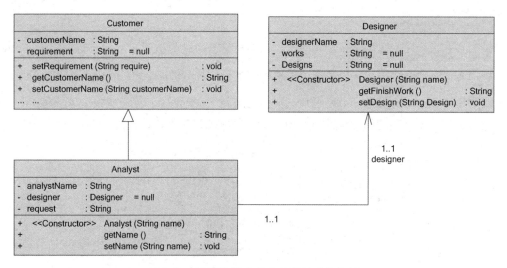

图 2-19 适配器模式的应用案例类结构图

7. 桥梁模式

（1）标准定义和分析说明

桥梁模式标准定义：将抽象部分与它的实现部分分离，使它们都可以独立变化。桥梁模式属于结构型模式，它将抽象化与实现化脱耦，使得二者可以独立变化，也就是说将它们之间的强关联变成弱关联，指在一个软件系统的抽象化和实现化之间使用组合/聚合关系而不是继承关系，从而使两者可以独立变化。

（2）应用场景举例

比如，公司有几个技术部门，分别是研发部、开发部和售后服务部，这些部门都有培训和开会等工作。培训的时候，要有培训老师、培训教材、培训人员和培训教室。开会也一样，要有会议主持人、开会地点等。因此，可以把部门理解为抽象单位，研发部、开发部和售后服务部继承自抽象单位并实现具体的工作。日常工作可以抽象，培训和开会继承自日常工作，不同部门的日常工作是不同的。

在这里，可以把 AbstractDepartment 类理解为抽象化（Abstraction）角色；把 AbstractAction 类理解为实现化（Implementor）角色；把 DevelopmentDep 类、FinanceDep 类和 MarketDep 类理解为修正抽象化（Refine Abstraction）角色；把 Meeting 类和 Training 类理解为具体实现化（Concrete Implementor）角色。图 2-20（遵循 UML 2.0 规范绘制）是实现该应用场景的类结构图。

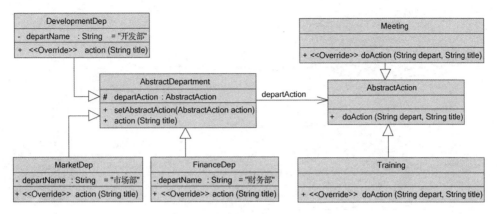

图 2-20 桥梁模式的应用案例类结构图

8．组合模式

（1）标准定义和分析说明

组合模式标准定义：将对象组合成树形结构以表示"部分-整体"的层次结构，定义了包含基本对象和组合对象的类层次结构，使得用户对单个对象和组合对象的使用具有一致性。组合模式属于结构型模式，其就是一个处理对象的树结构模式。组合模式把部分与整体的关系用树结构表示出来，使得客户端同等看待一个个单独的成分对象与由它们复合而成的合成对象。

（2）应用场景举例

比如，团队（组织）是一个总体的抽象类，集团公司、公司、工厂、部门、班组、项目组都是团队，都可以继承团队，但是团队本身也是有层次结构的。我们要构架一个软件公司，就要这样先形成公司，再形成公司下面的部门，接着形成部门下面的项目组。如果构架一个工厂性质的公司，那么在形成公司根节点后开始形成公司下属的工厂，在工厂下面再形成车间。

在这里，可以把抽象组织（AbstractOrganization）类理解为抽象构件（AbstractComponent）角色；把公司（Corporation）类、工厂（Factory）类、部门（Department）类理解为树枝构件角色，在其下面还有组织；把车间（Workshop）类和项目组（WorkTeam）类理解为树叶（Leaf）构件角色，其下面已经没有组织了。图 2-21（遵循 UML 2.0 规范绘制）是实现该应用场景的类结构图。公司（Corporation）类、工厂（Factory）类、部门（Department）类、车间（Workshop）类和项目组（WorkTeam）类全部都继承自抽象组织（AbstractOrganization）类。

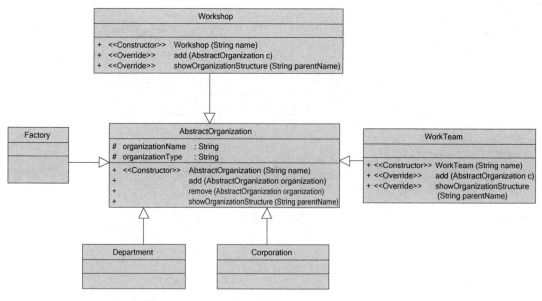

图 2-21 组合模式的应用案例类结构图

9. 装饰模式

（1）标准定义和分析说明

装饰模式标准定义：动态地给一个对象添加额外的职责，以达到扩展其功能的目的，是继承关系的一个替代方案，提供了比继承更多的灵活性。装饰模式属于结构型模式。动态地给一个对象增加功能，这些功能也可以再动态地撤销，增加由一些基本功能的排列组合而产生的大量功能。

（2）应用场景举例

比如，公司的软件工程都是由需求分析、设计、编码、测试、部署和维护组成的。这只是一般过程，但是万一要加上需求分析验证，或要加上设计验证等过程，这时就可以通过装饰模式来实现。软件工程过程是抽象构件角色；标准软件工程过程是具体构件角色，定义一个将要接收额外责任的类；附加验证是装饰角色；需求分析验证是具体装饰角色。

在这里，可以把 AbstractProcess 类理解为抽象构件（Abstract Component）角色；把 StandardProcess 类理解为具体构件（Concrete Component）角色；把 AdditionalProcess 类理解为一种装饰（Decorator）角色；把 DesignCheckProcess 类和 RequestVerificationProcess 类理解为具体装饰（Concrete Decorator）角色。图 2-22（遵循 UML 2.0 规范绘制）是实现该应用场景的类结构图。AbstractProcess 抽象类有两个子类，一个是 StandardProcess 类，另一个是 AdditionalProcess 类。AdditionalProcess 类不仅继承自 AbstractProcess 抽象类，而且还关联

AbstractProcess 抽象类。DesignCheckProcess 类和 RequestVerificationProcess 类是继承自 AdditionalProcess 类的子类,它们是附加类的具体实现。

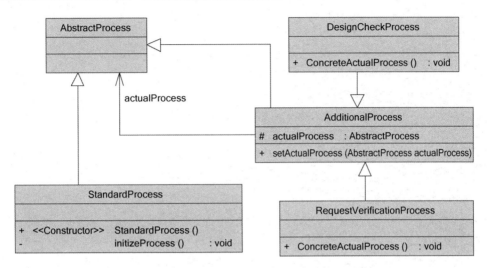

图 2-22 装饰模式的应用案例类结构图

10. 门面模式

(1)标准定义和分析说明

门面模式标准定义:为子系统中的一组接口提供一致的界面,门面模式定义了一个高层接口,这个接口使得子系统更容易使用。门面(Facade)模式也叫外观模式,属于结构型模式。外部与一个子系统的通信必须通过一个统一的门面对象进行,每一个子系统只有一个门面类,而且该门面类只有一个实例,也就是说它是一个单例模式,但整个系统可以有多个门面类。

(2)应用场景举例

比如,公司基本上都有前台,来访人员可分为几类,一类是过来工作的,一类是访客,一类是快递员,还有就是来视察的领导等,他们都需要经过前台。这时就可以通过门面模式来实现。

在这里,可以把 Facade 类理解为门面(Facade)角色;把 DoWork 类、Inspection 类、Post 类和 Visit 类理解为子系统(Subsystem)角色。图 2-23(遵循 UML 2.0 规范绘制)是实现该应用场景的类结构图。Facade 类聚合 DoWork 类、Inspection 类、Post 类和 Visit 类等 4 个类。

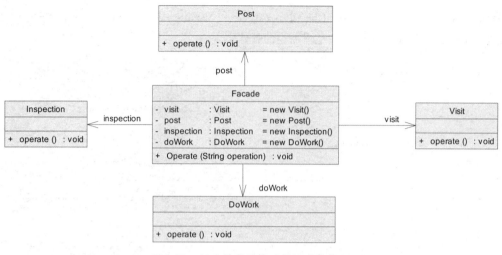

图 2-23 门面模式的应用案例类结构图

11．享元模式

（1）标准定义和分析说明

享元模式标准定义：以共享的方式高效地支持大量的细粒度对象。享元模式属于结构型模式。享元模式能做到共享的关键是其区分了内蕴状态和外蕴状态。内蕴状态存储在享元内部，不会随环境的改变而有所改变。外蕴状态是随环境的改变而改变的。外蕴状态不能影响内蕴状态，它们是相互独立的。将可以共享的状态和不可以共享的状态从常规类中区分开来，将不可以共享的状态从类中剔除。客户端不可以直接创建被共享的对象，而应当使用一个工厂对象负责创建被共享的对象。享元模式大幅度地降低了内存中对象的数量。

（2）应用场景举例

比如，公司里有资料需要共享，这些资料包括技术文档、财务文档、行政文档、管理文档、日常文档等。享元对象的外蕴状态就是技术、财务、行政、管理、日常等类别。

在这里，可以把 Document（文档类）抽象类理解为抽象享元（Flyweight）角色；把 TechnicalDocument（技术文档）类、FinancialDocument（财务文档）类、AdministrativeDcoment（行政文档）类理解为具体享元（Concrete Flyweight）角色；把 DocumentRepository（资料库）类理解为享元工厂（Flyweight Factory）角色。图 2-24（遵循 UML 2.0 规范绘制）是实现该应用场景的类结构图。TechnicalDocument 类、FinancialDocument 类和 AdministrativeDocument 类都继承自 Document 抽象类。Document 抽象类与 DocumentRepository 类是聚合关系，即 DocumentRepository 实例化对象会包容多个 Document 实例化对象。

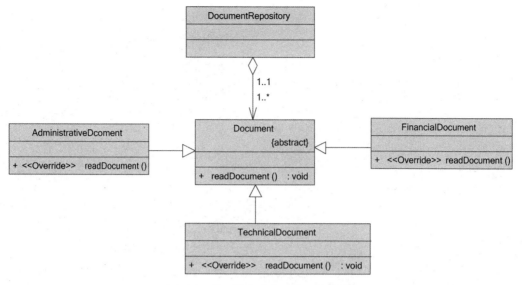

图 2-24　享元模式的应用案例类结构图

12. 代理模式

（1）标准定义和分析说明

代理模式标准定义：为其他对象提供一种代理以控制对这个对象的访问。代理模式属于结构型模式。代理就是一个人或一个机构代表另一个人或者另一个机构采取行动。在某些情况下，客户不想或者不能直接引用一个对象，这时代理对象可以在客户和目标对象之间起到中介的作用。客户端分辨不出代理主题对象与真实主题对象，代理模式可以不知道真正的被代理对象，而仅持有一个被代理对象的接口，这时代理对象不能创建被代理对象，被代理对象必须由系统的其他角色代为创建并传入。

（2）应用场景举例

比如，公司为了拓展业务，在 A 省设置办事处。所有在 A 省的用户请求都通过该办事处转达给公司，其中办事处就是一个代理机构。

在这里，可以把 AbstractOrganization 类理解为抽象主题（Abstract Subject）角色；把 Agency 类理解为代理主题（Proxy Subject）角色；把 Corporation 类理解为真实主题（Real Subject）角色。图 2-25（遵循 UML 2.0 规范绘制）是实现该应用场景的类结构图。Corporation 只用继承自 AbstractOrganization 类，而 Agency 类既要继承自 AbstractOrganization 类，还要聚合 Corporation 类。

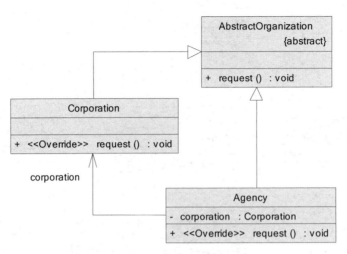

图 2-25　代理模式的应用案例类结构图

13. 职责链模式

（1）标准定义和分析说明

职责链模式标准定义：使多个对象都有机会处理请求，从而避免请求的发送者和接收者之间出现耦合关系。将这些对象连成一条链，并沿着这条链传递请求，直到有一个对象处理它。职责链模式属于行为型模式。在职责链模式中，各种服务组合或对象由每一个服务或对象对其下家的引用接起来形成一个整体的系统链。请求在这个链上传递，直到链上的某一个对象决定处理该请求。客户并不知道链上的哪一个对象最终会处理请求，系统可以在不影响客户端的情况下动态地重新组织链和分配责任。处理请求者有两个选择：承担职责或者把职责推给下家。一个请求最终可能不被任何接收端的对象所接收。职责链可以提高系统的灵活性，通过配置多变的职责链可以完成系统功能的扩充或改变，保证系统的可移植性。

（2）应用场景举例

比如，公司技术部门有几位技术高手，当菜鸟在工作中遇到问题时，向这些高手请教，如果第一位高手能解决问题，那这个过程就结束，否则传递给下一位高手，下一位高手也执行同样的操作，不能解决问题的话就再交给下下一位高手。就这样，要么这些高手中的其中一位能解决问题，要么这些高手全都不能解决问题，这就是职责链模式。

在这里，可以把 AbstractSuperMan 抽象类理解为抽象处理者（Abstract Handler）角色；把 SuperManOne 类、SuperManTwo 类和 SuperManThree 类理解为具体处理者（Concrete Handler）角色。图 2-26（遵循 UML 2.0 规范绘制）是实现该应用场景的类结构图。

SuperManOne 类、SuperManTwo 类和 SuperManThree 类继承自 AbstractSuperMan 抽象类，AbstractSuperMan 抽象类进行自我关联。

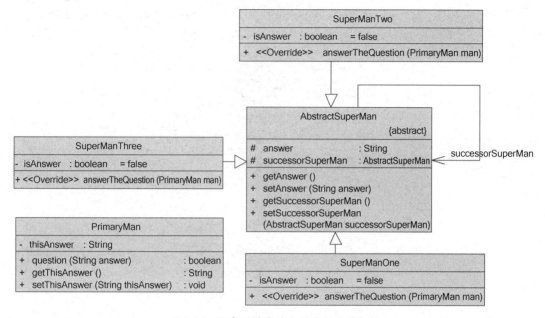

图 2-26　职责链模式的应用案例类结构图

14．命令模式

（1）标准定义和分析说明

命令模式标准定义：将一个请求封装为一个对象，从而使你可用不同的请求对客户进行参数化；对请求排队或记录请求日志，以及支持可撤销操作。命令模式属于行为型模式。命令模式把一个请求或者操作封装到一个对象中，把发出命令的职责和执行命令的职责分开，委派给不同的对象，允许请求的一方和发送的一方相互独立，使得请求的一方不必知道接收请求一方的接口，更不必知道请求是怎么被接收的，以及操作是否执行、何时执行、怎么执行。另外，系统支持命令的撤销。

（2）应用场景举例

比如，公司的管理者对下属安排工作就可以通过命令模式。管理者是客户角色；命令角色是一个抽象类；安排工作就是具体命令角色，具体要求包括编写工作计划、上报工作报告等；下属就是接收者角色。比如，老李这个管理者安排小王编写工作计划和上报工作报告。

在这里，可以把 Manager 类理解为客户（Client）角色；把 Command 抽象类理解为命令（Command）角色；把 Computer 类理解为一种抽象产品（Abstract Product）角色；把

PlanCommand 类和 ReportCommand 类理解为具体命令（Concrete Command）角色；把 Subordinate 类理解为接收者（Receiver）角色。图 2-27（遵循 UML 2.0 规范绘制）是实现该应用场景的类结构图。Manager 类聚合 Command 抽象类，Command 抽象类聚合 Subordinate 类，PlanCommand 类和 ReportCommand 类继承自 Command 抽象类。

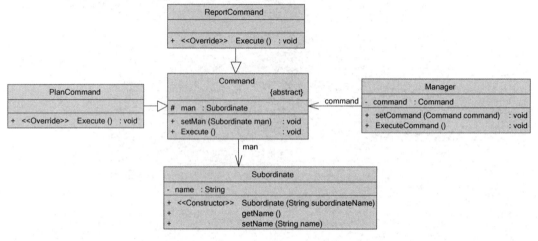

图 2-27 命令模式的应用案例类结构图

15．解释器模式

（1）标准定义和分析说明

解释器模式标准定义：给定语言，定义其文法的一种表示，并同时提供一个解释器，这个解释器使用该表示来解释语言中的句子。解释器模式属于行为型模式。解释器模式将描述怎样在有简单文法后使用模式设计、解释语句。解释器模式提到的语言是指任何解释器对象能够解释的任何组合。在解释器模式中，需要定义一个代表文法的命令类的等级结构，也就是一系列的组合规则。每一个命令对象都有一个解释方法，代表对命令对象的解释。命令对象的等级结构中的对象的任何排列组合都是语言。

（2）应用场景举例

比如，公司接了一个项目，不同的部门对项目有不同的理解。技术部门从技术角度来说明这个项目的情况，而市场部门从市场角度来诠释这个项目，财务部门从财务角度来解释这个项目。在这种情况下就可以采用解释器模式。

在这里，可以把 AbstractExpression 类理解为抽象表达式（AbstractExpression）角色；把 FinancialDepExpression 类文件、MarketDepExpression 类文件和 TechnicalDepExpression 类文件理解为终结符表达式（Terminal Expression）角色；把 Project 类理解为环境（Context）角色。

图 2-28（遵循 UML 2.0 规范绘制）是实现该应用场景的类结构图。AbstractExpression 类为抽象类，FinancialDepExpression 具体类、MarketDepExpression 具体类和 TechnicalDepExpression 具体类继承自 AbstractExpression 抽象类。Project 类与 AbstractExpression 类存在依赖关系。

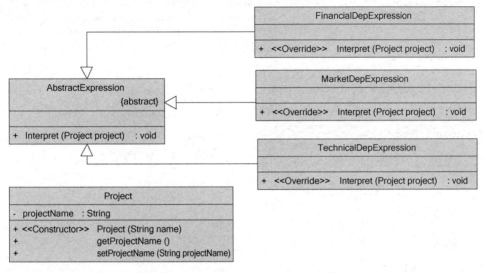

图 2-28　解释器模式的应用案例类结构图

16. 迭代器模式

（1）标准定义和分析说明

迭代器模式标准定义：提供一种方法顺序访问一个聚合对象中的各个元素，而又不需要暴露该对象的内部表示。迭代器模式又称迭代子模式，属于行为型模式。多个对象聚在一起形成的总体被称为聚合，聚合对象是能够包容一组对象的容器对象。迭代器模式将迭代逻辑封装到一个独立的子对象中，从而与聚合本身隔开。迭代器模式简化了聚合的接口。每一个聚合对象都可以由一个或一个以上的迭代器对象组成，每一个迭代器的迭代状态可以是彼此独立的。迭代算法可以独立于聚合角色变化。

（2）应用场景举例

比如，公司想统计所有员工中有硕士文凭的人数和他们的姓名，可以把所有员工都放到一个集合中，然后一个一个地询问他们是否是硕士，这样就可以知道有多少名硕士了。

在这里，可以把 Iterator 抽象类理解为抽象迭代器（Iterator）角色；把 ImplementIterator 类理解为具体迭代器（Concrete Iterator）角色；把 EmployeeCollection 类理解为具体聚合（Concrete Aggregate）角色。图 2-29（遵循 UML 2.0 规范绘制）是实现该应用场景的类结构图。ImplementIterator 类实现了 Iterator 接口并关联 EmployeeCollection 类。Employee 类聚合

EmployeeCollection 类,即 EmployeeCollection 包容多个 Employee。

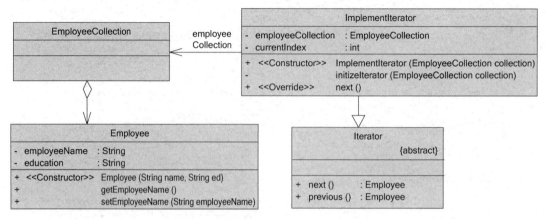

图 2-29　迭代器模式的应用案例类结构图

17．调停者模式

（1）标准定义和分析说明

调停者模式标准定义：用一个中介对象来封装一系列的对象交互。中介对象使各对象不需要显式地相互引用，从而使其耦合松散，而且可以独立地改变它们之间的交互。调停者模式也叫中介者模式，属于行为型模式。当某些对象之间的作用发生改变时，不会立即影响其他对象之间的作用，调停者模式可以保证这些作用彼此独立变化。调停者模式将多对多的相互作用转化为一对多的相互作用，将类与类之间的复杂相互关系封装到一个调停者类中。调停者模式将对象的行为和协作抽象化，使对象在小尺度行为上与其他对象的相互作用分开。

（2）应用场景举例

比如，公司有很多项目，项目包括项目工作和项目人员。但有的时候，一些项目人员过多，一些项目人员过少，一些项目工作量大，一些项目工作量小，这就需要技术总监充当调停者，把一些项目的人员调到另一些项目上，或者把一些项目的工作安排给其他项目。规则不允许项目经理之间自我调整，而必须由技术总监来调停，这就是调停者模式。

在这里，可以把 Mediator 抽象类理解为抽象调停者（Abstract Mediator）角色；把 TechnicalDirector 类理解为具体调停者（Concrete Mediator）角色；把 AbstractProject 抽象类理解为抽象同事类（Abstract Colleague）角色；把 ProjectA 类和 ProjectB 类理解为具体同事类（Concrete Colleague）角色。图 2-30（遵循 UML 2.0 规范绘制）是实现该应用场景的类结构图。TechnicalDirector 类一方面继承自 Mediator 抽象类，另一方面关联 AbstractProject 抽象类。ProjectA 类和 ProjectB 类继承自 AbstractProject 抽象类，同时关联 TechnicalDirector 类。

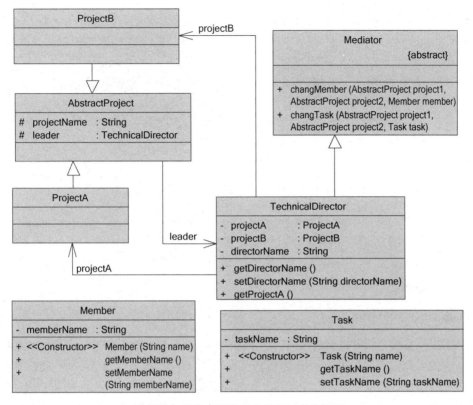

图 2-30　调停者模式的应用案例类结构图

18．备忘录模式

（1）标准定义和分析说明

备忘录模式标准定义：在不破坏封装性的前提下，捕获一个对象的内部状态，并在该对象之外保存这个状态。这样以后就可以将该对象恢复到原先保存的状态。备忘录模式属于行为型模式。备忘录对象是一个用来存储另一个对象内部状态的快照对象。备忘录模式的用意是在不破坏封装的条件下，将一个对象的状态捕捉住并外部化、存储起来，从而可以在将来合适的时候把这个对象还原到存储起来的状态。

（2）应用场景举例

比如，公司领导在每周周一都要召开项目会议，每次会议后都提交会议纪要。会议纪要需要汇总现阶段项目情况，而这些项目情况就是备忘录，上面有时间戳标志。

在这里，可以把 Meeting 类理解为发起人（Originator）角色；把 Caretaker 类理解为负责人（Caretaker）角色。图 2-31（遵循 UML 2.0 规范绘制）是实现该应用场景的类结构图。

Memento 类与 Caretaker 类的关系是聚合关系，即 Caretaker 类拥有多个 Memento 类。

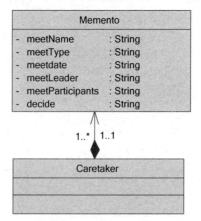

图 2-31　备忘录模式的应用案例类结构图

19．观察者模式

（1）标准定义和分析说明

观察者模式标准定义：定义对象间一对多的依赖关系，当一个对象的状态发生改变时，所有依赖于它的对象都会得到通知并获得自动更新。观察者模式属于行为型模式。观察者模式定义了一种一对多的依赖关系，让多个观察者对象同时监听某一个主题对象。这个主题对象在状态上发生变化时，会通知所有观察者对象，使它们能够自动更新自己。这一模式主要针对两个对象 Object 和 Observer。一个 Object 对象可以有多个 Observer 对象，当一个 object 对象的状态发生改变时，所有依赖于它的 Observer 对象都会得到通知并获得自动更新。

（2）应用场景举例

比如，公司的通信录是员工都会用到的，同时也经常发生变化。每次通信录变化时，都要把更新后的通信录分发给所有公司员工。这时就可以采用观察者模式。

在这里，可以把 AbstractAddressBook 抽象类理解为抽象主题（Abstract Subject）角色；把 AbstractEmployee 抽象类理解为抽象观察者（Abstract Observer）角色；把 CompanyAddressBook 类理解为具体主题（Concrete Subject）角色；把 CompanyEmployee 类理解为具体观察者（Concrete Observer）角色。图 2-32（遵循 UML 2.0 规范绘制）是实现该应用场景的类结构图。CompanyAddressBook 类继承自 AbstractAddressBook 抽象类，CompanyEmployee 类继承自 AbstractEmployee 抽象类。AbstractEmployee 抽象类关联 AbstractAddressBook 抽象类，即 AbstractEmployee 类有 AbstractAddressBook 类的属性。

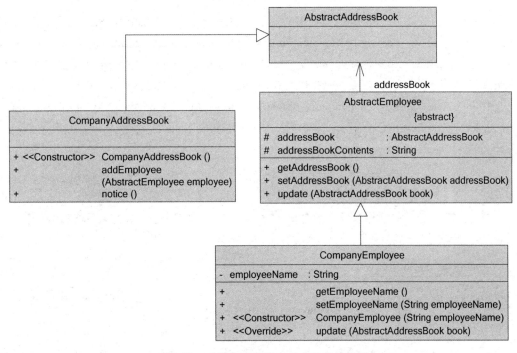

图 2-32　观察者模式的应用案例类结构图

20．状态模式

（1）标准定义和分析说明

状态模式标准定义：允许一个对象在其内部状态改变时改变它的行为，对象看起来就像修改了它的类一样。状态模式属于行为型模式。状态模式可被理解为在不同的上下文中相同的动作导致的结果不同。状态模式把所研究对象的行为包装在不同的状态对象里，每一个状态对象都属于一个抽象状态类的子类。状态模式的意图是让一个对象在其内部状态改变的时候行为也随之改变，需要对每一个系统可能取得的状态创建状态类的子类。当系统的状态发生变化时，系统便改变相应的子类。

（2）应用场景举例

比如，公司的项目有这么几个状态：项目立项、项目开发、项目试运行、项目验收、项目维护、项目结项等。当项目启动时，需要进行项目立项工作；在项目立项完成后，接下来的工作是项目开发；在项目开发完成后，工作变成了项目试运行；在项目试运行完成后，进入了项目验收阶段；在项目验收完成后，进行项目维护；在维护工作结束后，最后是项目结项。这时整个项目就全部完成了。因此，项目在不同的状态下有不同的工作内容。通过设置项目状态，我们可以知道针对不同状态的项目应该采取什么样的工作。

在这里，可以把 State 抽象类理解为抽象状态（Abstract State）角色；把 ProjectBuilderState 类、ProjectDevelopmentState 类、ProjectMaintenanceState 类、ProjectRunState 类和 ProjectEndState 类理解为具体状态（Concrete State）角色；把 Project 理解为环境（Context）角色。图 2-33（遵循 UML 2.0 规范绘制）是实现该应用场景的类结构图。ProjectBuilderState 类、ProjectDevelopmentState 类、ProjectMaintenanceState 类、ProjectRunState 类和 ProjectEndState 类继承自 State 抽象类。Project 类关联 State 抽象类，即 State 类是 Project 类的一个属性。

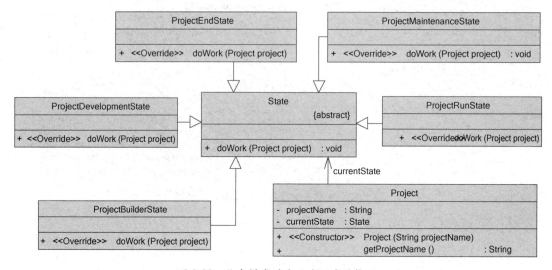

图 2-33 状态模式的应用案例类结构图

21．策略模式

（1）标准定义和分析说明

策略模式标准定义：定义一系列算法，把它们一个个封装起来，并且使它们可以相互替换，该模式使算法可独立于使用它的客户而变化。策略模式属于行为型模式，通过分析策略模式可以发现：策略模式针对一组算法，将每一个算法封装到具有共同接口的独立类中，从而使得它们可以相互替换。策略模式使算法可以在不影响客户端的情况下发生变化，把行为和环境分开。环境类负责维持和查询行为类，而各种算法在具体的策略类中提供。由于算法和环境独立开来，算法的增减、修改都不会影响环境和客户端。

（2）应用场景举例

比如，公司项目涉及多个行业，对于不同的行业，项目有不同的做法。行业项目就是环境（Context）角色，有一个抽象策略（Abstract Strategy）角色。而银行行业项目管理策略、能源行业项目管理策略、电信行业项目管理策略、政府项目管理策略全部都继承自抽象策略并有各个行业的实现模式。

在这里，可以把 Project 类理解为环境（Context）角色；把 Strategy 抽象类理解为抽象策略（Abstract Strategy）角色；把 BankStrategy 类、GovernmentStrategy 类、TelecomStrategy 类理解为具体策略（Concrete Strategy）角色。图 2-34（遵循 UML 2.0 规范绘制）是实现该应用场景的类结构图。BankStrategy 类、GovernmentStrategy 类和 TelecomStrategy 类继承自 Strategy 抽象类，Project 类关联 Strategy 抽象类。

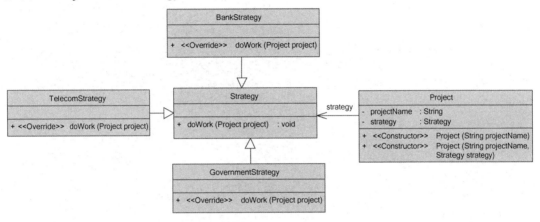

图 2-34 策略模式的应用案例类结构图

22．模板模式

（1）标准定义和分析说明

模板模式标准定义：定义一个操作中算法的骨架，而将一些步骤推后到子类中执行。Template Method 使子类不改变一个算法的结构就可以重定义该算法的某些特定步骤。模板模式属于行为型模式，其准备了一个抽象类，将部分逻辑以具体方法和具体构造形式实现，然后声明一些抽象方法来迫使子类实现剩余的逻辑。不同的子类可以以不同的方式实现这些抽象方法，这样剩余逻辑获得了不同的实现。即先制定一个顶级逻辑框架，将逻辑的细节留给具体的子类去实现。

（2）应用场景举例

比如，公司研发项目的过程是可行性研究、需求分析、总体设计、详细设计、系统编码、系统测试、系统部署、系统维护等标准过程，这些可以形成接口，但是为了简化工作，也可以形成一个抽象的模板类，把这些步骤全部都实现了。如果不能实现，那么就使用抽象方法。现在有某个具体项目，其中的总体设计和详细设计与模板不同，这时就可以采用模板模式。

在这里，可以把 ProjectProcessTemplate 抽象类理解为抽象类（Abstract Class）模板角色；把 ProjectA 类和 ProjectB 类理解为具体类（Concrete Class）模板角色。图 2-35（遵循 UML 2.0 规范绘制）是实现该应用场景的类结构图。ProjectA 类和 ProjectB 类都继承自 ProjectProcessTemplate 抽象类并实现 ProjectProcess 接口。

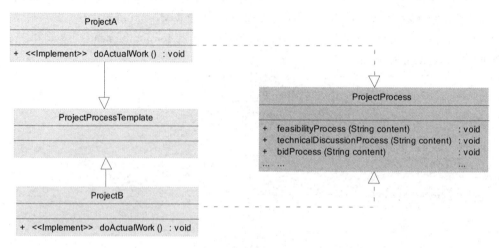

图 2-35 模板模式的应用案例类结构图

23. 访问者模式

（1）标准定义和分析说明

访问者模式标准定义：表示一个作用于某对象结构中各元素的操作。它使你可以在不改变各元素的类的前提下定义作用于这些元素的新操作。访问者模式属于行为型模式，其目的是封装一些施加于某种数据结构元素之上的操作。一旦需要修改这些操作，就接受这个操作的数据结构可以保持不变。访问者模式适用于数据结构相对未确定的系统，它把数据结构和作用于结构上的操作解耦，使得操作集合可以相对自由地演化。访问者模式使得增加新的操作变得很容易，即增加一个新的访问者类；还将有关行为集中到一个访问者对象中，而不是分散到一个个节点类中。当使用访问者模式时，要将尽可能多的对象浏览逻辑放到访问者类中，而不是放到它的子类中。访问者模式可以跨几个类的等级结构访问属于不同等级结构的成员类。

（2）应用场景举例

比如，公司一般都要接受多方面的审查。工商部门的审查主要看是否符合商务审计，税务部门的审查主要看是否合法纳税，会计师事务所的审查主要是对公司进行财务审计。这些部门都是外部参观者，是抽象访问者（Abstract Visitor）角色；工商部门、税务部门和会计师事务所是具体访问者角色。需要定义一个抽象公司的抽象节点角色，不同的公司工商情况、税务情况和会计情况就是具体节点角色。

在这里，可以把 Visitor 抽象类理解为抽象访问者（Abstract Visitor）角色；把 AccountingFirm 类、TaxBureau 类、TradeBureau 类理解为具体访问者（Concrete Visitor）角色；把 AbstractCompany 抽象类理解为抽象节点（Abstract Node）角色；把 CompanyA 类和 CompanyB 类理解为具体节点（Concrete Node）角色。图 2-36（遵循 UML 2.0 规范绘制）是实现该应用场景的类结构图。AccountingFirm 类、TaxBureau 类、TradeBureau 类继承自 Visitor 抽象类，CompanyA 类和 CompanyB 类继承自 AbstractCompany 抽象类，AbstractCompany 抽象类关联 Visitor 抽象类。

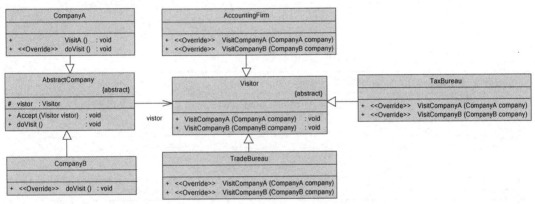

图 2-36 访问者模式的应用案例类结构图

2.4 应用案例说明

下面会通过程序案例源码的方式介绍 Quarkus 的应用案例。

2.4.1 应用案例场景说明

后续案例的应用场景一般为一个或多个微服务场景，以一个完整的微服务为主，典型的案例应用场景对象关系如图 2-37 所示。

应用案例项目一般由 5 个类组成，分别是 ProjectMain、ProjectResource、ProjectService、Project 和 LoggingFilter 类，其说明如表 2-4 所示。

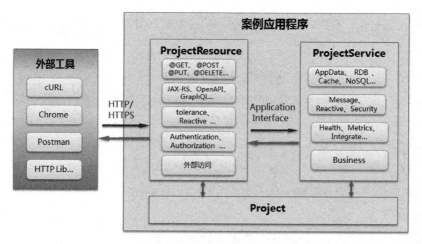

图 2-37 典型的案例应用场景对象关系

表 2-4 应用案例项目的常用类说明

类名称	类别	描述
ProjectMain	应用类	这是实现 QuarkusApplication 的启动类,主要用于调试
ProjectResource	资源类	主要用于映射到 HTTP 等外部接口服务
ProjectService	服务类	主要是提供后台业务逻辑处理的服务类
Project	实体类	一个业务的 JavaBean 或 POJO 对象
LoggingFilter	日志记录类	主要记录访问日志信息,便于理解业务行为

在后续所有的案例中,ProjectMain 和 LoggingFilter 类的代码基本不变,而 ProjectResource、ProjectService、Project 类总体上的功能、作用是相同的,内容也大同小异,但会根据具体应用场景做一些定制化的调整。

1. ProjectMain 命令行应用类

ProjectMain 类主要用于调试,这样开发者可以在 IDE 开发工具中直接启动程序。在实际应用中,可以忽略这个类。ProjectMain 类的代码如下:

```
@QuarkusMain
public class ProjectMain implements QuarkusApplication {
    @Override
    public int run(String... args) {
        System.out.println("======== quarkus is running! ========");
        Quarkus.waitForExit();
        return 0;
    }
}
```

```
    public static void main(String... args) {
        Quarkus.run(ProjectMain.class, args);
    }
}
```

2．LoggingFilter 日志记录类

LoggingFilter 类主要在 IDE 开发工具的控制台上记录日志，这样可以在 IDE 开发工具中直接观察调用信息。在实际应用中，可以忽略这个类。LoggingFilter 类的代码如下：

```
@Provider
public class LoggingFilter implements ContainerRequestFilter {
    private static final Logger LOG = Logger.getLogger(LoggingFilter.class);

    @Context
    UriInfo info;

    @Context
    HttpServerRequest request;

    @Override
    public void filter(ContainerRequestContext context) {
        final String method = context.getMethod();
        final String path = info.getPath();
        final String address = request.remoteAddress().toString();

        LOG.infof("Request %s %s from IP %s", method, path, address);
    }
}
```

2.4.2 应用案例简要介绍

Quarkus 应用案例简介及关键词如表 2-5 所示。

表 2-5 Quarkus 应用案例简介及关键词

序号	案 例 名 称	简 介	关 键 词
1	020-quarkus-sample-rest-json	基于 JAX-RS 规范构建的 Quarkus 应用	REST、JSON
2	021-quarkus-sample-openapi-swaggerui	在 Web 服务下提供 OpenAPI 和整合 Swagger 的文档界面	OpenAPI、Swagger
3	023-quarkus-sample-graphql	Quarkus 的 GraphQL 实现	GraphQL
4	024-quarkus-sample-websockets	Quarkus 在 Undertow 上的 WebSocket 实现	WebSocket、Undertow

续表

序号	案例名称	简　介	关　键　词
5	031-quarkus-sample-orm-hibernate	Quarkus 的 JPA 规范实现，对数据库进行的 CRUD 操作，ORM 采用 Hibernate，数据库采用 PostgreSQL	ORM、JPA、Hibernate、PostgreSQL
6	032-quarkus-sample-orm-hibernate-h2	Quarkus 的 JPA 规范实现，ORM 采用 Hibernate，数据库采用 H2	ORM、Hibernate、H2
7	033-quarkus-sample-redis	Quarkus 对 Redis 的存入和读取实现	Redis
8	034-quarkus-sample-mongodb	Quarkus 对 NoSQL 数据库 MongoDB 的 CRUD 操作	MongoDB
9	035-quarkus-sample-orm-panache-activerecord	Quarkus 的 JPA 规范实现，对数据库进行的 CRUD 操作，ORM 采用 Panache，数据库采用 PostgreSQL	Panache、Hibernate、PostgreSQL
10	036-quarkus-sample-jpa-transaction	Quarkus 处理关系型数据库事务管理的程序，ORM 采用 Hibernate，数据库采用 PostgreSQL	JPA、Transaction、JTA
11	037-quarkus-sample-jta	Quarkus 的 JTA 实现，主要演示 TransactionManager、UserTransaction、Transaction 之间的关系	JTA、UserTransaction、TransactionManager
12	040-quarkus-sample-kafka-streams	Quarkus 扩展 Kafka Stream 的实现	Kafka、Kafka Stream
13	041-quarkus-sample-jms-artemis	Quarkus 扩展 JMS 规范的实现，JMS 客户端使用 Artemis 客户端，JMS 服务端使用 Artemis 服务端平台，采用 JMS 主题模式	JMS、Artemis、Topic
14	042-quarkus-sample-jms-qpid	Quarkus 扩展 JMS 规范的实现，JMS 客户端使用 Qpid 客户端，JMS 服务端使用 Artemis 服务端平台，采用 JMS 队列模式	JMS、Qpid、Artemis、Queue
15	045-quarkus-sample-mqtt	Quarkus 扩展 MQTT 协议规范的实现，MQTT 服务端使用 Mosquitto 消息队列	Reactive、MQTT、Mosquitto、SmallRye
16	050-quarkus-sample-security-file	安全认证应用，Quarkus 以文件方式存储用户角色	Security、File
17	051-quarkus-sample-security-jdbc	安全认证应用，Quarkus 以数据库方式存储用户角色并通过 JDBC 读取	Security、JDBC
18	052-quarkus-sample-security-jpa	安全认证应用，Quarkus 以数据库方式存储用户角色并通过 JPA 方式读取	Security、JPA
19	053-quarkus-sample-security-jwt	Quarkus 扩展支持 JWT 方式的案例	JWT
20	054-quarkus-sample-security-oauth2	Quarkus 扩展支持 OAuth 2.0 方式的案例	OAuth 2.0、Keycloak
21	055-quarkus-sample-security-keycloak	Quarkus 扩展支持 Keycloak 开源认证授权框架平台	Keycloak

续表

序号	案例名称	简 介	关 键 词
22	056-quarkus-sample-security-openid-connect-web	Quarkus扩展支持openid-connect方式的前端应用案例	openid-connect
23	057-quarkus-sample-security-openid-connect-service	Quarkus扩展支持openid-connect方式的后台服务案例	openid-connect
24	060-quarkus-sample-reactive-mutiny	Quarkus扩展支持响应式的JAX-RS实现案例	Reactive、Mutiny
25	061-quarkus-sample-reactive-sqlclient	Quarkus扩展支持响应式的SQL Client实现案例，数据库采用PostgreSQL	Reactive、SQL Client
26	062-quarkus-sample-reactive-redis	Quarkus扩展支持响应式的Redis实现案例	Reactive、Redis
27	063-quarkus-sample-reactive-amqp	Quarkus扩展支持响应式的AMQP协议实现案例，客户端和服务端使用Artemis框架	Reactive、AMQP、Artemis
28	064-quarkus-sample-reactive-mongodb	Quarkus扩展支持响应式的MongoDB实现案例	Reactive、NoSQL、MongoDB
29	065-quarkus-sample-reactive-hibernate	Quarkus扩展支持响应式的Hibernate实现案例	Reactive、Hibernate
30	066-quarkus-sample-reactive-kafka	Quarkus扩展支持响应式的Kafka实现案例	Reactive、Kafka
31	067-quarkus-sample-vertx	Quarkus响应式基础平台Vert.x的一些功能演示案例，包括Web、Vert.x客户端等	Reactive、Vert.x
32	070-quarkus-sample-fault-tolerance	Quarkus整合MicroProfile实现的服务容错功能的案例	MicroProfile、Tolerance
33	071-quarkus-sample-microprofile-health	Quarkus整合MicroProfile实现的服务健康监测功能的案例	MicroProfile、Health
34	073-quarkus-sample-opentracing	Quarkus扩展整合Jaeger框架实现遵循OpenTracing规范的分布式跟踪功能的案例	OpenTracing、Jaeger
35	100-quarkus-sample-integrate-spring-di	Quarkus扩展实现整合Spring的DI功能的案例	Spring、DI
36	101-quarkus-sample-integrate-spring-web	Quarkus扩展实现整合SpringMVC功能的案例	SpringMVC
37	102-quarkus-sample-integrate-spring-data	Quarkus扩展实现整合Spring Data功能的案例	Spring Data
38	103-quarkus-sample-integrate-spring-security	Quarkus扩展实现整合Spring Security功能的案例	Spring Security

续表

序号	案例名称	简 介	关 键 词
39	104-quarkus-sample-integrate-springboot-properties	Quarkus 扩展实现整合 Spring Boot 的配置信息功能的案例	Spring Boot、Config
40	105-quarkus-sample-integrate-springcloud-configserver	Quarkus 扩展实现整合 Spring Cloud 的 Config Server 功能的案例	Spring Cloud、Config Server
41	110-quarkus-sample-extension-project	一个非常简单的 Quarkus 扩展程序	Quarkus、Extension
42	111-quarkus-hello-extends-test	测试上述 Quarkus 扩展的验证程序	
43	120-quarkus-sample-container-image	Quarkus 将应用程序生成容器镜像的部署文件	Container、container-image、Docker
44	121-quarkus-sample-kubernetes	Quarkus 将应用程序在零配置下生成 Kubernetes 的资源文件	Kubernetes
45	122-quarkus-sample-openshift	Quarkus 将应用程序生成 OpenShift 的资源文件	OpenShift
46	123-quarkus-sample-knative	Quarkus 将应用程序生成 Knative 的资源文件	Knative
47	124-quarkus-sample-kubernetes-customizing	Quarkus 将带有各种配置信息的应用程序生成 Kubernetes 的资源文件	Kubernetes

另外，有 3 种途径可以获取案例源码。

第 1 种途径是直接从网站获取源码打包文件，然后解压导入。

第 2 种途径是从 GitHub 上获取，可以从 GitHub 上克隆预先准备好的示例代码，命令如下：

git clone https://******.com/rengang66/iiit.quarkus.sample.git（见链接 1）

第 3 种途径是从 Gitee 上获取，可以从 Gitee 上克隆预先准备好的示例代码，命令如下：

git clone https://*****.com/rengang66/iiit.quarkus.sample.git（见链接 77）

每个案例都是独立的应用程序，可以单独运行和验证，与其他案例没有依赖关系。

案例源码遵循 Apache License、Version 2.0 开源协议。

2.4.3 与应用案例相关的软件和须遵循的规范

1. 必备软件

应用案例程序的运行可能需要安装以下软件、工具、框架，以便能进行正确的测试和验证。

（1）JDK 1.8

开发和执行应用程序，至关重要的是 Java 开发工具包（JDK）。本书案例所有项目中的代码使用 JDK 1.8，编译成原生可执行程序时采用 JDK 11。

（2）GraalVM

GraalVM 是 Java 虚拟机（JVM）的扩展，以支持更多的语言和几种执行模式。它支持大量的语言，除 Java 外，还支持其他基于 JVM 的语言（如 Groovy、Kotlin 等），也支持 JavaScript、Ruby、Python、R 和 C++语言。GraalVM 包含一个新的高性能 Java 编译器，可以在 HotSpot 虚拟机的即时（Just-in-Time，JIT）配置中使用，或者在底层虚拟机上的提前（AOT）配置中使用。GraalVM 的一个目标是提高基于 Java 虚拟机的语言性能，以匹配本地语言的性能。

当需要编译成原生可执行程序时，必须安装 GraalVM。

（3）Eclipse IDE

Eclipse 是一个开放源码的项目，是著名的跨平台开源集成开发环境（IDE）。它是笔者在本书中主要使用的 IDE 开发工具。若后面没有特殊说明，都默认使用这个 IDE 工具。首选 Eclipse 的原因是，笔者已经用了差不多 20 年，比较熟悉。

（4）Maven 3.6.x

Maven 为案例项目提供了一个构建解决方案、共享库和插件平台。基于"约定优先于配置"原则，Maven 提供了一个标准的项目描述和一些约定，例如标准的目录结构。通过基于插件的可扩展架构，Maven 可以提供很多不同的服务。

本书所有案例全部由 Maven 来构建或打包。注意，要保证 Maven 的版本在 3.6.x 以上。

（5）cURL

cURL 是一个免费的开源命令行工具和库，可以使用各种协议（包括 HTTP）进行可靠的数据传输，并且已经被移植到多个操作系统上。

大部分应用案例验证都是通过 cURL 来调用和验证应用案例程序的服务实现的。

2．可选软件

可选软件是指在一些场景下构建、测试和验证应用程序所需的软件。

（1）Docker

Docker 是基于 Go 语言实现的开源项目。Docker 的主要目标是"Build, Ship and Run Any App, Anywhere"，也就是通过对应用组件的封装、分发、部署、运行等生命周期的管理，使用户的应用程序及其运行环境能够做到"一次封装，到处运行"。

本书的案例在讲解一些基础软件（如数据库、消息中间件、授权软件等）的安装时会使用到 Docker。由于这些基础软件的镜像比较大，因此建议先下载下来，供后期使用。下载列表如下。

- docker pull postgres:10.5
- docker pull redis:5.0.6
- docker pull mongo:4.0
- docker pull strimzi/kafka:0.19.0-kafka-2.5.0
- docker pull vromero/activemq-artemis:2.11.0-alpine
- docker pull jboss/keycloak

（2）IntelliJ IDEA

IntelliJ IDEA 的简称是 IDEA，具有美观、高效等众多特点。IDEA 是 JetBrains 公司的产品。免费版只支持 Java 等少数语言。IntelliJ IDEA 的 Smart Code Completion 和 On-the-fly Code Analysis 等功能可以提高开发者的工作效率，其还提供了对 Web 和移动开发的高级支持。

这是笔者的辅助 IDE 开发工具。该工具与 Eclipse 工具相比，各有优势。

（3）Postman

Postman 是一款功能强大的网页调试与发送网页 HTTP 请求的 Chrome 插件。方便加数据，查看响应，设置检查点/断言，能进行一定程度上的自动化测试。

本书在讲解 Quarkus 使用安全认证的案例时，有些场景下采用的验证工具就是 Postman。

（4）PostgreSQL

PostgreSQL 是一个免费的对象—关系型数据库服务器（ORDBMS），由加州大学伯克利分校计算机系开发并以 BSD 许可证发行。PostgreSQL 的口号是"世界上最先进的开源关系型数据库"。

本书在讲解 Quarkus 使用关系型数据库的案例时，采用的关系型数据库就是 PostgreSQL。

（5）Redis

Redis（Remote Dictionary Server，远程字典服务）是一个高性能的开源键值数据库。这是一个开源的、使用 ANSI C 语言编写的、支持网络、可基于内存也可持久化的日志型键值数据库，其提供了多种语言的 API。

本书在讲解 Quarkus 使用缓存数据库的案例时，采用的缓存数据库就是 Redis。

（6）MongoDB

MongoDB 是一个基于分布式文件存储的数据库。它是介于关系型数据库和非关系型数据库之间的产品，是非关系型数据库中功能最丰富、最像关系型数据库的数据库。

本书在讲解 Quarkus 使用 NoSQL 数据库的案例时，采用的 NoSQL 数据库就是 MongoDB。

（7）Apache Kafka

Apache Kafka 是一个分布式数据流处理平台。它是一个可扩展的、容错的发布—订阅消息系统，可以实时发布、订阅、存储和处理数据流。

本书在讲解 Quarkus 使用分布式数据流消息系统的案例时，采用的分布式数据流消息系统就是 Apache Kafka。

（8）Apache ActiveMQ Artemis

Apache ActiveMQ Artemis 是一个开源项目，旨在构建一个多协议、可嵌入、非常高性能的集群、异步消息传递系统。

本书在讲解 Quarkus 使用 JMS 消息中间件的案例时，采用的消息中间件就是 Apache ActiveMQ Artemis。

（9）Apache Eclipse Mosquitto

Apache Eclipse Mosquitto 是一个轻量级的开源消息代理，它实现了 MQTT 协议。Eclipse Mosquitto 适用于从低功耗单板计算机到全套服务器的所有设备。

本书在讲解 Quarkus 使用 MQTT 消息中间件的案例时，采用的 MQTT 消息中间件就是 Apache Eclipse Mosquitto。

（10）Keycloak

Keycloak 是一个进行身份认证和访问控制的开源软件。Keycloak 由 Red Hat 基金会开发，可以方便地给应用程序和安全服务添加身份认证。

本书在讲解 Quarkus 使用安全认证的案例时，采用的开源认证服务器就是 Keycloak。

（11）Kubernetes 平台（可选）

Kubernetes 是来自 Google 云平台的开源容器集群管理系统。该系统可以自动地在一个容器集群中选择一个工作容器使用。Kubernetes 能提供一个以"容器为中心的基础架构"，满足在生产环境中运行应用的一些常见需求，其核心概念是 Container Pod。

本书在讲解 Quarkus 生成 Kubernetes 资源文件的案例时，会采用 Kubernetes 平台来验证案例。

（12）OpenShift 平台（可选）

OpenShift 是由 Red Hat 推出的一款对开源开发者开放的平台即服务（PaaS）。OpenShift 通过为开发者提供语言、框架和云上的更多选择，使开发者可以构建、测试、运行和管理他们的应用。

本书在讲解 Quarkus 生成 OpenShift 资源文件的案例时，会采用 OpenShift 平台来验证案例。

（13）Knative 平台（可选）

Knative 是 Google 公司开源的 Serverless 架构方案，旨在提供一套简单、易用、标准化的 Serverless 方案，目前参与的公司主要有 Google、Pivotal、IBM、Red Hat 和 SAP。

本书在讲解 Quarkus 生成 Knative 资源文件的案例时，会采用 Knative 平台来验证案例。

3．案例遵循的规范

（1）Jakarta EE 规范

多年来，Java EE 一直是企业应用程序的主要开发平台。为了加速面向云原生世界的业务应用程序开发，Oracle 公司将 Java EE 技术贡献给 Eclipse 基金会，Java EE 将以 Jakarta EE 品牌继续发展。

Jakarta EE 规范是一组使全球范围内的 Java 开发者都能够在云原生 Java 企业应用程序上工作的 Java 规范。这些规范是由著名的行业领导者制定的，他们向技术开发者和消费者灌输了信心。

Jakarta EE 规范可以是一个平台规范（完整或 Web 平台），也可以是一个单独的规范。所有 Jakarta EE 规范包括：①API 和规范文档——定义和描述规范；②技术兼容性工具包（TCK），这用于测试基于 API 和规范文档实现的代码。

Jakarta EE 规范内容包括 Jakarta EE Platform、Jakarta EE Web Profile、Jakarta Activation、Jakarta Annotations、Jakarta Authentication、Jakarta Authorization 等 40 余个。

与本书的应用案例相关的规范有如下这些。

- Jakarta EE Platform，定义了一个托管 Jakarta EE 应用程序的平台。
- Jakarta Contexts and Dependency Injection，声明性依赖注入和支持服务。
- Jakarta Dependency Injection，公共声明性依赖注入注解。
- Jakarta JSON Binding，用于转换 POJO 与 JSON 文档的绑定框架。
- Jakarta JSON Processing，用于解析、生成、转换和查询 JSON 文档的 API。
- Jakarta Messaging，通过松散耦合、可靠的异步服务传递消息。
- Jakarta Persistence，持久性管理和对象/关系映射。
- Jakarta RESTful Web Services，用于开发遵循 REST 模式的 Web 服务的 API。
- Jakarta Security，定义了创建安全应用程序的标准。
- Jakarta Transactions，允许处理与 X/Open XA 规范一致的事务。
- Jakarta WebSocket，用于 WebSocket 协议的服务器和客户端端点的 API。

（2）Eclipse MicroProfile 规范

Eclipse MicroProfile 是一个开发 Java 微服务的基础编程模型，它致力于定义企业 Java 微服务规范，MicroProfile 提供了指标、API 文档、运行状况检查、容错、JWT、Open API 与分布式跟踪等能力，使用它创建的云原生微服务可以自由地部署在任何地方。Eclipse MicroProfile 是由群供应商和社区成员开发的在微服务体系结构中使用 Java EE 的新规范，这些规范可以被添加到将来的 Java EE 版本中。许多创新的"微服务"企业 Java 环境和框架已经存在于 Java 生态系统中。这些项目正在创建新的特性和功能来解决微服务体系结构的问题——利用 Jakarta EE/Java EE 和非 Jakarta EE 技术。

MicroProfile 4.0（截至 2020 年 11 月 20 日）的规范有如下内容：CDI 2.0、Config 2.0、Fault Tolerance 3.0、Health 3.0、JWT RBAC 1.2、Metrics 3.0、Open API 2.0、Open Tracing 2.0、Rest Client 2.0 等。还有两个规范在规划中，分别是 MicroProfile Reactive Streams Operators 和 MicroProfile Reactive Messaging。

与本书的应用案例相关的规范标准有如下这些。

- Config 2.0：提供一种独立于配置源的将配置数据中继到应用程序中的统一方法。

- Fault Tolerance 3.0：容错，包括使微服务对网络或它们所依赖的其他服务的故障具有弹性的机制，例如定义远程服务调用的超时时间，在发生故障的情况下重试策略及设置回退方法。

- Health 3.0：健康，报告服务是否健康。这对于像 Kubernetes 这样的调度程序来确定是否应终止一个应用程序（容器）并启动一个新应用程序来说非常重要。

- JWT RBAC 1.2：JSON Web 令牌（JWT）是基于令牌的身份验证/授权系统，该系统允许基于安全令牌进行身份验证、授权。JWT 传播定义了与 Java EE 样式基于角色的访问控制一起使用的 JWT 的互操作性和容器集成需求。

- Metrics 3.0：指标，处理遥测数据及如何以统一的方式显示遥测数据。这包括来自底层 Java 虚拟机的数据及来自应用程序的数据。

- Open API 2.0：一种记录数据模型和 REST API 的方法，以便机器可以读取它们并自动从该文档构建客户端代码。OpenAPI 源自 Swagger 规范。

- Open Tracing 2.0：一种跨一系列微服务的分布式调用跟踪机制。

- MicroProfile Reactive Streams Operators：响应式流操作规范。

- MicroProfile Reactive Messaging：响应式消息规范。

（3）UML 规范

UML（Unified Modeling Language，统一建模语言）是一种标准语言，用于指定、可视化、构造和记录软件系统的软件组件。UML 由对象管理组（OMG）创建，其最初用来捕获复杂软件和非软件系统的行为，现在已经成为 OMG 的标准。

本书在绘制类图（Class Diagram）、序列图（Sequence Diagram）和通信图（Communication Diagram）的案例中都使用了 UML 2.0 规范（会有特别标注）。

2.4.4 应用案例的演示和调用

编程时采用不同的 IDE 工具，处理方式稍微有一些不同。笔者主要采用 Eclipse 作为 IDE 工具，但不排除采用其他 IDE 工具。下面分别介绍不同的 IDE 工具打开项目的方式。

1．IDE 为 Eclipse 工具时的用法

在 Eclipse 中导入 Maven 工程项目程序，然后进入如图 2-38 所示的开发编程界面。由于项目较多，在导入 Maven 程序的过程中，可能会有一定的等待时间，当然也可以导入单个项目。

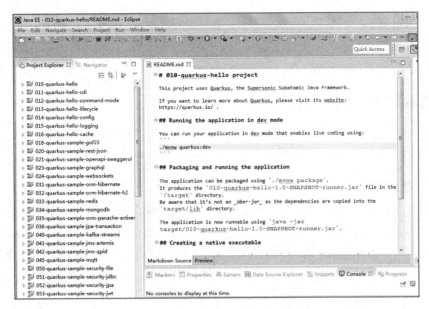

图 2-38　Eclipse 工具下的应用案例程序图

在该 Eclipse 环境下,可以阅读、查看、运行、调试和验证各个案例项目。可以在 Eclipse 中执行菜单命令来启动案例项目,也可以直接在案例程序目录中调用 Quarkus 开发模式的命令。

2. IDE 是 IDEA 工具时的用法

在 IDEA 中导入 Maven 工程项目程序,然后进入如图 2-39 所示的开发编程界面。

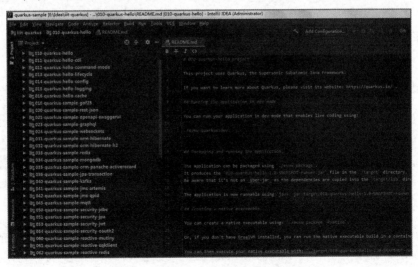

图 2-39　IDEA 工具下的应用案例程序图

在该 IntelliJ IDEA 环境下，可以阅读、查看、运行、调试和验证各个案例项目。启动案例项目需要在案例程序目录中调用 Quarkus 开发命令。注意，IntelliJ IDEA 可能不支持执行菜单命令来启动案例项目的方式。

2.4.5 应用案例的解析说明

为了便于理解，下面对应用案例做一些指导说明并介绍一些原则。若能明白这些指导说明和原则，就能更轻松、方便、高效地理解各个案例的核心含义。

1．每个案例的构成

每个案例基本都由介绍案例、编写案例和验证案例 3 个部分组成，但个别案例有一定的特殊性，比如可能会多一些扩展性说明和阐述。如讲解案例 031-quarkus-sample-orm-hibernate 时，该案例代码只针对 PostgreSQL 数据库进行了配置，但也还会简单介绍如何配置其他关系型数据库，该案例代码只实现了基于 Hibernate 的 ORM 框架，但也还会增加其他一些 ORM 框架的解释。

2．每个案例都有对应的源码程序的编号

程序案例的命名方式是编号加上案例特征属性，如程序案例 020-quarkus-sample-rest-json 中的 020 是编号，而 quarkus-sample-rest-json 是案例特征属性。案例特征属性表明该案例要实现的目标，如 quarkus-sample-rest-json 表明这是一个基于 Quarkus 的实现了 REST 和 JSON 结合的程序。编号仅作为排序和归类使用，没有其他含义。在案例的具体讲解中，有可能会忽略编号。

3．每个案例的程序源码的构成元素

程序源码的构成元素包括配置文件、Java 应用程序源码文件、资源文件等。

（1）所有案例都有配置文件。一般只有 application.properties 文件，不排除有些程序可能会有附加的配置文件。例如，与数据库操作相关的有数据初始化文件 import.sql，与安全相关的有用户认证文件等。

（2）Java 应用程序源码文件。一般程序基本上至少由 5 个类文件组成，分别是 ProjectMain、ProjectResource、ProjectService、Project 和 LoggingFilter 类。特殊情况下，如 WebSocket 案例，仅有 WebSocketMain 和 ChatSocket 两个类文件。

（3）资源文件。资源文件包括页面文件（如 index.htm）、js 文件和一些其他资源文件。由于案例的验证都采用 cURL 工具进行输入，故很少使用页面来处理。特殊情况下，只有 WebSocket 案例，必须通过页面来验证。

在讲解案例的程序源码时，不会对每个源码文件都进行一一讲解。每个案例项目都会有一个"程序配置文件和核心类"说明，只针对其中核心的、重要的源码文件进行解析说明。对于要讲解的源码文件，为了篇幅不过长，会略去不重要或不必要的部分。本书中所列的源码文件内容以实现案例程序的源码文件为准。

4．验证程序时输入数据的格式可能有所不同

在验证程序的过程中，本书案例都采用 Windows 的命令行窗口作为输入终端，所以输入的数据格式都是按照 Windows 的命令行终端规范来编写的。但对于 Bash Shell 和 PowerShell 终端，有可能需要数据格式上的调整，这点需要注意，尤其是 Maven 和 cURL 工具的输入。

为了方便验证程序，每个程序都有一个 quarkus sample test cmd 文本文件，其中列出了需要的测试和验证命令。同时，在某些案例程序上，笔者也编写了一个针对该案例程序的批处理验证命令文件，该命令文件是用 ANSI 编码（非 UTF-8 编码）编写的，可支持中文输入。这样就可以一次性验证所有内容了。

5．绘制图形说明

为了尽快、准确、容易地理解案例，笔者为每个案例都配备了图示。图示分为静态图和动态图，一般案例都会有一张核心静态图，即应用架构图。对于案例的动态图，笔者会根据案例讲解的需要和方便读者理解，采用序列图、通信图、程序执行过程图或服务调用过程图等。

应用架构图是笔者为了清楚描述案例总体结构而创建的一种图示，下面以一个实际案例来进行说明，例如某个应用架构图如图 2-40 所示。

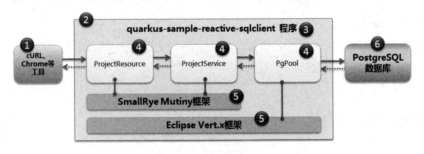

图 2-40　应用架构示意图

首先解释一下图 2-40 中各个编号的含义。

编号①是外部工具，笔者一般采用的是 cURL 工具。

编号②是该案例程序的边界，框内的内容都是案例程序的内容。

编号③是该案例程序的名称，例如图 2-40 中案例的名称是 quarkus-sample-reactive-sqlclient，实际上这也是案例的应用程序名（去掉了编号）。

编号④是该案例程序的程序文件，也就是程序源码。例如图 2-40 中的案例有 ProjectResource 和 ProjectService 类文件，虽然还有 PgPool，但这是一个外部输入对象，其表现在程序源码文件中会是一个外部注入对象，故没有类文件。

编号⑤是该案例程序依赖的关键或核心框架或 Quarkus 扩展组件，由于任何一个案例程序依赖的框架和 Quarkus 扩展组件都非常多，因此在讲解时只会针对当前案例所讲述的内容列出相关内容，这部分内容一般不可见。笔者一般会在介绍基础知识或科普常识时简单介绍一下这些框架的内容及功能。例如图 2-40 中的案例所依赖的框架只列出了 SmallRye Mutiny 框架和 Eclipse Vert.x 框架，主要原因是这个案例主要讲解响应式编程的内容。

编号⑥是该案例程序验证或演示所需的外部组件，这也是前面介绍的与应用案例相关的软件。笔者在讲解案例时，会简单讲解外部组件的安装和初始化配置，让读者能够演示或验证案例程序。例如，图 2-40 中案例的外部组件就是 PostgreSQL 数据库。

另外，应用架构图对象之间有包含关系、依赖关系和流向（访问/返回）关系。

（1）如果是大框包含小框，表明是包含关系。例如图 2-40 中的 quarkus-sample-reactive-sqlclient 程序和 ProjectResource 文件之间的关系。

（2）如果一条线两端都是圆球，表明两者存在依赖关系。例如图 2-40 中的 PgPool 和 Eclipse Vert.x 框架之间的关系。

（3）如果是单实线箭头，表明是调用（访问）关系。例如图 2-40 中的 ProjectResource 对于 ProjectService 就是调用（访问）关系。

（4）如果是单虚线箭头，表明是数据流向（返回）关系。例如图 2-40 中的 ProjectService 对于 ProjectResource 就是数据流向（返回）关系。

2.5 本章小结

本章初探了 Quarkus 的开发内容，从如下 4 个部分进行了讲解。

第一，开发一个 hello world 微服务的全过程，包括开发、编码、测试、运行程序及打包程序，基本上清晰地描绘了 Quarkus 开发的整个过程。

第二，说明 Quarkus 的开发基础，主要用 6 个基础应用开发案例来讲解说明，分别是基于 CDI 的案例、采用命令模式的案例、采用应用程序生命周期的案例、如何使用配置文件的案例、日志配置的案例和缓存系统数据的案例等。

第三，用 Quarkus 实现 GoF 的 23 种设计模式的案例，包括 5 个创建型模式（Creational Pattern）、7 个结构型模式（Structural Pattern）和 11 个行为型模式（Behavioral Pattern）案例。每个案例都讲解了模式定义、模式的分析和说明、案例的应用场景和核心类图。

第四，对应用案例进行了整体说明，也可以说是整本书实战案例的导读。这部分描述了应用案例的场景、简要介绍，与应用案例相关的软件和需要遵循的规范，如何调用和演示应用案例，以及如何解析说明这些案例等内容。

第 3 章
开发 REST/Web 应用

3.1 编写 REST JSON 服务

本案例将说明如何在 Quarkus 框架中通过 REST 服务使用和返回 JSON 数据。

3.1.1 案例简介

本案例介绍基于 Quarkus 框架实现 REST 的基本功能。Quarkus 框架的 REST 实现遵循 JAX-RS 规范，浏览器和服务器之间的数据传输格式采用 JSON。该模块引入了 RESTEasy/JAX-RS 和 JSON-B 扩展。通过阅读和分析在 Web 上实现查询、新增、删除、修改数据的操作等案例代码，可以理解和掌握基于 Quarkus 框架的 REST 服务用法。

基础知识：JAX-RS 规范和 RESTEasy 框架。

JAX-RS 规范（Java API for RESTful Web Services）是一套用 Java 实现 REST 服务的规范，也是一个 Java 编程语言的应用程序接口，支持按照表述性状态转移（REST）架构风格创建 Web 服务。JAX-RS 规范提供了一些注解来说明资源类，并把 POJO Java 类封装成 Web 资源。JAX-RS 规范的常用注解说明如表 3-1 所示。

表 3-1 JAX-RS 规范的常用注解说明

注解	注解说明	注解位置和类型
@Path	标注 class 时，表明该类是一个资源类，凡是资源类必须使用该注解。标注 method 时，表示具体的请求资源的路径	类注解、方法注解
@GET	指明接收 HTTP 请求的方式属于 GET、POST、PUT、DELETE 中的哪一种	方法注解

续表

注 解	注 解 说 明	注解位置和类型
@POST	指明接收 HTTP 请求的方式属于 GET、POST、PUT、DELETE 中的哪一种	方法注解
@PUT	指明接收 HTTP 请求的方式属于 GET、POST、PUT、DELETE 中的哪一种	方法注解
@DELETE	具体请求方式，由客户端发起请求时指定	方法注解
@Consumes	指定 HTTP 请求的 MIME 类型，默认是*/*，表示任意的 MIME 类型。该注解支持多个值设定，可以使用 MediaType 来指定 MIME 类型。MediaType 的类型有 application/xml、application/atom+xml、application/json、application/svg+xml、application/x-www-form-urlencoded、application/octet-stream、multipart/form-data、text/plain、text/xml、text/html 等	方法注解
@Produces	指定 HTTP 响应的 MIME 类型，默认是*/*，表示任意的 MIME 类型。与 @Consumes 使用 MediaType 来指定 MIME 类型一样	方法注解
@PathParam	配合@Path 使用，可以获取 URI 中指定规则的参数	参数注解
@QueryParam	用于获取 GET 请求中的查询参数，实际上是 URL 拼接在?后面的参数	参数注解
@FormParam	用于获取 POST 请求且以 form（MIME 类型为 application/x-www-form-urlencoded）方式提交的表单的参数	参数注解
@FormDataParam	用于获取 POST 请求且以 form（MIME 类型为 multipart/form-data）方式提交的表单的参数，通常是在上传文件的时候	参数注解
@HeaderParam	用于获取 HTTP 请求头中的参数值	参数注解
@CookieParam	用于获取 HTTP 请求 cookie 中的参数值	参数注解
@MatrixParam	用来绑定包含多个 property（属性）=value（值）方法的参数表达式，用于获取请求 URL 参数中的键值对，必须使用;作为键值对分隔符	参数注解
@DefaultValue	配合前面的参数注解等使用，用来设置默认值。如果请求指定的参数中没有值，通过该注解给定默认值	参数注解
@BeanParam	如果传递的参数较多，可以使用@FormParam 等参数注解。一个个地接收参数可能显得太烦琐，可以通过 Bean 方式接收自定义的 Bean，在自定义的 Bean 字段中使用@FormParam 等参数注解。只需定义一个接收参数	参数注解
@Context	用来解析上下文参数，与 Spring 中的 AutoWired 效果类似。通过该注解可以获取 ServletConfig、ServletContext、HttpServletRequest、HttpServletResponse 和 HttpHeaders 等信息	属性注解、参数注解
@Encoded	禁止解码，客户端发送的参数是什么格式，服务器就原样接收相应的格式	

目前实现 JAX-RS 规范的框架包括 Apache CXF、Jersey、RESTEasy、Restlet、Apache Wink 等。

本案例会用到的 RESTEasy 是 JBoss/Red Hat 的一个开源项目，其提供各种框架来帮助构建 RESTful Web Services 和 RESTful Java 应用程序。RESTEasy 遵循 JAX-RS 规范，是 Jakarta RESTful Web 服务的一个完整实现且可通过 JCP 认证。RESTEasy 与 JBoss 应用服务器能很好地集成在一起。RESTEasy 还提供了一个 RESTEasy JAX-RS 客户端调用框架，能够很方便地与 EJB、Seam、Guice、Spring 和 Spring MVC 集成使用，支持在客户端与服务端自动实现 Gzip 解压缩。此外，RESTEasy 还实现了 MicroProfile 客户端规范 API。

3.1.2 编写程序代码

编写程序代码有 3 种方式。第 1 种方式是通过代码 UI 来实现的，在 Quarkus 官网的生成代码页面中按照指定步骤生成脚手架代码，然后下载文件，将项目引入 IDE 工具中，最后修改程序源码。

第 2 种方式是通过 mvn 来构建程序，通过下面的命令创建 Maven 项目来实现：

```
mvn io.quarkus:quarkus-maven-plugin:1.11.1.Final:create ^
    -DprojectGroupId=com.iiit.quarkus.sample
    -DprojectArtifactId=020-quarkus- sample-rest-json ^
    -DclassName=com.iiit.quarkus.sample.rest.json.ProjectResource
    -Dpath= /projects ^
    -Dextensions=resteasy-jsonb
```

在 IDE 工具中导入 Maven 工程项目，然后增加和修改程序源码。

第 3 种方式是直接从 GitHub 上获取代码，可以从 GitHub 上克隆预先准备好的示例代码：

```
git clone https://******.com/rengang66/iiit.quarkus.sample.git（见链接1）
```

该程序位于"020-quarkus-sample-rest-json"目录中，是一个 Maven 工程项目程序。

在 IDE 工具中导入 Maven 工程项目程序，图 3-1 是一个典型的 Maven 工程项目结构。

第 3 章 开发 REST/Web 应用

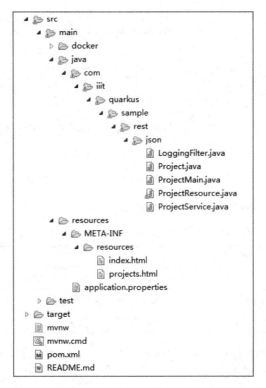

图 3-1 quarkus-sample-rest-json 的目录结构图

程序引入了 Quarkus 的两项扩展依赖性，在 pom.xml 的<dependencies>下有如下内容：

```
<dependency>
    <groupId>io.quarkus</groupId>
    <artifactId>quarkus-resteasy</artifactId>
</dependency>

<dependency>
    <groupId>io.quarkus</groupId>
    <artifactId>quarkus-resteasy-jsonb</artifactId>
</dependency>
```

quarkus-resteasy 是 Quarkus 整合了 RESTEasy 的 REST 服务实现。而 quarkus-resteasy-jsonb 是 Quarkus 整合了 RESTEasy 的 JSON 解析实现。

quarkus-sample-rest-json 程序的应用架构（见图 3-2）表明，外部访问 ProjectResource 资源接口，ProjectResource 调用 ProjectService 服务，ProjectResource 资源依赖于 RESTEasy 框架。

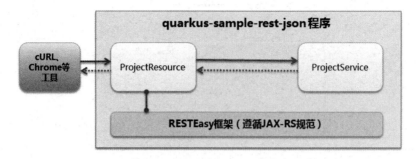

图 3-2　quarkus-sample-rest-json 程序应用架构图

quarkus-sample-rest-json 程序的核心类如表 3-2 所示。

表 3-2　quarkus-sample-rest-json 程序的核心类

名　称	类　型	简　介
ProjectResource	资源类	提供 REST 外部 API，是该程序的核心类，将重点介绍
ProjectService	服务类	主要提供数据服务，将简单介绍
Project	实体类	POJO 对象，将简单介绍

下面讲解 quarkus-sample-rest-json 程序中的 ProjectResource 资源类、ProjectService 服务类和 Project 实体类的功能和作用。

1．ProjectResource 资源类

用 IDE 工具打开 com.iiit.quarkus.sample.rest.json.ProjectResource 类文件，该类主要实现了外部 JSON 接口的调用，其代码如下：

```
@Path("/projects")
@ApplicationScoped
@Produces(MediaType.APPLICATION_JSON)
@Consumes(MediaType.APPLICATION_JSON)
public class ProjectResource {
    //注入 ProjectService 对象
    @Inject
    ProjectService service;

    public ProjectResource() {}

    @GET
    public Set<Project> list() {
        return service.list();
    }
```

```
    @GET
    @Path("/{key}")
    public Set<Project> get(@PathParam("key") String key) {
        return service.list();
    }

    @POST
    public Set<Project> add(Project project) {
        return service.add(project);
    }

    @PUT
    public Set<Project> update(Project project) {
        return service.update(project);
    }

    @DELETE
    public Set<Project> delete(Project project) {
        return service.delete(project);
    }
}
```

程序说明：

① ProjectResource 类的作用还是与外部进行交互，@Path("/projects")表示路径。

② @Produces(MediaType.APPLICATION_JSON) 表示生成的数据格式是 MediaType.APPLICATION_JSON 格式。

③ @Consumes(MediaType.APPLICATION_JSON) 表示消费的数据格式是 MediaType.APPLICATION_JSON 格式。

④ ProjectResource 类的主要方法是 REST 的基本操作方法，包括 GET、POST、PUT 和 DELETE 方法。

2．ProjectService 服务类

用 IDE 工具打开 com.iiit.quarkus.sample.rest.json.ProjectService 类文件，ProjectService 类主要是给 ProjectResource 提供业务逻辑服务，其代码如下：

```
@ApplicationScoped
public class ProjectService {
    private Set<Project> projects = Collections.newSetFromMap
(Collections.synchronizedMap(new LinkedHashMap<>()));
```

```
    public ProjectService() {
        projects.add(new Project("项目 A", "关于项目 A 的情况描述"));
        projects.add(new Project("项目 B", "关于项目 B 的情况描述"));
    }

    public Set<Project> list() {return projects;}

    public Set<Project> add(Project project) {
        projects.add(project);
        return projects;
    }

    public Set<Project> update(Project project) {
        projects.removeIf(existingProject -> existingProject.name
                .contentEquals(project.name));
        projects.add(project);
        return projects;
    }

    public Set<Project> delete(Project project) {
        projects.removeIf(existingProject -> existingProject.name
                .contentEquals(project.name));
        return projects;
    }
}
```

程序说明：

① ProjectService 服务类内部有一个变量 Set<Project>，用来存储所有的 Project 对象实例。

② ProjectService 服务实现了对 Set<Project>的显示、查询、新增、修改和删除等操作功能。

3．Project 实体类

用 IDE 工具打开 com.iiit.quarkus.sample.rest.json.Project 类文件，实体类主要是基本的 POJO 对象，其代码如下：

```
public class Project {
    public Integer id;
    public String name;
    public String description;

    public Project() {}

    //省略部分代码
}
```

程序说明：Project 类是一个实体类，但它不是一个标准的 JavaBean。

该程序动态运行的序列图（如图 3-3 所示，遵循 UML 2.0 规范绘制）描述了外部调用者 Actor、ProjectResource 和 ProjectService 等 3 个对象之间的时间顺序交互关系。

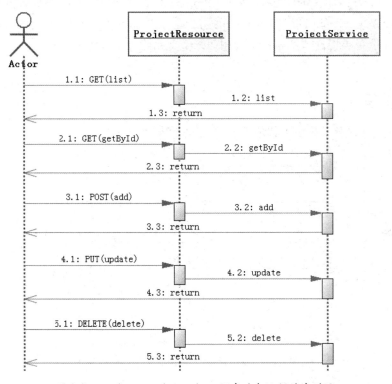

图 3-3　quarkus-sample-rest-json 程序动态运行的序列图

该序列图中总共有 5 个序列，分别介绍如下。

序列 1 活动：① 外部调用 ProjectResource 资源类的 GET(list)方法；② GET(list)方法调用 ProjectService 服务类的 list 方法；③ 返回整个 Project 列表。

序列 2 活动：① 外部传入参数 ID 并调用 ProjectResource 资源类的 GET(getById)方法；② GET(getById)方法调用 ProjectService 服务类的 getById 方法；③ 返回 Project 列表中对应 ID 的 Project 对象。

序列 3 活动：① 外部传入参数 Project 对象并调用 ProjectResource 资源类的 POST(add)方法；② POST(add)方法调用 ProjectService 服务类的 add 方法，ProjectService 服务类实现增加一个 Project 对象的操作并返回整个 Project 列表。

序列 4 活动：① 外部传入参数 Project 对象并调用 ProjectResource 资源类的 PUT(update)方法；② PUT(update)方法调用 ProjectService 服务类的 update 方法，ProjectService 服务类根据项目名称是否相等来实现修改一个 Project 对象的操作并返回整个 Project 列表。

序列 5 活动：① 外部传入参数 Project 对象并调用 ProjectResource 资源类的 DELETE(delete)方法；② DELETE(delete)方法调用 ProjectService 服务类的 delete 方法，ProjectService 服务类根据项目名称是否相等来实现删除一个 Project 对象的操作并返回整个 Project 列表。

3.1.3 验证程序

通过下列几个步骤（如图 3-4 所示）来验证案例程序。

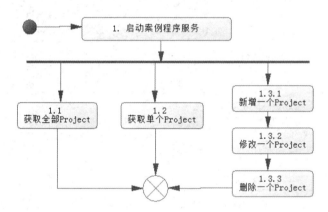

图 3-4 quarkus-sample-rest-json 程序验证流程图

下面对其中涉及的关键点进行说明。

1. 启动 quarkus-sample-rest-json 程序服务

启动程序有两种方式，第 1 种是在开发工具（如 Eclipse）中调用 ProjectMain 类的 run 方法，第 2 种是在程序目录下直接运行命令 mvnw compile quarkus:dev。

2. 通过 API 显示全部 Project 的 JSON 列表内容

为获取所有 Project 信息，在命令行窗口中键入命令 curl http://localhost:8080/projects。程序会返回所有 Project 的 JSON 列表。

3. 通过 API 获取一条 Project 数据

为获取一条 Project 数据，在命令行窗口中键入命令 curl http://localhost:8080/projects/1。其返回项目 ID 为 1 的 JSON 列表。

4. 通过 API 增加一条 Project 数据

按照 JSON 格式增加一条 Project 数据,命令行窗口中的命令如下:

```
curl -X POST -H "Content-type: application/json" -d {\"id\":3,\"name\":\"项目 C\",\"description\":\"关于项目 C 的描述\"} http://localhost:8080/projects
```

或

```
curl -X POST -H "Content-type: application/json" ^
    -d {\"id\":3,\"name\":\"项目 C\",\"description\":\"关于项目 C 的描述\"} ^
    http://localhost:8080/projects
```

注意:这里采用的是 Windows 上的 JSON 格式。由于 curl 命令在 Windows 和 Linux 上的 JSON 格式有所不同,主要区别在带有引号的内容上。如果是在 Linux 上,这一命令的 JSON 格式如下:

```
curl -X POST -H "Content-type: application/json" -d {"id":3,"name":"项目 C","description":"关于项目 C 的描述"}
```

5. 通过 API 修改一条 Project 数据

按照 JSON 格式修改一条 Project 数据,命令行窗口中的命令如下:

```
curl -X PUT -H "Content-type: application/json" -d {\"id\":3,\"name\":\"项目 C\",\"description\":\"项目 C 描述的修改内容\"} http://localhost:8080/projects
```

根据结果,可以看到已经对项目 C 的描述进行了修改。

6. 通过 API 删除一条 Project 数据

按照 JSON 格式删除一条 Project 数据,命令行窗口中的命令如下:

```
curl -X DELETE -H "Content-type: application/json" -d {\"id\":3,\"name\":\"项目 C\",\"description\":\"关于项目 C 的描述\"} http://localhost:8080/projects
```

根据结果,可以看到已经删除了项目 C 的内容。

3.1.4 Quarkus 的 Web 实现原理讲解

Quarkus 框架使用 Eclipse Vert.x 作为基本 HTTP 层来实现 Web 功能。这不同于 Spring Boot 框架内嵌和集成 Tomcat。Quarkus 框架也支持 Servlet 功能,Quarkus 框架的 Servlet 功能实现是使用运行在 Vert.x 之上的 Undertow 软件。RESTEasy 只支持 JAX-RS 规范。如果存在 Undertow,RESTEasy 将作为 Servlet 过滤器运行,否则它将直接运行在 Vert.x 上,而不涉及 Servlet。Quarkus 框架的 Web 架构图如图 3-5 所示。

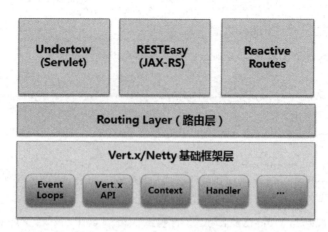

图 3-5 Quarkus 框架的 Web 架构图

下面对 Quarkus 框架的 Web 原理进行说明。假设传入了一个 HTTP 请求，Eclipse Vert.x 的 HTTP 服务器接收请求，然后将其路由到应用程序。如果请求的目标是 JAX-RS 资源，那么路由层将调用工作线程中的 resource 方法，并在数据可用时返回响应。图 3-6 描述了 Quarkus 的 Web 调用过程。

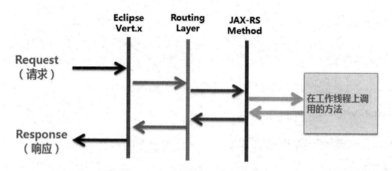

图 3-6 Quarkus 的 Web 调用过程图

同时，Quarkus 框架也支持响应式 Web 的调用，这将在第 7 章中进行详细讲解。

3.2 增加 OpenAPI 和 SwaggerUI 功能

Quarkus 框架的另一个与 REST 服务相关的功能是对 OpenAPI 的支持。通过 Quarkus 框架的 OpenAPI 扩展，可以生成 OpenAPI 的规范文档。

3.2.1 案例简介

本案例介绍基于 Quarkus 框架实现 REST 的 OpenAPI 功能。在应用程序添加了 OpenAPI 扩展之后，在访问路径/openapi 下可以得到基于 OpenAPI v3 规范的 REST 服务文档。OpenAPI 扩展也自带了 Swagger 界面，可以通过路径/swagger-ui 来访问，可以同时了解一下 Quarkus 框架的 OpenAPI 功能和集成 Swagger 的使用方法。本案例的 OpenAPI 遵循 Eclipse MicroProfile OpenAPI 规范。

基础知识：OpenAPI 规范、Eclipse MicroProfile OpenAPI 规范和 Swagger 框架。

OpenAPI 规范（OAS）为 HTTP API 定义了一个标准的、与语言无关的 RESTful API 规范描述，OpenAPI 允许开发者和操作系统查看并理解服务的功能，而不需要访问源码、附加文档或检查网络流量。外部可读 API 定义文档的用例包括但不限于：交互式文档；文档、客户端和服务器的代码生成；以及测试用例的自动化。OpenAPI 文档描述可以用 YAML 或 JSON 格式表示。这些文档可以静态地生成和提供，也可以从应用程序中动态生成。OpenAPI 规范的结构如图 3-7 所示。

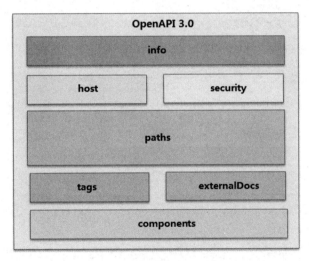

图 3-7 OpenAPI 规范的结构

Eclipse MicroProfile OpenAPI 规范旨在为 OpenAPI v3 规范提供统一的 Java API，所有应用程序开发者都可以使用它来公开 API 文档。SpecAPI 由注解、模型和编程接口组成。规范文档简要介绍了规范的规则。Swagger 框架实际上就是一个基于 OpenAPI 规范生成 API 文档的工具。该工具是一个规范和完整的框架，用于生成、描述、调用和可视化 RESTful 风格的 Web

服务。Swagger 的总体目标是使客户端和文件系统作为服务器，以同样的速度进行更新。其 API 文件的方法、参数和模型紧密集成到服务端的代码中，允许 API 始终保持同步。Swagger UI 提供了一个可视化的页面，用于展示描述文件。该工具支持在线导入描述文件和本地部署 UI 项目。

3.2.2 编写程序代码

编写程序代码有 3 种方式。第 1 种方式是通过代码 UI 来实现的，在 Quarkus 官网的生成代码页面中按照指定步骤生成脚手架代码，然后下载文件，将项目引入 IDE 工具中，最后修改程序源码。

第 2 种方式是通过 mvn 来构建程序，通过下面的命令创建 Maven 项目来实现：

```
mvn io.quarkus:quarkus-maven-plugin:1.11.1.Final:create ^
    -DprojectGroupId=com.iiit.quarkus.sample
    -DprojectArtifactId=021-quarkus-sample-openapi-swaggerui ^
    -DclassName=com.iiit.quarkus.sample.openapi.swaggerui.ProjectResource
    -Dpath=/projects ^
    -Dextensions=resteasy-jsonb,quarkus-smallrye-openapi
```

第 3 种方式是直接从 GitHub 上获取代码，可以从 GitHub 上克隆预先准备好的示例代码：

```
git clone https://******.com/rengang66/iiit.quarkus.sample.git（见链接1）
```

该程序位于"021-quarkus-sample-openapi-swaggerui"目录中，是一个 Maven 工程项目程序。

在 IDE 工具中导入 Maven 工程项目程序，在 pom.xml 的<dependencies>下有如下内容：

```xml
<dependency>
    <groupId>io.quarkus</groupId>
    <artifactId>quarkus-smallrye-openapi</artifactId>
</dependency>
```

quarkus-smallrye-openapi 是 Quarkus 整合了 OpenAPI 和 SwaggerUI 服务的实现。

quarkus-sample-openapi-swaggerui 程序的应用架构（见图 3-8）表明，外部访问 ProjectResource 资源接口，ProjectResource 资源依赖于 SmallRye OpenAPI 扩展（遵循 MicroProfile OpenAPI 规范）和 Swagger 框架，因此能提供 OpenAPI 的信息展现。

第 3 章 开发 REST/Web 应用

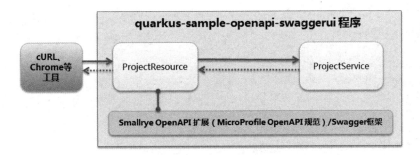

图 3-8 quarkus-sample-openapi-swaggerui 程序应用架构图

该案例的程序代码与 quarkus-sample-rest-json 案例的程序代码相似，就不再重复列出了。

3.2.3 验证程序

通过下列几个步骤（如图 3-9 所示）来验证案例程序。

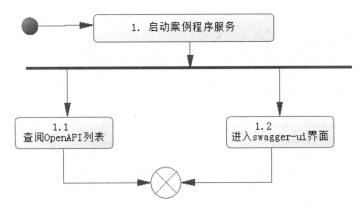

图 3-9 quarkus-sample-openapi-swaggerui 程序验证流程图

下面对其中涉及的关键点进行说明。

1. 启动 quarkus-sample-openapi-swaggerui 程序服务

启动程序有两种方式，第 1 种是在开发工具（如 Eclipse）中调用 ProjectMain 类的 run 方法，第 2 种是在程序目录下直接运行命令 mvnw compile quarkus:dev。

2. 通过 API 显示项目 OpenAPI 的 JSON 列表内容

在命令行窗口中键入命令 curl http://localhost:8080/openapi。其返回所有项目所有 OpenAPI 的 JSON 列表。也可以通过浏览器 URL（http://localhost:8080/openapi）获取一个 OpenAPI 文档，其内容如下：

```yaml
---
openapi: 3.0.3
info:
  title: Generated API
  version: "1.0"
paths:
  /projects:
    get:
      responses:
        "200":
          description: OK
          content:
            application/json:
              schema:
                $ref: '#/components/schemas/SetProject'
    post:
      requestBody:
        content:
          application/json:
            schema:
              $ref: '#/components/schemas/Project'
      responses:
        "200":
          description: OK
          content:
            application/json:
              schema:
                $ref: '#/components/schemas/SetProject'
    delete:
      requestBody:
        content:
          application/json:
            schema:
              $ref: '#/components/schemas/Project'
      responses:
        "200":
          description: OK
          content:
            application/json:
              schema:
                $ref: '#/components/schemas/SetProject'
components:
  schemas:
    Project:
```

```
      type: object
      properties:
        description:
          type: string
        name:
          type: string
    SetProject:
      uniqueItems: true
      type: array
      items:
        $ref: '#/components/schemas/Project'
```

该 OpenAPI 文档是按照 info、path、components 等层级的 JSON 列出的，遵循 OpenAPI 3.0 规范。

3. 显示 UI 界面

在浏览器中显示 UI 界面，输入 URL（http://localhost:8080/swagger-ui）。从其返回界面（如图 3-10 所示）可以获得所有的 API 方法及其内容。

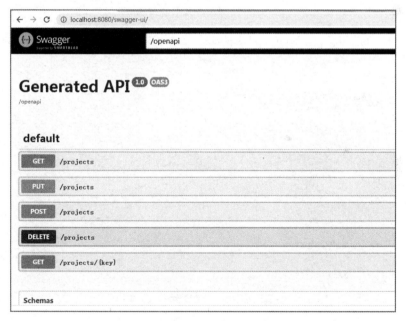

图 3-10 OpenAPI 和 SwaggerUI 界面

通过图 3-10，可以了解微服务的 GET、PUT、POST、DELETE 等方法的参数和输出内容。单击方法 GET，方法详细描述如图 3-11 所示。

图 3-11　GET 方法的详细描述

可以查看方法的 Request body 和 Responses 等具体内容，也可以阅读 Schemas 的内容，如图 3-12 所示。

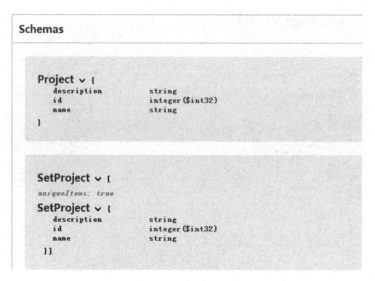

图 3-12　OpenAPI 的 Schemas 内容

通过 Schemas 的内容，我们可以知道 Project 的结构，以及传入参数 Project 的结构。

3.3 编写 GraphQL 应用

3.3.1 案例简介

本案例介绍基于 Quarkus 框架来实现 GraphQL 的基本功能。通过阅读和分析在 Web 上实现的基于 GraphQL 语言的查询、新增、删除操作等案例代码，可以理解和掌握基于 Quarkus 框架的 GraphQL 使用方法。

基础知识：GraphQL 应用和 MicroProfile GraphQL 规范。

GraphQL 既是一种用于 API 的查询语言，也是一个满足数据查询的运行时环境。GraphQL 为应用系统 API 中的数据提供了一套易于理解的完整描述，使得客户端能够准确地获得它需要的数据，而且没有任何冗余。这一功能也让 API 更容易地随着时间的推移而演进，还能用于构建强大的开发者工具。关于 GraphQL 的详细内容可参考其官网上的资料。

MicroProfile GraphQL 规范的目的是提供一组"代码优先"的 API，使用户能够在 Java 中快速开发基于 GraphQL 的可移植应用程序。本规范的所有实现有两个主要目的：①生成并促使 GraphQL 模式可用，这是通过查看用户代码中的注解来完成的，并且必须包括所有 GraphQL 查询和变异，以及通过查询和变异的响应类型或参数隐式定义的所有实体；②执行 GraphQL 请求，这将以查询或变异的形式出现。

3.3.2 编写程序代码

编写程序代码有 3 种方式。第 1 种方式是通过代码 UI 来实现的，在 Quarkus 官网的生成代码页面中按照指定步骤生成脚手架代码，然后下载文件，将项目引入 IDE 工具中，最后修改程序源码。

第 2 种方式是通过 mvn 来构建程序，通过下面的命令创建 Maven 项目来实现：

```
mvn io.quarkus:quarkus-maven-plugin:1.11.1.Final:create ^
    -DprojectGroupId=com.iiit.quarkus.sample
    -DprojectArtifactId=023-quarkus-sample-graphql ^
    -DclassName=com.iiit.quarkus.sample.graphql.ProjectResource
    -Dpath=/projects ^
    -Dextensions=resteasy-jsonb,quarkus-smallrye-graphql
```

第 3 种方式是直接从 GitHub 上获取代码，可以从 GitHub 上克隆预先准备好的示例代码：

```
git clone https://******.com/rengang66/iiit.quarkus.sample.git
```
（见链接1）

该程序位于"023-quarkus-sample-graphql"目录中，是一个 Maven 工程项目程序。

在 IDE 工具中导入 Maven 工程项目程序，在 pom.xml 的<dependencies>下有如下内容：

```xml
<dependency>
    <groupId>io.quarkus</groupId>
    <artifactId>quarkus-smallrye-graphql</artifactId>
</dependency>
```

quarkus-smallrye-graphql 是 Quarkus 整合了 SmallRye 的 GraphQL 实现。

quarkus-sample-graphql 程序的应用架构（如图 3-13 所示）表明，外部访问 ProjectResource 资源接口，ProjectResource 调用 ProjectService 服务，ProjectResource 资源依赖于 SmallRye Mutiny 框架，GraphQL 运行遵循 MicroProfile GraphQL 规范。

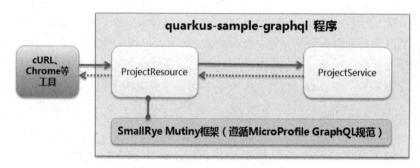

图 3-13　quarkus-sample-graphql 程序应用架构图

quarkus-sample-graphql 程序的核心类如表 3-3 所示。

表 3-3　quarkus-sample-graphql 程序的核心类

名　　称	类　　型	简　　介
ProjectResource	资源类	提供 GraphQL 外部 API，是该程序的核心类，将重点介绍
ProjectService	服务类	主要提供数据服务，其中初始化数据部分能形成层次关系，将一般性介绍
Project	实体类	这是一个 JavaBean，将简单介绍

下面讲解 quarkus-sample-graphql 程序中的 ProjectResource 资源类、ProjectService 服务类和 Project 实体类的功能和作用。

1. ProjectResource 资源类

用 IDE 工具打开 com.iiit.quarkus.sample.graphql.ProjectResource 类文件，其代码如下：

```java
@ApplicationScoped
@GraphQLApi
public class ProjectResource {

    //注入 ProjectService 对象
```

```
    @Inject    ProjectService service;

    public ProjectResource() {}

    @Query("projects")
    public Set<Project> list() {return service.list();}

    @Query("project")
    public Project getById(@Name("id") Integer id) {return service.getById(id);}

    @Mutation
    public Set<Project> add(Project project) {return service.add(project);   }

    @Mutation
    public Set<Project> update(Project project) {return service.update(project);}

    @Mutation
    public Set<Project> delete(Project project) {return service.delete(project);}
}
```

程序说明：

① ProjectResource 类的作用还是与外部进行交互，该程序实现了 GraphQL 的 CRUD 操作。

② @GraphQLApi 注解：表明引入 GraphQL 的 API 方法。

③ @Query("projects")注解：查询路径，类似于 REST 的 GET 方法。

④ @Mutation 注解：在数据被创建、更新或删除时使用，类似于 REST 的 POST、PUT 和 DELETE 方法。

2. ProjectService 服务类

用 IDE 工具打开 com.iiit.quarkus.sample.graphql.ProjectService 类文件，ProjectService 类主要给 ProjectResource 提供业务逻辑服务，其代码如下：

```
public class ProjectService {
    private Set<Project> projects = Collections.newSetFromMap
(Collections.synchronizedMap(new LinkedHashMap<>()));

    public ProjectService() {
        Project project1 = new Project(1,"项目部 1", "关于项目部 1 的描述");
```

```java
        Project project2 = new Project(2,"项目部2", "关于项目部2的描述");

        Project project3 = new Project(3,"项目A", "关于项目A的描述");
        Project project4 = new Project(4,"项目B", "关于项目B的描述");

        Project project5 = new Project(5,"项目C", "关于项目C的描述");
        Project project6 = new Project(6,"项目D", "关于项目D的描述");

        Project project7 = new Project(7,"项目项AA", "关于项目项AA的描述");
        Project project8 = new Project(8,"项目项AB", "关于项目项AB的描述");

        project1.addChildProject(project3);
        project1.addChildProject(project4);

        project2.addChildProject(project5);
        project2.addChildProject(project6);

        project3.addChildProject(project7);
        project3.addChildProject(project8);

        projects.add(project1);
        projects.add(project2);
    }

    public Set<Project> list() {return projects;}

    public Project getById(Integer id) {
        for (Project value : projects) {
            if ( (id.intValue()) == (value.getId().intValue())) {
                return value;
            }
        }
        return null;
    }

    public Set<Project> add(Project project) {
        projects.add(project);
        return projects;
    }

    public Set<Project> update(Project project) {
        projects.removeIf(existingProject -> existingProject.getName()
                .contentEquals(project.getName()));
        projects.add(project);
```

```
        return projects;
    }

    public Set<Project> delete(Project project) {
        projects.removeIf(existingProject -> existingProject.getName()
                .contentEquals(project.getName()));
        return projects;
    }
}
```

程序说明:

① 服务类内部有一个变量 Set<Project>,用来存储所有的 Project 对象实例。该服务实现了对 Set<Project>的全部列出、查询、新增、修改和删除等操作功能。

② ProjectService 构造阶段,实例化了 8 个 Project 对象,然后建立了这 8 个 Project 对象之间的父子层次。

3. Project 实体类

用 IDE 工具打开 com.iiit.quarkus.sample.graphql.Project 类文件,实体类主要就是基本的 POJO 对象,其代码如下:

```
public class Project {
    private Integer id;
    private String name;
    private String description;
    private int level = 1;
    private List<Project> childProjects = new ArrayList<>();
    public Project() {}

    //省略部分代码

    public void setChildProjects(List<Project> childProjects){
        this.childProjects = childProjects;
    }

    public List<Project> getChildProjects(){
        return this.childProjects;
    }

    public Project addChildProject (Project childProject){
        if (!isExist(childProject)) {
            childProject.level = this.level + 1 ;
            childProjects.add(childProject);
        }
```

```
            return this;
        }

    public Project deleteChildProject (Project childProject){
        for (int i = 0; i < childProjects.size(); i++) {
            if (childProject.name == ((Project) childProjects.get(i)).name){
                childProjects.remove(childProject);
            }
        }
        return this;
    }

    public Project updateChildProject (Project childProject){
        if (isExist(childProject)) {
            deleteChildProject (childProject);
            childProject.level = this.level + 1 ;
            addChildProject(childProject);
        }
        return this;
    }

    private boolean isExist(Project childProject){
        boolean isExist = false;
        for (int i = 0; i < childProjects.size(); i++) {
            if (childProject.name == ((Project) childProjects.get(i)).name){
                return true;
            }
        }
        return isExist;
    }
}
```

程序说明：Project 类一定是一个标准的 JavaBean，即内部字段都是私有变量，通过 get 和 set 方法来赋值和取值。

该程序动态运行的序列图（如图 3-14 所示，遵循 UML 2.0 规范绘制）描述了外部调用者 Actor、ProjectResource 和 ProjectService 等 3 个对象之间的时间顺序交互关系。

该序列图中总共有 5 个序列，分别介绍如下。

序列 1 活动：① 外部调用 ProjectResource 资源类的 Query(list)方法；② Query(list)方法调用 ProjectService 服务类的 list 方法；③ 返回整个 Project 列表。

序列 2 活动：① 外部传入参数 ID 并调用 ProjectResource 资源类的 Query(getById)方法；② Query(getById)方法调用 ProjectService 服务类的 getById 方法；③ 返回 Project 列表中对应

ID 的 Project 对象。

序列 3 活动：① 外部传入参数 Project 对象并调用 ProjectResource 资源类的 Mutation(add) 方法；② Mutation(add)方法调用 ProjectService 服务类的 add 方法，ProjectService 服务类实现增加一个 Project 对象的操作并返回整个 Project 列表。

序列 4 活动：① 外部传入参数 Project 对象并调用 ProjectResource 资源类的 Mutation(update)方法；② Mutation(update)方法调用 ProjectService 服务类的 update 方法，ProjectService 服务类根据项目名称是否相等来实现修改一个 Project 对象的操作并返回整个 Project 列表。

序列 5 活动：① 外部传入参数 Project 对象并调用 ProjectResource 资源类的 Mutation(delete)方法；② Mutation(delete)方法调用 ProjectService 服务类的 delete 方法，ProjectService 服务类根据项目名称是否相等来实现删除一个 Project 对象的操作并返回整个 Project 列表。

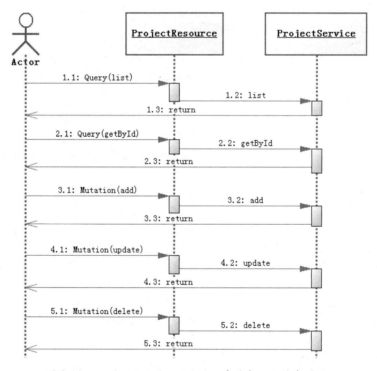

图 3-14　quarkus-sample-graphql 程序动态运行的序列图

3.3.3　验证程序

通过下列几个步骤（如图 3-15 所示）来验证案例程序。

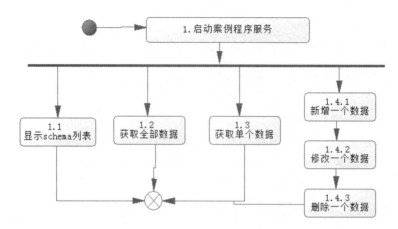

图 3-15 quarkus-sample-graphql 程序验证流程图

下面对其中涉及的关键点进行说明。

1. 启动 quarkus-sample-graphql 程序服务

启动程序有两种方式,第 1 种是在开发工具(如 Eclipse)中调用 ProjectMain 类的 run 方法,第 2 种是在程序目录下直接运行命令 mvnw compile quarkus:dev。

2. 通过 API 显示全部 schema 内容

在命令行窗口中键入命令 curl http://localhost:8080/graphql/schema.graphql,或在浏览器中输入 URL(http://localhost:8080/graphql/schema.graphql),获得的结果是 schema 列表,是 JSON 格式的:

```
"Mutation root"
type Mutation {
    add(project: ProjectInput): [Project]
    delete(project: ProjectInput): [Project]
    update(project: ProjectInput): [Project]
}

type Project {
    childProjects: [Project]
    description: String
    exist: Boolean!
    id: Int
    level: Int!
    name: String
}
```

```
"Query root"
type Query {
    project(id: Int): Project
    projects: [Project]
}

input ProjectInput {
    childProjects: [ProjectInput]
    description: String
    id: Int
    level: Int!
    name: String
}
```

schema 内容说明如下:

① Query 有 2 个方法，分别是 project 和 projects 方法。

② Mutation 有 3 个方法，分别是 add、delete、update 方法。

③ Project 对象结构。

④ 输入的 Project 对象结构。

3．GraphQL 的查询和处理

接着，通过专业工具来进行查询和处理，打开浏览器 URL（http://localhost:8080/graphql-ui/），会显示如图 3-16 所示的 graphql-ui 界面。

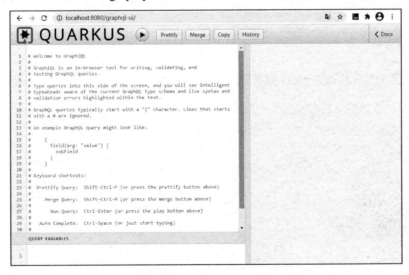

图 3-16　graphql-ui 界面

可以在输入框中键入如下查询内容：

```
query projects {
  projects {
    id
    name
    description
    level
  }
}
```

然后单击"执行"按钮，会显示如图 3-17 所示的结果。

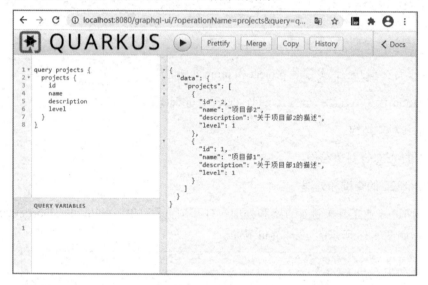

图 3-17　显示查询结果界面

4. 通过界面工具获取 Project 列表及其内部全部数据

为了获取所有数据及其内部的层次数据，可以在界面工具窗口中输入如下 GraphQL 语句：

```
query projects {
  projects {
    id
    name
    description
    level
    childProjects{
      id
      name
      description
```

```
      level
      childProjects{
        id
        name
        description
        level
      }
    }
  }
}
```

结果界面如图 3-18 所示。

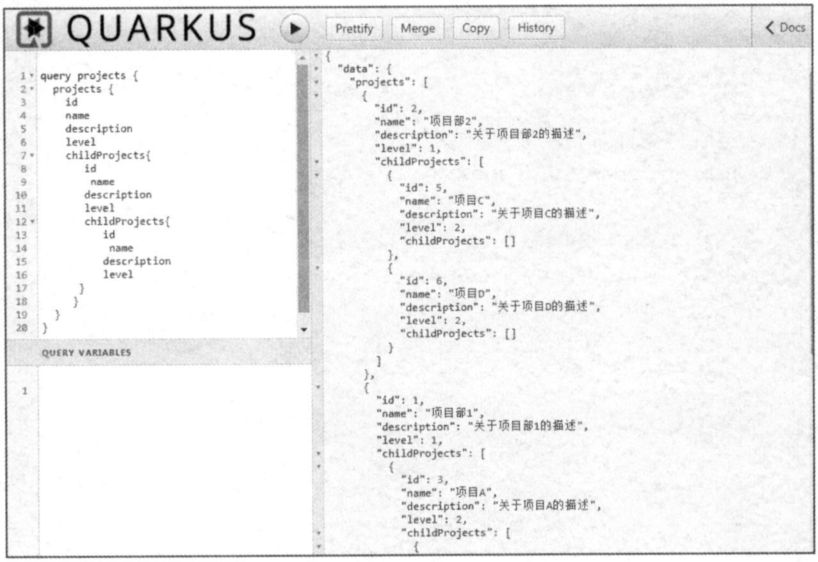

图 3-18 查询全部数据的结果界面

具体的结果内容如下：

```
{
  "data": {
    "projects": [
      {
        "id": 2,
        "name": "项目部 2",
        "description": "关于项目部 2 的描述",
        "level": 1,
        "childProjects": [
          {
            "id": 5,
```

```json
      "name": "项目 C",
      "description": "关于项目 C 的描述",
      "level": 2,
      "childProjects": []
    },
    {
      "id": 6,
      "name": "项目 D",
      "description": "关于项目 D 的描述",
      "level": 2,
      "childProjects": []
    }
  ]
},
{
  "id": 1,
  "name": "项目部 1",
  "description": "关于项目部 1 的描述",
  "level": 1,
  "childProjects": [
    {
      "id": 3,
      "name": "项目 A",
      "description": "关于项目 A 的描述",
      "level": 2,
      "childProjects": [
        {
          "id": 7,
          "name": "项目项 AA",
          "description": "关于项目项 AA 的描述",
          "level": 3
        },
        {
          "id": 8,
          "name": "项目项 AB",
          "description": "关于项目项 AB 的描述",
          "level": 3
        }
      ]
    },
    {
      "id": 4,
      "name": "项目 B",
      "description": "关于项目 B 的描述",
```

```
                "level": 2,
                "childProjects": []
            }
          ]
        }
      ]
    }
}
```

这与我们的初始化数据完全一致。

5. 通过界面工具获取一条 Project 数据

按照 JSON 格式获取一条 Project 数据,在界面工具窗口中输入如下 GraphQL 语句:

```
query project {
  project1: project(id: 1) {
    id
    name
    description
    level
  }
}
```

结果是项目 id 为 1 的 JSON 列表。

6. 通过界面工具新增一条 Project 数据

按照 JSON 格式增加一条 Project 数据,在界面工具窗口中输入如下 GraphQL 语句:

```
mutation addProject {
  add(
    project: {
      id: 10,
      name: "项目 G",
      description: "关于项目 G 的描述",
      level : 1
    }
  )
  {
    id
    name
    description
    level
  }
}
```

7. 通过界面工具修改一条 Project 数据

按照 JSON 格式修改一条 Project 数据,在界面工具窗口中输入如下 GraphQL 语句:

```
mutation updateProject {
  update(
    project: {
      id: 1,
      name: "项目部 1",
      description: "修改关于项目部 1 的描述",
      level : 1
    }
  )
  {
    id
    name
    description
    level
  }
}
```

通过结果,可以观察到已经修改了数据内容。

8. 通过界面工具删除一条 Project 数据

按照 JSON 格式删除一条 Project 数据,在界面工具窗口中输入如下 GraphQL 语句:

```
mutation DeleteProject {
  delete(
    project: {
      id: 10,
      name: "项目 G",
      description: "关于项目 G 的描述",
      level : 1
    }
  )
  {
    id
    name
    description
    level
  }
}
```

通过结果,可以观察到已经删除了数据内容。

3.4 编写 WebSocket 应用

3.4.1 案例简介

本案例介绍基于 Quarkus 框架实现 WebSocket 的基本功能。该功能的实现遵循 WebSocket 规范，该模块引入了 Undertow WebSocket 扩展。本案例创建了一个简单的聊天应用程序，使用 WebSocket 接收消息并向其他连接用户发送消息。通过阅读和分析一个简单的聊天应用程序的案例代码，可以了解和掌握 Quarkus 框架的 WebSocket 使用方法。本案例程序的应用场景如图 3-19 所示。

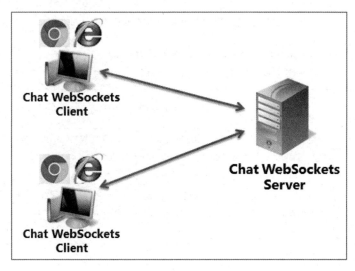

图 3-19 本案例程序的应用场景

基础知识：WebSocket 规范及一些相关概念。

WebSocket（架构如图 3-20 所示）是一种在单个 TCP 连接上进行全双工通信的协议，允许服务端主动向客户端推送数据。在 WebSocket API 中，浏览器和服务器之间只需要完成一次握手，两者就可以直接创建持久性连接，并进行双向数据传输。为了建立一个 WebSocket 连接，客户端浏览器首先要向服务器发起一个 HTTP 请求，这个请求和通常的 HTTP 请求不同，包含了一些附加头信息。WebSocket 通信协议于 2011 年被 IETF 定为标准 RFC 6455，并被 RFC 7936 补充成规范。WebSocket API 也被 W3C 定为标准。

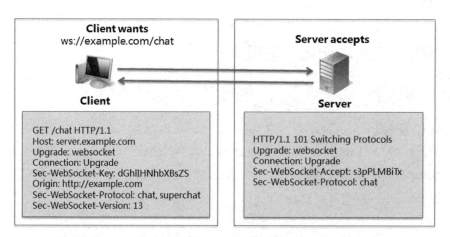

图 3-20　WebSocket 访问架构

WebSocket 规范的 Java 常用注解说明如表 3-4 所示。

表 3-4　WebSocket 规范的 Java 常用注解说明

注　解	注解说明	注解位置和类型
@ServerEndpoint	声明 WebSocket 地址时使用@ServerEndpoint 注解来声明接口，如果其参数是@PathParam("paraName") Integer userId，则链接地址形如 ws://localhost:8080/project-name/websocket/8	类注解
@OnOpen	有连接时触发的方法。可以在用户连接时记录用户连接所带的参数，只需在参数列表中增加参数@PathParam("paraName") String paraName	方法注解
@OnClose	连接关闭时调用的方法	方法注解
@OnMessage	收到消息时调用的方法	方法注解
@OnError	发生意外错误时调用的方法	方法注解

3.4.2　编写程序代码

编写程序代码有 3 种方式。第 1 种方式是通过代码 UI 来实现的，在 Quarkus 官网的生成代码页面中按照指定步骤生成脚手架代码，然后下载文件，将项目引入 IDE 工具中，最后修改程序源码。

第 2 种方式是通过 mvn 来构建程序，通过下面的命令创建 Maven 项目来实现：

```
mvn io.quarkus:quarkus-maven-plugin:1.11.1.Final:create ^
    -DprojectGroupId=com.iiit.quarkus.sample
    -DprojectArtifactId=024-quarkus- sample-websockets ^
    -DclassName=com.iiit.quarkus.sample.websockets.ChatSocket
```

```
    -Dpath=/chat ^
    -Dextensions=quarkus-undertow-websockets
```

第 3 种方式是直接从 GitHub 上获取代码,可以从 GitHub 上克隆预先准备好的示例代码:

git clone https://******.com/rengang66/iiit.quarkus.sample.git(见链接 1)

该程序位于"024-quarkus-sample-websockets"目录中,是一个 Maven 工程项目程序。

在 IDE 工具中导入 Maven 工程项目程序,在 pom.xml 的<dependencies>下有如下内容:

```
<dependency>
    <groupId>io.quarkus</groupId>
    <artifactId>quarkus-undertow-websockets</artifactId>
</dependency>
```

quarkus-undertow-websockets 是 Quarkus 整合了 undertow-websockets 的实现。

quarkus-sample-websockets 程序的应用架构(如图 3-21 所示)表明,外部访问 index.html 页面,index.html 页面的 JavaScript 代码调用 ChatSocket 服务,ChatSocket 服务依赖于 Undertow 平台。

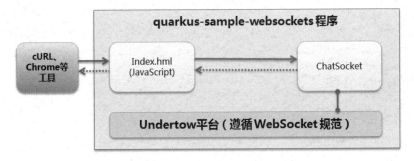

图 3-21   quarkus-sample-websockets 程序应用架构图

quarkus-sample-websockets 程序的核心类和页面文件如表 3-5 所示。

表 3-5   quarkus-sample-websockets 程序的核心类和页面文件

名 称	类 型	简 介
ChatSocket	资源类	提供 WebSocket 的后台程序,是核心类
index.html	页面文件	这是 Web 聊天页面的界面,重点介绍其内部的 JavaScript 代码内容

下面讲解 ChatSocket 类和 index.html 页面中的 JavaScript 代码内容。

1. ChatSocket 类

用 IDE 工具打开 com.iiit.quarkus.sample.websockets.ChatSocket 类文件,其代码如下:

```java
@ServerEndpoint("/chat/{username}")
@ApplicationScoped
public class ChatSocket {
    private static final Logger LOG = Logger.getLogger(ChatSocket.class);
    Map<String, Session> sessions = new ConcurrentHashMap<>();

    //有连接时的触发函数
    @OnOpen
    public void onOpen(Session session, @PathParam("username") String username) {
        sessions.put(username, session);
    }

    //连接关闭时的调用方法
    @OnClose
    public void onClose(Session session, @PathParam("username") String username) {
        sessions.remove(username);
        broadcast("User " + username + " left");
    }

    //发生意外错误时调用的函数
    @OnError
    public void onError(Session session, @PathParam("username") String username, Throwable throwable) {
        sessions.remove(username);
        LOG.error("onError", throwable);
        broadcast("User " + username + " left on error: " + throwable);
    }

    //收到消息时调用的函数,其中 Session 是每个 WebSocket 特有的数据成员
    @OnMessage
    public void onMessage(String message, @PathParam("username") String username) {
        if (message.equalsIgnoreCase("_ready_")) {
            broadcast("User " + username + " joined");
        } else {
            broadcast(">> " + username + ": " + message);
        }
    }

    //向各个注册点广播的信息
    private void broadcast(String message) {
        sessions.values().forEach(session -> {
            session.getAsyncRemote().sendObject(message, result -> {
                if (result.getException() != null) {
```

```
                         System.out.println("Unable to send message: " +
result.getException());
                    }
                });
            });
        }
    }
```

程序说明：

①@ServerEndpoint 注解：声明 WebSocket 地址。@ServerEndpoint("/chat/{username}")表明链接地址的形式是 ws://localhost:8080/chat/{username}。

②@OnOpen 注解：这是有连接时的触发函数。该函数的内容是 Session 加入一个用户（或端点）。Session 代表了两个 WebSocket 端点的会话；在 WebSocket 握手成功后，WebSocket 就会提供一个打开的 Session，可以通过这个 Session 向另一个端点发送数据；如果 Session 关闭后发送数据，将会报错。

③@OnClose 注解：连接关闭时调用的方法。Session 关闭指定用户（或端点）。

④@OnMessage 注解：收到消息时调用的方法，其中 Session 是每个 WebSocket 特有的数据成员。消息以广播的形式在 Session 中发布。

⑤@OnError 注解：发生意外错误时调用的方法。

2．index.html 页面

由于涉及表现层交互，故需要一个页面 index.html，而 index.html 页面的核心是采用 JavaScript 来编写通信内容。打开 index.html 文件，其 JavaScript 代码如下所示：

```
<script type="text/javascript">
    var connected = false; //定义 WebSocket 的连接状态变量
        var socket; //定义 WebSocket 变量

    //初始化，#connect（按钮）绑定 connect 方法，#send（按钮）绑定 sendMessage 方法
        $(document).ready(function() {
            $("#connect").click(connect);
            $("#send").click(sendMessage);

            //在 name 输入框中进行回车操作，调用 connect 方法
            $("#name").keypress(function(event) {
                if (event.keyCode == 13 || event.which == 13) {
                    connect();
                }
            });
```

```javascript
            //在 msg 输入框中进行回车操作，调用 connect 方法
            $("#msg").keypress(function(event) {
                if (event.keyCode == 13 || event.which == 13) {
                    sendMessage();
                }
            });

            //当 chat 文本框的内容有变动时，调用 scrollToBottom 方法
            $("#chat").change(function() {
                scrollToBottom();
            });

            $("#name").focus();
        });

        //连接到 WebSocket 服务器
        var connect = function() {
            if (!connected) {
                var name = $("#name").val();
                console.log("Val: " + name);
                socket = new WebSocket("ws://" + location.host + "/chat/"+ name);
                socket.onopen = function() {
                    connected = true;
                    console.log("Connected to the web socket");
                    $("#send").attr("disabled", false);
                    $("#connect").attr("disabled", true);
                    $("#name").attr("disabled", true);
                    $("#msg").focus();
                };
                socket.onmessage = function(m) {
                    console.log("Got message: " + m.data);
                    $("#chat").append(m.data + "\n");
                    scrollToBottom();
                };
            }
        };

        //向 WebSocket 服务器发送消息
        var sendMessage = function() {
            if (connected) {
                var value = $("#msg").val();
                console.log("Sending " + value);
                socket.send(value);
```

```
                $("#msg").val("");
            }
        };

        //当 chat 文本框的内容有变动时,滚动导航
        var scrollToBottom = function() {
            $('#chat').scrollTop($('#chat')[0].scrollHeight);
        };
    </script>
```

程序说明：

① 定义两个变量，一个是 WebSocket 的连接状态变量 connected，另一个是 WebSocket 变量 socket。

② 两个核心函数，一个是连接 WebSocket 服务器的函数 connect，另一个是向 WebSocket 服务器发送消息的函数 sendMessage。

③ 展现页面时，可通过$("#connect")按钮调用连接 WebSocket 服务器的 connect 函数，然后就可以通过("#send")按钮调用 sendMessage 函数来发表内容了。具体细节实现在 js 文件的注释中已经进行了说明。

3.4.3 验证程序

通过下列几个步骤（如图 3-22 所示）来验证案例程序。

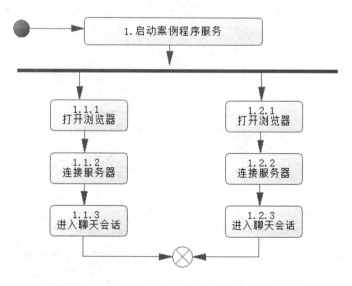

图 3-22 quarkus-sample-websockets 程序验证流程图

下面对其中涉及的关键点进行说明。

1. 启动 quarkus-sample-websockets 程序服务

启动程序有两种方式，第 1 种是在开发工具（如 Eclipse）中调用 ProjectMain 类的 run 方法，第 2 种是在程序目录下直接运行命令 mvnw compile quarkus:dev。

2. 打开两个浏览器

分别打开两个浏览器窗口 http://localhost:8080/，在顶部文本区域输入名称（使用两个不同的名称）。单击连接按钮，连接服务器成功后，就可以进入会话界面了。在会话界面上可以发送文本信息，同时可以收到其他终端发来的信息。可以进行实时通信，如图 3-23 所示的是两个浏览器之间的通话。

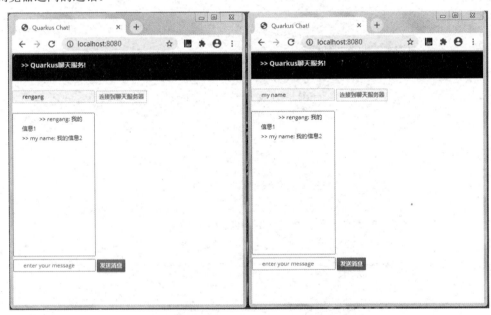

图 3-23　两个浏览器之间的通话

3.5　本章小结

本章主要介绍了 Quarkus 在 REST/Web 上的开发应用，从如下 4 个部分进行了讲解。

第一，介绍了在 Quarkus 框架上如何开发遵循 JAX-RS 规范的 REST 程序，包含案例程序的源码、讲解和验证。

第二，介绍了在 Quarkus 框架上如何实现 OpenAPI 和 SwaggerUI 功能，包含案例程序的源码、讲解和验证。

第三，介绍了在 Quarkus 框架上如何开发 GraphQL 语言的程序，包含案例程序的源码、讲解和验证。

第四，介绍了在 Quarkus 框架上如何开发 WebSocket 程序，包含案例程序的源码、讲解和验证。

第 4 章
数据持久化开发

4.1 使用 Hibernate ORM 和 JPA 实现数据持久化

4.1.1 前期准备

本案例需要使用 PostgreSQL 数据库，安装、部署数据库的方式有两种，第 1 种是通过 Docker 容器来安装、部署 PostgreSQL 数据库，第 2 种是直接在本地安装 PostgreSQL 数据库并进行基本配置。

1. 通过 Docker 容器来安装、部署

通过 Docker 容器安装、部署 PostgreSQL 数据库的命令如下：

```
docker run --ulimit memlock=-1:-1 -it
           --rm=true --memory-swappiness=0 ^
           --name quarkus_test -e POSTGRES_USER=quarkus_test ^
           -e POSTGRES_PASSWORD=quarkus_test -e POSTGRES_DB=quarkus_test ^
           -p 5432:5432 postgres:10.5
```

执行命令后出现如图 4-1 所示的界面，说明已经成功启动 PostgreSQL 数据库。

说明：PostgreSQL 服务在 Docker 中的容器名称是 quarkus_test，PostgreSQL 服务内部建立了一个名称为 quarkus_test 的数据库，用户名为 quarkus_test，密码为 quarkus_test，可从 postgres:10.5 容器镜像中获取。内部和外部端口是一致的，都为 PostgreSQL 的标准端口 5432。

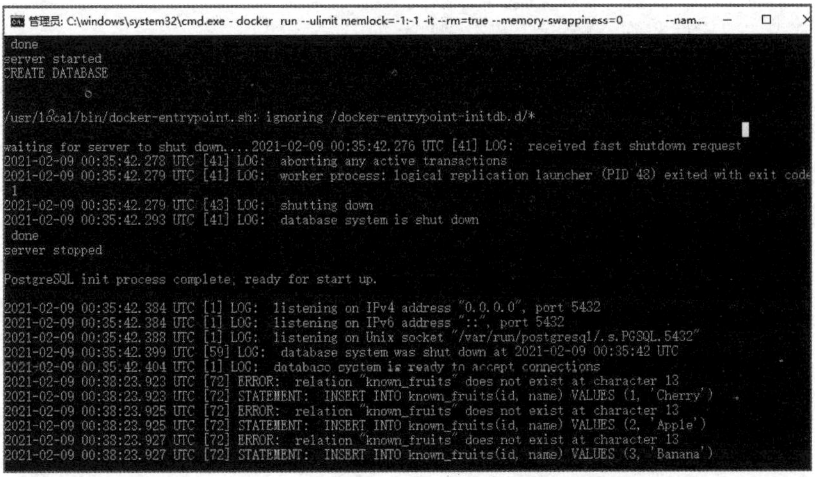

第 4 章　数据持久化开发

图 4-1　使用 Docker 容器启动 PostgreSQL 数据库

2. 本地直接安装

首先要安装 PostgreSQL 数据库。下载 PostgreSQL 数据库安装文件并进行安装，关于 PostgreSQL 数据库的安装步骤就不进行具体说明了。在 PostgreSQL 数据库安装完毕后，要做一些初始化配置。

首先，建立一个登录角色，用户名是 quarkus_test，密码也是 quarkus_test，如图 4-2 所示。

图 4-2　PostgreSQL 管理界面的登录角色目录

· 131 ·

其次,建立一个名为 quarkus_test 的数据库,如图 4-3 所示。

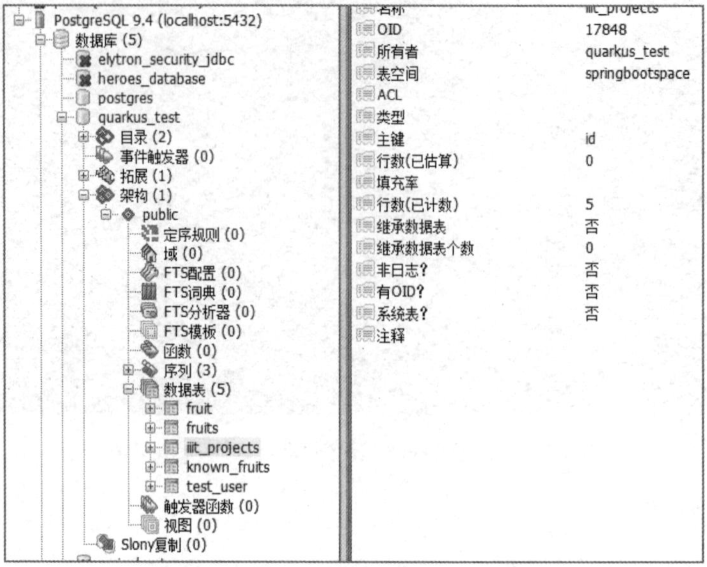

图 4-3 PostgreSQL 管理界面的数据库目录

这样就构建了一个基本的数据库开发环境。

4.1.2 案例简介

本案例介绍基于 Quarkus 框架实现数据库操作基本功能。该模块以成熟的并且遵循 JPA 规范的 Hibernate 框架作为 ORM 的实现框架。通过阅读和分析在 Hibernate 框架上实现 CRUD 等操作(增加、检索、更新、删除等操作)的案例代码,可以理解和掌握 Quarkus 框架的 ORM、JPA 和 Hibernate 使用方法。

基础知识:ORM、JPA 和 Hibernate 及其概念。

ORM(Object/Relation Mapping),即对象/关系映射。其核心思想是将关系型数据库表中的记录映射成对象,以对象的形式展现,开发者可以将对数据库的操作转化为对实体对象的操作。

JPA(Java Persistence API)表示 JDK 5.0 注解或 XML 描述 ORM 表的映射关系,并将运行期的实体对象持久化到数据库中。不过 JPA 只是一个接口规范。

Hibernate 是最流行的 ORM 框架,通过对象关系映射配置,可以完全脱离底层 SQL。同时,它也是通过 JPA 规范实现的一个轻量级框架。

4.1.3 编写程序代码

编写程序代码有 3 种方式。第 1 种方式是通过代码 UI 来实现的,在 Quarkus 官网的生成代码页面中按照指定步骤生成脚手架代码,然后下载文件,将项目引入 IDE 工具中,最后修改程序源码。

第 2 种方式是通过 mvn 来构建程序,通过下面的命令创建 Maven 项目来实现:

```
mvn io.quarkus:quarkus-maven-plugin:1.11.1.Final:create ^
    -DprojectGroupId=com.iiit.quarkus.sample
    -DprojectArtifactId=031-quarkus-sample-orm-hibernate ^
    -DclassName=com.iiit.quarkus.sample.orm.hibernate.ProjectResource
    -Dpath=/projects ^
    -Dextensions=resteasy-jsonb,quarkus-agroal,quarkus-hibernate-orm,quarkus-jdbc-postgresql
```

第 3 种方式是直接从 GitHub 上获取代码,可以从 GitHub 上克隆预先准备好的示例代码:

```
git clone https://******.com/rengang66/iiit.quarkus.sample.git(见链接1)
```

该程序位于"031-quarkus-sample-orm-hibernate"目录中,是一个 Maven 工程项目程序。

在 IDE 工具中导入 Maven 工程项目程序,在 pom.xml 的<dependencies>下有如下内容:

```xml
<dependency>
    <groupId>io.quarkus</groupId>
    <artifactId>quarkus-hibernate-orm</artifactId>
</dependency>

<dependency>
    <groupId>io.quarkus</groupId>
    <artifactId>quarkus-jdbc-postgresql</artifactId>
</dependency>
```

quarkus-hibernate-orm 是 Quarkus 扩展了 Hibernate 的 ORM 服务实现。quarkus-jdbc-postgresql 是 Quarkus 扩展了 PostgreSQL 的 JDBC 接口实现。

quarkus-sample-orm-hibernate 程序的应用架构(如图 4-4 所示)表明,外部访问 ProjectResource 资源接口,ProjectResource 调用 ProjectService 服务,ProjectService 服务调用注入的 EntityManager 对象并对 PostgreSQL 数据库执行对象持久化操作。ProjectService 服务依赖于 Hibernate 框架和 quarkus-jdbc 扩展。

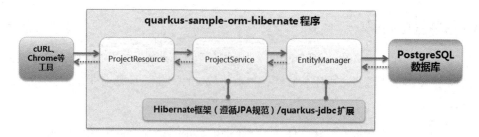

图 4-4 quarkus-sample-orm-hibernate 程序应用架构图

quarkus-sample-orm-hibernate 程序的配置文件和核心类如表 4-1 所示。

表 4-1 quarkus-sample-orm-hibernate 程序的配置文件和核心类

名 称	类 型	简 介
application.properties	配置文件	须定义数据库配置信息
import.sql	配置文件	在数据库中初始化数据
ProjectResource	资源类	提供 REST 外部 API，无特殊处理，将简单介绍
ProjectService	服务类	主要提供数据服务，其功能是通过 JPA 与数据库交互，是核心类，将重点介绍
Project	实体类	POJO 对象，需要改造成 JPA 规范的实体，将简单介绍

在该程序中，首先看看配置信息的 application.properties 文件：

```
quarkus.datasource.db-kind=postgresql
quarkus.datasource.username=quarkus_test
quarkus.datasource.password=quarkus_test
quarkus.datasource.jdbc.url=jdbc:postgresql://localhost/quarkus_test
quarkus.datasource.jdbc.max-size=8
quarkus.datasource.jdbc.min-size=2

quarkus.hibernate-orm.database.generation=drop-and-create
quarkus.hibernate-orm.log.sql=true
quarkus.hibernate-orm.sql-load-script=import.sql
```

在 application.properties 文件中，配置了与数据库连接相关的参数。

（1）db-kind 表示连接的数据库是 PostgreSQL。

（2）quarkus.datasource.username 和 quarkus.datasource.password 是用户名和密码，即 PostgreSQL 的登录角色名和密码。

（3）quarkus.datasource.jdbc.url 定义了数据库的连接位置信息，其中 jdbc:postgresql://localhost/quarkus_test 中的 quarkus_test 是连接 PostgreSQL 的数据库。

（4）quarkus.hibernate-orm.database.generation=drop-and-create 表示程序启动后会重新创建表并初始化数据。

（5）quarkus.hibernate-orm.sql-load-script=import.sql 的含义是程序启动后会重新创建表并初始化数据需要调用的 SQL 文件。

下面让我们看看 import.sql 文件的内容：

```sql
insert into iiit_projects(id, name) values (1, '项目A');
insert into iiit_projects(id, name) values (2, '项目B');
insert into iiit_projects(id, name) values (3, '项目C');
insert into iiit_projects(id, name) values (4, '项目D');
insert into iiit_projects(id, name) values (5, '项目E');
```

import.sql 主要实现了 iiit_projects 表的数据初始化工作。

下面讲解 quarkus-sample-orm-hibernate 程序中的 ProjectResource 资源类、ProjectService 服务类和 Project 实体类的功能和作用。

1. ProjectResource 资源类

用 IDE 工具打开 com.iiit.quarkus.sample.orm.hibernate.ProjectResource 类文件，其代码如下：

```java
@Path("projects")
@ApplicationScoped
@Produces("application/json")
@Consumes("application/json")
public class ProjectResource {
    private static final Logger LOGGER = Logger.getLogger(ProjectResource.class.getName());

    //注入服务类
    @Inject
    ProjectService service;

    //获取 Project 列表
    @GET
    public List<Project> get() {
        return service.get();
    }

    //获取单条 Project 信息
    @GET
    @Path("{id}")
    public Project getSingle(@PathParam("id") Integer id) {
        return service.getSingle(id);
```

```java
    }

    //增加一个Project对象
    @POST
    public Response create( Project project) {
        service.create(project) ;
        return Response.ok(project).status(201).build();
    }

    //修改一个Project对象
    @PUT
    @Path("{id}")
    public Project update(Project project) {
        return service.update(project);
    }

    //删除一个Project对象
    @DELETE
    @Path("{id}")
    public Response delete(@PathParam("id") Integer id) {
        service.delete(id);
        return Response.status(204).build();
    }

    //处理Response的错误情况
    @Provider
    public static class ErrorMapper implements ExceptionMapper<Exception> {
        @Override
        public Response toResponse(Exception exception) {
            LOGGER.error("Failed to handle request", exception);

            int code = 500;
            if (exception instanceof WebApplicationException) {
                code = ((WebApplicationException) exception).getResponse().getStatus();
            }

            JsonObjectBuilder entityBuilder = Json.createObjectBuilder()
                    .add("exceptionType",     exception.getClass().getName()).add("code", code);

            if (exception.getMessage() != null) {
                entityBuilder.add("error", exception.getMessage());
            }
```

```
                return Response.status(code).entity(entityBuilder.build()) .build();
        }
    }
}
```

程序说明：

① ProjectResource 类主要用于与外部交互，其主要方法是 REST 的基本操作方法，包括 GET、POST、PUT 和 DELETE 方法。

② 对后台的操作主要是通过注入的 ProjectService 对象来实现的。

2．ProjectService 服务类

用 IDE 工具打开 com.iiit.quarkus.sample.orm.hibernate.ProjectService 类文件，其代码如下：

```
@ApplicationScoped
public class ProjectService {
    private static final Logger LOGGER = Logger.getLogger(ProjectResource.class.getName());

    //注入持久类
    @Inject
    EntityManager entityManager;

    //获取所有 Project 列表
    public List<Project> get() {
        return entityManager.createNamedQuery("Projects.findAll", Project.class)
                .getResultList();
    }

    //获取单个 Project
    public Project getSingle(Integer id) {
        Project entity = entityManager.find(Project.class, id);
        if (entity == null) {
            String info = "project with id of " + id + " does not exist.";
            LOGGER.info(info);
            throw new WebApplicationException(info, 404);
        }
        return entity;
    }

    //带事务提交增加一条记录
    @Transactional
    public Project create(Project project) {
        if (project.getId() == null) {
```

```
            String info  = "Id was invalidly set on request.";
            LOGGER.info(info);
            throw new WebApplicationException(info, 422);
        }
        entityManager.persist(project);
        return project;
    }

    //带事务提交修改一条记录
    @Transactional
    public Project update(Project project) {
        if (project.getName() == null) {
            String info = "project Name was not set on request.";
            LOGGER.info(info);
            throw new WebApplicationException(info, 422);
        }

        Project entity = entityManager.find(Project.class, project.getId());
        if (entity == null) {
            String info  = "project with id  does not exist.";
            LOGGER.info(info);
            throw new WebApplicationException(info, 404);
        }
        entity.setName(project.getName());
        return entity;
    }

    //带事务提交删除一条记录
    @Transactional
    public void delete( Integer id) {
        Project entity = entityManager.getReference(Project.class, id);
        if (entity == null) {
            String info  = "project with id of " + id + " does not exist.";
            LOGGER.info(info);
            throw new WebApplicationException(info, 404);
        }
        entityManager.remove(entity);
        return ;
    }
}
```

程序说明：

① ProjectService 类实现了 JPA 规范下的数据库操作，包括查询、新增、修改和删除等操作。

② ProjectService 类通过注入 EntityManager 对象，实现了后端数据库的 CRUD 操作。EntityManager 对象是 JPA 规范的实体管理器。

③ @Transactional 注解是方法注解，表明该方法对数据库的操作具有事务性。

3. Project 实体类

用 IDE 工具打开 com.iiit.quarkus.sample.orm.hibernate.Project 类文件，其代码如下：

```java
@Entity
@Table(name = "iiit_projects")
@NamedQuery(name = "Projects.findAll", query = "SELECT f FROM Project f ORDER BY f.name", hints = @QueryHint(name = "org.hibernate.cacheable", value = "true"))
@Cacheable
public class Project {
    @Id
    private Integer id;

    @Column(length = 40, unique = true)
    private String name;

    public Project() { }

    //省略部分代码
}
```

程序说明：

① @Entity 注解表示 Project 对象是一个遵循 JPA 规范的实体对象。

② @Table(name = "iiit_projects")注解表示 Project 对象映射的关系型数据库表是 iiit_projects。

③ @NamedQuery(name = "Projects.findAll", query = "SELECT f FROM Project f ORDER BY f.name", hints = @QueryHint(name = "org.hibernate.cacheable", value = "true"))表示调用 Projects.findAll 方法时将使用后面的 SQL 查询语句。

④ @Cacheable 表明对象采用缓存模式。

该程序动态运行的序列图（如图 4-5 所示，遵循 UML 2.0 规范绘制）描述了外部调用者 Actor、ProjectResource、ProjectService 和 EntityManager 等 4 个对象之间的时间顺序交互关系。

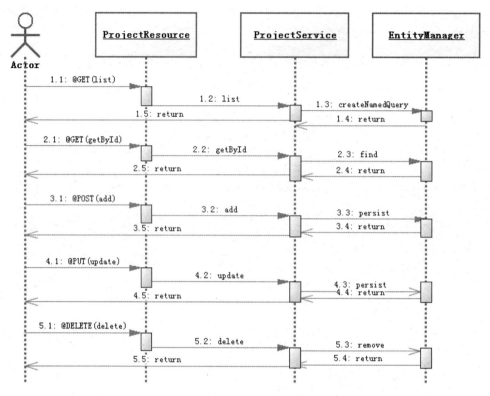

图 4-5 quarkus-sample-orm-hibernate 程序动态运行的序列图

该序列图中总共有 5 个序列，分别介绍如下。

序列 1 活动：① 外部调用 ProjectResource 资源类的 GET(list)方法；② GET(list)方法调用 ProjectService 服务类的 list 方法；③ ProjectService 服务类的 list 方法调用 EntityManager 的 get 方法；④ 返回整个 Project 列表。

序列 2 活动：① 外部传入参数 ID 并调用 ProjectResource 资源类的 GET(getById)方法；② GET(getById)方法调用 ProjectService 服务类的 getById 方法；③ ProjectService 服务类的 getById 方法调用 EntityManager 的 find 方法；④ 返回 Project 列表中对应 ID 的 Project 对象。

序列 3 活动：① 外部传入参数 Project 对象并调用 ProjectResource 资源类的 POST(add)方法；② POST(add)方法调用 ProjectService 服务类的 add 方法；③ ProjectService 服务类的 add 方法调用 EntityManager 的 persist 方法；④ EntityManager 的 persist 方法实现增加一个 Project 对象的操作并返回参数 Project 对象。

序列 4 活动：① 外部传入参数 Project 对象并调用 ProjectResource 资源类的 PUT(update)方法；② PUT(update)方法调用 ProjectService 服务类的 update 方法；③ ProjectService 服务类根据项目名称是否相等来实现修改一个 Project 对象的操作并调用 EntityManager 的 persist 方法；④ EntityManager 的 persist 方法实现并返回参数 Project 对象。

序列 5 活动：① 外部传入参数 Project 对象并调用 ProjectResource 资源类的 DELETE(delete)方法；② DELETE(delete)方法调用 ProjectService 服务类的 delete 方法；③ ProjectService 服务类根据项目名称是否相等来实现调用 EntityManager 的 remove 方法的操作；④ EntityManager 的 remove 方法实现删除一个 Project 对象的操作并返回。

4.1.4 验证程序

通过下列几个步骤（如图 4-6 所示）来验证案例程序。

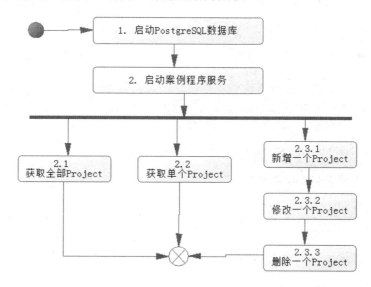

图 4-6 quarkus-sample-orm-hibernate 程序验证流程图

下面对其中涉及的关键点进行说明。

1. 启动 PostgreSQL 数据库

首先要启动 PostgreSQL 数据库，然后可以进入 PostgreSQL 的图形管理界面并观察数据库中数据的变化情况。

2. 启动 quarkus-sample-orm-hibernate 程序服务

启动程序有两种方式，第 1 种是在开发工具（如 Eclipse）中调用 ProjectMain 类的 run 方法，第 2 种是在程序目录下直接运行命令 mvnw compile quarkus:dev。

3. 通过 API 显示项目的 JSON 格式内容

在命令行窗口中键入命令 curl http://localhost:8080/projects，将返回整个项目列表的项目数据。

4. 通过 API 显示单条记录

在命令行窗口中键入命令 curl http://localhost:8080/projects/1，将返回项目 1 的项目数据。

5. 通过 API 增加一条数据

在命令行窗口中键入如下命令：

```
curl -X POST  -H "Content-type: application/json" -d {\"id\":6,\"name\":\"项目F\"} http://localhost:8080/projects
```

可采用命令 curl http://localhost:8080/projects 显示全部内容，观察是否成功增加了数据。

6. 通过 API 修改一条数据的内容

在命令行窗口中键入如下命令：

```
curl -X PUT -H "Content-type: application/json" -d {\"id\":5,\"name\":\"Project5\"} http://localhost:8080/projects/5 -v
```

可采用命令 curl http://localhost:8080/projects/5 来查看数据的变化情况。

7. 通过 API 删除 project6 记录

在命令行窗口中键入如下命令：

```
curl -X DELETE http://localhost:8080/projects/6  -v
```

命令执行完成后，调用命令 curl http://localhost:8080/projects 显示该记录，查看变化情况。

4.1.5　其他数据库配置的实现

本案例采用的数据库是 PostgreSQL 数据库，事实上 Quarkus 支持多种数据库。Quarkus 不但可以通过常用方法使用数据源并配置 JDBC 驱动程序，还可以采用响应式驱动程序以响应式的方式连接到数据库。针对 JDBC 驱动程序，首选的数据源和连接池实现是 Agroal。而对于响应式驱动，Quarkus 使用 Vert.x 响应式驱动程序。Agroal 和 Vert.x 都可以通过统一、灵活的配置进行协同。

1. Quarkus 中首选的 JDBC 数据源和连接池实现 Agroal

Agroal 是一个现代的、轻量级的连接池实现，可用于高性能和高可伸缩性场景，并可与 Quarkus 中的其他组件（如安全性、事务管理、健康度量等组件）集成。数据源配置就是添加 Agroal 扩展和 jdbc-db2、jdbc-derby、jdbc-h2、jdbc mariadb、jdbc mssql、jdbc mysql 或 jdbc postgresql 之一。由于默认使用了 Agroal 扩展，配置文件中只需添加数据源即可。配置信息如下：

```
quarkus.datasource.db-kind=postgresql
quarkus.datasource.username=<your username>
quarkus.datasource.password=<your password>

quarkus.datasource.jdbc.url=jdbc:postgresql://localhost:5432/hibernate_orm_test
quarkus.datasource.jdbc.min-size=4
quarkus.datasource.jdbc.max-size=16
```

例如，要配置的数据源是 H2 数据库，修改为如下内容即可：

```
quarkus.datasource.db-kind=h2
```

2. Quarkus 支持的内置数据库类型

数据库类型配置会定义要连接到的数据库类型。Quarkus 目前支持的内置数据库类型有 DB2: db2、Derby: derby、H2: h2、MariaDB: mariadb、Microsoft SQL Server: mssql、MySQL: mysql、PostgreSQL: postgresql、pgsql 或 pg 等。在 Quarkus 配置数据库类型时，可以直接使用数据源 JDBC 驱动程序扩展并在配置中定义内置数据库类型，Quarkus 会自动解析 JDBC 驱动程序。

如果使用的不是上面列出的内置数据库类型的数据库，可使用 other 选项并显式定义 JDBC 驱动程序。Quarkus 应用程序在 JVM 模式下可支持任何 JDBC 驱动程序，但不支持将 other 的 JDBC 驱动程序编译为原生可执行程序。

在开发数据库程序时，很可能需要定义一些其他配置信息来访问数据库。这需要通过配置数据源的其他属性来实现，如用户名和密码等，相关代码如下：

```
quarkus.datasource.username=<your username>
quarkus.datasource.password=<your password>
```

Quarkus 还支持从 Vault 检索密码来配置数据源信息。

3. Quarkus 中 JDBC 的配置介绍

JDBC 是最常见的数据库连接模式。例如，在使用 Hibernate ORM 时，通常需要一个

JDBC 数据源。这就需要将 quarkus agroal 依赖项添加到项目中，可以使用一个简单的 Maven 命令进行添加：

```
./mvnw quarkus:add-extension -Dextensions="agroal"
```

Agroal 是 Hibernate ORM 扩展的可传递依赖项。如果使用 Hibernate ORM，则不需要显式地添加 Agroal 扩展依赖项，而只需要为关系型数据库驱动程序选择并添加 Quarkus 扩展。

Quarkus 提供的驱动程序扩展有 DB2-jdbc-db2、Derby-jdbc-derby、H2-jdbc-h2、MariaDB-jdbc-mariadb、Microsoft SQL Server-jdbc-mssql、MySQL-jdbc-mysql、PostgreSQL-jdbc-postgresql 等。H2 和 Derby 数据库通常可以配置为以"嵌入式模式"运行。但需要注意，Quaruks 扩展不支持将嵌入式数据库引擎编译为原生可执行程序。

使用内置数据源类型之一时，将自动解析 JDBC 驱动程序，它们的映射关系如表 4-2 所示。

表 4-2　数据库类型到 JDBC 驱动程序的映射

数据库类型	数据库 JDBC 驱动程序	数据库 XA 驱动程序
DB2	com.ibm.db2.jcc.DBDriver	com.ibm.db2.jcc.DB2XADataSource
Derby	org.apache.derby.jdbc.ClientDriver	org.apache.derby.jdbc.ClientXADataSource
H2	org.h2.Driver	org.h2.jdbcx.jdbcDataSource
Mssql	com.microsoft.sqlserver.jdbc.SQLServerDriver	com.microsoft.sqlserver.jdbc.SQLServerXADataSource
MySQL	com.mysql.cj.jdbc.Driver	com.mysql.cj.jdbc.MysqlXADataSource
PostgreSQL	org.postgresql.Driver	org.postgresql.xa.PGXADataSource

如何处理没有内置扩展或使用其他驱动程序的数据库呢？如果需要（例如使用 OpenTracing 驱动程序）或希望使用 Quarkus 没有内置 JDBC 驱动程序扩展的数据库，则可以使用特定的驱动程序。如果没有 Quarkus 的驱动扩展，虽然驱动程序可以在任何运行于 JVM 模式下的 Quarkus 应用程序中正常工作，但是在将应用程序编译为原生可执行程序时，不会有效实现。若希望生成原生可执行程序，还是建议使用现有的 Quarkus 扩展 JDBC 驱动程序。

下面是使用 OpenTracing 驱动程序的代码：

```
quarkus.datasource.jdbc.driver=io.opentracing.contrib.jdbc.TracingDriver
```

针对内置不支持的数据库访问（在 JVM 模式下数据库为 Oracle），可采用如下定义：

```
quarkus.datasource.db-kind=other
quarkus.datasource.jdbc.driver=oracle.jdbc.driver.OracleDriver
quarkus.datasource.jdbc.url=jdbc:oracle:thin:@192.168.1.12:1521/ORCL_SVC
quarkus.datasource.username=scott
quarkus.datasource.password=tiger
```

如果需要在代码中直接访问数据源，则可以通过以下方式注入：

```
@Inject
AgroalDataSource defaultDataSource;
```

在上面的示例中，注入类型是 AgroalDataSource，这是 javax.sql.DataSource 类型。因此，也可以直接注入 javax.sql.DataSource。

4．常用的数据库类型配置方式

每个受支持的数据库都包含不同的 JDBC URL 配置选项，下面简单列出这些配置选项。

（1）H2 的配置方式

H2 是一个嵌入式数据库，它可以作为服务器运行，可以存储为文件，也可以完全驻留在内存中。

H2 采用以下格式的连接 URL：

```
jdbc:h2:{ {.|mem:}[name] | [file:]fileName | {tcp|ssl}:[//]server[:port][,server2[:port]]/name }[;key=value…]
```

例子：jdbc:h2:tcp://localhost/~/test，jdbc:h2:mem:myDB。

案例程序"032-quarkus-sample-orm-hibernate-h2"就是 H2 数据库，可详细了解。

（2）PostgreSQL 的配置方式

PostgreSQL 只作为服务器运行，下面的其他数据库也是这样。因此，必须指定连接的详细信息或使用默认值。PostgreSQL 采用以下格式的连接 URL：

```
jdbc:postgresql:[//][host][:port][/database][?key=value…]
```

不同部分的默认值如下：host 默认是 localhost，port 默认是 5432，database 默认与用户名相同。

例子：jdbc:postgresql://localhost/test。

大部分案例程序都采用的是 PostgreSQL。

（3）DB2 的配置方式

DB2 采用以下格式的连接 URL：

```
jdbc:db2://<serverName>[:<portNumber>]/<databaseName>[:<key1>=<value>;[<key2>=<value2>;]]
```

例子：jdbc:db2://localhost:50000/MYDB:user=dbadm;password=dbadm。

（4）MySQL 的配置方式

MySQL 采用以下格式的连接 URL：

```
jdbc:mysql:[replication:|failover:|sequential:|aurora:]//<hostDescription>[,<hostDescription>…]/[database][?<key1>=<value1>[&<key2>=<value2>]]
hostDescription:: <host>[:<portnumber>] or address=(host=<host>)[(port=<portnumber>)][(type=(master|slave))]
```

例子：jdbc:mysql://localhost:3306/test。

（5）Microsoft SQL Server 的配置方式

Microsoft SQL Server 采用以下格式的连接 URL：

```
jdbc:sqlserver://[serverName[\instanceName][:portNumber]][;property=value[;property=value]]
```

例子：jdbc:sqlserver://localhost:1433;databaseName=AdventureWorks。

（6）Derby 的配置方式

Derby 是一个嵌入式数据库，也可以作为服务器运行，该数据库可以存储为文件，也可以完全驻留在内存中。以下列出了所有相关选项。Derby 采用以下格式的连接 URL：

```
jdbc:derby:[//serverName[:portNumber]/][memory:]databaseName[;property=value[;property=value]]
```

例子：jdbc:derby://localhost:1527/myDB, jdbc:derby:memory:myDB;create=true。

其他 JDBC 驱动程序与上述驱动程序的工作原理相同。

4.1.6　关于其他 ORM 实现

本案例采用的 ORM 是支持 JPA 规范的 Hibernate。Quarkus 也支持其他的 ORM，国内很多开发者采用 MyBatis 作为 ORM 框架。虽然现阶段 Quarkus 官方没有公布，但有一些开源爱好者已经在 Quarkus 上实现了 MyBatis 扩展，感兴趣的读者可以上 GitHub 试用该扩展。

4.2　使用 Java 事务

4.2.1　Quarkus 事务管理

Quarkus 框架附带了一个事务（Transaction）管理器，使用该管理器可协调事务并向应用程序开放事务。Quarkus 框架可以集成每个可处理数据持久性框架的扩展组件，并通过 CDI 显式地与事务交互。Quarkus 有 3 种事务，第 1 种是注解式事务，第 2 种是编程式事务，最后一种是高级事务。

1. 注解式事务

定义事务边界的最简单的方法是在 entry 方法中使用@Transactional 注解（javax.transaction.Transactional 事务处理），示例如下：

```
@ApplicationScoped
public class SantaClausService {
    @Inject ChildDAO childDAO;
    @Inject SantaClausDAO santaDAO;

    @Transactional
    public void getAGiftFromSanta(Child child, String giftDescription) {
        //一些事务工作操作
        Gift gift = childDAO.addToGiftList(child, giftDescription);
        if (gift == null) {
            throw new OMGGiftNotRecognizedException();
        }
        else {
            santaDAO.addToSantaTodoList(gift);
        }
    }
}
```

该注解定义了事务边界，并将调用方法包装在事务中。我们的 quarkus-sample-orm-hibernate 程序就是通过这种方式来实现事务操作的。

跨越事务边界的 RuntimeException 将回滚事务。@Transactional 可用于在方法级别或类级别上控制任何 CDI Bean 上的事务边界，以确保每个方法都是事务性的，包括 REST 端点。

开发者可以使用@Transactional 上的参数控制是否启动事务及如何启动事务，具体如下。

- @Transactional(REQUIRED)（默认）：如果没有启动事务，则启动事务，否则与现有事务保持一致。

- @Transactional(REQUIRES_NEW)：如果没有启动事务，则启动一个事务；如果启动了现有事务，则挂起该事务并为该方法的边界启动一个新事务。

- @Transactional(MANDATORY)：如果没有启动事务，则失败；否则在现有事务中工作。

- @Transactional(SUPPORTS)：如果事务已启动，则加入该事务；否则不处理任何事务。

- @Transactional(NOT_SUPPORTED)：如果事务已启动，则挂起该事务并在方法边界内不使用任何事务；否则不处理任何事务。
- @Transactional(NEVER)：如果事务已启动，则引发异常；否则不处理任何事务。

"REQUIRED"或"NOT_SUPPORTED"可能是最有用的。这是开发者决定一个方法是在事务内部还是在事务外部运行的方式。

在@Transactional 方法中，事务上下文被传播到嵌套的所有调用方法中（在本例中就是 childDAO.addToGiftList()和 santaDAO.addToSantaTodoList()）。除非运行时异常跨越方法边界，否则将提交事务。开发者可以使用@Transactional(dontRollbackOn=SomeException.class) 或 @Transactional(dontRollbackOn=RollbackOn 来重写异常并决定是否强制回滚。

2. 编程式事务

可以通过编程方式将事务标记为回滚，为此插入 TransactionManager：

```java
@ApplicationScoped
public class SantaClausService {
    @Inject TransactionManager tm;
    @Inject ChildDAO childDAO;
    @Inject SantaClausDAO santaDAO;

    @Transactional
    public void getAGiftFromSanta(Child child, String giftDescription) {
        //一些事务工作操作
        Gift gift = childDAO.addToGiftList(child, giftDescription);
        if (gift == null) {
            tm.setRollbackOnly();
        }
        else {
            santaDAO.addToSantaTodoList(gift);
        }
    }
}
```

注入 TransactionManager 以激活 setRollbackOnly 语义。以编程方式为回滚设置事务。

3. 高级事务

通过使用@TransactionConfiguration 注解，可以对事务进行高级配置，该注解是在 entry 方法或类级别上的标准@Transactional 注解之外设置的。@TransactionConfiguration 注解允许设置一个 timeout 属性（以秒为单位），该属性适用于在带注解的方法中创建的事务。该注解只能放在描述事务的顶层方法中。需要注意，带注解的事务嵌套方法将会引发异常。

如果在类上定义@TransactionConfiguration 注解，则相当于在标记为@Transactional 的类的所有方法上定义@TransactionConfiguration 注解。方法上定义的配置优先于类上定义的配置。

注入一个 UserTransaction 对象并进行各种事务的划分和处理，这在实际应用中有一定的难度。下面这段代码可供参考。

```
@ApplicationScoped
public class SantaClausService {
    @Inject ChildDAO childDAO;
    @Inject SantaClausDAO santaDAO;
    @Inject UserTransaction transaction;

    public void getAGiftFromSanta(Child child, String giftDescription) {
        //事务开始工作
        try {
            transaction.begin();
            Gift gift = childDAO.addToGiftList(child, giftDescription);
            santaDAO.addToSantaTodoList(gift);
            transaction.commit();
        }
        catch(SomeException e) {
            //事务失败
            transaction.rollback();
        }
    }
}
```

不能由@Transactional 调用事务的应用场景可使用 UserTransaction。

4.2.2 案例简介

本案例介绍基于 Quarkus 框架实现 Java 关系型数据库事务的基本功能。通过阅读和分析在 Hibernate 框架上实现 CRUD 等操作的案例代码，可以理解和掌握 Quarkus 框架的 Java 事务使用方法。

基础知识：事务、Java 事务、JTA（JavaTransaction API）事务及其基本概念。

数据库事务保证了用户操作的原子性（Atomicity）、一致性（Consistency）、隔离性（Isolation）和持久性（Durabilily）。

Java 事务类型包括 JDBC 事务、JTA 事务和容器事务。

JDBC 事务，有时也叫本地事务。JDBC 事务由 Connection 对象控制。JDBCConnection 接口（java.sql.Connection）提供了两种事务模式：自动提交和手工提交。

JTA（Java Transaction API）是一种高层的、与实现无关的、与协议无关的 API，应用程序和应用服务器可以使用 JTA 来访问事务，允许应用程序执行分布式事务处理。JTA 指定了一个分布式事务处理中的事务管理程序和另一个组件之间的标准 Java 接口，包括应用程序、应用程序服务器和资源管理程序。

JTA 的 3 个接口介绍如下。①UserTransaction，javax.transaction.UserTransaction 接口提供了能够以编程方式控制事务处理范围的应用程序。javax.transaction.UserTransaction 方法可以开启一个全局事务并且把调用线程与事务处理相关联。②TransactionManager，javax.transaction.TransactionManager 接口允许应用程序服务器来控制代表正在管理的应用程序的事务范围。③XAResource，javax.transaction.xa.XAResource 接口是一个基于 X/OpenCAE Specification 的行业标准 XA 接口的 Java 映射。

4.2.3 编写程序代码

编写程序代码有 3 种方式。第 1 种方式是通过代码 UI 来实现的，在 Quarkus 官网的生成代码页面按照指定步骤生成脚手架代码，然后下载文件，将项目引入 IDE 工具中，最后修改程序源码。

第 2 种方式是通过 mvn 来构建程序，通过下面的命令创建 Maven 项目来实现：

```
mvn io.quarkus:quarkus-maven-plugin:1.11.1.Final:create ^
    -DprojectGroupId=com.iiit.quarkus.sample
    -DprojectArtifactId=036-quarkus-sample-jpa-transaction ^
    -DclassName=com.iiit.quarkus.sample.jpa.transaction.ProjectResource
    -Dpath=/projects ^
    -Dextensions=resteasy-jsonb,quarkus-narayana-jta,quarkus-jdbc-postgresql, ^
    quarkus-hibernate-orm,quarkus-agroal
```

第 3 种方式是直接从 GitHub 上获取代码，可以从 GitHub 上克隆预先准备好的示例代码：

```
git clone https://******.com/rengang66/iiit.quarkus.sample.git（见链接 1）
```

该程序位于"036-quarkus-sample-jpa-transaction"目录中，是一个 Maven 工程项目程序。

在 IDE 工具中导入 Maven 工程项目程序，在 pom.xml 的<dependencies>下有如下内容：

```
<dependency>
    <groupId>io.quarkus</groupId>
    <artifactId>quarkus-narayana-jta</artifactId>
</dependency>

<dependency>
    <groupId>io.quarkus</groupId>
```

```xml
    <artifactId>quarkus-hibernate-orm</artifactId>
</dependency>

<dependency>
    <groupId>io.quarkus</groupId>
    <artifactId>quarkus-jdbc-postgresql</artifactId>
</dependency>
```

quarkus-narayana-jta 是 Quarkus 扩展了 Hibernate 的分布式事务服务实现。quarkus-hibernate-orm 是 Quarkus 扩展了 Hibernate 的 ORM 服务实现。quarkus-jdbc-postgresql 是 Quarkus 扩展了 PostgreSQL 的 JDBC 接口实现。

quarkus-sample-jpa-transaction 程序的应用架构（如图 4-7 所示）表明，外部访问 ProjectResource 资源接口，ProjectResource 调用 ProjectService 服务，ProjectService 服务通过 UserTransaction 实现对数据库的事务操作，ProjectService 服务类依赖于 narayana-jta 框架。

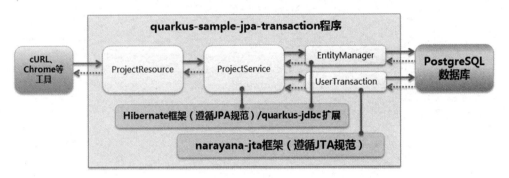

图 4-7　quarkus-sample-jpa-transaction 程序应用架构图

quarkus-sample-jpa-transaction 程序的配置文件和核心类如表 4-3 所示。

表 4-3　quarkus-sample-jpa-transaction 程序的配置文件和核心类

名　　称	类　　型	简　　介
application.properties	配置文件	需要定义数据库的配置信息，无特殊处理，在本节中将不做介绍
import.sql	配置文件	在数据库中初始化数据，无特殊处理，在本节中将不做介绍
ProjectResource	资源类	提供 REST 外部 API，无特殊处理，在本节中将不做介绍
ProjectService	服务类	主要提供数据服务，采用 UserTransaction 来实现事务处理。核心类，将重点介绍，这是针对开发者的通用操作
Project	实体类	POJO 对象，无特殊处理，在本节中将不做介绍

该程序的 application.properties 文件与 quarkus-sample-orm-hibernate 程序的基本相同，不做解释。

import.sql 的内容与 quarkus-sample-orm-hibernate 程序的基本相同,不做解释。其主要实现了 iiit_projects 表的数据初始化工作。

下面讲解 quarkus-sample-jpa-transaction 程序中的 ProjectService 服务类的功能和作用。

用 IDE 工具打开 com.iiit.quarkus.sample.jpa.transaction.ProjectService 类文件,其代码如下:

```java
@ApplicationScoped
public class ProjectService {
    private static final Logger LOGGER = Logger.getLogger(ProjectResource.class.getName());
    @Inject    UserTransaction transaction;
    @Inject    EntityManager entityManager;

    //获取所有 Project 列表
    public List<Project> get() {
        return entityManager.createNamedQuery("Projects.findAll", Project.class)
                .getResultList();
    }

    //获取单个 Project
    public Project getSingle(Integer id) {
        Project entity = entityManager.find(Project.class, id);
        if (entity == null) {
            String info  = "project with id of " + id + " does not exist.";
            LOGGER.info(info);
            throw new WebApplicationException(info, 404);
        }
        return entity;
    }

    //带事务提交增加一条记录
    public Project add(Project project) throws SystemException {
        if (project.getId() == null) {
            String info  = "Id was invalidly set on request.";
            LOGGER.info(info);
            throw new WebApplicationException(info, 422);
        }

        try {
            transaction.begin();
            entityManager.persist(project);
            transaction.commit();
            System.out.println("add 成功!");
        } catch (Exception e) {
            transaction.rollback();
```

```java
            System.out.println("add 不成功!");
            e.printStackTrace();
        }
        return project;
    }

    //带事务提交修改一条记录
    public Project update(Project project)  throws SystemException {
        if (project.getName() == null) {
            String info = "project Name was not set on request.";
            LOGGER.info(info);
            throw new WebApplicationException(info, 422);
        }

        Project entity = entityManager.find(Project.class, project.getId());
        if (entity == null) {
            String info  = "project with id  does not exist.";
            LOGGER.info(info);
            throw new WebApplicationException(info, 404);
        }

        try {
            transaction.begin();
            entity.setName(project.getName());
            entityManager.merge(entity);
            transaction.commit();
            System.out.println("update 成功!");
        } catch (Exception e) {
            transaction.rollback();
            System.out.println("update 不成功!");
            e.printStackTrace();
        }
        return entity;
    }

    //带事务提交删除一条记录
    public void delete( Integer id) throws SystemException  {
        Project entity = entityManager.find(Project.class, id);
        if (entity == null) {
            String info  = "project with id of " + id + " does not exist.";
            LOGGER.info(info);
            throw new WebApplicationException(info, 404);
        }

        try {
            transaction.begin();
```

```
                entityManager.remove(entityManager.getReference(Project.class,id));
            transaction.commit();
            System.out.println("delete 成功");
        } catch (Exception e) {
            transaction.rollback();
            e.printStackTrace();
            System.out.println("无法删除, delete!");
        }
        return ;
    }
}
```

程序说明：

① ProjectService 类主要用于实现编程模式下的事务处理，包括新增、修改和删除等操作。

② ProjectService 类注入了 UserTransaction 对象，该对象可以进行事务的控制和管理。

③ 具体的事务操作过程如下。首先打开事务，然后进行数据库操作，接着将数据库所有的事务操作统一提交，提交成功则当前事务结束，提交不成功则全部数据库事务操作返回到初始阶段，也就是回滚。

该程序动态运行的序列图（如图 4-8 所示，遵循 UML 2.0 规范绘制）描述了外部调用者 Actor、ProjectResource、ProjectService、EntityManager、UserTransaction 等 5 个对象之间的时间顺序交互关系。

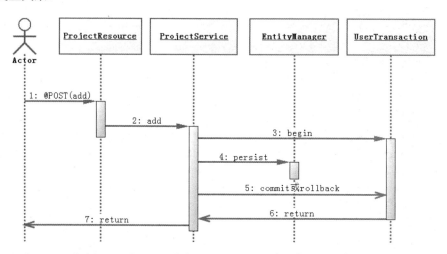

图 4-8　quarkus-sample-jpa-transaction 程序动态运行的序列图

图 4-8 是该程序的一个事务处理序列图，描述了新增操作的事务提交过程，其步骤如下。

（1）外部调用 ProjectResource 资源类的 POST(add)方法。

（2）ProjectResource 资源对象调用 ProjectService 服务对象的 add 方法。

（3）ProjectService 服务对象调用 UserTransaction 注入对象的 begin 方法，开启事务服务。

（4）ProjectService 服务对象调用 EntityManager 注入对象的 persist 方法，执行事务操作。

（5）ProjectService 服务对象调用 UserTransaction 注入对象的方法，这里存在如下两种可能性。当提交事务无异常时，调用 UserTransaction 的 commit 方法；当提交事务有异常，或者事务提交不成功时，则调用 UserTransaction 的 rollback 方法。

（6）无论成功与否，事务结束并返回到 ProjectService 服务对象，然后 ProjectService 服务对象接着返回到 ProjectResource 资源对象，直至最后返回到外部调用端。

上面讲解了外部调用新增操作的全过程，修改、删除等操作与其类似，就不再重复讲解了。

4.2.4　验证程序

通过下列几个步骤（如图 4-9 所示）来验证案例程序。

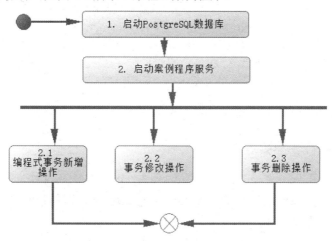

图 4-9　quarkus-sample-jpa-transaction 程序验证流程图

下面对其中涉及的关键点进行说明。

1. 启动 PostgreSQL 数据库

首先启动 PostgreSQL 数据库，然后进入 PostgreSQL 的图形管理界面来观察数据库中数据的变化情况。

2. 启动 quarkus-sample-jpa-transaction 程序服务

启动程序有两种方式，第 1 种是在开发工具（如 Eclipse）中调用 ProjectMain 类的 run 方法，第 2 种是在程序目录下直接运行命令 mvnw compile quarkus:dev。

3. 通过 API 增加一条数据

在命令行窗口中键入如下命令：

```
curl -X POST  -H "Content-type: application/json" -d {\"id\":6,\"name\":\"项目F\"} http://localhost:8080/projects
```

可以通过命令 curl http://localhost:8080/projects/6 来确认是否已经增加了一条数据。

4. 通过 API 修改一条数据的内容

在命令行窗口中键入如下命令：

```
curl -X PUT -H "Content-type: application/json" -d {\"id\":5,\"name\":\"Project5\"} http://localhost:8080/projects/5 -v
```

可以通过命令 curl http://localhost:8080/projects/5 来确认是否已经修改了数据内容。

5. 通过 API 删除 project1 记录

在命令行窗口中键入如下命令：

```
curl -X DELETE http://localhost:8080/projects/6  -v
```

可以通过命令 curl http://localhost:8080/projects 来确认是否已经删除了记录。

4.2.5　JTA 事务的多种实现

JTA 事务（遵循 Jakarta Transactions 规范，允许处理与 X/openxa 规范一致的事务）主要包括 UserTransaction、Transaction 和 TransactionManager 这 3 个主要接口，JTA 规范约定的架构和外部厂家的实现类图如图 4-10 所示（遵循 UML 2.0 规范绘制）。

UserTransaction、Transaction 和 TransactionManager 这 3 个接口由 JTA 规范所约定，UserTransactionImpl、TransactionImpl 和 TransactionManagerImpl 等实现则由各厂家（数据库、JMS 等）依据自家接口的规范提供事务资源管理功能。

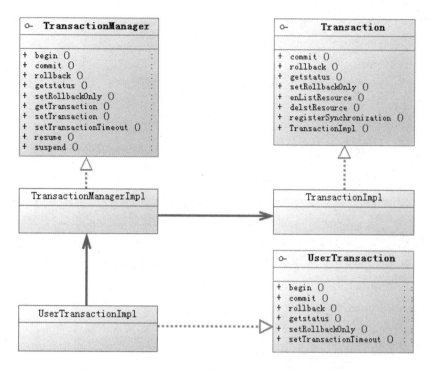

图 4-10　JTA 规范约定的架构和外部厂家的实现类图

开发者使用开发者接口，实现应用程序对全局事务的支持。图 4-10 列出了示例实现中涉及的 Java 类和接口，其中 UserTransactionImpl 实现了 UserTransaction 接口，TransactionManagerImpl 实现了 TransactionManager 接口，TransactionImpl 实现了 Transaction 接口。就算是在不同的数据库之间进行事务操作，JTA 也可以根据约定的接口协调两种事务资源，从而实现分布式事务。正是基于统一规范的不同实现，使得 JTA 可以协调与控制不同数据库或者 JMS 厂商的事务资源。

下面按照常规实现方式的理解来讲解这些接口及其实现。

面向开发者的接口为 UserTransaction，开发者通常只使用该接口来实现 JTA 事务管理，其定义了如下方法。

- begin：开始一个分布式事务。常规做法是，TransactionManager 在后台创建一个 Transaction 事务对象并通过 ThreadLocal 将该对象关联到当前线程。
- commit：提交事务。常规做法是，TransactionManager 会在后台从当前线程取出事务对象并提交该对象所代表的事务。

- rollback：回滚事务。常规做法是，TransactionManager 会在后台从当前线程中取出事务对象并回滚该对象代表的事务。
- getStatus：返回关联到当前线程的分布式事务的状态。常规做法是返回 Status 对象里定义的所有事务状态。
- setRollbackOnly：标识关联到当前线程的分布式事务将被回滚。

面向厂家的实现接口主要涉及 Transaction 和 TransactionManager 两个对象。

Transaction 代表了一个实际意义上的事务。UserTransaction 接口中的 commit、rollback、getStatus 等方法最终都将委托给 Transaction 类的对应方法执行。Transaction 接口定义了如下方法：①commit 方法会协调不同的事务资源来共同完成事务的提交；②rollback 方法会协调不同的事务资源来共同完成事务的回滚；③setRollbackOnly 方法会标识关联到当前线程的分布式事务并且将事务回滚；④getStatus 方法会返回关联到当前线程的分布式事务的状态；⑤enListResource(XAResource xaRes, int flag)方法会将事务资源加入当前的事务中；⑥delistResourc(XAResource xaRes, int flag)方法会将事务资源从当前事务中删除；⑦registerSynchronization(Synchronization sync)回调接口，实现者需要通过自己的事务控制机制来保证事务的一致性，同时还需要一种回调机制，以便在事务完成时得到通知，从而触发一些处理工作。

TransactionManager 将对分布式事务的使用映射到实际的事务资源并在事务资源间进行协调与控制，其会充当用户接口和实现接口之间的桥梁。TransactionManager 中定义的大部分事务方法与 UserTransaction 和 Transaction 相同。当 UserTransaction.commit 调用 TransactionManager.commit 时，将从当前线程中取出事务对象 Transaction 并提交该对象所代表的事务，即调用 Transaction.commit。

TransactionManager 的方法包括：①begin 方法表示开始事务；②commit 方法表示提交事务；③rollback 方法表示回滚事务；④getStatus 方法表示返回当前事务状态；⑤setRollbackOnly 方法表示设置回滚属性；⑥getTransaction 方法表示返回关联到当前线程的事务；⑦setTransactionTimeout(int seconds)方法表示设置事务超时时间；⑧resume (Transaction tobj)方法表示继续执行当前线程关联的事务；⑨suspend 方法表示挂起当前线程关联的事务。

笔者在 Quarkus 平台上实现了这 3 种事务调用（下面会介绍到），其程序为"037-quarkus-sample-jta"。

用 IDE 工具打开 com.iiit.quarkus.sample.jta.ProjectTransactionResource 类文件，TransactionManagerProjectService 的代码如下：

```
@Path("projects")
```

```java
@ApplicationScoped
@Produces("application/json")
@Consumes("application/json")
public class ProjectTransactionResource {
    private static final Logger LOGGER = Logger.getLogger(ProjectTransactionResource.class.getName());
    @Inject  UserTransactionProjectService userTransactionService;
    @Inject  TransactionManagerProjectService transactionManagerProjectService;
    @Inject  TransactionProjectService transactionProjectService;

    @GET
    @Path("/usertransaction")
    public void doUserTransaction()  throws SystemException {
        LOGGER.info("UserTransaction 开始");

        LOGGER.info("增加单条数据");
        Project project1 = new Project(6,"项目 F");
        userTransactionService.add(project1) ;
        System.out.println(getProjectInform(jpaProjectService.get()));

        LOGGER.info("修改单条数据");
        Project project2 = new Project(3,"修改项目 C");
        userTransactionService.update(project2);
        System.out.println(getProjectInform(jpaProjectService.get()));

        LOGGER.info("删除单条数据");
        userTransactionService.delete(6);
        System.out.println(getProjectInform(jpaProjectService.get()));
        return ;
    }

    @GET
    @Path("/transactionmanager")
    public void doTransactionManagerProjectService()  throws SystemException {
        LOGGER.info("增加单条数据");
        Project project1 = new Project(6,"项目 F");
        transactionManagerProjectService.add(project1) ;
        System.out.println(getProjectInform(transactionManagerProject-
Service.get()));

        LOGGER.info("修改单条数据");
        Project project2 = new Project(3,"修改项目 C");
        transactionManagerProjectService.update(project2);
        System.out.println(getProjectInform(transactionManagerProject-
Service. get()));
```

```
            LOGGER.info("删除单条数据");
            transactionManagerProjectService.delete(6);
            System.out.println(getProjectInform(transactionManagerProject-
Service.get()));
            return ;
        }

        @GET
        @Path("/transaction")
        public void doTransactionProjectService()   throws SystemException {
            LOGGER.info("增加单条数据");
            Project project1 = new Project(6,"项目 F");
            transactionProjectService.add(project1) ;
            System.out.println(getProjectInform(transactionProject-
Service.get()));

            LOGGER.info("修改单条数据");
            Project project2 = new Project(3,"修改项目 C");
            transactionProjectService.update(project2);
            System.out.println(getProjectInform(transactionProject-
Service.get()));

            LOGGER.info("删除单条数据");
            transactionProjectService.delete(4);
            System.out.println(getProjectInform(transactionProject-
Service.get()));
            return ;
        }

        private String getProjectInform(List projects){
            String projectContent = "";
            for (int i = 0; i < projects.size(); i++) {
                Project project = (Project) projects.get(i);
                String projectInform = "{项目 ID: " + project.getId() + ", " +
"项目名称: " + project.getName() + "};";
                projectContent = projectContent + projectInform;
            }
            return projectContent;
        }
    }
```

程序说明：

① 分别注入了 UserTransaction、TransactionManager、Transaction 等 3 种服务对象，这些服务对象可以进行事务的控制和管理。这 3 种服务对象对应 3 种事务调用的方式，而 narayana-jta 是 3 种事实调用的底层 JTA 事务实现。

② UserTransaction 服务事务可以实现 UserTransaction 接口的事务操作，其内容与 quarkus-sample-jpa-transaction 程序的完全相同。

③ TransactionManager 服务事务可以实现 TransactionManager 接口的事务操作。

④ Transaction 服务事务可以实现 Transaction 接口的事务操作。

关于该程序的测试和验证，感兴趣的读者可以自行理解并实现。

4.3 使用 Redis Client 实现缓存处理

4.3.1 前期准备

本案例需要使用 Redis 数据库，获得 Redis 的方式有两种，第 1 种是通过 Docker 容器来安装、部署 Redis 数据库，第 2 种是本地直接安装 Redis 数据库并进行基本配置。

1. 通过 Docker 容器来安装、部署

通过 Docker 容器安装和部署 Redis 数据库，命令如下：

```
docker run --ulimit memlock=-1:-1 -it --rm=true ^
        --memory-swappiness=0  ^
        --name redis_quarkus_test ^
        -p 6379:6379 redis:5.0.6
```

执行命令后出现如图 4-11 所示的界面，说明已成功启动 Redis 数据库。

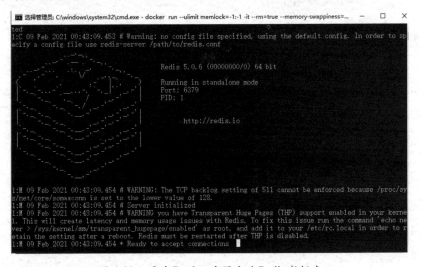

图 4-11　通过 Docker 容器启动 Redis 数据库

说明：Redis 服务在 Docker 容器中的名称是 redis_quarkus_test，可从 redis:5.0.6 容器镜像中获取。内部和外部端口一致，为 Redis 的标准端口 6379。

2. 本地直接安装

在互联网上下载 Redis 安装文件。Redis 有 32 位和 64 位两个版本。可下载 Redis-x64-xxx.zip 压缩包到硬盘，解压后，将文件夹重新命名为 redis。在安装目录下打开一个命令行窗口，启动 Redis，会出现如图 4-12 所示的界面。

图 4-12　Redis 的启动界面

这样就构建了一个基本的 Redis 开发环境。

4.3.2　案例简介

本案例介绍基于 Quarkus 框架实现分布式缓存的基本功能。该模块采用成熟的 Redis 框架作为缓存的实现框架。通过阅读和分析在 Redis 框架上实现 CRUD 等操作的案例代码，可以理解和掌握 Quarkus 框架分布式缓存 Redis 的使用方法。

基础知识：Redis 框架。

Redis 是最流行的高性能开源键值缓存数据库。

4.3.3　编写程序代码

编写程序代码有 3 种方式。第 1 种方式是通过代码 UI 来实现的，在 Quarkus 官网的生成代码页面中按照指定步骤生成脚手架代码，然后下载文件，将项目引入 IDE 工具中，最后修改程序源码。

第2种方式是通过mvn来构建程序，通过下面的命令创建Maven项目来实现：

```
mvn io.quarkus:quarkus-maven-plugin:1.11.1.Final:create ^
    -DprojectGroupId=com.iiit.quarkus.sample
    -DprojectArtifactId=033-quarkus- sample-redis ^
    -DclassName=com.iiit.quarkus.sample.redis.ProjectResource
    -Dpath=/projects ^
    -Dextensions=resteasy-jsonb,quarkus-redis-client
```

第3种方式是直接从GitHub上获取代码，可以从GitHub上克隆预先准备好的示例代码：

```
git clone https://******.com/rengang66/iiit.quarkus.sample.git（见链接1）
```

该程序位于"033-quarkus-sample-redis"目录中，是一个Maven工程项目程序。

在IDE工具中导入Maven工程项目程序，在pom.xml的<dependencies>下有如下内容：

```
<dependency>
    <groupId>io.quarkus</groupId>
    <artifactId>quarkus-redis-client</artifactId>
</dependency>
```

quarkus-redis-client是Quarkus扩展了Redis的客户端实现。

quarkus-sample-redis程序的应用架构（如图4-13所示）表明，外部访问ProjectResource资源接口，ProjectResource调用ProjectService服务，ProjectService服务通过注入的RedisClient对象访问Redis服务器，ProjectService服务需要quarkus-RedisClient扩展来进行支持。

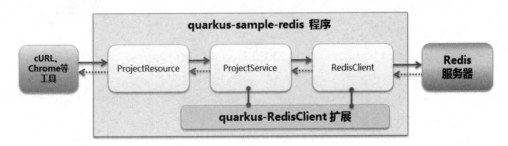

图4-13　quarkus-sample-redis程序应用架构图

quarkus-sample-redis程序的配置文件和核心类如表4-4所示。

表4-4　quarkus-sample-redis程序的配置文件和核心类

名　称	类　型	简　介
application.properties	配置文件	需要定义Redis连接的信息
ProjectResource	资源类	提供REST外部API，无特殊处理，在本节中将不做介绍

续表

名 称	类 型	简 介
ProjectService	服务类	主要提供了与 Redis 服务交互数据的服务，核心类，将重点介绍
Project	实体类	POJO 对象，无特殊处理，在本节中将不做介绍

在该程序中，首先看看配置信息的 application.properties 文件：

```
quarkus.redis.hosts=redis://localhost:6379
```

在 application.properties 文件中，配置了与 Redis 连接相关的参数。quarkus.redis.hosts 表示连接 Redis 数据库的位置。

下面讲解 quarkus-sample-redis 程序中的 ProjectService 服务类的功能和作用。

用 IDE 工具打开 com.iiit.quarkus.sample.redis.ProjectService 类文件，其代码如下：

```
@Singleton
class ProjectService {
    private static final Logger LOG = Logger.getLogger(ProjectService.class);
    //注入 Redis 客户端
    @Inject  RedisClient redisClient;

    ProjectService() { }

    //在 Redis 中初始化数据
    @PostConstruct
    void config() {
        set("project1", "关于 project1 的情况描述");
        set("project2", "关于 project2 的情况描述");
    }

    //在 Redis 中删除某主键的值
    public void del(String key) {
        redisClient.del(Arrays.asList(key));
    }

    //从 Redis 中获取某主键的值
    public String get(String key) {
        return redisClient.get(key).toString();
    }

    //在 Redis 中为某主键赋值
    public void set(String key,String value) {
```

```
            redisClient.set(Arrays.asList(key.toString(), value));
    }

    //在 Redis 中修改某主键
    public void update(String key, String value) {
        redisClient.getset(key,value);
    }
}
```

程序说明：

① ProjectService 类实现了对 Redis 缓存数据库中的主键及其值的获取、新增、修改和删除操作。

② @Singleton 注解表示单例模式，即无论有多少外部实例化过程，该类只实例化一个对象。

③ 注入 RedisClient 对象，实现了与 Redis 缓存数据库的交互。

该程序动态运行的序列图（如图 4-14 所示，遵循 UML 2.0 规范绘制）描述了外部调用者 Actor、ProjectResource、ProjectService 和 RedisClient 等对象之间的时间顺序交互关系。

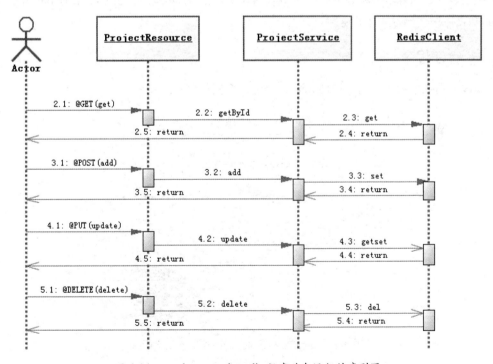

图 4-14　quarkus-sample-redis 程序动态运行的序列图

该序列图中总共有 4 个序列，分别介绍如下。

序列 1 活动：① 外部传入参数 ID 并调用 ProjectResource 资源类的 GET(getById)方法；② GET(getById)方法调用 ProjectService 服务类的 getById 方法；③ ProjectService 服务类的 getById 方法调用 RedisClient 的 get 方法；④ 返回 Project 列表中对应 ID 的 Project 对象。

序列 2 活动：① 外部传入参数 Project 对象并调用 ProjectResource 资源类的 POST(add)方法；② POST(add)方法调用 ProjectService 服务类的 add 方法；③ ProjectService 服务类的 add 方法调用 RedisClient 的 set 方法；④ RedisClient 的 set 方法实现 Redis 数据库中的增加操作并返回参数 Project 对象。

序列 3 活动：① 外部传入参数 Project 对象并调用 ProjectResource 资源类的 PUT(update)方法；② PUT(update)方法调用 ProjectService 服务类的 update 方法；③ ProjectService 服务类根据项目名称是否相等来实现修改一个 Project 对象的操作和调用 RedisClient 的 getset 方法；④ RedisClient 的 getset 方法实现了 Redis 数据库中的修改操作并返回参数 Project 对象。

序列 4 活动：① 外部传入参数 Project 对象并调用 ProjectResource 资源类的 DELETE(delete)方法；② DELETE(delete)方法调用 ProjectService 服务类的 delete 方法；③ ProjectService 服务类根据项目名称是否相等来调用 RedisClient 的 del 方法；④ RedisClient 的 del 方法实现 Redis 数据库中的删除操作并返回。

4.3.4 验证程序

通过下列几个步骤（如图 4-15 所示）来验证案例程序。

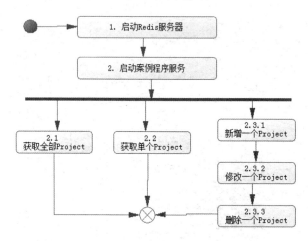

图 4-15 quarkus-sample-redis 程序验证流程图

下面对其中涉及的关键点进行说明。

1. 启动 Redis 服务器

首先要启动 Redis 服务器。

2. 启动 quarkus-sample-redis 程序服务

启动程序有两种方式，第 1 种是在开发工具（如 Eclipse）中调用 ProjectMain 类的 run 方法，第 2 种是在程序目录下直接运行命令 mvnw compile quarkus:dev。

3. 通过 API 显示单条记录

在命令行窗口中键入如下命令：

```
curl http://localhost:8080/projects/project1
```

4. 通过 API 增加一条数据

在命令行窗口中键入如下命令：

```
curl -X POST -H "Content-type: application/json" -d {\"name\":\"project3\",\"description\":\"关于 project3 的描述\"} http://localhost:8080/projects
```

显示内容为 curl http://localhost:8080/projects/project3。

5. 通过 API 增加一条数据并修改其内容

在命令行窗口中键入如下命令：

```
curl -X PUT -H "Content-type: application/json" -d {\"name\":\"project2\",\"description\":\"关于 project2 的描述的修改\"} http://localhost:8080/projects/project2
```

显示该记录：http://localhost:8080/projects。

6. 通过 API 删除 project3 记录

在命令行窗口中键入如下命令：

```
curl -X DELETE http://localhost:8080/projects/project3 -v
```

显示该记录：curl http://localhost:8080/projects。

4.4 使用 MongoDB Client 实现 NoSQL 处理

4.4.1 前期准备

首先要安装 MongoDB 数据库，有两种方式，第 1 种是通过 Docker 容器来安装、部署 MongoDB 数据库，第 2 种是本地直接安装 MongoDB 数据库并进行基本配置。

1. 通过 Docker 容器来安装、部署

通过 Docker 容器来安装和部署 MongoDB 数据库，命令如下：

```
docker run -ti --rm -name mongo_test -p 27017:27017 mongo:4.0
```

执行命令后出现如图 4-16 所示的界面，说明已成功启动 MongoDB 数据库。

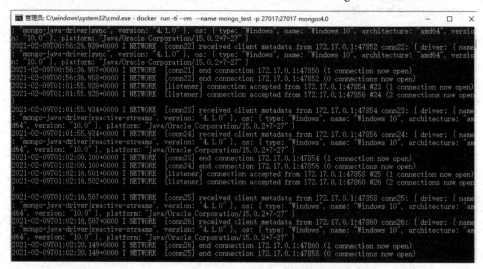

图 4-16 通过 Docker 容器启动 MongoDB 数据库

说明：容器名称为 mongo_test，可从 mongo:4.0 容器镜像中获取，内部和外部端口是一致的，都为 MongoDB 的标准端口 27017。

2. 本地直接安装

MongoDB 提供了可用于 32 位和 64 位系统的预编译二进制包，可在 MongoDB 官网下载。

下载 .msi 文件，下载后双击该文件，按操作提示进行安装即可。创建数据目录，MongoDB 将数据目录存储在 db 目录下。

启动 MongoDB 服务器。如果要在命令提示符下运行 MongoDB 服务器，必须从 MongoDB 的 bin 目录下执行 mongod.exe 文件，例如{$home}\bin\mongod --dbpath {$home}:\data\db。如果已经将 MongoDB 服务注册为 Windows 服务，则可在 Windows 服务（如图 4-17 所示）中直接启用 MongoDB 服务。

Microsoft Software Shadow Copy Provider	管理卷影复制服务制作的基于软件...		手动	本地系统
MongoDB Server (MongoDB)	MongoDB Database Server (Mo...	已启动	手动	网络服务
Mosquitto Broker	Eclipse Mosquitto MQTT v5/v3.1...		手动	本地系统

图 4-17　在 Windows 服务中启用 MongoDB 服务

进入 MongoDB 管理后台。在命令行窗口中运行 mongo.exe 命令，即可连接 MongoDB 数据库，执行命令{$home}\bin\mongo.exe。MongoDB Shell 是 MongoDB 自带的交互式 JavaScript Shell，是用于对 MongoDB 进行操作和管理的交互式环境。

在进入 MongoDB 管理后台后，MongoDB 一般会默认连接到 test 文档（数据库），可切换到 projects 文档，执行如下命令：

```
use projects
db.createCollection("iiit_projects")
```

创建数据库和数据库集合。MongoDB 基础开发环境就搭建完成了。

4.4.2　案例简介

本案例介绍基于 Quarkus 框架来实现 NoSQL 数据库操作的基本功能。该模块以成熟的 MongoDB 数据库作为 NoSQL 数据库。通过阅读和分析在 MongoDB 数据库上实现 CRUD 等操作的案例代码，可以理解和掌握 Quarkus 框架的 NoSQL 和 MongoDB 数据库使用方法。

基础知识：NoSQL 和 MongoDB 数据库及一些基本概念。

NoSQL 指非关系型数据库，是对不同于传统的关系型数据库的数据库管理系统的统称。NoSQL 用于超大规模数据的存储，这些类型的数据存储不需要固定模式，无须多余操作就可以横向扩展。

MongoDB 是一个基于分布式文件存储的数据库。MongoDB 是介于关系型数据库和非关系型数据库之间的产品，是非关系型数据库中功能最丰富、最像关系型数据库的数据库。MongoDB 将数据存储为一个文档，数据结构由键值对组成。MongoDB 文档类似于 JSON 对象。MongoDB 文档的字段值可以包含其他文档、数组及文档数组，因此可以存储比较复杂的数据类型。MongoDB 最大的特点是支持的查询语言非常强大，其语法有点类似于面向对象的查询语言，几乎可以实现类似于关系型数据库单表查询的绝大部分功能，而且还支持对数据建立索引。

在 MongoDB 中，基本概念有数据库（database）、集合（collection）、文档（document）和域字段（field）。如果将关系型数据库的 SQL 术语概念的 database 类比 MongoDB 术语概念的 database，那么关系型数据库的 SQL 术语的 table（数据库表）就与 MongoDB 术语的 collection（集合）相对应。表 4-5 简单显示了 SQL 术语概念和 MongoDB 术语概念之间的对应关系，这有助于理解 MongoDB 中的一些基本概念。

表 4-5　SQL 术语概念和 MongoDB 术语概念之间的对应关系

SQL 术语概念	MongoDB 术语概念	说　明
database	database	数据库
table	collection	表/集合
row	document	数据记录行/文档
column	field	数据字段/域
index	index	索引
primary key	primary key	MongoDB 自动将_id 字段设置为主键

4.4.3　编写程序代码

编写程序代码有 3 种方式。第 1 种方式是通过代码 UI 来实现的，在 Quarkus 官网的生成代码页面中按照指定步骤生成脚手架代码，然后下载文件，将项目引入 IDE 工具中，最后修改程序源码。

第 2 种方式是通过 mvn 来构建程序，通过下面的命令创建 Maven 项目来实现：

```
mvn io.quarkus:quarkus-maven-plugin:1.11.1.Final:create ^
    -DprojectGroupId=com.iiit.quarkus.sample
    -DprojectArtifactId=034-quarkus-sample-mongodb ^
    -DclassName=com.iiit.quarkus.sample.mongodb.ProjectResource
    -Dpath=/projects ^
    -Dextensions=resteasy-jsonb,quarkus-mongodb-client
```

第 3 种方式是直接从 GitHub 上获取代码，可以从 GitHub 上克隆预先准备好的示例代码：

```
git clone https://******.com/rengang66/iiit.quarkus.sample.git（见链接 1）
```

该程序位于"034-quarkus-sample-mongodb"目录中，是一个 Maven 工程项目程序。

在 IDE 工具中导入 Maven 工程项目程序，在 pom.xml 的<dependencies>下有如下内容：

```
<dependency>
```

```xml
    <groupId>io.quarkus</groupId>
    <artifactId>quarkus-mongodb-client</artifactId>
</dependency>
```

quarkus-mongodb-client 是 Quarkus 扩展了 MongoDB 的客户端实现。

quarkus-sample-mongodb 程序的应用架构（如图 4-18 所示）表明，外部访问 ProjectResource 资源接口，ProjectResource 调用 ProjectService 服务，ProjectService 服务通过注入的 MongoClient 对象可以对 MongoDB 数据库执行 CRUD 操作，ProjectService 服务依赖于 MongoClient 框架。

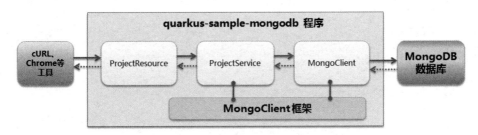

图 4-18　quarkus-sample-mongodb 程序应用架构图

quarkus-sample-mongodb 程序的配置文件和核心类如表 4-6 所示。

表 4-6　quarkus-sample-mongodb 程序的配置文件和核心类

名　　称	类　　型	简　　介
application.properties	配置文件	需要定义 MongoDB 数据库连接的信息
ProjectResource	资源类	提供 REST 外部 API，无特殊处理，在本节中将不做介绍
ProjectService	服务类	主要提供与 MongoDB 数据库交互数据的服务，核心类，将重点介绍
Project	实体类	POJO 对象，无特殊处理，在本节中将不做介绍

在该程序中，首先看看配置信息的 application.properties 文件：

```
quarkus.mongodb.connection-string = mongodb://localhost:27017
iiit_projects.init.insert = true
```

在 application.properties 文件中，配置了与数据库连接相关的参数，分别介绍如下。

（1）quarkus.mongodb.connection-string 表示连接的 MongoDB 数据库的位置信息。

（2）iiit_projects.init.insert 是该程序用于决定是否初始化数据的属性。

下面讲解 quarkus-sample-mongodb 程序中的 ProjectService 服务类的功能和作用。

用 IDE 工具打开 com.iiit.quarkus.sample.mongodb.ProjectService 类文件，其代码如下：

```java
@ApplicationScoped
public class ProjectService {
    @Inject   MongoClient mongoClient;

    @Inject
    @ConfigProperty(name = "iiit_projects.init.insert", defaultValue = "true")
    boolean initInsertData;

    public ProjectService() {    }

    @PostConstruct
    void config() {
        if (initInsertData) {
            initDBdata();
        }
    }

    //初始化数据
    private void initDBdata() {
        deleteAll();
        Project project1 = new Project("项目A", "关于项目A的描述");
        Project project2 = new Project("项目B", "关于项目B的描述");
        add(project1);
        add(project2);
    }

    //从MongoDB中获取projects数据库iiit_projects集合中的所有数据并存入List
    public List<Project> list() {
        List<Project> list = new ArrayList<>();
        MongoCursor<Document> cursor = getCollection().find().iterator();

        try {
            while (cursor.hasNext()) {
                Document document = cursor.next();
                Project project = new Project(document.getString("name"),
                    document.getString("description"));
                list.add(project);
            }
        } finally {
            cursor.close();
        }
        return list;
    }
```

```
    //在MongoDB的projects数据库iiit_projects集合中新增一条Document记录
    public void add(Project project) {
        Document document = new Document().append("name", project.name).append("description", project.description);
        getCollection().insertOne(document);
    }

    //在MongoDB的projects数据库iiit_projects集合中修改一条Document记录
    public void update(Project project) {
        Document document = new Document().append("name", project.name).append("description", project.description);
        getCollection().deleteOne(Filters.eq("name", project.name));
        add(project);
    }

    //在MongoDB的projects数据库iiit_projects集合中删除一条Document记录
    public void delete(Project project) {
        getCollection().deleteOne(Filters.eq("name", project.name));
    }

    //删除MongoDB的projects数据库iiit_projects集合中的所有记录
    private void deleteAll() {
        BasicDBObject document = new BasicDBObject();
        getCollection().deleteMany(document);
    }

    //获取MongoDB的projects数据库iiit_projects集合对象
    private MongoCollection getCollection() {
        return mongoClient.getDatabase("projects").getCollection(
            "iiit_projects");
    }
}
```

程序说明：

① ProjectService 类实现了对 MongoDB 数据库中记录的获取、新增、修改和删除等操作。

② ProjectService 类注入 MongoClient 对象，由此实现与 MongoDB 数据库的交互。

该程序动态运行的序列图（如图 4-19 所示，遵循 UML 2.0 规范绘制）描述了外部调用者 Actor、ProjectResource、ProjectService 和 MongoClient 等对象之间的时间顺序交互关系。

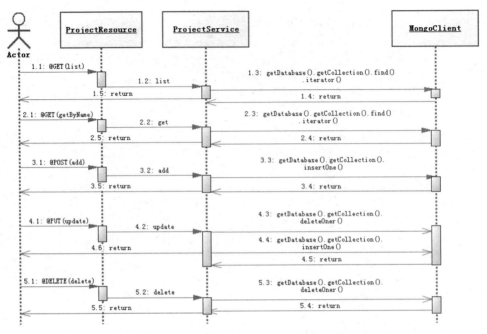

图 4-19　quarkus-sample-mongodb 程序动态运行的序列图

该序列图中总共有 5 个序列，分别介绍如下。

序列 1 活动：① 外部调用 ProjectResource 资源类的 GET(list)方法；② GET(list)方法调用 ProjectService 服务类的 list 方法；③ ProjectService 服务类的 list 方法调用 MongoClient 的 getDatabase().getCollection().find().iterator 方法并进行处理，以形成 Project 列表；④ 返回整个 Project 列表。

序列 2 活动：① 外部传入参数 ID 并调用 ProjectResource 资源类的 GET(getById)方法；② GET(getById)方法调用 ProjectService 服务类的 getById 方法；③ ProjectService 服务类的 getById 方法调用 MongoClient 的 getDatabase().getCollection().find().iterator 方法并进行处理，以形成单个 Project；④ 返回 Project 列表中对应 ID 的 Project 对象。

序列 3 活动：① 外部传入参数 Project 对象并调用 ProjectResource 资源类的 POST(add)方法；② POST(add)方法调用 ProjectService 服务类的 add 方法；③ ProjectService 服务类的 add 方法调用 MongoClient 的 getDatabase().getCollection().insertOne 方法；④ MongoClient 的 getDatabase().getCollection().insertOne 方法实现针对 MongoDB 数据库的增加操作并返回参数 Project 对象。

序列 4 活动：① 外部传入参数 Project 对象并调用 ProjectResource 资源类的 PUT(update)方

法；② PUT(update)方法调用 ProjectService 服务类的 update 方法；③ ProjectService 服务类根据项目名称是否相等来实现修改一个 Project 对象的操作并调用 MongoClient 的 getDatabase().getCollection().deleteOner 方法和 getDatabase().getCollection().insertOne 方法；④ MongoClient 的 getDatabase().getCollection().deleteOner 方法和 getDatabase().getCollection().insertOne 方法实现针对 MongoDB 数据库的操作并返回参数 Project 对象。

序列 5 活动：① 外部传入参数 Project 对象并调用 ProjectResource 资源类的 DELETE(delete)方法；② DELETE(delete)方法调用 ProjectService 服务类的 delete 方法；③ ProjectService 服务类根据项目名称是否相等来决定调用 MongoClient 的 getDatabase().getCollection().deleteOner 方法；④ MongoClient 的 getDatabase().getCollection().deleteOner 方法实现针对 MongoDB 数据库的删除操作并返回。

4.4.4 验证程序

通过下列几个步骤（如图 4-20 所示）来验证案例程序。

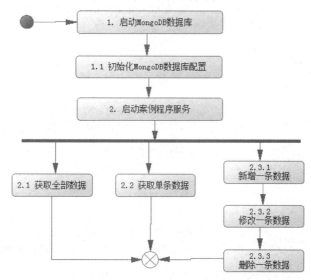

图 4-20 quarkus-sample-mongodb 程序验证流程图

下面对其中涉及的关键点进行说明。

1. 启动 MongoDB 数据库

首先启动 MongoDB 数据库，可以在命令行窗口中启动，也可以在 Windows 服务上启动。

2. 需要进入 MongoDB 后台管理

需要先打开 MongoDB 安装目录下的 bin 目录，然后执行 mongo.exe 文件，MongoDB Shell 是 MongoDB 自带的交互式 JavaScript Shell，是对 MongoDB 进行操作和管理的交互式环境。在进入 MongoDB 后台后，默认会连接到 test 文档（数据库）。在前期准备时，我们已经创建了数据库 projects，故使用命令 use projects 来转至数据库 projects。

3. 启动 quarkus-sample-mongodb 程序服务

启动程序有两种方式，第 1 种是在开发工具（如 Eclipse）中调用 ProjectMain 类的 run 方法，第 2 种是在程序目录下直接运行命令 mvnw compile quarkus:dev。

4. 通过 API 显示全部记录

在命令行窗口中键入命令 curl http://localhost:8080/projects。结果是显示全部记录内容。

5. 通过 API 显示单条记录

在命令行窗口中键入命令 curl http://localhost:8080/projects/find/A。结果是显示单条记录内容。

6. 通过 API 增加一条数据

在命令行窗口中键入如下命令：

```
curl -X POST -H "Content-type: application/json" -d {\"name\":\"项目C\",\"description\":\"关于项目C的描述\"} http://localhost:8080/projects
```

结果是显示全部记录内容，可以观察到新增了一条数据。

7. 通过 API 修改内容

在命令行窗口中键入如下命令：

```
curl -X PUT -H "Content-type: application/json" -d {\"name\":\"项目C\",\"description\":\"关于项目C的描述修改\"} http://localhost:8080/projects
```

结果是显示全部记录内容，可以观察到修改了一条数据。

8. 通过 API 删除记录

在命令行窗口中键入如下命令：

```
curl -X DELETE -H "Content-type: application/json" -d {\"name\":\"项目B\",\"description\":\"关于项目B的描述修改\"} http://localhost:8080/projects
```

结果是显示全部记录内容，可以观察到删除了一条数据。

4.5 使用 Panache 实现数据持久化

4.5.1 前期准备

本案例采用 PostgreSQL 数据库。PostgreSQL 数据库的安装和配置相关内容可以参考 4.1.1 节。

4.5.2 案例简介

本案例介绍基于 Quarkus 框架实现数据库操作的基本功能。该模块以 Panache 框架为实现框架。通过阅读和分析在 Panache 框架上实现查询、新增、删除、修改数据等操作的案例代码，可以理解和掌握在 Quarkus 框架中使用 Panache 框架的方法。

基础知识：Panache 框架。

由于使用 Hibernate 和 JPA 进行数据库访问的代码不够直观和简单，开发者也可以使用 Panache 来简化对 Hibernate 的操作。使用 Panache 之前需要添加 hibernate-orm-panache 扩展。

其具体实现方式是实体类继承 Panache 框架的 PanacheEntity 类。PanacheEntity 类提供了很多实用方法来简化 JPA 相关操作。实体类的静态方法 findByName 使用 PanacheEntity 类的父类 PanacheEntityBase 中的 find 方法来根据 name 字段查询并返回第一个结果。相对于使用 JPA 中的 EntityManager 和 CriteriaBuilder，PanacheEntity 类提供的实用方法要简单很多。

4.5.3 编写程序代码

编写程序代码有 3 种方式，第 1 种方式是通过代码 UI 来实现的，在 Quarkus 官网的生成代码页面中按照指定步骤生成脚手架代码，然后下载文件，将项目引入 IDE 工具中，最后修改程序源码。

第 2 种方式是通过 mvn 来构建程序，通过下面的命令创建 Maven 项目来实现：

```
mvn io.quarkus:quarkus-maven-plugin:1.11.1.Final:create ^
    -DprojectGroupId=com.iiit.quarkus.sample ^
    -DprojectArtifactId=035-quarkus-sample-orm-panache-activerecord ^
    -DclassName=com.iiit.quarkus.sample.orm.panache.activerecord.ProjectResource
    -Dpath=/projects ^
    -Dextensions=resteasy-jsonb,quarkus-hibernate-orm-panache,quarkus-jdbc-postgresql
```

第 3 种方式是直接从 GitHub 上获取代码，可以从 GitHub 上克隆预先准备好的示例代码：

git clone https://******.com/rengang66/iiit.quarkus.sample.git（见链接 1）

该程序位于"035-quarkus-sample-orm-panache-activerecord"目录中，是一个 Maven 工程项目程序。

在 IDE 工具中导入 Maven 工程项目程序，在 pom.xml 的<dependencies>下有如下内容：

```xml
<dependency>
    <groupId>io.quarkus</groupId>
    <artifactId>quarkus-hibernate-orm-panache</artifactId>
</dependency>

<dependency>
    <groupId>io.quarkus</groupId>
    <artifactId>quarkus-jdbc-postgresql</artifactId>
</dependency>
```

quarkus-hibernate-orm-panache 是 Quarkus 扩展了 Panache 的 ORM 服务实现。quarkus-jdbc-postgresql 是 Quarkus 扩展了 PostgreSQL 的 JDBC 接口实现。

quarkus-sample-orm-panache-activerecord 程序的应用架构（如图 4-21 所示）表明，外部访问 ProjectResource 资源接口，ProjectResource 调用 Project 服务，Project 对象本身也是一个实体对象，通过继承 PanacheEntity 类实现对 PostgreSQL 数据库进行 CRUD 操作，Project 对象资源依赖于 Hibernate 框架和 quarkus-jdbc 扩展。

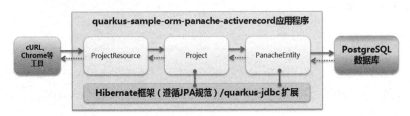

图 4-21　quarkus-sample-orm-panache-activerecord 程序应用架构图

quarkus-sample-orm-panache-activerecord 程序的配置文件和核心类如表 4-7 所示。

表 4-7　quarkus-sample-orm-panache-activerecord 程序的配置文件和核心类

名　称	类　型	简　介
application.properties	配置文件	需要定义数据库的配置信息，无特殊处理，在本节中将不做介绍
import.sql	配置文件	在数据库中初始化数据，无特殊处理，在本节中将不做介绍
ProjectResource	资源类	提供 REST 的外部 API，无特殊处理，在本节中将不做介绍
Project	实体类	POJO 对象，无特殊处理，在本节中将不做介绍

该程序的 application.properties 文件与 quarkus-sample-orm-hibernate 程序的基本相同，不再赘述。

import.sql 的内容与 quarkus-sample-orm-hibernate 程序的基本相同，也不再赘述，其主要作用是实现了 iiit_projects 表的数据初始化工作。

下面讲解 quarkus-sample-orm-panache-activerecord 程序中的 ProjectResource 资源类、Project 实体类的功能和作用。

1. ProjectResource 资源类

用 IDE 工具打开 com.iiit.quarkus.sample.orm.panache.activerecord.ProjectResource 类文件，其代码如下：

```
@Path("projects")
@ApplicationScoped
@Produces("application/json")
@Consumes("application/json")
public class ProjectResource {
    private static final Logger LOGGER = Logger.getLogger(ProjectResource.class.getName());
    public ProjectResource(){}

    //获取Project列表
    @GET
    public List<Project> get() {
        return Project.listAll(Sort.by("name"));
    }

    //获取单条Project信息
    @GET
    @Path("{id}")
    public Project getSingle(@PathParam Long id) {
        Project entity = Project.findById(id);
        if (entity == null) {
            throw new WebApplicationException("Project with id of " + id + " does not exist.", 404);
        }
        return entity;
    }

    //增加一个Project对象
    @POST
    @Transactional
```

```java
        public Response add( Project project) {
            if (project.id != null) {
                throw new WebApplicationException("Id was invalidly set on request.", 422);
            }
            project.persist();
            return Response.ok(project).status(201).build();
        }

        //修改一个Project对象
        @PUT
        @Path("{id}")
        @Transactional
        public Project update(@PathParam Long id, Project project) {
            if (project.getName() == null) {
                throw new WebApplicationException("Project Name was not set on request.", 422);
            }
            Project entity = Project.findById(id);
            if (entity == null) {
                throw new WebApplicationException("Project with id of " + id + " does not exist.", 404);
            }
            entity.setName(project.getName());
            return entity;
        }

        //删除一个Project对象
        @DELETE
        @Path("{id}")
        @Transactional
        public Response delete( @PathParam Long id ) {
            Project entity = Project.findById(id);
            if (entity == null) {
                throw new WebApplicationException("Project with id of " + id + " does not exist.", 404);
            }
            entity.delete();
            return Response.status(204).build();
        }

        //处理Response的错误情况
        @Provider
        public static class ErrorMapper implements ExceptionMapper<Exception> {
```

```java
        @Override
        public Response toResponse(Exception exception) {
            LOGGER.error("Failed to handle request", exception);

            int code = 500;
            if (exception instanceof WebApplicationException) {
                code = ((WebApplicationException) exception).getResponse().getStatus();
            }

            JsonObjectBuilder entityBuilder = Json.createObjectBuilder()
                    .add("exceptionType", exception.getClass().getName())
                    .add("code", code);

            if (exception.getMessage() != null) {
                entityBuilder.add("error", exception.getMessage());
            }

            return Response.status(code)
                    .entity(entityBuilder.build())
                    .build();
        }
    }
}
```

程序说明：ProjectResource 类的主要方法是 REST 的基本操作方法，包括 GET、POST、PUT 和 DELETE 方法。

2. Project 实体类

用 IDE 工具打开 com.iiit.quarkus.sample.orm.panache.activerecord.Project 类文件，其代码如下：

```java
@Entity
@Table(name = "iiit_projects")
@Cacheable
public class Project extends PanacheEntity {
    @Column(length = 40, unique = true)
    private String name;

    public Project() {
    }

    //省略部分代码
}
```

程序说明：

① Project 类继承自 PanacheEntity 类，具备了基本的 CRUD 持久化操作。换句话说，其本身就是一个 PanacheEntity 对象。

② @Entity 注解表示 Project 对象是一个遵循 JPA 规范的实体对象。

③ @Table(name = "iiit_projects") 注解表示 Project 对象映射的关系型数据库表是 iiit_projects。

④ @Cacheable 注解表明对象采用缓存模式。

该程序动态运行的序列图（如图 4-22 所示，遵循 UML 2.0 规范绘制）描述了外部调用者 Actor、ProjectResource 和 Project 等对象之间的时间顺序交互关系。

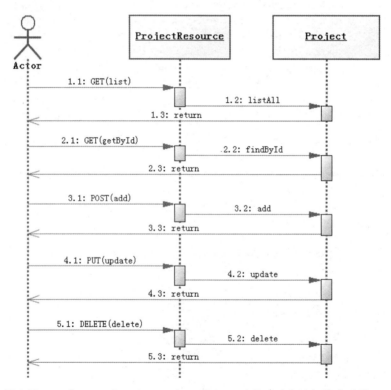

图 4-22　quarkus-sample-orm-panache-activerecord 程序动态运行的序列图

该序列图中总共有 5 个序列，分别介绍如下。

序列 1 活动：① 外部调用 ProjectResource 资源类的 GET(list)方法；② 该方法调用 Project 服务类（实际上是其父类 PanacheEntityBase）的 listAll 方法，返回整个 Project 列表。

序列 2 活动：① 外部传入参数 ID 并调用 ProjectResource 资源类的 GET(getById)方法；② 该方法调用 Project 服务类（实际上是其父类 PanacheEntityBase）的 findById 方法；③ 返回 Project 列表中对应 ID 的 Project 对象。

序列 3 活动：① 外部传入参数 Project 对象并调用 ProjectResource 资源类的 POST(add)方法；② 该方法调用 Project 服务类（实际上是其父类 PanacheEntityBase）的 persist 方法；③ ProjectService 服务类实现增加一个 Project 对象的操作并返回整个 Project 列表。

序列 4 活动：① 外部传入参数 Project 对象并调用 ProjectResource 资源类的 PUT(update)方法；② 该方法调用 Project 服务类的 setName 方法；③ ProjectService 服务类根据项目名称是否相等来实现修改一个 Project 对象的操作并返回整个 Project 列表。

序列 5 活动：① 外部传入参数 Project 对象并调用 ProjectResource 资源类的 DELETE(delete)方法；② 该方法调用 Project 服务类（实际上是其父类 PanacheEntityBase）的 delete 方法；③ ProjectService 服务类根据项目名称是否相等来实现删除一个 Project 对象的操作并返回整个 Project 列表。

4.5.4 验证程序

通过下列几个步骤（如图 4-23 所示）来验证案例程序。

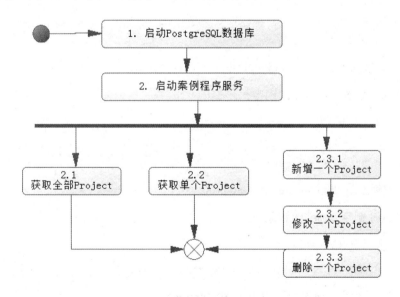

图 4-23 quarkus-sample-orm-panache-activerecord 程序验证流程图

下面对其中涉及的关键点进行说明。

1. 启动 PostgreSQL 数据库

首先安装 PostgreSQL 数据库，然后进入 PostgreSQL 的图形管理界面去观察数据库中数据的变化情况。

2. 启动 quarkus-sample-orm-panache-activerecord 程序服务

启动程序有两种方式，第 1 种是在开发工具（如 Eclipse）中调用 ProjectMain 类的 run 方法，第 2 种是在程序目录下直接运行命令 mvnw compile quarkus:dev。

3. 通过 API 显示项目的 JSON 格式内容

在命令行窗口中键入如下命令：

```
curl http://localhost:8080/projects
```

4. 通过 API 显示单条记录

在命令行窗口中键入如下命令：

```
curl http://localhost:8080/projects/1
```

5. 通过 API 增加一条数据

在命令行窗口中键入如下命令：

```
curl -X POST -d {\"name\":\"项目 D\"} -H "Content-Type:application/json" http://localhost:8080/projects -v
```

结果显示新增的内容：curl http://localhost:8080/projects。

6. 通过 API 修改一条数据的内容

在命令行窗口中键入如下命令：

```
curl -X PUT -H "Content-type: application/json" -d {\"name\":\"项目 BBB\"} http://localhost:8080/projects/2
```

结果显示该记录：http://localhost:8080/projects/2。

7. 通过 API 删除 project1 记录

在命令行窗口中键入如下命令：

```
curl -X DELETE http://localhost:8080/projects/4
```

结果显示可用命令 curl http://localhost:8080/projects。

4.6 本章小结

本章主要介绍 Quarkus 在数据持久化方面的开发应用,从如下 5 个部分来进行讲解。

第一,介绍了在 Quarkus 框架上如何开发遵循 JPA 规范的 Hibernate 应用,包含案例的源码、讲解和验证。由于该案例中的关系型数据库为 PostgreSQL,故增加了如何配置其他关系型数据库的内容。由于该案例的 ORM 框架是 Hibernate,故又增加了如何采用其他 ORM 框架的内容。

第二,介绍了在 Quarkus 框架上如何实现 Java 事务管理的应用,包含案例的源码、讲解和验证。

第三,介绍了在 Quarkus 框架上如何开发、操作缓存数据库 Redis 数据的应用,包含案例的源码、讲解和验证。

第四,介绍了在 Quarkus 框架上如何开发 NoSQL 数据库 MongoDB 的应用,包含案例的源码、讲解和验证。

第五,介绍了在 Quarkus 框架上如何使用 Panache 实现数据持久化的应用,包含案例的源码、讲解和验证。

第 5 章
整合消息流和消息中间件

5.1 调用 Apache Kafka 消息流

5.1.1 前期准备

本案例需要安装 Kafka 消息服务，有两种安装方式，第 1 种是通过 Docker 容器来安装、部署 Kafka 消息服务，第 2 种是在本地直接安装 Kafka 消息服务。

1. 通过 Docker 容器来安装、部署

创建 docker-compose.yaml 文件，包含以下内容：

```yaml
version: '2'
services:
  zookeeper:
    image: strimzi/kafka:0.19.0-kafka-2.5.0
    command: [
      "sh", "-c",
      "bin/zookeeper-server-start.sh config/zookeeper.properties"
    ]
    ports:
      - "2181:2181"
    environment:
      LOG_DIR: /tmp/logs

  kafka:
    image: strimzi/kafka:0.19.0-kafka-2.5.0
    command: [
```

```
            "sh", "-c",
            "bin/kafka-server-start.sh   config/server.properties   --override
listeners=$${KAFKA_LISTENERS}    --override    advertised.listeners=$${KAFKA_
ADVERTISED_LISTENERS} --override zookeeper.connect=$${KAFKA_ZOOKEEPER_CONNECT}"
        ]
        depends_on:
        - zookeeper
        ports:
        - "9092:9092"
        environment:
          LOG_DIR: "/tmp/logs"
          KAFKA_ADVERTISED_LISTENERS: PLAINTEXT://localhost:9092
          KAFKA_LISTENERS: PLAINTEXT://0.0.0.0:9092
          KAFKA_ZOOKEEPER_CONNECT: zookeeper:2181
```

一旦创建 docker-compose.yaml 文件，运行命令 docker-compose up，执行命令后出现如图 5-1 所示的界面，说明已经成功启动 Kafka。

图 5-1　通过 Docker 容器启动 Kafka

下载并启动 Kafka，需要分别启动两个服务。第 1 个服务是 ZooKeeper 服务，ZooKeeper 开启端口 2181（这也是 ZooKeeper 的默认端口），内部和外部端口是一致的。第 2 个服务是 Kafka 服务，Kafka 开启端口 9092（这也是 Kafka 的默认端口），内部和外部端口是一致的。两个服务都是从 strimzi/kafka:0.19.0-kafka-2.5.0 容器镜像中获取的。

2. 本地直接安装

由于 Kafka 依赖 ZooKeeper，Kafka 通过 ZooKeeper 现实分布式系统的协调，所以需要先安装 ZooKeeper。

下面简单说明安装步骤。

第 1 步：获得 Kafka。

下载最新的 Kafka 版本并将其解压缩。注意，本地环境中必须安装 Java 8+。

第 2 步：启动 ZooKeeper 服务。

打开一个命令行窗口并启动 ZooKeeper 服务，命令如下：

```
bin/zookeeper-server-start.sh config/zookeeper.properties
```

第 3 步：启动 Kafka 服务

打开另一个命令行窗口并启动 Kafka Broker 服务，命令如下：

```
bin/kafka-server-start.sh config/server.properties
```

执行命令后出现如图 5-2 所示的界面，说明已经成功启动 Kafka。

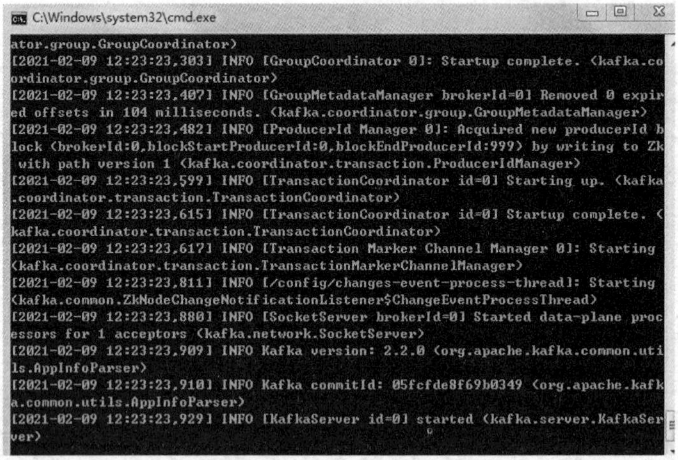

图 5-2　启动本地安装的 Kafka

一旦所有服务成功启动，就构建了一个基本的 Kafka 服务开发环境。

5.1.2　案例简介

本案例介绍基于 Quarkus 框架实现分布式消息流的基本功能。该模块以成熟的 Apache Kafka 框架作为分布式消息流平台。通过阅读和分析在 Apache Kafka 上实现生成、发布、广播和消费分布式消息等操作的案例代码，可以理解和掌握 Quarkus 框架的分布式消息流和 Apache Kafka 使用方法。

基础知识：Apache Kafka 平台、Kafka Streams 及一些基本概念。

Apache Kafka 平台是一个分布式数据流处理平台,可以实时发布、订阅、存储和处理数据流。它被设计为处理多种来源的数据流,并将它们交付给多个消费者。下面简单介绍一下 Kafka 的基本机制。其体系架构如图 5-3 所示。

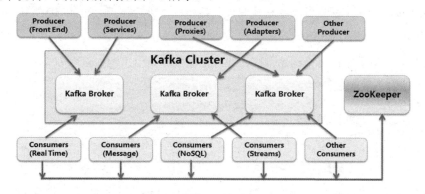

图 5-3　Kafka 的体系架构图

在一个基本架构中,Producer(生产者)发布消息到 Kafka 的 Topic(主题)中。Topic 可以看作消息类别。Topic 是由作为 Kafka Server 的 Broker 创建的。Consumer(消费者)订阅(一个或多个)Topic 来获取消息,其只关注自己需要的 Topic 中的消息。Consumer 通过与 Kafka 集群建立长连接的方式,不断地从集群中拉取消息,并对这些消息进行处理。在这里,Broker 和 Consumer 之间分别使用 ZooKeeper 记录状态信息和消息的 offset(偏移量)。

Kafka Streams 是一套客户端类库,其提供了对存储在 Apache Kafka 内的数据进行流式处理和分析的功能。流(Stream)是 Kafka Streams 提供的最重要的抽象,它代表一个无限的、不断更新的数据集。一个流就是一个有序的、可重放的、支持故障转移的、不可变的数据记录(Data Record)序列,其中每条数据记录被定义成一个键值对。流式计算就是数据的输入是持续的,一般先定义目标计算,然后数据到来之后将计算逻辑应用于数据,往往用增量计算代替全量计算。

下面简单介绍一下 Kafka Streams 中的两个非常重要的概念 KStream 和 KTable。KStream 是一个数据流,可以认为所有的记录都是通过 Insert only 的方式插入这个数据流中的。KTable 代表一个完整的数据集,可以被理解为数据库中的表。每条记录都是键值对,键可以被理解为数据库中的主键,是唯一的,而值代表一条记录。可以认为 KTable 中的数据是通过 Update only 的方式进入的。如果是相同的键,后面的记录会覆盖原来的那条记录。综上来说,KStream 是数据流,输入多少数据就插入多少数据,是 Insert only 的。KTable 是数据集,相同键只允许保留最新记录,也就是 Update only 的。

5.1.3 编写程序代码

编写程序代码有 3 种方式。第 1 种方式是通过代码 UI 来实现的，在 Quarkus 官网的生成代码页面中按照指定步骤生成脚手架代码，然后下载文件，将项目引入 IDE 工具中，最后修改程序源码。

第 2 种方式是通过 mvn 来构建程序，通过下面的命令创建 Maven 项目来实现：

```
mvn io.quarkus:quarkus-maven-plugin:1.11.1.Final:create ^
    -DprojectGroupId=com.iiit.quarkus.sample
    -DprojectArtifactId=040-quarkus- sample-kafka ^
    -DclassName=com.iiit.quarkus.sample.reactive.kafka.ProjectResource
    -Dpath=/projects ^
    -Dextensions=resteasy-jsonb, quarkus-kafka-streams
```

第 3 种方式是直接从 GitHub 上获取代码，可以从 GitHub 上克隆预先准备好的示例代码：

```
git clone https://******.com/rengang66/iiit.quarkus.sample.git（见链接 1）
```

该程序位于 "040-quarkus-sample-kafka-streams" 目录中，是一个 Maven 工程项目程序。

在 IDE 工具中导入 Maven 工程项目程序，在 pom.xml 的<dependencies>下有如下内容：

```xml
<dependency>
    <groupId>io.quarkus</groupId>
    <artifactId>quarkus-kafka-streams</artifactId>
</dependency>
```

quarkus-kafka-streams 是 Quarkus 扩展了 Kafka Streams 的实现。

quarkus-sample-kafka-streams 程序的应用架构（如图 5-4 所示）表明，外部访问 ProjectResource 资源接口，ProjectResource 调用 ProjectService 服务，ProjectService 服务创建 KafkaProducer 对象来向 Kafka 发送消息流，ProjectService 服务创建 kafkaConsumer 对象来获取 Kafka 的消息流，KafkaProducer 对象和 kafkaConsumer 对象都归属于 Kafka Streams 框架。

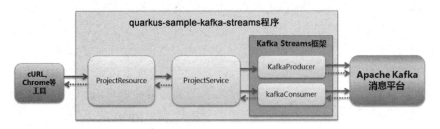

图 5-4　quarkus-sample-kafka-streams 程序应用架构图

quarkus-sample-kafka-streams 程序的配置文件和核心类如表 5-1 所示。

表 5-1 quarkus-sample-kafka-streams 程序的配置文件和核心类

名 称	类 型	简 介
application.properties	配置文件	定义 KafkaStreams 连接和主题等信息
Startup	服务后台类	KafkaStreams 服务，核心类
ProjectResource	资源类	通过 REST 启动 KafkaStreams 服务，提交生产者数据，核心类
ProjectService	服务类	生产和消费 Kafka 管道中的数据并展示，核心类

在该程序中，首先看看配置信息的 application.properties 文件：

```
quarkus.kafka-streams.bootstrap-servers=localhost:9092
quarkus.kafka-streams.application-id=streams-wordcount
quarkus.kafka-streams.application-server=localhost:8080
quarkus.kafka-streams.topics=wordcount-input,wordcount-out

# streams options
kafka-streams.cache.max.bytes.buffering=10240
kafka-streams.commit.interval.ms=1000
kafka-streams.metadata.max.age.ms=500
kafka-streams.auto.offset.reset=earliest
kafka-streams.metrics.recording.level=DEBUG
```

在 application.properties 文件中，配置了与数据库连接相关的参数。

（1）quarkus.kafka-streams.bootstrap-servers 表示需要连接的 Kafka 平台的位置。

（2）quarkus.kafka-streams.application-id 表示当前 kafka-streams 的程序名称。

（3）quarkus.kafka-streams.application-server 表示当前 kafka-streams 的服务器位置，也就是应用程序的位置。

（4）quarkus.kafka-streams.topics 表示 kafka-streams 的 Topic（主题）。

下面讲解 quarkus-sample-kafka-streams 程序中的 Startup 类、ProjectResource 资源类和 ProjectService 服务类的功能和作用。

1．Startup 类

用 IDE 工具打开 com.iiit.quarkus.sample.kafka.stream.Startup 类文件，其代码如下：

```
@Singleton
public class Startup {

    public static final String INPUT_TOPIC = "wordcount-input";
    public static final String OUTPUT_TOPIC = "wordcount-out";
```

```java
        @Inject
        KafkaStreams stream;

    public void Streams() {
    //public void Streams(@Observes StartupEvent evt) {
            Properties prop = new Properties();
            prop.put(StreamsConfig.APPLICATION_ID_CONFIG,"streams-wordcount");
            prop.put(StreamsConfig.BOOTSTRAP_SERVERS_CONFIG,"localhost:9092");
            prop.put(StreamsConfig.COMMIT_INTERVAL_MS_CONFIG,3000);
            prop.put(StreamsConfig.DEFAULT_KEY_SERDE_CLASS_CONFIG, Serdes.String().getClass());
            prop.put(StreamsConfig.DEFAULT_VALUE_SERDE_CLASS_CONFIG, Serdes.String().getClass());

            //构建流构造器
            StreamsBuilder builder = new StreamsBuilder();
            KTable<String, Long> count = builder.stream(INPUT_TOPIC)
            //从Kafka中一条一条地读取数据
                    .flatMapValues( //返回压扁的数据
                            (value) -> {   //对数据进行按空格切割,返回list集合
                                String[] split = value.toString().split(" ");
                                List<String> strings = Arrays.asList(split);
                                return strings;
                            }).map((k, v) -> {
                        return new KeyValue<String, String>(v, String.valueOf(v.length()));
                    }).groupByKey().count();

            //在控制台上输出结果
            count.toStream().foreach((k,v)->{  System.out.println("key:"+k+" count:"+v +" length:" + k.toString().length()); });

            count.toStream().map((x,y)->{
                return new KeyValue<String,String>(x,y.toString());
            }).to(OUTPUT_TOPIC);

            stream = new KafkaStreams(builder.build(), prop);
            final CountDownLatch latch=new CountDownLatch(1);
            Runtime.getRuntime().addShutdownHook(new Thread("streams-wordcount-shutdown-hook"){
                @Override
                public void run() {
                    stream.close();
                    latch.countDown();
```

```
            }
        });
        try {
            //启动 stream 服务
            stream.start();
            latch.await();
        } catch (InterruptedException e) {
            e.printStackTrace();
        }
        System.exit(0);
    }
}
```

程序说明：

① 注入 KafkaStreams 对象，这是一个核心服务类。

② 该程序首先创建 StreamsBuilder 对象，然后 StreamsBuilder 对象从 Kafka 服务器的"wordcount-input"主题中一条一条地读取数据，接着将这些数据拆分为一个个词汇，并对出现的词汇进行统计，最终形成一个词汇和词汇出现次数的 KTable 变量。把 KTable 输出到控制台上，便于外部观察，同时输出到 Kafka 服务器的"wordcount-out"主题上。

③ 将 StreamsBuilder 对象绑定 KafkaStreams 对象，最后启动 KafkaStreams 服务。

这样，上述过程就会持续不断地进行下去。

2．ProjectResource 资源类

用 IDE 工具打开 com.iiit.quarkus.sample.kafka.stream.ProjectResource 类文件，其代码如下：

```
@Path("/projects")
@ApplicationScoped
@Produces(MediaType.APPLICATION_JSON)
@Consumes(MediaType.APPLICATION_JSON)
public class ProjectResource {
    private static final Logger LOGGER = Logger.getLogger(Project-
Resource. class);

    @Inject
    ProjectService service;

    public ProjectResource(){}

    @GET
```

```java
        @Path("/commit")
        public String commit() {
            LOGGER.info("提交批量数据");
            service.commit();
            return "OK";
        }

        @GET
        @Path("/producer/{content}")
        public String producer(@PathParam("content")  String content) {
            LOGGER.info("提交单条生产数据");
            service.producer(content);
            return "OK";
        }

        @GET
        @Path("/consumer")
        public String consumer() {
            LOGGER.info("消费数据");
            service.consumer();
            return "OK";
        }

        @GET
        @Path("/hello")
        public String hello() {
            return "hello";
        }

        @GET
        @Path("/startup")
        public String startup() {
            if ( !ProjectMain.is_startup ){
                service.config();
                ProjectMain.is_startup = true;
            }
            return "OK";
        }
    }
```

程序说明：

① ProjectResource 类的功能是与外部交互，主要方法是 REST 的基本操作方法，只包括 GET 方法。通过注入 ProjectService 对象，实现对后端服务的调用。

② ProjectResource 类的 commit 方法，调用后台 ProjectService 服务的 commit 方法，其目的是向 Kafka 服务器生产一批数据。

③ ProjectResource 类的 producer 方法，调用后台 ProjectService 服务的 producer 方法，其目的是向 Kafka 服务器生产一条数据。

④ ProjectResource 类的 consumer 方法，调用后台 ProjectService 服务的 consumer 方法，其目的是启动 Kafka 服务器的一个消费者。当然，这会导致进入等待状态。

⑤ ProjectResource 类的 startup 方法，调用后台 ProjectService 服务的 config 方法，其目的是通过 ProjectService 服务启动最终的 KafkaStreams 服务。

3. ProjectService 服务类

用 IDE 工具打开 com.iiit.quarkus.sample.kafka.stream.ProjectService 类文件，其代码如下：

```
@Singleton
public class ProjectService {
    private static final Logger LOGGER = Logger.getLogger(ProjectService.class);

    @Inject
    Startup startup;

    private boolean is_startup = false;

    public void config() {
        if ( !is_startup ){
            startup.Streams();
            is_startup = true;
        }
    }

    public void producer( String content) {
        LOGGER.info("生产数据");
        Producer<String, String> producer = new KafkaProducer<String, String>(getProducerProperties());
        producer.send(new ProducerRecord<String, String>(Startup.INPUT_TOPIC, content));
        System.out.println("Message sent successfully");
        producer.close();
    }

    public void commit() {
        LOGGER.info("提交批量数据");
        Producer<String, String> producer = new KafkaProducer<String,
```

```java
String>(getProducerProperties());
        String tempString = "this is send content;";
        producer.send(new ProducerRecord<String, String>(Startup.INPUT_TOPIC, tempString));
        System.out.println("Message sent successfully");
        producer.close();
    }

    public void consumer() {
        LOGGER.info("消费数据");
        KafkaConsumer<String, String> kafkaConsumer = new KafkaConsumer<String, String>(getConsumerProperties());
        kafkaConsumer.subscribe(Arrays.asList(Startup.OUTPUT_TOPIC));
        while (true) {
            ConsumerRecords<String, String> records = kafkaConsumer.poll(Duration.ofMillis(100));
            for (ConsumerRecord<String, String> record : records) {
                //打印消费记录的偏移量、主键和键值
                System.out.printf("offset = %d, key = %s, value = %s\n", record.offset(), record.key(), record.value());
            }
        }
    }

    private Properties getProducerProperties(){
        Properties props = new Properties();
        props.put("bootstrap.servers", "localhost:9092");
        props.put("acks", "all");
        props.put("retries", 0);
        props.put("batch.size", 16384);
        props.put("linger.ms", 1);
        props.put("buffer.memory", 33554432);
        props.put("key.serializer","org.apache.kafka.common.serialization.StringSerializer");
        props.put("value.serializer","org.apache.kafka.common.serialization.StringSerializer");
        return props;
    }

    private Properties getConsumerProperties(){
        Properties props = new Properties();
        props.put("bootstrap.servers", "localhost:9092");
        props.put("group.id", "test");
        props.put("enable.auto.commit", "true");
        props.put("auto.commit.interval.ms", "1000");
        props.put("session.timeout.ms", "30000");
```

```
            props.put("key.deserializer", "org.apache.kafka.common.
serialization.StringDeserializer");
            //props.put("value.deserializer", "org.apache.kafka.common.
serialization.LongDeserializer");
            props.put("value.deserializer", "org.apache.kafka.common.
serialization.StringDeserializer");

            return props;
    }
}
```

程序说明：

① ProjectService 类是一个控制 Kafka 服务器和 KafkaStreams 服务的管理类。

② ProjectService 类的 config 方法可以启动后台的 KafkaStreams 服务。

③ ProjectService 类的 producer 方法，创建一个 Kafka 生产者，通过 ProjectResource 传入数据并向 Kafka 服务发送这条数据（或消息）。

④ ProjectService 类的 commit 方法，创建一个 Kafka 生产者，向 Kafka 服务发送一串数据（或消息）。

⑤ ProjectService 类的 consumer 方法，创建一个 Kafka 消费者，以订阅模式获取 Kafka 服务器主题为 "wordcount-out" 上的消息，并在控制台上显示出来。

该程序动态运行的序列图（如图 5-5 所示，遵循 UML 2.0 规范绘制）描述了外部调用者 Actor、ProjectResource、ProjectService 和 Startup 等对象之间的时间顺序交互关系。

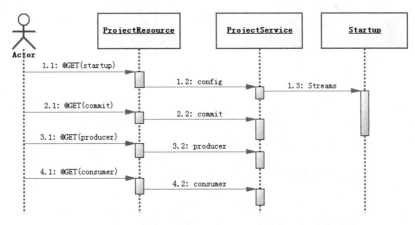

图 5-5　quarkus-sample-kafka-streams 程序动态运行的序列图

该序列图中总共有 4 个序列，分别介绍如下。

序列 1 活动：① 外部调用 ProjectResource 资源对象的@GET(startup)方法；② ProjectResource 资源对象的@GET(startup)方法调用 ProjectService 服务类的 config 方法；③ ProjectService 服务类的 config 方法调用 Startup 类的 Streams 方法。Streams 方法的内容是：首先创建 StreamsBuilder 对象，然后 StreamsBuilder 对象从 Kafka 服务器的"wordcount-input"主题上一条一条地读取数据，接着将这些数据拆分为一个个词汇，并对出现的词汇进行统计，最终形成一个词汇和词汇出现次数的 KTable 变量。把 KTable 变量输出到控制台，便于外部观察，同时输出到 Kafka 服务器的"wordcount-out"主题上。

序列 2 活动：① 外部调用 ProjectResource 资源对象的@GET(commit)方法；② ProjectResource 资源对象的@GET(commit)方法调用 ProjectService 服务类的 commit 方法，该 commit 方法创建了一个 Kafka 生产者，向 Kafka 服务发送一串数据（或消息）。

序列 3 活动：① 外部调用 ProjectResource 资源对象的@GET(producer)方法；② ProjectResource 资源对象的@GET(producer)方法调用 ProjectService 服务类的 producer 方法，该 producer 方法创建了一个 Kafka 生产者，把 ProjectResource 传入的数据发送给 Kafka 服务。

序列 4 活动：① 外部调用 ProjectResource 资源对象的@GET(consumer)方法；② ProjectResource 资源对象的@GET(consumer)方法调用 ProjectService 服务类的 consumer 方法，该 consumer 方法创建了一个 Kafka 消费者，以订阅模式获取 Kafka 服务器"wordcount-out"主题上的消息，并在控制台上显示出来。

5.1.4 验证程序

通过下列几个步骤（如图 5-6 所示）来验证案例程序。

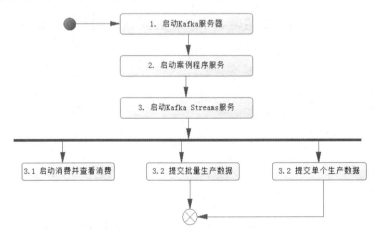

图 5-6 quarkus-sample-kafka-streams 程序验证流程图

下面对其中涉及的关键点进行说明。

1. 启动 Kafka 服务器

安装好 Kafka 软件，先启动 ZooKeeper 服务器，然后启动 Kafka 服务器。

2. 启动 quarkus-sample-kafka-streams 程序服务

启动程序有两种方式，第 1 种是在开发工具（如 Eclipse）中调用 ProjectMain 类的 run 方法，第 2 种是在程序目录下直接运行命令 mvnw compile quarkus:dev。

3. 通过 API 启动 Kafka Streams 服务

在命令行窗口中键入如下命令：

```
curl http://localhost:8080/projects/startup
```

其结果是获取的消息信息，而且还是按照流模式来依次展现的。

4. 启动消费并查看消费

在命令行窗口中键入如下命令：

```
curl http://localhost:8080/projects/consumer
```

5. 通过 API 提交批量生产数据

在命令行窗口中键入如下命令：

```
curl http://localhost:8080/projects/commit
```

6. 通过 API 提交单条生产数据

在命令行窗口中键入如下命令：

```
curl http://localhost:8080/projects/producer/reng
```

可观察到如图 5-7 所示的解码信息。

```
Message sent successfully
2021-02-05 10:15:22,339 INFO  [org.apa.kaf.cli.pro.KafkaProducer]
key:this count:7  length:4
key:is count:7  length:2
key:send count:7  length:4
key:content; count:7  length:8
key:reng count:9  length:4
offset = 10, key = this, value = 7
offset = 11, key = is, value = 7
offset = 12, key = send, value = 7
offset = 13, key = content;, value = 7
offset = 14, key = reng, value = 9
```

图 5-7 开发工具控制台上的解码信息

由于笔者已经做过多次测试提交，故控制台结果信息显示的是提交的字符串 reng，长度为

4,出现次数为 9 次。字符串 this is send content 已经被分解成各个单词并统计其出现次数。offset 是 Kafka 的参数,表示 Kafka 分区的偏移量。

5.2 创建 JMS 应用实现队列模式

5.2.1 前期准备

由于 JMS 的后台消息平台采用 ActiveMQ Artemis 工具,需要 ActiveMQ Artemis 消息队列。有两种方式可以获取 ActiveMQ Artemis 消息队列。

1. 通过 Docker 容器来安装、部署

这种方式下还分两种方式,第 1 种是直接运行如下的 Docker 命令:

```
docker run -it --rm -p 8161:8161 -p 61616:61616 -p 5672:5672 -e ARTEMIS_USERNAME=mq -e ^
    ARTEMIS_PASSWORD=123456 vromero/activemq-artemis:2.11.0-alpine
```

执行命令后出现如图 5-8 所示的界面,说明已经成功启动了 ActiveMQ Artemis 消息队列。

图 5-8　通过 Docker 容器启动 ActiveMQ Artemis 消息队列 Artemis

说明:Artemis 分别启动了端口 8161、61616 和 5672,内部和外部端口是一致的。Artemis 用户名为 mq,用户 mq 的密码为 123456。可从 vromero/activemq-artemis:2.11.0-alpine 容器镜像中获取。

第 2 种是创建 docker-compose.yaml 文件,其中包含以下内容:

```
version: '2'
```

```
services:
  artemis:
    image: vromero/activemq-artemis:2.8.0-alpine
    ports:
      - "8161:8161"
      - "61616:61616"
      - "5672:5672"
    environment:
      ARTEMIS_USERNAME: mq
      ARTEMIS_PASSWORD: 123456
```

其参数解释与第 1 种方式完全相同。

一旦建立了 docker-compose.yaml 文件，运行命令 docker-compose up。

2．本地直接安装

在 Window 下安装 ActiveMQ Artemis 消息队列安装文件。推荐在本地直接安装的方式，这样便于监控和处理差错。

下面简单说明安装步骤。

第 1 步：获取 ActiveMQ Artemis 工具。

下载最新版本的 ActiveMQ Artemis 工具并将其解压缩，目录内容如图 5-9 所示。

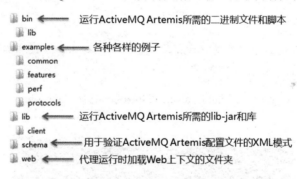

图 5-9　ActiveMQ Artemis 工具目录及其内容描述

图 5-9 描述了 ActiveMQ Artemis 工具解压后各个目录的内容。

第 2 步：创建代理实例文件目录。

为了创建消息服务器，进入安装目录的 bin 目录，输入下面的命令：

```
$ ./artemis create artemis_home
```

其中的 artemis_home 目录就是新建消息服务器的 artemis_home 代理实例目录，如图 5-10 所示。注意，不要和 ActiveMQ Artemis 程序放在一个文件夹下。

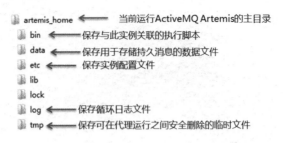

图 5-10　artemis_home 代理实例目录及其内容描述

图 5-10 描述了 ActiveMQ Artemis 运行生成的 artemis_home 代理实例目录下各个目录的内容。

第 3 步：执行 Artemis 安装命令

打开命令行窗口（CMD 窗口），进入 ActiveMQ Artemis 安装目录下的 bin 目录，运行如下命令：

```
artemis.cmd create ..\artemis_home --home ...\activemqartemis\apache-artemis-2.4.0 --nio --no-mqtt-acceptor --password 123456 --user mq --verbose --no-hornetq-acceptor --no-amqp-acceptor --autocreate
```

中间会出现提示 Allow anonymous access? (Y/N)，输入 Y 即可。

第 4 步：执行 Artemis 命令

安装完成后，可通过命令来启动 Artemis。进入 artemis_home 代理实例目录的 bin 目录，打开命令行窗口（CMD 窗口），在其中输入 .\artemis.cmd run 并运行。

如果出现 Artemis Console available at http://localhost:8161/console（如图 5-11 所示），表明服务已经启动。

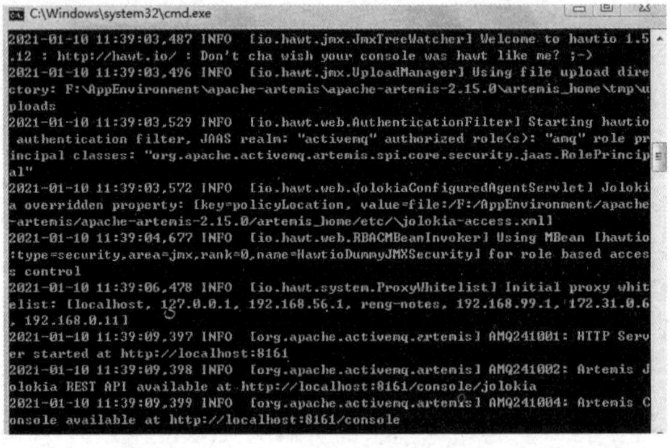

图 5-11　ActiveMQ Artemis 启动成功界面

第 5 步：进入 Artemis 管理界面

可以用浏览器打开 http://localhost:8161，图 5-12 是 ActiveMQ Artemis 的总体管理界面。

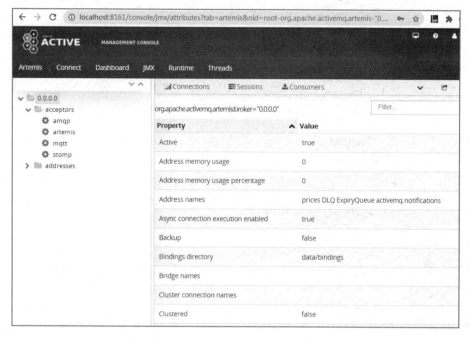

图 5-12　ActiveMQ Artemis 的总体管理界面

这样就构建了一个基本的消息平台开发环境。

5.2.2　案例简介

本案例介绍基于 Quarkus 框架实现 JMS 的基本功能。该模块以遵循 JMS 规范的 Qpid 为消息代理，消息队列平台采用 ActiveMQ Artemis 消息服务器。通过阅读和分析在 Qpid 代理和 ActiveMQ Artemis 上执行生成和消费消息等操作的案例代码，可以理解和掌握 Quarkus 框架的 JMS、ActiveMQ Artemis 消息队列和 Qpid 消息代理的使用方法。

基础知识：JMS 规范及其概念。

JMS（Java Message Server，Java 消息服务）是 Java 平台中面向消息中间件的 API 规范，用于在两个应用程序之间或分布式系统中发送消息，进行异步通信。JMS 规范的模型如图 5-13 所示。

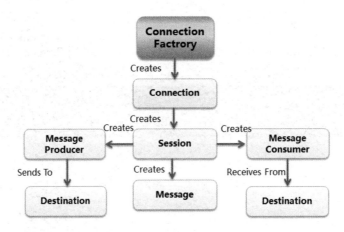

图 5-13　JMS 规范的模型

下面简单介绍一下 JMS 规范的各个组件。

- ConnectionFactory：用于创建连接到消息中间件的连接工厂。
- Connection：代表了应用程序与消息服务器之间的通信链路（一个连接可以创建多个会话）。
- Destination：消息发布和接收的地点，包括队列或主题。
- Session：表示一个单线程的上下文，用于发送和接收消息（所有会话都在一个线程中）。
- MessageConsumer：由会话创建，用于接收发送到目标的消息。
- MessageProducer：由会话创建，用于发送消息到目标。
- Message：由会话创建，是生产者/发布者和消费者/订阅者之间传送的对象，包括一个消息头、一组消息属性和一个消息体。

消息模式是客户端之间传递消息的方式，JMS 定义了主题和队列两种消息模式。本案例只涉及队列模式的实现。

JMS 规范队列模式（其运行图如图 5-14 所示）的含义是，客户端包括生产者和消费者，队列中的消息只能被一个消费者消费。消费者可以随时消费队列中的消息。在队列模式中，消费者的每个连接会依次接收 JMS 队列中的消息，每个连接接收到的是不同的消息。

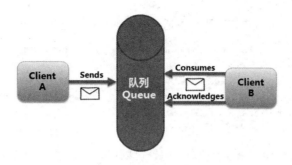

图 5-14 JMS 规范队列模式运行图

JMS 发送消息的过程大体可以分为以下几步：①创建连接工厂（ConnectionFactory）；②连接工厂（ConnectionFactory）获取一个 JMS 上下文（JMSContext）；③使用连接工厂创建一个连接（Connection）；④使用连接创建一个会话（Session）；⑤获取一个目的（Destination），此处为队列（Queue）；⑥使用会话（Session）和目的（Destination）创建消息生产者（MessageProducer）；⑦创建消息对象（Message）；⑧消息生产者（MessageProducer）发送消息；⑨会话（Session）确定消息发送完毕后提交。

JMS 接收消息的过程大体可以分为以下几步：①创建连接工厂（ConnectionFactory）；②连接工厂（ConnectionFactory）获取一个 JMS 上下文（JMSContext）；③使用连接工厂（ConnectionFactory）创建一个连接（Connection）；④使用连接创建一个会话（Session）；⑤获取一个目的（Destination），此处为队列（Queue）；⑥使用会话（Session）和目的（Destination）创建消息的消费者（MessageConsumer）；⑦消息消费者（MessageConsumer）接收消息对象（Message）。

从 Java EE 1.4 开始，所有的 Java EE 应用服务器必须包含一个 JMS 实现。以下是一些基于 JMS 规范实现的框架平台或应用服务器：Apache ActiveMQ、Apache Qpid、BEA Weblogic 和 Oracle AQ from Oracle、EMS from TIBCO、FFMQ、JBoss Messaging and HornetQ from JBoss、JORAM、Open Message Queue from Sun Microsystems、OpenJMS from The OpenJMS Group、RabbitMQ、Solace JMS from Solace Systems、SonicMQ from Progress Software、StormMQ、SwiftMQ、Tervela、Ultra Messaging from 29 West、webMethods from Software AG、WebSphere Application Server from IBM、WebSphere MQ from IBM 等。

5.2.3 编写程序代码

编写程序代码有 3 种方式。第 1 种方式是通过代码 UI 来实现的，在 Quarkus 官网的生成代码页面中按照指定步骤生成脚手架代码，然后下载文件，将项目引入 IDE 工具中，最后修改程序源码。

第 2 种方式是通过 mvn 来构建程序，通过下面的命令创建 Maven 项目来实现：

```
mvn io.quarkus:quarkus-maven-plugin: 1.7.1.Final:create ^
    -DprojectGroupId=com.iiit.quarkus.sample
    -DprojectArtifactId=042-quarkus- sample-jms-qpid ^
    -DclassName=com.iiit.quarkus.sample.jms.qpid.ProjectResource
    -Dpath= /projects ^
    -Dextensions=resteasy-jsonb
```

第 3 种方式是直接从 GitHub 上获取代码，可以从 GitHub 上克隆预先准备好的示例代码：

```
git clone https://******.com/rengang66/iiit.quarkus.sample.git（见链接1）
```

该程序位于"042-quarkus-sample-jms-qpid"目录中，是一个 Maven 工程项目程序。

在 IDE 工具中导入 Maven 工程项目程序，在 pom.xml 的<dependencies>下有如下内容：

```
<dependency>
    <groupId>org.amqphub.quarkus</groupId>
    <artifactId>quarkus-qpid-jms</artifactId>
</dependency>
```

quarkus-qpid-jms 是 Quarkus 扩展了 Qpid 的 JMS 实现。注意，quarkus-qpid-jms 扩展是非 Red Hat 官方的扩展实现。

quarkus-sample-jms-qpid 程序的应用架构（如图 5-15 所示）表明，ProjectInformProducer 消息类遵循 JMS 规范，向 ActiveMQ Artemis 消息服务器的消息队列 Queue 发送消息，ProjectInformConsumer 消息类遵循 JMS 规范，从 ActiveMQ Artemis 消息服务器的消息队列 Queue 获取消息。外部访问 ProjectResource 资源接口并获取 ProjectInformConsumer 的消息。ProjectInformProducer 消息类和 ProjectInformConsumer 消息类依赖于 quarkus-qpid-jms 扩展。

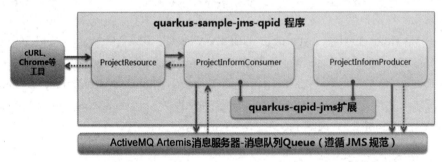

图 5-15　quarkus-sample-jms-qpid 程序应用架构图

quarkus-sample-jms-qpid 程序的配置文件和核心类如表 5-2 所示。

表 5-2 quarkus-sample-jms-qpid 程序的配置文件和核心类

名 称	类 型	简 介
application.properties	配置文件	定义 Artemis 连接和管道、主题等信息
ProjectInformProducer	数据生成类	生成数据并将数据发送到 Artemis 的消息队列中，核心类
ProjectInformConsumer	数据消费类	消费 Artemis 消息队列中的数据，核心类
ProjectResource	资源类	获取消费数据并通过 REST 方式来提供，核心类

在该程序中，首先看看配置信息的 application.properties 文件：

```
quarkus.qpid-jms.url=amqp://localhost:5672
quarkus.qpid-jms.username=mq
quarkus.qpid-jms.password=123456
```

在 application.properties 文件中，配置了与消息中间件连接相关的参数。

（1）quarkus.qpid-jms.url 表示连接的消息服务器的位置，采用的是 AMQP 协议。

（2）quarkus.qpid-jms.username、quarkus.qpid-jms.password 分别表示登录消息服务器的用户名和密码。

下面讲解 quarkus-sample-jms-qpid 程序中的 ProjectInformProducer 类、ProjectInformConsumer 类和 ProjectResource 资源类的功能和作用。

1. ProjectInformProducer 类

用 IDE 工具打开 com.iiit.quarkus.sample.jms.qpid.ProjectInformProducer 类文件，其代码如下：

```
@ApplicationScoped
public class ProjectInformProducer implements Runnable {
    private static final Logger LOGGER = Logger.getLogger
(ProjectInformProducer.class);
    @Inject    ConnectionFactory connectionFactory;

    private final Random random = new Random();
    private final ScheduledExecutorService scheduler = Executors
            .newSingleThreadScheduledExecutor();

    void onStart(@Observes StartupEvent ev) {
        scheduler.scheduleWithFixedDelay(this, 0L, 5L, TimeUnit.SECONDS);
    }

    void onStop(@Observes ShutdownEvent ev) {
        scheduler.shutdown();
    }
```

```
    @Override
    public void run() {
        try (JMSContext context = connectionFactory.createContext (Session.
AUTO_ACKNOWLEDGE)) {
            SimpleDateFormat formatter = new SimpleDateFormat("yyyy-MM-
dd HH:mm:ss");
            String dateString = formatter.format(new Date());
            Queue queue = context.createQueue("ProjectInform");
            JMSProducer producer = context.createProducer();
            String sendContent = "项目进程数据: " + Integer.toString
(random. nextInt(100));
            System.out.println( dateString + " JMSProducer 通过队列
ProjectInform 发送数据: " + sendContent);
            producer.send(queue, sendContent);
        }
    }
}
```

程序说明：

① ProjectInformProducer 类是消息生产者的管理类。

② Quarkus 服务启动时，就调用了定时任务对象 ScheduledExecutorService 服务。该服务每隔 5 秒运行一次任务。

③ ProjectInformProducer 类的 run 方法是一个任务体，执行的任务是：首先创建一个消息队列 queue，然后创建一个消息生产者 producer，接着消息生产者 producer 向消息队列 queue 发送一个消息。

2. ProjectInformConsumer 类

用 IDE 工具打开 com.iiit.quarkus.sample.jms.qpid.ProjectInformConsumer 类文件，其代码如下：

```
@ApplicationScoped
public class ProjectInformConsumer implements Runnable {
    private static final Logger LOGGER = Logger.getLogger (ProjectResource.
class);

    public ProjectInformConsumer() {    }

    @Inject
    ConnectionFactory connectionFactory;
```

```java
    private final ExecutorService scheduler = Executors.newSingle-
ThreadExecutor();
    private volatile String consumeContent;

    public String getConsumeContent() {
        return consumeContent;
    }

    void onStart(@Observes StartupEvent ev) {
        scheduler.submit(this);
    }

    void onStop(@Observes ShutdownEvent ev) {
        scheduler.shutdown();
    }

    @Override
    public void run() {
        try (JMSContext context = connectionFactory.createContext(Session.AUTO_ACKNOWLEDGE)) {
            JMSConsumer consumer = context.createConsumer(context.createQueue("ProjectInform"));
            while (true) {
                Message message = consumer.receive();
                if (message == null) {
                    //如果JMSConsumer已关闭,将返回"null"
                    return;
                }
                consumeContent = message.getBody(String.class);
                SimpleDateFormat formatter = new SimpleDateFormat("yyyy-MM-dd HH:mm:ss");
                String dateString = formatter.format(new Date());
                System.out.println( dateString+ " JMSConsumer 通过队列 ProjectInform 收到数据: " + consumeContent );
                LOGGER.info("消费者成功获取数据,内容为:"+consumeContent);
            }
        } catch (JMSException e) {
            throw new RuntimeException(e);
        }
    }

}
```

程序说明：

① ProjectInformConsumer 类是 JMS 消息消费者的管理类。

② Quarkus 服务启动时，就调用了定时任务对象 ScheduledExecutorService 服务。该服务每隔 5 秒运行一次任务。

③ ProjectInformConsumer 类的 run 方法是一个任务体，执行的任务是：首先创建一个消息队列 queue，然后创建一个消息消费者 consumer，接着消息消费者 consumer 循环地从消息队列 queue 接收消息。当没有收到消息时，就退出循环；当收到消息时，在控制台上显示消息内容，然后又从消息队列 queue 接收消息，直至消费完消息队列 queue 中的所有消息，最后退出循环。

3. ProjectResource 资源类

用 IDE 工具打开 com.iiit.quarkus.sample.jms.qpid.ProjectResource 类文件，其代码如下：

```
@Path("/projects")
@ApplicationScoped
@Produces(MediaType.APPLICATION_JSON)
@Consumes(MediaType.APPLICATION_JSON)
public class ProjectResource {

    private static final Logger LOGGER = Logger.getLogger(ProjectResource.class);

    @Inject
    ProjectInformConsumer informs;

    @GET
    @Path("latestdata")
    @Produces(MediaType.TEXT_PLAIN)
    public String latestContent() {
        String content = informs.getConsumeContent();
        LOGGER.info("ProjectResource 获取的最新数据："+ content);
        return content;
    }
}
```

程序说明：ProjectResource 类的主要方法是 REST 的基本操作方法，获取消息消费者最新的消息内容。

该程序运行的通信图（如图 5-16 所示，遵循 UML 2.0 规范绘制）中消息的处理过程如下。

第 5 章 整合消息流和消息中间件

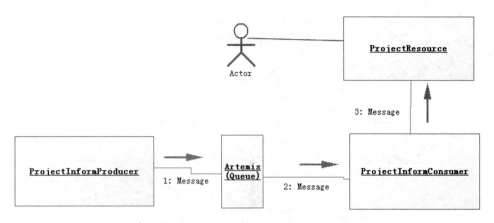

图 5-16 quarkus-sample-jms-qpid 程序运行的通信图

（1）启动应用程序，调用 ProjectInformGenerator 对象的实例化对象 ScheduledExecutor-Service 的 scheduleWithFixedDelay 方法，而该方法的内容是按照 5 秒一次的频率调用 ProjectInformGenerator 对象的 run 方法。ProjectInformGenerator 的 run 方法主要用于向消息服务器的 ProjectInform 队列发送项目消息。其发送消息的过程可参见图 5-14 的 JMS 规范队列模式运行图。

（2）启动应用程序，调用 ProjectInformConsumer 对象的实例化对象 ExecutorService 对象的 submit 方法，而该方法的内容是调用 ProjectInformConsumer 对象的 run 方法。ProjectInformConsumer 的 run 方法的核心是从消息服务器的 ProjectInform 队列接收项目消息。其接收消息的过程可参见图 5-14 的 JMS 规范队列模式运行图。

（3）外部调用 ProjectResource 对象的 latestContent 方法，得到 ProjectInformConsumer 对象的最新项目消息。

5.2.4 验证程序

通过下列几个步骤（如图 5-17 所示）来验证案例程序。

下面对其中涉及的关键点进行说明。

1. 启动 Artemis 消息服务

安装好 Artemis，初始化数据文件。然后在数据目录下运行 artemis run 命令来启动 Artemis，直至出现 Artemis 消息服务已经启动的界面。也可以在浏览器中输入 http://localhost:8161/console/，登录后可以查看到配置和状态信息。

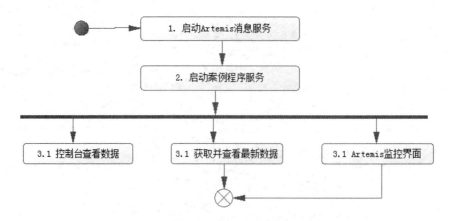

图 5-17 quarkus-sample-jms-qpid 程序验证流程图

确认在 Artemis 的 artemis_home 代理实例的 etc 目录的 broker.xml 文件中有如下配置：

```
<acceptor name="amqp">tcp://0.0.0.0:5672?tcpSendBufferSize=1048576;tcpReceiveBufferSize=1048576;protocols=AMQP;useEpoll=true;amqpCredits=1000;amqpLowCredits=300;amqpMinLargeMessageSize=102400;amqpDuplicateDetection=true</acceptor>
```

其中 AMQP 协议中的监听端口是 5672。

2. 启动 quarkus-sample-jms-qpid 程序服务

启动程序有两种方式，第 1 种是在开发工具（如 Eclipse）中调用 ProjectMain 类的 run 方法，第 2 种是在程序目录下直接运行命令 mvnw compile quarkus:dev。IDE 工具控制台调试界面的内容如图 5-18 所示。

```
2020-12-10 17:49:15,860 WARN  [io.qua.dep.QuarkusAugmentor] (main) Using Java versions older than 11 to build Quarkus appli
2020-12-10 17:49:17,303 WARN  [io.qua.res.com.dep.ResteasyCommonProcessor] (build-15) Quarkus detected the need of REST JSC
2020-12-10 17:49:20,824 INFO  [io.quarkus] (Quarkus Main Thread) Quarkus 1.7.1.Final on JVM started in 5.116s. Listening or
2020-12-10 17:49:20,824 INFO  [io.quarkus] (Quarkus Main Thread) Profile dev activated. Live Coding activated.
2020-12-10 17:49:20,825 INFO  [io.quarkus] (Quarkus Main Thread) Installed features: [artemis-jms, cdi, resteasy]
================ quarkus is running! ================
2020-12-10 17:49:20 JMSProducer通过队列ProjectInform发送数据: 项目进程数据: 50
2020-12-10 17:49:21 JMSConsumer通过队列ProjectInform收到数据: 项目进程数据: 50
2020-12-10 17:49:21,127 INFO  [com.iii.qua.sam.jms.art.ProjectResource] (pool-6-thread-1) 消费者成功获取数据，内容为：项目进程数据: 50
2020-12-10 17:49:26 JMSProducer通过队列ProjectInform发送数据: 项目进程数据: 57
2020-12-10 17:49:26 JMSConsumer通过队列ProjectInform收到数据: 项目进程数据: 57
2020-12-10 17:49:26,293 INFO  [com.iii.qua.sam.jms.art.ProjectResource] (pool-6-thread-1) 消费者成功获取数据，内容为：项目进程数据: 57
2020-12-10 17:49:31 JMSProducer通过队列ProjectInform发送数据: 项目进程数据: 14
2020-12-10 17:49:31 JMSConsumer通过队列ProjectInform收到数据: 项目进程数据: 14
2020-12-10 17:49:31,356 INFO  [com.iii.qua.sam.jms.art.ProjectResource] (pool-6-thread-1) 消费者成功获取数据，内容为：项目进程数据: 14
2020-12-10 17:49:36 JMSProducer通过队列ProjectInform发送数据: 项目进程数据: 16
2020-12-10 17:49:36 JMSConsumer通过队列ProjectInform收到数据: 项目进程数据: 16
2020-12-10 17:49:36,412 INFO  [com.iii.qua.sam.jms.art.ProjectResource] (pool-6-thread-1) 消费者成功获取数据，内容为：项目进程数据: 16
2020-12-10 17:49:41 JMSProducer通过队列ProjectInform发送数据: 项目进程数据: 42
2020-12-10 17:49:41 JMSConsumer通过队列ProjectInform收到数据: 项目进程数据: 42
2020-12-10 17:49:41,507 INFO  [com.iii.qua.sam.jms.art.ProjectResource] (pool-6-thread-1) 消费者成功获取数据，内容为：项目进程数据: 42
```

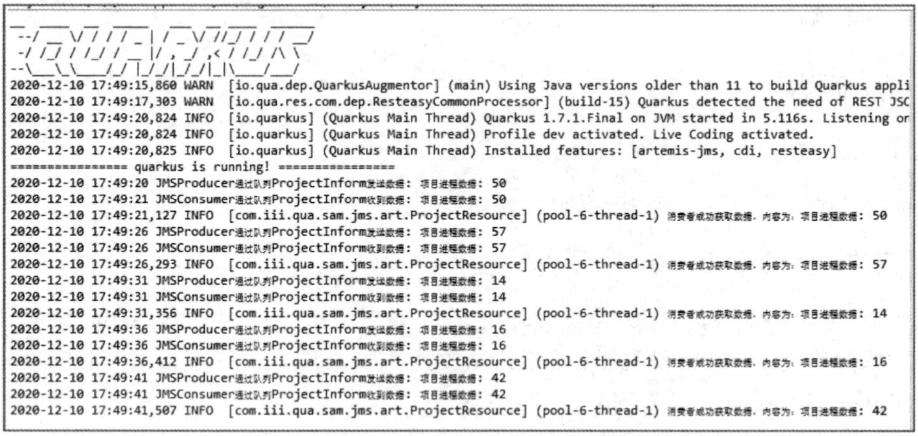

图 5-18 IDE 工具控制台调试界面的内容

3．通过 API 获取最新数据

在命令行窗口中键入如下命令：

```
curl http://localhost:8080/projects/latestdata
```

可以获得最新数据。

4．Apache Artemis 的总体监控界面

Apache Artemis 的总体监控界面内容如图 5-19 所示。

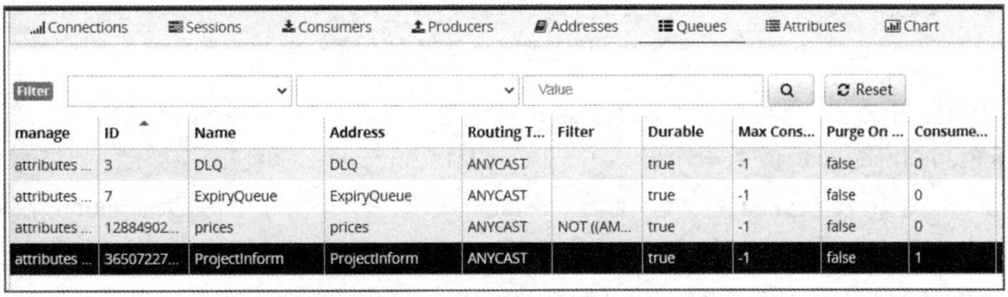
Connections
Sessions
Consumers
Producers
Addresses
Queues
Attributes
Chart
Filter
Value
Reset
manage
ID
Name
Address
Routing T...
Filter
Durable
Max Cons...
Purge On ...
Consume...
attributes ... 3 DLQ DLQ ANYCAST true -1 false 0
attributes ... 7 ExpiryQueue ExpiryQueue ANYCAST true -1 false 0
attributes ... 12884902... prices prices ANYCAST NOT ((AM... true -1 false 0
attributes ... 36507227... ProjectInform ProjectInform ANYCAST true -1 false 1

图 5-19　Apache Artemis 的总体监控界面内容

5.3　创建 JMS 应用实现主题模式

5.3.1　前期准备

本案例的后台消息平台采用 ActiveMQ Artemis 工具，该工具的安装和配置相关内容可以参考 5.2.1 节。

5.3.2　案例简介

本案例介绍基于 Quarkus 框架实现 JMS 的基本功能。该模块以成熟的 ActiveMQ Artemis 消息队列框架作为消息队列平台。通过阅读和理解在 ActiveMQ Artemis 上执行生成和消费消息等操作的案例代码，可以了解 Quarkus 框架的 JMS 和 ActiveMQ Artemis 的使用方法。

基础知识：JMS 规范主题模式及其概念。

JMS 规范主题模式（其运行图如图 5-20 所示）客户端包括发布者和订阅者。主题中的消息被所有订阅者消费。消费者不能消费订阅之前就发送到主题中的消息，每个消费者收到的都是全部的消息。

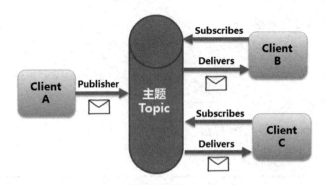

图 5-20　JMS 规范主题模式运行图

发送消息的过程大体可以分为以下几步：①创建连接工厂（ConnectionFactory）；②连接工厂（ConnectionFactory）获取一个 JMS 上下文（JMSContext）；③使用连接工厂创建一个连接（Connection）；④使用连接创建一个会话（Session）；⑤获取一个目的（Destination），此处为主题（Topic）；⑥使用会话（Session）和目的（Destination）创建消息生产者（MessageProducer）；⑦创建消息对象（Message）；⑧消息生产者（MessageProducer）发送消息；⑨会话（Session）确定消息发送完毕后提交。

接收消息的过程大体可以分为以下几步：①创建连接工厂（ConnectionFactory）；②连接工厂（ConnectionFactory）获取一个 JMS 上下文（JMSContext）；③使用连接工厂（ConnectionFactory）创建一个连接（Connection）；④使用连接（Connection）创建一个会话（Session）；⑤获取一个目的（Destination），此处为主题（Topic）；⑥使用会话（Session）和目的（Destination）创建消息消费者（MessageConsumer）；⑦消息消费者（MessageConsumer）接收消息对象（Message）。

5.3.3　编写程序代码

编写程序代码有 3 种方式。第 1 种方式是通过代码 UI 来实现的，在 Quarkus 官网的生成代码页面中按照指定步骤生成脚手架代码，然后下载文件，将项目引入 IDE 工具中，最后修改程序源码。

第 2 种方式是通过 mvn 来构建程序，通过下面的命令创建 Maven 项目来实现：

```
mvn io.quarkus:quarkus-maven-plugin:1.11.1.Final:create ^
    -DprojectGroupId=com.iiit.quarkus.sample
    -DprojectArtifactId=041-quarkus-sample-jms-artemis ^
    -DclassName=com.iiit.quarkus.sample.jms.artemis.ProjectResource
    -Dpath=/projects ^
    -Dextensions=resteasy-jsonb,quarkus-artemis-jms
```

第 3 种方式是直接从 GitHub 上获取代码，可以从 GitHub 上克隆预先准备好的示例代码：

git clone https://******.com/rengang66/iiit.quarkus.sample.git（见链接 1）

该程序位于"041-quarkus-sample-jms-artemis"目录中，是一个 Maven 工程项目程序。

在 IDE 工具中导入 Maven 工程项目程序，在 pom.xml 的<dependencies>下有如下内容：

```
<dependency>
    <groupId>io.quarkus</groupId>
    <artifactId>quarkus-artemis-jms</artifactId>
</dependency>
```

quarkus-artemis-jms 是 Quarkus 扩展了 Artemis 的 JMS 实现。

quarkus-sample-jms-artemis 程序的应用架构（如图 5-21 所示）表明，ProjectInformProducer 消息类遵循 JMS 规范，向 ActiveMQ Artemis 消息服务器的消息主题 Topic 发送消息，ProjectInformConsumer 消息类遵循 JMS 规范，从 ActiveMQ Artemis 消息服务器的消息主题 Topic 获取消息。外部访问 ProjectResource 资源接口并获取 ProjectInformConsumer 的消息。ProjectInformProducer 消息类和 ProjectInformConsumer 消息类依赖于 quarkus-artemis-jms 扩展。

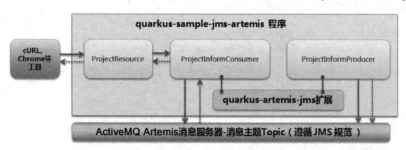

图 5-21　quarkus-sample-jms-artemis 程序应用架构图

quarkus-sample-jms-artemis 程序的配置文件和核心类如表 5-3 所示。

表 5-3　quarkus-sample-jms-artemis 程序的配置文件和核心类

名　　称	类　　型	简　　介
application.properties	配置文件	定义 Artemis 连接和管道、主题等信息
ProjectInformProducer	数据生成类	生成数据并将数据发送到 Artemis 的消息队列中，核心类
ProjectInformConsumer	数据消费类	消费 Artemis 消息队列中的数据，核心类
ProjectResource	资源类	获取消费数据并通过 REST 方式来提供，核心类

在该程序中，首先看看配置信息的 application.properties 文件：

```
quarkus.artemis.url=tcp://localhost:61616
quarkus.artemis.username=mq
```

```
quarkus.artemis.password=123456
```

在 application.properties 文件中，配置了与 Artemis 消息平台连接相关的参数。

（1）quarkus.artemis.url 表示连接的消息服务器的位置，采用的是 TCP 协议。

（2）quarkus.artemis.username、quarkus.artemis.password 分别表示登录消息服务器的用户名和密码。

下面讲解 quarkus-sample-jms-artemis 程序中的 ProjectInformProducer 类、ProjectInformConsumer 类和 ProjectResource 资源类的功能和作用。

1. ProjectInformProducer 类

用 IDE 工具打开 com.iiit.quarkus.sample.jms.artemis.ProjectInformProducer 类文件，其代码如下：

```java
@ApplicationScoped
public class ProjectInformProducer implements Runnable {
    private static final Logger LOGGER = Logger.getLogger(ProjectInformProducer.class);

    @Inject    ConnectionFactory connectionFactory;

    private final Random random = new Random();
    private final ScheduledExecutorService scheduler = Executors
            .newSingleThreadScheduledExecutor();

    void onStart(@Observes StartupEvent ev) {
        LOGGER.info("ScheduledExecutorService 启动");
        scheduler.scheduleWithFixedDelay(this, 0L, 5L, TimeUnit.SECONDS);
    }

    void onStop(@Observes ShutdownEvent ev) {
        LOGGER.info("ScheduledExecutorService 关闭");
        scheduler.shutdown();
    }

    @Override
    public void run()  {
        //LOGGER.info("给主题发送消息");
        try (JMSContext context = connectionFactory.createContext
(Session.AUTO_ACKNOWLEDGE)) {
            Connection connection=connectionFactory.createConnection();
            //通过连接工厂获取连接
```

```
            connection.start(); //启动连接
            //创建会话
            Session session=connection.createSession(Boolean.TRUE, Session.
AUTO_ACKNOWLEDGE);
            Topic topic = session.createTopic("ProjectInform");
            MessageProducer messageProducer= session.createProducer(topic);
            //创建消息生产者
            SimpleDateFormat formatter = new SimpleDateFormat("yyyy-MM-
dd HH:mm:ss");
            String dateString = formatter.format(new Date());
            String sendContent = "项目进程数据: " + Integer.toString
(random.nextInt(100));
            System.out.println(dateString +"JMSProducer 通过主题
ProjectInform 发布数据:" + sendContent);
            TextMessage message=session.createTextMessage(sendContent);
            messageProducer.send(message);
            session.commit();
        } catch( JMSException e){
            System.out.println("Exception thrown  :" + e);
        }
    }
}
```

程序说明：

① ProjectInformProducer 类是消息生产者的管理类。

② Quarkus 服务启动时，就调用了定时任务对象 ScheduledExecutorService 服务。该服务每隔 5 秒运行一次任务。

③ ProjectInformProducer 类的 run 方法是一个任务体，执行的任务是：首先创建一个消息主题 topic，然后创建一个消息生产者 producer，接着消息生产者 producer 向消息主题 topic 发送一个消息。

2．ProjectInformConsumer 类

用 IDE 工具打开 com.iiit.quarkus.sample.jms.artemis.ProjectInformConsumer 类文件，其代码如下：

```
@ApplicationScoped
public class ProjectInformConsumer implements Runnable {
    private static final Logger LOGGER = Logger.getLogger(ProjectResource.
class);
    public ProjectInformConsumer() {     }
```

```java
        @Inject    ConnectionFactory connectionFactory;

        @Inject
        Listener listener;

        private final ExecutorService scheduler = Executors.newSingleThreadExecutor();
        private volatile String consumeContent;

        public String getConsumeContent() {
            return consumeContent;
        }

        void onStart(@Observes StartupEvent ev) {
            scheduler.submit(this);
        }

        void onStop(@Observes ShutdownEvent ev) {
            scheduler.shutdown();
        }

        @Override
        public void run() {
            try (JMSContext context = connectionFactory.createContext(Session.AUTO_ACKNOWLEDGE)) {
                LOGGER.info("通过监听订阅消息");
                Connection connection= connectionFactory.createConnection();
                //启动连接
                connection.start();
                //创建会话
                Session session=connection.createSession(Boolean.FALSE, Session.AUTO_ACKNOWLEDGE);
                //创建连接的消息主题
                Topic topic = session.createTopic("ProjectInform");
                //创建消息消费者
                MessageConsumer messageConsumer=session.createConsumer(topic);
                //注册消息监听
                //messageConsumer.setMessageListener(listener);

                while (true) {
                    TextMessage message = (TextMessage) messageConsumer.receive();
                    if (message == null) {    return;    }
                    consumeContent = message.getText();
```

```
                    SimpleDateFormat formatter = new SimpleDateFormat("yyyy-
MM-dd HH:mm:ss");
                    String dateString = formatter.format(new Date());
                    System.out.println( dateString+ " JMSConsumer 通 过 主 题
ProjectInform 订阅数据: " + consumeContent );
                    LOGGER.info("消费者成功获取数据,内容为: "+consumeContent);
                }

            } catch (JMSException e) {
                throw new RuntimeException(e);
            }
        }
    }
}
```

程序说明:

① ProjectInformConsumer 类是 JMS 消息消费者的管理类。

② Quarkus 服务启动时,就调用了定时任务对象 ScheduledExecutorService 服务。该服务每隔 5 秒运行一次任务。

③ ProjectInformConsumer 类的 run 方法是一个任务体,执行的任务是:首先创建一个消息主题 topic,然后创建一个消息消费者 consumer,接着消息消费者 consumer 循环地从消息主题 topic 处接收消息。当没有收到消息时,退出循环;当收到消息时,在控制台上显示消息内容,然后又从消息主题 topic 处接收消息,直至消费完消息主题 topic 中的所有消息,最后退出循环。

quarkus-sample-jms-artemis 程序中的 ProjectResource 资源类的内容与 quarkus-sample-jms-qpid 程序的完全一致,都是基于 JMS 规范来编写的程序,故不再赘述。

该程序运行的通信图(如图 5-22 所示,遵循 UML 2.0 规范绘制)中消息的处理过程如下。

(1)启动应用程序,调用 ProjectInformGenerator 对象的实例化对象 ScheduledExecutor-Service 的 scheduleWithFixedDelay 方法,而该方法的内容是按照 5 秒一次的频率调用 ProjectInformGenerator 对象的 run 方法。ProjectInformGenerator 的 run 方法主要用于向消息服务器的 ProjectInform 主题发送项目消息。其发送消息的过程可参见图 5-20 的 JMS 规范主题模式运行图。

(2)启动应用程序,调用 ProjectInformConsumer 对象的实例化对象 ExecutorService 的 submit 方法,而该方法的内容是调用 ProjectInformConsumer 对象的 run 方法。ProjectInformConsumer 的 run 方法主要用于从消息服务器的 ProjectInform 主题订阅项目消息。其接收消息的过程可参见图 5-20 的 JMS 规范主题模式运行图。

（3）外部调用 ProjectResource 对象的 latestContent 方法，得到 ProjectInformConsumer 对象的最新项目消息。

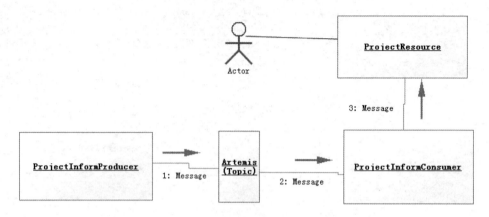

图 5-22　quarkus-sample-jms-artemis 程序运行的通信图

5.3.4　验证程序

通过下列几个步骤（如图 5-23 所示）来验证案例程序。

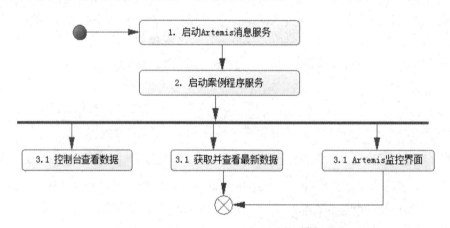

图 5-23　quarkus-sample-jms-artemis 程序验证流程图

下面对其中涉及的关键点进行说明。

1. 启动 Artemis 消息服务

安装好 Artemis，初始化数据文件，然后到数据目录下运行 artemis run 命令来启动 Artemis。

确认在 Artemis 的 artemis_home 代理实例下的 etc 目录的 broker.xml 文件中有如下配置：

```
<acceptor  name="artemis">tcp://0.0.0.0:61616?tcpSendBufferSize=1048576;
tcpReceiveBufferSize=1048576;amqpMinLargeMessageSize=102400;protocols=CORE,A
MQP,STOMP,HORNETQ,MQTT,OPENWIRE;useEpoll=true;amqpCredits=1000;amqpLowCredit
s=300;amqpDuplicateDetection=true</acceptor>
```

其中的主要内容是 TCP 协议中的监听端口是 61616。

2. 启动 quarkus-sample-jms-artemis 程序服务

启动程序有两种方式，第 1 种是在开发工具（如 Eclipse）中调用 ProjectMain 类的 run 命令，第 2 种是在程序目录下直接运行命令 mvnw compile quarkus:dev。IDE 工具控制台调试界面的内容如图 5-24 所示。

```
__  ____  __  _____   ___  __ ____  ______
 --/ __ \/ / / / _ | / _ \/ //_/ / / / __/
 -/ /_/ / /_/ / __ |/ , _/ ,< / /_/ /\ \
--\___\_\____/_/ |_/_/|_/_/|_|\____/___/
2020-12-10 17:49:15,860 WARN  [io.qua.dep.QuarkusAugmentor] (main) Using Java versions older than 11 to build Quarkus appli
2020-12-10 17:49:17,303 WARN  [io.qua.res.com.dep.ResteasyCommonProcessor] (build-15) Quarkus detected the need of REST JSC
2020-12-10 17:49:20,824 INFO  [io.quarkus] (Quarkus Main Thread) Quarkus 1.7.1.Final on JVM started in 5.116s. Listening or
2020-12-10 17:49:20,824 INFO  [io.quarkus] (Quarkus Main Thread) Profile dev activated. Live Coding activated.
2020-12-10 17:49:20,825 INFO  [io.quarkus] (Quarkus Main Thread) Installed features: [artemis-jms, cdi, resteasy]
================ quarkus is running! ================
2020-12-10 17:49:20 JMSProducer通过队列ProjectInform发送数据: 项目进程数据: 50
2020-12-10 17:49:21 JMSConsumer通过队列ProjectInform收到数据: 项目进程数据: 50
2020-12-10 17:49:21,127 INFO  [com.iii.qua.sam.jms.art.ProjectResource] (pool-6-thread-1) 消费者成功获取数据，内容为: 项目进程数据: 50
2020-12-10 17:49:26 JMSProducer通过队列ProjectInform发送数据: 项目进程数据: 57
2020-12-10 17:49:26 JMSConsumer通过队列ProjectInform收到数据: 项目进程数据: 57
2020-12-10 17:49:26,293 INFO  [com.iii.qua.sam.jms.art.ProjectResource] (pool-6-thread-1) 消费者成功获取数据，内容为: 项目进程数据: 57
2020-12-10 17:49:31 JMSProducer通过队列ProjectInform发送数据: 项目进程数据: 14
2020-12-10 17:49:31 JMSConsumer通过队列ProjectInform收到数据: 项目进程数据: 14
2020-12-10 17:49:31,356 INFO  [com.iii.qua.sam.jms.art.ProjectResource] (pool-6-thread-1) 消费者成功获取数据，内容为: 项目进程数据: 14
2020-12-10 17:49:36 JMSProducer通过队列ProjectInform发送数据: 项目进程数据: 16
2020-12-10 17:49:36 JMSConsumer通过队列ProjectInform收到数据: 项目进程数据: 16
2020-12-10 17:49:36,412 INFO  [com.iii.qua.sam.jms.art.ProjectResource] (pool-6-thread-1) 消费者成功获取数据，内容为: 项目进程数据: 16
2020-12-10 17:49:41 JMSProducer通过队列ProjectInform发送数据: 项目进程数据: 42
2020-12-10 17:49:41 JMSConsumer通过队列ProjectInform收到数据: 项目进程数据: 42
2020-12-10 17:49:41,507 INFO  [com.iii.qua.sam.jms.art.ProjectResource] (pool-6-thread-1) 消费者成功获取数据，内容为: 项目进程数据: 42
```

图 5-24　IDE 工具控制台调试界面的内容

也可以在 Apache Artemis 的总体监控界面下观察数据变化。

quarkus-sample-jms-artemis 程序的验证过程与 quarkus-sample-jms-qpid 程序的完全一致，就不再赘述了。

5.4　创建 MQTT 应用

5.4.1　前期准备

首先需要一个 MQTT 服务器。我们选择的 MQTT 服务器是 Eclipse Mosquitto。Eclipse Mosquitto 是一个开源（EPL/EDL 许可）的消息代理，实现了 MQTT 协议 5.0、3.1.1 和 3.1 版

本,其也是一个适用于从低功耗单板计算机到全套服务器等所有设备的轻量级消息代理框架。

下面简单说明 Eclipse Mosquitto 的安装步骤。

第 1 步:获取 Eclipse Mosquitto 工具安装文件。安装文件可从工具软件的官网获取。

第 2 步:安装 Eclipse Mosquitto 工具。Windows 系统下的安装过程非常简单,直接运行安装文件即可成功安装,并且 Mosquitto 会成为 Windows 的系统服务。

5.4.2 案例简介

本案例介绍基于 Quarkus 框架实现 MQTT 协议的基本功能。该模块以开源的轻量级 Eclipse Mosquitto 消息代理框架作为 MQTT 服务器。通过阅读和分析在 Eclipse Mosquitto 上基于 MQTT 协议实现生成、发布、广播和消费消息等操作的案例代码,可以理解和掌握 Quarkus 框架的 MQTT 协议和 Eclipse Mosquitto 的使用方法。同时,本案例也演示了如何使用 MicroProfile 响应式消息传递实现 MQTT 之间的交互。

基础知识:MQTT 协议及其概念。

MQTT(Message Queuing Telemetry Transport,消息队列遥测传输协议),是一种基于发布/订阅(Publish/Subscribe)模式的轻量级通信协议,该协议构建于 TCP/IP 协议上,由 IBM 于 1999 年发布。MQTT 协议的特点是轻量、简单、开放和易于实现。MQTT 最大的优点在于,可以以极少的代码和有限的带宽为连接远程设备提供实时、可靠的消息服务。作为一种低开销、低带宽占用的即时通信协议,MQTT 协议在物联网(IoT)、M2M 通信、小型设备、移动应用等方面有较广泛的应用。

实现 MQTT 协议需要客户端和服务端完成通信,在通信过程中,MQTT 协议中有 3 种身份:发布者(Publish)、代理(Broker)(服务器)、订阅者(Subscribe)。其中,消息的发布者和订阅者都是客户端,消息代理是服务器,发布者可以同时是订阅者,MQTT 协议的架构图如图 5-25 所示。

MQTT 协议传输的消息分为主题(Topic)和负载(Payload)两部分:①可以理解 Topic 为消息的类型,订阅者订阅(Subscribe)后就会收到该主题的消息内容(Payload);②Payload,就是消息内容,即订阅者具体要使用的内容。MQTT 协议会构建底层网络传输:它将建立客户端到服务端之间的连接,提供两者之间的一个有序的、无损的、基于字节流的双向传输。当通过 MQTT 网络发送应用数据时,MQTT 会把与之相关的服务质量(QoS)与主题(Topic)相关联。

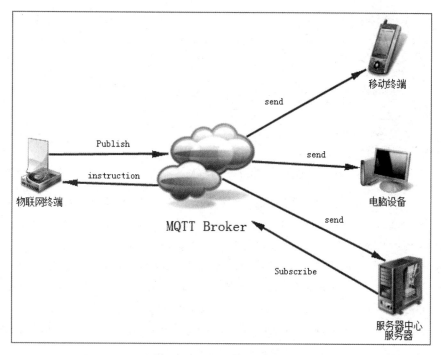

图 5-25 MQTT 协议的架构图

5.4.3 编写程序代码

编写程序代码有 3 种方式。第 1 种方式是通过代码 UI 来实现的,在 Quarkus 官网的生成代码页面中按照指定步骤生成脚手架代码,然后下载文件,将项目引入 IDE 工具中,最后修改程序源码。

第 2 种方式是通过 mvn 来构建程序,通过下面的命令创建 Maven 项目来实现:

```
mvn io.quarkus:quarkus-maven-plugin:1.11.1.Final:create ^
    -DprojectGroupId=com.iiit.quarkus.sample
    -DprojectArtifactId=045-quarkus-sample-mqtt ^
    -DclassName=com.iiit.quarkus.sample.mqtt.mosquitto.ProjectResource
    -Dpath=/projects ^
    -Dextensions=resteasy-jsonb,quarkus-smallrye-reactive-messaging-mqtt
```

第 3 种方式是直接从 GitHub 上获取代码,可以从 GitHub 上克隆预先准备好的示例代码:

```
git clone https://******.com/rengang66/iiit.quarkus.sample.git(见链接 1)
```

该程序位于 "045-quarkus-sample-mqtt" 目录中,是一个 Maven 工程项目程序。

在 IDE 工具中导入 Maven 工程项目程序,在 pom.xml 的<dependencies>下有如下内容:

```
<dependency>
    <groupId>io.quarkus</groupId>
    <artifactId>quarkus-resteasy</artifactId>
</dependency>

<dependency>
    <groupId>io.quarkus</groupId>
    <artifactId>quarkus-smallrye-reactive-messaging-mqtt</artifactId>
</dependency>
```

quarkus-smallrye-reactive-messaging-mqtt 是 Quarkus 扩展了 SmallRye 的 MQTT 实现。

quarkus-sample-mqtt 程序的应用架构（如图 5-26 所示）表明，ProjectDataGenerator 类遵循 MicroProfile Reactive Messaging 规范，通过管道向 Eclipse Mosquitto 消息服务器的主题发送消息流，ProjectDataConverter 消息类遵循 MicroProfile Reactive Messaging 规范，从 Eclipse Mosquitto 消息服务器获取消息主题的消息流，然后 ProjectDataConverter 又通过管道向 Eclipse Mosquitto 消息服务器的主题广播消息流。外部访问 ProjectResource 资源接口，ProjectResource 遵循 MicroProfile Reactive Messaging 规范，从 Eclipse Mosquitto 消息服务器获取广播的消息流。ProjectResource、ProjectDataConverter 和 ProjectDataGenerator 都依赖于基于 MicroProfile Reactive Messaging 规范实现的 SmallRye Reactive Messaging 框架。

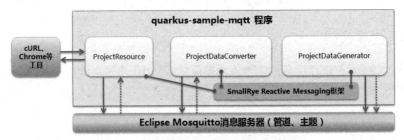

图 5-26　quarkus-sample-mqtt 程序应用架构图

quarkus-sample-mqtt 程序的配置文件和核心类如表 5-4 所示。

表 5-4　quarkus-sample-mqtt 程序的配置文件和核心类

名称	类型	简介
application.properties	配置文件	定义消息平台连接和管道、主题等信息
ProjectInformGenerator	数据生成类	生成数据并将数据发送到消息平台的管道中，核心类
ProjectInformConverter	数据转换类	消费消息平台管道中的数据并广播，核心类
ProjectResource	资源类	消费消息平台管道中的数据并通过 REST 方式来提供，核心类

在该程序中，首先看看配置信息的 application.properties 文件：

第 5 章 整合消息流和消息中间件

```
# Configure the MQTT sink (we write to it)
mp.messaging.outgoing.generated-data.type=smallrye-mqtt
mp.messaging.outgoing.generated-data.topic=project-data
mp.messaging.outgoing.generated-data.host=localhost
mp.messaging.outgoing.generated-data.port=1883
mp.messaging.outgoing.generated-data.auto-generated-client-id=true

# Configure the MQTT source (we read from it)
mp.messaging.incoming.receive-data.type=smallrye-mqtt
mp.messaging.incoming.receive-data.topic=project-data
mp.messaging.incoming.receive-data.host=localhost
mp.messaging.incoming.receive-data.port=1883
mp.messaging.incoming.receive-data.auto-generated-client-id=true
```

在 application.properties 文件中，配置了与数据库连接相关的参数。

（1）mp.messaging.outgoing.generated-data.type 表示输出管道 generated-data 的类型。

（2）mp.messaging.outgoing.generated-data.topic 表示输出管道 generated-data 的主题。

（3）mp.messaging.outgoing.generated-data.host 表示输出管道 generated-data 的地址。

（4）mp.messaging.outgoing.generated-data.por 表示输出管道 generated-data 的端口。这是 Eclipse Mosquitto 消息服务器的 MQTT 端口。

（5）mp.messaging.incoming.receive-data.type 表示输入管道 receive-data 的类型。

（6）mp.messaging.incoming.receive-data.topic 表示输入管道 receive-data 的主题。

（7）mp.messaging.incoming.receive-data.host 表示输入管道 receive-data 的地址。

（8）mp.messaging.incoming.receive-data.port 表示输入管道 receive-data 的端口。这也是 Eclipse Mosquitto 消息服务器的 MQTT 端口。

关于这部分内容，在讲解响应式系统和 Kafka 时会有详细介绍。

下面讲解 quarkus-sample-mqtt 程序中的 ProjectDataGenerator 类、ProjectDataConverter 类和 ProjectResource 资源类的功能和作用。

1．ProjectDataGenerator 类

用 IDE 工具打开 com.iiit.quarkus.sample.mqtt.mosquitto.ProjectDataGenerator 类文件，其代码如下：

```
@ApplicationScoped
public class ProjectDataGenerator{
    private Random random = new Random();
```

```
//每 5 秒生成一条数据
@Outgoing("generated-data")
public Flowable<String> generate() {
    return Flowable.interval(5, TimeUnit.SECONDS)
        .map(tick -> {
            int data = random.nextInt(100);
            String projectData = "项目实时数据: " + Integer.toString(data);
            System.out.println("发送项目数据 : " + projectData);
            Date currentTime = new Date();
            SimpleDateFormat formatter = new SimpleDateFormat("yyyy-MM-dd HH:mm:ss");
            String dateString = formatter.format(currentTime);
            return dateString + "-" + projectData;
        });
}
```

程序说明:

① 输出管道 generated-data 按照数据流模式生产数据。

② 按照数据流模式，每隔 5 秒发送一次数据。

2. ProjectDataConverter 类

用 IDE 工具打开 com.iiit.quarkus.sample.mqtt.mosquitto.ProjectDataConverter 类文件，其代码如下：

```
@ApplicationScoped
public class ProjectDataConverter {
    private static final Logger LOGGER = Logger.getLogger(ProjectResource.class);

    public ProjectDataConverter() {}

    //接收一条数据并广播出去
    @Incoming("receive-data")
    @Outgoing("data-stream")
    @Broadcast
    @Acknowledgment(Acknowledgment.Strategy.PRE_PROCESSING)
    public String process(byte[] rawData) {
        String data = new String(rawData);
        System.out.println("接收到的数据: " + data);
        return data;
```

```
    }
}
```

程序说明：

① 获取输入管道 receive-data 的数据。由于输入管道 receive-data 和输出管道 generated-data 有相同的主题，故输出管道 generated-data 的数据会被输入管道 receive-data 所接收。

② 输出管道 data-stream 按照数据流模式生产数据，数据以广播方式发送。

3．ProjectResource 资源类

用 IDE 工具打开 com.iiit.quarkus.sample.mqtt.mosquitto.ProjectResource 类文件，其代码如下：

```
@Path("/projects")
@ApplicationScoped
@Produces(MediaType.APPLICATION_JSON)
@Consumes(MediaType.APPLICATION_JSON)
public class ProjectResource {

    private static final Logger LOGGER = Logger.getLogger (ProjectResource.class);

    @Inject
    @Channel("data-stream")
    Publisher<String> projectDatas;

    public ProjectResource() {}

    //按照流模式接收数据
    @GET
    @Path("/mosquitto")
    @Produces(MediaType.SERVER_SENT_EVENTS)
    public Publisher<String> stream() {
        return projectDatas;
    }
}
```

程序说明：

① ProjectResource 类的主要方法是 REST 的基本操作方法，按照流模式获取消息的内容。

② 注入了 Publisher<String>发布者，从管道 data-stream 获取广播的订阅信息。

用通信图（采用 UML 2.0 规范绘制）来表述程序的业务场景，如图 5-27 所示。

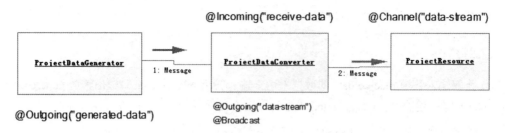

图 5-27 quarkus-sample-mqtt 程序通信图

下面对其中涉及的关键点进行说明。

（1）启动应用程序，会调用 ProjectDataGenerator 对象的 generate 方法，该方法按照 1 秒一次的频率向输出管道 receive-data 的 generated-data 主题发送消息。

（2）ProjectInformConverter 对象通过输入管道 receive-data，获取 generated-data 主题的消息，然后通过输出管道 data-stream 广播出去。

（3）ProjectResource 对象通过管道 data-stream 获取消息。

5.4.4 验证程序

通过下列几个步骤（如图 5-28 所示）来验证案例程序。

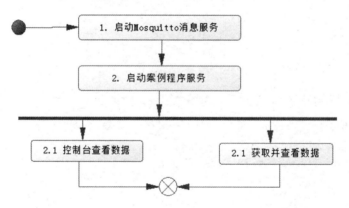

图 5-28 quarkus-sample-mqtt 程序验证流程图

下面对其中涉及的关键点进行说明。

1. 启动 Mosquitto 消息服务

安装好 Eclipse Mosquitto，在 Windows 系统服务上启动 Mosquitto 消息服务，如图 5-29 所示。

Microsoft Software Shadow Co...	管理卷影复制服务制作的基于软件的卷影副本。如果该服务...		手动
Mosquitto Broker	Eclipse Mosquitto MQTT v5/v3.1.1 broker	已启动	手动
Multimedia Class Scheduler	基于系统范围内的任务优先级启用工作的相对优先级。这主...	已启动	自动

图 5-29 启动 Mosquitto 消息服务

Mosquitto 消息服务配置在 Mosquitto 程序目录的 mosquitto.conf 文件中，其默认监听端口是 1883。

2．启动 quarkus-sample-mqtt 程序服务

启动程序有两种方式，第 1 种是在开发工具（如 Eclipse）中调用 ProjectMain 类的 run 方法，第 2 种是在程序目录下直接运行命令 mvnw compile quarkus:dev。

3．查阅数据接收情况

直接执行命令 curl http://localhost:8080/projects/mosquitto，执行命令后的界面如图 5-30 所示。

图 5-30 执行命令后的界面

也可以在浏览器中输入地址 http://localhost:8080/projects/mosquitto 来查看数据接收情况。

5.5 本章小结

本章主要介绍了 Quarkus 在消息流和消息中间件上的应用，从如下 4 个部分来进行讲解。

第一，介绍了在 Quarkus 框架上如何开发 Apache Kafka 消息流的应用，包含案例的源码、讲解和验证。

第二，介绍了在 Quarkus 框架上如何开发遵循 JMS 规范队列模式的应用，包含案例的源码、讲解和验证。

第三，介绍了在 Quarkus 框架上如何开发遵循 JMS 规范主题模式的应用，包含案例的源码、讲解和验证。

第四，介绍了在 Quarkus 框架上如何开发遵循 MQTT 协议的应用，包含案例的源码、讲解和验证。

第 6 章
构建安全的 Quarkus 微服务

6.1 微服务 Security 概述

在微服务架构中,一个应用会被拆分成若干个微应用。每个微服务实现原来单体应用中一个模块的业务功能,这样对每个微服务的访问请求都需要进行服务授权。微服务授权包含认证(Authentication)和授权(Authorization)两部分。认证解决的是调用方身份识别的问题,授权解决的是是否允许调用的问题。

David Borsos 在伦敦的微服务大会上做了相关安全内容的演讲,并评估了 4 种面向微服务系统的身份验证方案,分别是单点登录(SSO)方案、分布式 Session 方案、客户端令牌方案和客户端令牌与 API 网关相结合的方案。

1. 单点登录(SSO)方案

单点登录(Single Sign On)方案,简称为 SSO 方案。在多个应用系统中,用户只需要登录一次就可以访问所有相互信任的应用系统。该方案的优点是只用登录一次,用户登录状态是不透明的,可防止攻击者从状态推断出任何有用的信息;缺点是在多个微服务应用中会产生大量非常琐碎的网络流量和重复工作。

2. 分布式 Session 方案

分布式 Session 方案是指在分布式架构下,用户登录认证成功后,将关于用户认证的信息存储在共享存储中,并且通常将用户会话作为键来实现简单的分布式哈希映射。当用户访问微服务时,可以从共享存储中获取用户数据。该方案的优点是用户登录状态不透明且高可用、高可扩展;缺点是共享存储需要保护机制,增加了方案的复杂度。

3．客户端令牌方案

客户端令牌（Token）方案，即在客户端生成令牌，由身份验证服务进行签名，并且必须包含足够的信息，以便可以在所有微服务中建立用户身份。令牌会附加到每个请求上，为微服务提供用户身份验证。这种解决方案的安全性相对较好。该方案的优点是：①服务端无状态：令牌机制使得在服务端不需要存储 session 信息，因为令牌包含了所有用户的相关信息；②性能较好，因为在验证令牌时不用再去访问数据库或者远程服务来进行权限校验，这样自然可以提升性能；③支持移动设备；④支持跨程序调用，Cookie 是不允许垮域访问的，而令牌则不存在这个问题。但该方案中的身份验证注销是一个大问题，缓解这一问题的方法是使用短期令牌和频繁检查认证服务等。

4．客户端令牌与 API 网关结合的方案

客户端令牌与 API 网关结合的方案要求外部的所有请求都通过 API 网关，从而有效地隐藏内部微服务。在请求时，API 网关将原始用户令牌转换为内部会话 ID 令牌。这种方案虽然库支持程度比较好，但实现起来比较复杂。

6.2 Quarkus Security 架构

Quarkus Security 为开发者提供了多套体系结构、多种身份验证和授权机制及其他工具，以便 Quarkus 构建的应用获得良好的质量安全性。

6.2.1 Quarkus Security 架构概述

HttpAuthenticationMechanism 是 Quarkus HTTP 安全体系的主要入口。

Quarkus Security Manager 使用 HttpAuthenticationMechanism 从 HTTP 请求中提取身份验证凭据，并委托给 IdentityProvider 以完成这些凭据到 SecurityIdentity 的转换。例如，凭证可能随 HTTP 授权标头、客户端 HTTPS 证书或 Cookie 一起提供。

IdentityProvider 验证身份验证凭据，并将其映射到 SecurityIdentity，后者包含用户名、角色、原始身份验证凭据和其他属性。对于每个经过身份验证的资源，可以注入一个 SecurityIdentity 实例，以获取经过身份验证的身份信息。在其他一些上下文中，如果有相同的信息就同时处理。例如用于 JAX-RS 的 SecurityContext 或用于 JWT 的 JsonWebToken。IdentityProvider 将 HttpAuthenticationMechanism 提供的身份验证凭据转换为 SecurityIdentity。

Quarkus 框架外部有一些安全性扩展，如 OIDC、OAuth 2.0、SmallRye JWT、LDAP 等，由具有特定支持身份验证流的内联 IdentityProvider 实现。例如，Quarkus OIDC 使用自己的

IdentityProvider 将令牌转换为 SecurityIdentity。

如果使用基础和基于表单 HTTP 的身份验证机制，则必须添加一个 IdentityProvider，IdentityProvider 可以将用户名和密码转换为 SecurityIdentity。

6.2.2　Quarkus Security 支持的身份认证

Basic and Form HTTP-based Authentication 是 Quarkus 支持身份验证机制的核心，是基础和基于表单 HTTP 的身份验证机制。其 HTTP 基本认证过程如下：①客户端发送 HTTP 请求给服务端；②因为请求中没有包含 Authorization Header，所以服务端会返回一个 401 Unauthozied 给客户端，并且在 Response 的 Header "WWW-Authenticate"中添加信息；③客户端用 BASE64 加密用户名和密码后，将其放在 Authorization Header 中发送给服务器，认证成功；④服务端将 Authorization Header 中的用户名和密码取出并进行验证，如果验证通过，将根据请求发送资源给客户端。

Quarkus 提供相互 TLS 身份验证，可以根据用户的 X.509 证书对其进行身份验证。

quarkus-oidc-extension 提供了一个响应式、可互操作、支持多租户的 OpenID 连接适配器，支持 Bearer 令牌机制和授权代码流身份验证机制。Bearer 令牌机制从 HTTP 授权头中提取令牌。授权代码流机制使用 OpenID Connect 授权代码流。它将用户重定向到 IDP 并进行身份验证，在用户被重定向回 Quarkus 后，完成身份验证过程，方法是：将提供的代码授权转换为 ID、访问和刷新令牌。ID 和 Access JWT 令牌通过可刷新 JWK 密钥集进行验证，但 JWT 和不透明（二进制）令牌都可以远程自省。quarkus-oidc Bearer 和授权代码流验证机制都使用 SmallRye JWT 将 JWT 令牌表示为 MicroProfile JWT 的 org.eclipse.microprofile.jwt.JsonWebToken。

quarkus-smallrye-jwt 提供了 MicroProfile JWT 1.1.1 实现和更多选项，以验证签名和加密的 JWT 令牌，并将其表示为 org.eclipse.microprofile.jwt.JsonWebToken。quarkus-smallrye-jwt 提供了 quarkus-oidc Bearer 令牌身份验证机制的替代方案。它目前只能使用 PEM 密钥或可刷新 JWK 密钥集验证 JWT 令牌。此外，quarkus-smallrye-jwt 还提供了 JWT 生成 API 方法，用于轻松地创建签名、内部签名和/或加密的 JWT 令牌。

quarkus-elytron-security-oauth2 提供了 quarkus-oidc Bearer 令牌身份验证机制的替代方案。它基于 Elytron，主要用于远程反思不透明令牌。

Quarkus 支持 LDAP 身份验证机制。

6.2.3 API 令牌方案概述

对于微服务安全认证授权机制这个领域，业界目前虽然有 OAuth 和 OpenID Connect 等标准协议，但是具体做法都不太一样。

微服务安全认证授权解决方案的实现说明：①采用单点登录模式；②在微服务架构中，以 API 网关作为对外提供服务的入口，因此在 API 网关处提供统一的用户认证，统一实现安全治理；③授权服务器支持 OAuth 2.0 和 OpenID Connect 标准协议；④令牌用于表明用户身份，因此需要对其内容进行加密，避免被请求方或者第三者篡改，采用 JWT（JSON Web Token）的加密方式。

带有 JWT 的 API 令牌认证方案架构图如图 6-1 所示。

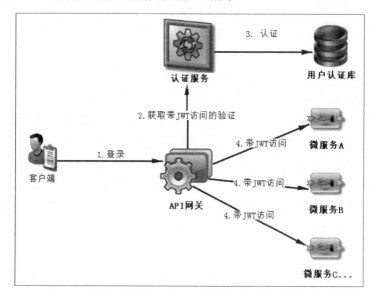

图 6-1　带有 JWT 的 API 令牌认证方案架构图

微服务安全认证授权架构解决方案的核心要点有：①使用支持 OAuth 2.0 和 OpenID Connect 标准协议的授权服务器；②使用 API 网关作为单一访问入口；③客户在访问微服务之前，先通过授权服务器登录获取 Access Token，然后将 Access Token 和请求一起发送到网关；④网关获取 Access Token，通过授权服务器校验令牌，同时对令牌进行转换，获取 JWT 令牌；⑤API 网关将 JWT 令牌和请求一起转发给后台微服务；⑥在 JWT 中可以存储用户会话信息，该信息可以被传递给后台的微服务，也可以在微服务之间传递，用于认证、授权等用途；⑦每个微服务都包含 JWT 客户端，能够解密 JWT 并获取其中的用户会话信息。

在整个方案中，Access Token 是一种引用令牌（Reference Token），不包含用户信息，可以直接暴露在公网上；JWT 令牌是一种值令牌（Value Token），可以包含用户信息，但不能暴露在公网上。

微服务安全认证授权过程主要采用令牌方式。采用令牌方式进行用户认证的基本流程如图 6-2 所示。其流程图说明如下：①用户输入用户名、密码等验证信息，向认证服务器发起登录请求；②认证服务端验证用户登录信息，生成 JWT 令牌；③认证服务端将令牌返回给客户端，客户端将其保存在本地（一般以 Cookie 的方式保存）；④客户端向认证服务端发送访问请求，请求中携带之前颁发的令牌；⑤认证服务端验证令牌，确认用户的身份和对资源的访问权限，并进行相应的处理，如拒绝或者允许访问等；⑥最后认证服务端把业务响应返回给客户端。

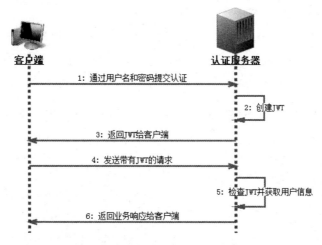

图 6-2　采用令牌方式进行用户认证的基本流程图

6.3　基于文件存储用户信息的安全认证

Quarkus 支持用于开发和测试目的基于属性文件的身份验证。不建议在生产中使用这种验证方式，因为目前只使用纯文本和 MD5 哈希密码，并且属性文件通常在生产中被限制使用。

6.3.1　案例简介

本案例介绍 Quarkus 框架基于文件存储安全信息和 HTTP Basic Authentication 等实现的安全功能。通过阅读和分析 Quarkus 应用如何使用文件来存储用户身份等案例代码，可以理解和掌握 Quarkus 框架基于文件存储用户身份和 HTTP Basic Authentication 的使用方法。

6.3.2 编写程序代码

编写程序代码有 3 种方式。第 1 种方式是通过代码 UI 来实现的，在 Quarkus 官网的生成代码页面中按照指定步骤生成脚手架代码，然后下载文件，将项目引入 IDE 工具中，最后修改程序源码。

第 2 种方式是通过 mvn 来构建程序，通过下面的命令创建 Maven 项目来实现：

```
mvn io.quarkus:quarkus-maven-plugin:1.11.1.Final:create ^
    -DprojectGroupId=com.iiit.quarkus.sample
    -DprojectArtifactId=050-quarkus-sample-security-file ^
    -DclassName=com.iiit.quarkus.sample.jdbc.security.PublicResource
    -Dpath=/projects ^
    -Dextensions=resteasy-jsonb,quarkus-elytron-security-properties-file
```

第 3 种方式是直接从 GitHub 上获取代码，可以从 GitHub 上克隆预先准备好的示例代码：

```
git clone https://******.com/rengang66/iiit.quarkus.sample.git（见链接 1）
```

该程序位于 "050-quarkus-sample-security-file" 目录中，是一个 Maven 工程项目程序。

在 IDE 工具中导入 Maven 工程项目程序，在 pom.xml 的 <dependencies> 下有如下内容：

```xml
<dependency>
    <groupId>io.quarkus</groupId>
    <artifactId>quarkus-elytron-security-properties-file</artifactId>
</dependency>
```

其中的 quarkus-elytron-security-properties-file 是 Quarkus 扩展了 Security 的 file 实现。

quarkus-sample-security-file 程序的应用架构（如图 6-3 所示）表明，外部访问 ProjectResource 资源接口，ProjectResource 负责外部的访问安全认证，其安全认证信息存储在 File 文件中，ProjectResource 依赖于 elytron-security-properties 扩展。

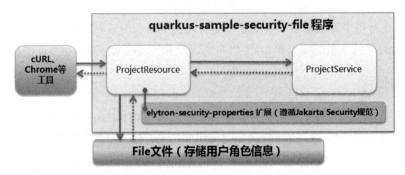

图 6-3 quarkus-sample-security-file 程序应用架构图

第 6 章 构建安全的 Quarkus 微服务

quarkus-sample-security-file 程序的配置文件和核心类如表 6-1 所示。

表 6-1 quarkus-sample-security-file 程序的配置文件和核心类

名 称	类 型	简 介
application.properties	配置文件	定义了一些安全配置信息
roles.properties	配置文件	定义了安全角色的内容
users.properties	配置文件	定义了安全用户的内容
ProjectResource	资源类	提供 REST 外部 API 的安全认证接口,核心类
ProjectService	服务类	主要提供数据服务,无特殊处理,在本节中将不做介绍
Project	实体类	POJO 对象,无特殊处理,在本节中将不做介绍

在该程序中,首先看看配置信息的 application.properties 文件:

```
quarkus.http.auth.basic=true
quarkus.security.users.file.enabled=true
quarkus.security.users.file.plain-text=true
quarkus.security.users.file.users=users.properties
quarkus.security.users.file.roles=roles.properties
```

在 application.properties 文件中,定义了与安全相关的配置参数。

(1) quarkus.http.auth.basic=true 表示启用 HTTP 的认证功能。

(2) quarkus.security.users.file.enabled=true 表示采用文件方式存储用户和角色信息。

(3) quarkus.security.users.file.plain-text=true 表示采用文件方式存储信息的格式为文本。

(4) quarkus.security.users.file.users 表示存储用户的文件名称。

(5) quarkus.security.users.file.roles 表示存储角色的文件名称。

配置信息的 roles.properties 文件:

```
admin=admin
reng=user
```

在 roles.properties 文件中,配置了角色和用户及其对象关系的参数。建立了用户和角色的对应关系,admin 用户归属为 admin 角色,reng 用户归属为 user 角色。

配置信息的 users.properties 文件:

```
admin=1234
reng=1234
```

在 users.properties 文件中,配置了用户及其密码的参数。定义了两个用户,分别是 admin 和 reng,等号后面分别是用户的登录密码。

下面讲解 quarkus-sample-security-file 程序中的 ProjectResource 资源类的功能和作用。

用 IDE 工具打开 com.iiit.quarkus.sample.security.file.ProjectResource 类文件，其代码如下：

```java
@Path("/projects")
@ApplicationScoped
@Produces(MediaType.APPLICATION_JSON)
@Consumes(MediaType.APPLICATION_JSON)
public class ProjectResource {
    private static final Logger LOGGER = Logger.getLogger(ProjectResource.class.getName());

    @Inject    ProjectService service;

    public ProjectResource() {}

    @GET
    @Path("/api/public")
    @PermitAll
    public List<Project> publicResource() {
        LOGGER.info("public");
        return service.getAllProject();
    }

    @GET
    @Path("/api/admin")
    @RolesAllowed("admin")
    public String adminResource() {
        LOGGER.info("admin");
        return service.getProjectInform();
    }

    @GET
    @Path("/api/users/user")
    @RolesAllowed("user")
    public String userResource(@Context SecurityContext securityContext) {
        LOGGER.info(securityContext.getUserPrincipal().getName());
        return service.getProjectInform();
    }
}
```

程序说明：

① ProjectResource 类的作用与外部进行交互，主要方法是 REST 的 GET 方法。

② ProjectResource 类对外提供的 REST 接口是有安全认证要求的，只有达到安全级别，才能获取对应的数据。

③ ProjectResource 类的 publicResource 方法，无安全认证要求，故所有角色都能获取数据。

④ ProjectResource 类的 adminResource 方法，只有 admin 角色才能访问，归属 admin 角色的访问用户才能获取数据。

⑤ ProjectResource 类的 userResource 方法，只有 user 角色才能访问，归属 user 角色的访问用户或者拥有 user 角色权限的角色才能获取数据。

该程序动态运行的序列图（如图 6-4 所示，遵循 UML 2.0 规范绘制）描述了外部调用者 Actor、ProjectResource 和 ProjectService 等对象之间的时间顺序交互关系。

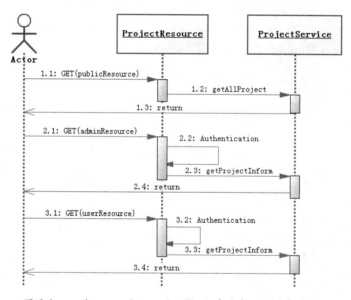

图 6-4 quarkus-sample-security-file 程序动态运行的序列图

该序列图中总共有 3 个序列，分别介绍如下。

序列 1 活动：①外部调用 ProjectResource 资源对象的 GET(publicResource)方法；②GET(publicResource)方法调用 ProjectService 服务类的 getAllProject 方法；③返回到 Project 列表中。

序列 2 活动：①外部传入参数用户名和密码并调用 ProjectResource 资源对象的 GET(adminResource)方法；②ProjectResource 资源对象对用户名和密码进行认证；③认证成功后，ProjectResource 资源对象的 GET(adminResource)方法调用 ProjectService 服务对象的 getProjectInform 方法；④返回 Project 列表中的 Project 数据。

序列 3 活动：①外部传入参数用户名和密码并调用 ProjectResource 资源对象的 GET(userResource)方法；②ProjectResource 资源对象对用户名和密码进行认证；③认证成功后，ProjectResource 资源对象的 GET(userResource)方法调用 ProjectService 服务对象的 getProjectInform 方法；④返回 Project 列表中的 Project 数据。

6.3.3 验证程序

通过下列几个步骤（如图 6-5 所示）来验证案例程序。

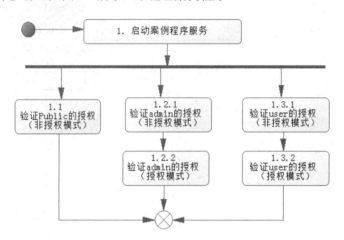

图 6-5　quarkus-sample-security-file 程序验证流程图

下面对其中涉及的关键点进行说明。

1. 启动 quarkus-sample-security-file 程序服务

启动程序有两种方式，第 1 种是在开发工具（如 Eclipse）中调用 ProjectMain 类的 run 方法，第 2 种是在程序目录下直接运行命令 mvnw compile quarkus:dev。

2. 通过 API 验证 Public 的授权情况

在命令行窗口中键入如下命令：

```
curl -i -X GET http://localhost:8080/api/public
```

其结果显示为授权通过。

3. 通过 API 验证 admin 的非授权情况

在命令行窗口中键入如下命令：

```
curl -i -X GET http://localhost:8080/api/admin
```

其结果显示为授权不通过。

4. 通过 API 验证 admin 的授权情况

在命令行窗口中键入如下命令：

```
curl -i -X GET -u admin:1234 http://localhost:8080/api/admin
```

其结果显示为授权通过，如图 6-6 所示。

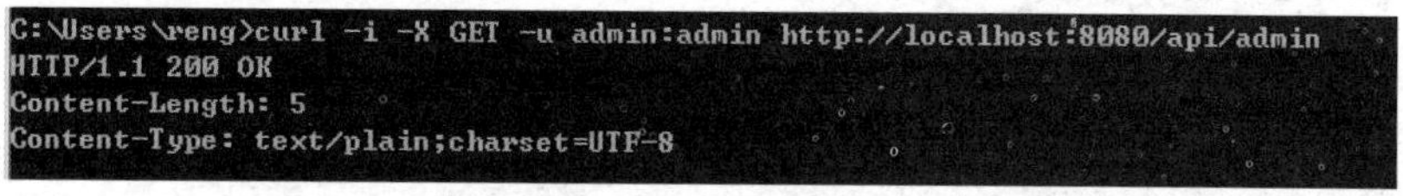

```
C:\Users\reng>curl -i -X GET -u admin:admin http://localhost:8080/api/admin
HTTP/1.1 200 OK
Content-Length: 5
Content-Type: text/plain;charset=UTF-8
```

图 6-6 授权通过

5. 通过 API 验证 user 的非授权情况

在没有带密码的情况下，在命令行窗口中键入如下命令：

```
curl -i -X GET http://localhost:8080/api/users/user
```

其结果显示为授权不通过，其界面与 admin 授权不通过的界面一样。

6. 通过 API 验证 user 的授权情况

在命令行窗口中键入如下命令：

```
curl -i -X GET -u reng:1234 http://localhost:8080/api/users/user
```

其结果显示为授权通过，其界面与 admin 授权通过的界面一样。

6.4 基于数据库存储用户信息并用 JDBC 获取的安全认证

6.4.1 案例简介

本案例介绍 Quarkus 框架基于 JBDC 和 HTTP Basic Authentication 等实现的安全功能。通过阅读和分析 Quarkus 应用如何使用 JBDC 访问数据库来存储用户身份等案例代码，可以理解和掌握 Quarkus 框架基于 JBDC 存储用户身份和 HTTP Basic Authentication 的使用方法。

Quarkus 的安全 elytron-security-jdbc 扩展需要至少一个主体查询来验证用户及其身份，其定义了一个参数化的 SQL 语句（只有一个参数），该语句应该返回用户的密码及需要加载的任何附加信息。elytron-security-jdbc 扩展用密码字段和盐值、哈希编码等其他信息来配置密码映射器，使用属性映射将选择的投影字段绑定到目标主体的密码字段上。

6.4.2 编写程序代码

编写程序代码有 3 种方式。第 1 种方式是通过代码 UI 来实现的，在 Quarkus 官网的生成代码页面中按照指定步骤生成脚手架代码，然后下载文件，将项目引入 IDE 工具中，最后修改程序源码。

第 2 种方式是通过 mvn 来构建程序，通过下面的命令创建 Maven 项目来实现：

```
mvn io.quarkus:quarkus-maven-plugin:1.11.1.Final:create ^
    -DprojectGroupId=com.iiit.quarkus.sample
    -DprojectArtifactId=051-quarkus-sample-security-jdbc ^
    -DclassName=com.iiit.quarkus.sample.jdbc.security.PublicResource
    -Dpath= /projects ^
    -Dextensions=resteasy-jsonb,quarkus-elytron-security-jdbc,quarkus-jdbc-postgresql
```

第 3 种方式是直接从 GitHub 上获取代码，可以从 GitHub 上克隆预先准备好的示例代码：

```
git clone https://******.com/rengang66/iiit.quarkus.sample.git（见链接 1）
```

该程序位于 "051-quarkus-sample-security-jdbc" 目录中，是一个 Maven 工程项目程序。

在 IDE 工具中导入 Maven 工程项目程序，在 pom.xml 的<dependencies>下有如下内容：

```xml
<dependency>
    <groupId>io.quarkus</groupId>
    <artifactId>quarkus-elytron-security-jdbc</artifactId>
</dependency>

<dependency>
    <groupId>io.quarkus</groupId>
    <artifactId>quarkus-jdbc-postgresql</artifactId>
</dependency>
```

其中的 quarkus-elytron-security-jdbc 是 Quarkus 扩展了 Security 的 JDBC 实现，quarkus-jdbc-postgresql 是 Quarkus 扩展了 PostgreSQL 的 JDBC 接口实现。

quarkus-sample-security-jdbc 程序的应用架构（如图 6-7 所示）表明，外部访问 ProjectResource 资源接口，ProjectResource 负责外部的访问安全认证，其安全认证信息存储在 PostgreSQL 数据库中。ProjectResource 通过 JDBC 获取安全认证信息。ProjectResource 依赖于 elytron-security-jdbc 扩展。

第 6 章 构建安全的 Quarkus 微服务

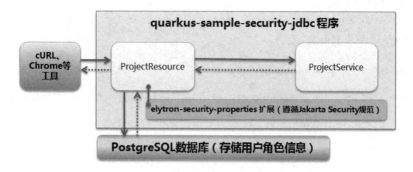

图 6-7 quarkus-sample-security-jdbc 程序应用架构图

quarkus-sample-security-jdbc 程序的配置文件和核心类如表 6-2 所示。

表 6-2 quarkus-sample-security-jdbc 程序的配置文件和核心类

名 称	类 型	简 介
application.properties	配置文件	定义一些安全的配置信息
init.sql	配置文件	初始化数据库中的安全角色和用户信息
ProjectResource	资源类	提供 REST 外部 API 的安全认证接口，核心类
ProjectService	服务类	主要提供数据服务，无特殊处理，在本节中将不做介绍
Project	实体类	POJO 对象，无特殊处理，在本节中将不做介绍

在该程序中，首先看看配置信息的 application.properties 文件：

```
quarkus.datasource.db-kind=postgresql
quarkus.datasource.username=quarkus_test
quarkus.datasource.password=quarkus_test
quarkus.datasource.jdbc.url=jdbc:postgresql:quarkus_test

quarkus.security.jdbc.enabled=true
quarkus.security.jdbc.principal-query.sql=SELECT u.password, u.role FROM test_user u WHERE u.username=?
quarkus.security.jdbc.principal-query.clear-password-mapper.enabled=true
quarkus.security.jdbc.principal-query.clear-password-mapper.password-index=1
quarkus.security.jdbc.principal-query.attribute-mappings.0.index=2
quarkus.security.jdbc.principal-query.attribute-mappings.0.to=groups
```

在 application.properties 文件中，定义了如下与数据库和安全性相关的配置参数。

（1）quarkus.datasource.db-kind 表示连接的数据库是 PostgreSQL。

（2）quarkus.datasource.username 和 quarkus.datasource.password 是用户名和密码，即 PostgreSQL 的登录角色名和密码。

（3）quarkus.security.jdbc.enabled=true 表示要启动基于 JDBC 访问数据库的安全性认证。

（4）quarkus.security.jdbc.principal-query.sql 表示获取的安全信息，主要与用户相关。

（5）quarkus.security.jdbc.principal-query.xxx 等表示获取安全性的一些附加信息。

由于涉及的用户信息都存储在数据库中，因此要对数据库进行初始化。数据库初始化文件为 init.sql，下面来了解其内容：

```sql
DROP TABLE IF EXISTS test_user;

CREATE TABLE test_user (
    id INT,
    username VARCHAR(255),
    password VARCHAR(255),
    role VARCHAR(255)
);

INSERT INTO test_user (id, username, password, role) VALUES (1, 'admin', 'admin', 'admin');
INSERT INTO test_user (id, username, password, role) VALUES (2, 'user','user', 'user');
INSERT INTO test_user (id, username, password, role) VALUES (3, 'reng','1234', 'user');
```

init.sql 主要实现了 test_user 表的数据初始化工作。

对于 quarkus-sample-security-jdbc 程序中 PublicResource 资源类的内容，其实现代码与 quarkus-sample-security-file 程序的基本相同，就不再赘述了。另外，由于 quarkus-sample-security-jdbc 程序的序列图与 quarkus-sample-security-file 程序的高度相似，也不再重复列出。

6.4.3 验证程序

通过下列几个步骤（如图 6-8 所示）来验证案例程序。

下面对其中涉及的关键点进行说明。

1. 启动 PostgreSQL 数据库，初始化数据

首先启动 PostgreSQL 数据库，然后登录到 PostgreSQL 数据库的图形管理界面。

第 6 章　构建安全的 Quarkus 微服务

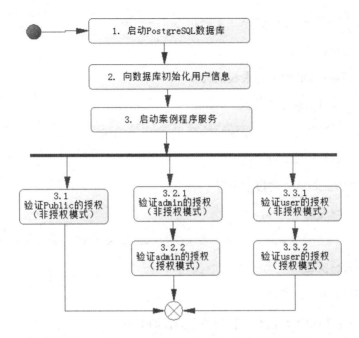

图 6-8　quarkus-sample-security-jdbc 程序验证流程图

2. 向数据库初始化用户信息

通过 PostgreSQL 工具，执行 init.sql 文件的 SQL 语句。最终 PostgreSQL 数据库中的数据情况如图 6-9 所示。

	id [PK] integer	password character varying(255)	role character varying(255)	username character varying(255)
1	1	1234	admin	admin
2	2	user	user	user
3	3	1234	user	reng
*				

图 6-9　PostgreSQL 数据库中的数据情况

3. 启动 quarkus-sample-security-jdbc 程序服务

启动程序有两种方式，第 1 种是在开发工具（如 Eclipse）中调用 ProjectMain 类的 run 方法，第 2 种是在程序目录下直接运行命令 mvnw compile quarkus:dev。

4. 通过 API 验证 Public 的授权情况

在命令行窗口中键入如下命令：

```
curl -i -X GET http://localhost:8080/api/public
```

其结果显示为授权通过。

5．通过 API 验证 admin 的非授权情况

在命令行窗口中键入如下命令：

```
curl -i -X GET http://localhost:8080/api/admin
```

其结果显示为授权不通过。

6．通过 API 验证 admin 的授权情况

在命令行窗口键入如下命令：

```
curl -i -X GET -u admin:admin http://localhost:8080/api/admin
```

其结果显示为授权通过。

7．通过 API 验证 user 的非授权情况

在没有带密码的情况下，在命令行窗口中键入如下命令：

```
curl -i -X GET http://localhost:8080/api/users/user
```

其结果显示为授权不通过，其界面与 admin 的授权不通过界面是一样的。

8．通过 API 验证 user 的授权情况

在命令行窗口中键入如下命令：

```
curl -i -X GET -u user:user http://localhost:8080/api/users/user
```

其结果显示为授权通过，其界面与 admin 的授权通过界面是一样的。

6.5 基于数据库存储用户信息并用 JPA 获取的安全认证

6.5.1 案例简介

本案例介绍 Quarkus 框架基于 JPA 和 HTTP Basic Authentication 等实现的安全功能。通过阅读和分析 Quarkus 应用如何使用 JPA 访问数据库来存储用户身份等案例代码，可以理解和掌握 Quarkus 框架基于 JPA 存储用户身份和 HTTP Basic Authentication 的使用方法。

6.5.2 编写程序代码

编写程序代码有 3 种方式。第 1 种方式是通过代码 UI 来实现的，在 Quarkus 官网的生成代码页面中按照指定步骤生成脚手架代码，然后下载文件，将项目引入 IDE 工具中，最后修改程序源码。

第 2 种方式是通过 mvn 来构建程序，通过下面的命令创建 Maven 项目来实现：

```
mvn io.quarkus:quarkus-maven-plugin:1.11.1.Final:create ^
    -DprojectGroupId=com.iiit.quarkus.sample
    -DprojectArtifactId=052-quarkus-sample-security-jpa ^
    -DclassName=com.iiit.quarkus.sample.jpa.security.PublicResource
    -Dpath=/projects ^
    -Dextensions=resteasy-jsonb,quarkus-hibernate-orm,quarkus-agroal, ^
quarkus-security-jpa,quarkus-jdbc-postgresql
```

第 3 种方式是直接从 GitHub 上获取代码，可以从 GitHub 上克隆预先准备好的示例代码：

```
git clone https://******.com/rengang66/iiit.quarkus.sample.git（见链接 1）
```

该程序位于 "052-quarkus-sample-security-jpa" 目录中，是一个 Maven 工程项目程序。

在 IDE 工具中导入 Maven 工程项目程序，在 pom.xml 的 \<dependencies\> 下有如下内容：

```xml
<dependency>
    <groupId>io.quarkus</groupId>
    <artifactId>quarkus-security-jpa</artifactId>
</dependency>

<dependency>
    <groupId>io.quarkus</groupId>
    <artifactId>quarkus-hibernate-orm-panache</artifactId>
</dependency>

<dependency>
    <groupId>io.quarkus</groupId>
    <artifactId>quarkus-jdbc-postgresql</artifactId>
</dependency>
```

其中的 quarkus-security-jpa 是 Quarkus 扩展了 Security 的 JPA 实现，quarkus-jdbc-postgresql 是 Quarkus 扩展了 PostgreSQL 的 JDBC 接口实现。

quarkus-sample-security-jpa 程序的应用架构（如图 6-10 所示）表明，外部访问 ProjectResource 资源接口，ProjectResource 负责外部的访问安全认证，其安全认证信息存储在

PostgreSQL 数据库中。ProjectResource 通过 JPA 获取安全认证信息。ProjectResource 依赖于 quarkus-security-jpa 扩展。

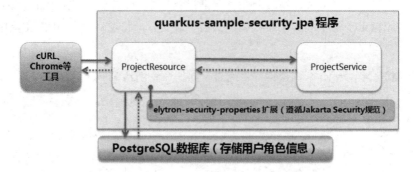

图 6-10　quarkus-sample-security-jpa 程序应用架构图

quarkus-sample-security-jpa 程序的配置文件和核心类如表 6-3 所示。

表 6-3　quarkus-sample-security-jpa 程序的配置文件和核心类

名　称	类　型	简　介
application.properties	配置文件	定义了一些安全配置信息
import.sql	配置文件	初始化数据库中的业务数据信息
Startup	数据初始类	初始化数据库中的安全角色和用户信息
User	实体类	POJO 对象，User 实体类
ProjectResource	资源类	提供 REST 外部 API 的安全认证接口，核心类
ProjectService	服务类	主要提供数据服务，无特殊处理，在本节中将不做介绍
Project	实体类	POJO 对象，无特殊处理，在本节中将不做介绍

在该程序中，首先看看配置信息的 application.properties 文件：

```
quarkus.datasource.db-kind=postgresql
quarkus.datasource.username=quarkus_test
quarkus.datasource.password=quarkus_test
quarkus.datasource.jdbc.url=jdbc:postgresql:quarkus_test

quarkus.security.jdbc.enabled=true
quarkus.security.jdbc.principal-query.sql=SELECT u.password, u.role FROM test_user u WHERE u.username=?
quarkus.security.jdbc.principal-query.clear-password-mapper.enabled=true
quarkus.security.jdbc.principal-query.clear-password-mapper.password-index=1
quarkus.security.jdbc.principal-query.attribute-mappings.0.index=2
quarkus.security.jdbc.principal-query.attribute-mappings.0.to=groups
```

在 application.properties 文件中，定义了与数据库连接和安全性相关的配置参数。

（1）quarkus.datasource.db-kind 表示连接的数据库是 PostgreSQL。

（2）quarkus.datasource.username 和 quarkus.datasource.password 是用户名和密码，即 PostgreSQL 的登录角色名和密码。

（3）quarkus.security.jdbc.enabled=true 表示要启动基于 JDBC 访问数据库的安全性认证。

（4）quarkus.security.jdbc.principal-query.sql 表示获取的安全信息，主要与用户相关。

（5）quarkus.security.jdbc.principal-query.xxx 等表示获取安全性的一些附加信息。

下面讲解 quarkus-sample-orm-hibernate 程序中的 Startup 类、ProjectResource 资源类和 User 实体类的功能和作用。

1. Startup 类

用 IDE 工具打开 com.iiit.quarkus.sample.security.jpa.Startup 类文件，其代码如下：

```java
@Singleton
public class Startup {
    @Inject     EntityManager entityManager;

    @Transactional
    public void loadUsers(@Observes StartupEvent evt) {
        //增加 admin 用户
        User admin = new User(1,"admin", "admin", "admin");
        User entity = entityManager.find(User.class,admin.getId());
        if ( entity != null) {
            entityManager.remove(entity);
        }
        entityManager.persist(admin);

        //增加 user 用户
        User user = new User(2,"user", "user", "user");
        entity = entityManager.find(User.class,user.getId());
        if ( entity != null) {
            entityManager.remove(entity);
        }
        entityManager.persist(user);

        //增加 reng 用户
        User reng = new User(3,"reng", "1234", "user");
        entity = entityManager.find(User.class,reng.getId());
        if ( entity != null) {
            entityManager.remove(entity);
        }
```

```
            entityManager.persist(reng);
    }
}
```

程序说明：该类初始化了几个用户，包括 admin、user、reng 等。

2．ProjectResource 资源类

用 IDE 工具打开 com.iiit.quarkus.sample.security.jpa.ProjectResource 类文件，其代码如下：

```
@Path("projects")
@ApplicationScoped
@Produces("application/json")
@Consumes("application/json")
public class ProjectResource {
    private static final Logger LOGGER = Logger.getLogger(ProjectResource.class.getName());

    @Inject    ProjectService service;

    //省略部分代码

    @GET
    @Path("/api/public")
    @PermitAll
    public List<Project> publicResource() {return service.get(); }

    @GET
    @RolesAllowed("admin")
    @Path("/api/admin")
    public List<Project> adminResource() {
        return service.get();
    }

    @GET
    @RolesAllowed("user")
    @Path("/api/users/user")
    public List<Project> me(@Context SecurityContext securityContext) {
        System.out.println(securityContext.getUserPrincipal().getName());
        return service.get();
    }

    @GET
    @RolesAllowed("user")
    @Path("/api/users/reng")
    public List<Project> reng(@Context SecurityContext securityContext) {
        System.out.println(securityContext.getUserPrincipal().getName());
        return service.get();
```

```
        }

        @Provider
        public static class ErrorMapper implements ExceptionMapper<Exception> {
            @Override
            public Response toResponse(Exception exception) {
                LOGGER.error("Failed to handle request", exception);

                int code = 500;
                if (exception instanceof WebApplicationException) {
                    code = ((WebApplicationException) exception).getResponse().getStatus();
                }

                JsonObjectBuilder entityBuilder = Json.createObjectBuilder()
                        .add("exceptionType", exception.getClass().getName())
                        .add("code", code);

                if (exception.getMessage() != null) {
                    entityBuilder.add("error", exception.getMessage());
                }

                return Response.status(code)
                        .entity(entityBuilder.build())
                        .build();
            }
        }
    }
```

程序说明：

① ProjectResource 类的作用是与外部进行交互，主要方法是 REST 的 GET 方法。

② ProjectResource 类对外提供的 REST 接口是有安全认证要求的，只有达到了安全级别，才能获取对应的数据。

③ ProjectResource 类的 publicResource 方法，无安全认证要求，故所有角色都能获取数据。

④ ProjectResource 类的 adminResource 方法，只有 admin 角色才能访问，归属 admin 角色的访问用户才能获取数据。

⑤ ProjectResource 类的 userResource 方法，只有 user 角色才能访问，归属 user 角色的访问用户或者拥有 user 角色权限的用户才能获取数据。

3. User 实体类

用 IDE 工具打开 com.iiit.quarkus.sample.security.jpa.User 类文件,其代码如下:

```java
@Entity
@Table(name = "test_user")
@UserDefinition
public class User {
    @Id  private Integer id;

    @Username
    @Column(length = 255)
    private String username;

    @Password
    @Column(length = 255)
    private String password;

    @Roles
    @Column(length = 255)
    private String role;

    public User(Integer id,String username, String password, String role)
    {
        this.id = id;
        this.username = username;
        this.password = BcryptUtil.bcryptHash(password);
        this.role = role;
    }

    //省略部分代码

    //对密码进行了加密处理
    public void setPassword(String password) {
        this.password = BcryptUtil.bcryptHash(password);
    }

    public String getRole() {
        return this.role;
    }

    public void setRole(String role) {
        this.role = role;
    }
}
```

程序说明:

① @Entity 注解表示 User 对象是一个遵循 JPA 规范的实体对象。

② @Table(name = " test_user ")注解表示 User 对象映射的关系型数据库表是 test_user。

③ @UserDefinition，Quarkus Security Manager 定义该对象是一个用户对象。

④ @Username，Quarkus Security Manager 定义该字段是用户名称。

⑤ @Password，Quarkus Security Manager 定义该字段是用户密码。

由于 quarkus-sample-security-jpa 程序的序列图与 quarkus-sample-security-file 程序的高度相似，就不再重复列出了。

6.5.3 验证程序

通过下列几个步骤（如图 6-11 所示）来验证案例程序。

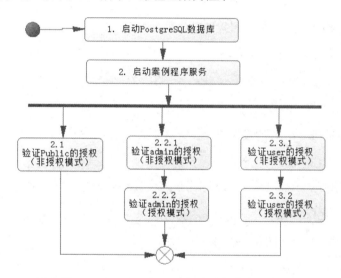

图 6-11　quarkus-sample-security-jpa 程序验证流程图

下面对其中涉及的关键点进行说明。

1. 启动 PostgreSQL 数据库

首先启动 PostgreSQL 数据库。

2. 启动 quarkus-sample-security-jpa 程序服务

启动程序有两种方式，第 1 种是在开发工具（如 Eclipse）中调用 ProjectMain 类的 run 方法，第 2 种是在程序目录下直接运行命令 mvnw compile quarkus:dev。

同时使用 PostgreSQL 数据库，最终 PostgreSQL 数据库中的数据情况如图 6-12 所示。

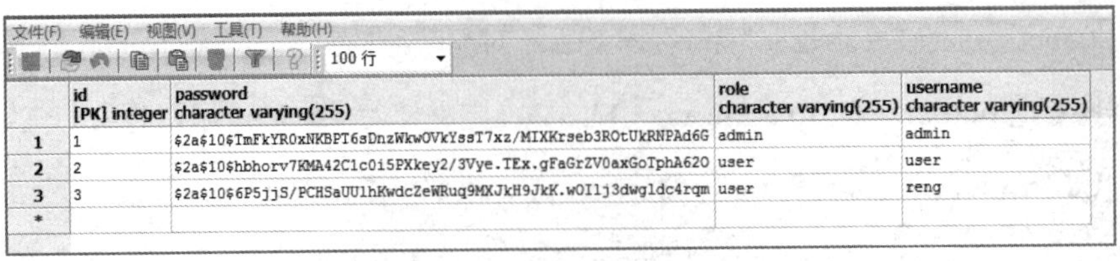

id [PK] integer	password character varying(255)	role character varying(255)	username character varying(255)
1	$2a$10$TmFkYR0xNKBPT6sDnzWkwOVkYssT7xz/MIXKrseb3ROtUkRNPAd6G	admin	admin
2	$2a$10$hbhorv7KMA42C1c0i5PXkey2/3Vye.TEx.gFaGrZV0axGoTphA62O	user	user
3	$2a$10$6P5jjS/PCH5aUU1hKwdcZeWRuq9MXJkH9JkK.wOI1j3dwg1dc4rqm	user	reng

图 6-12　PostgreSQL 数据库中的数据情况（用户密码已加密）

3. 通过 API 验证 Public 的授权情况

在命令行窗口中键入如下命令：

```
curl -i -X GET http://localhost:8080/api/public
```

其结果显示为授权通过。

4. 通过 API 验证 admin 的非授权情况

在命令行窗口中键入如下命令：

```
curl -i -X GET http://localhost:8080/api/admin
```

其结果显示为授权不通过。

5. 通过 API 验证 admin 的授权情况

在命令行窗口中键入如下命令：

```
curl -i -X GET -u  admin:1234 http://localhost:8080/api/admin
```

其结果显示为授权通过

6. 通过 API 验证 user 的非授权情况

在命令行窗口中键入如下命令：

```
curl -i -X GET http://localhost:8080/api/users/reng
```

其结果显示为授权不通过。

7. 通过 API 显示 user 的授权情况

在命令行窗口中键入如下命令：

```
curl -i -X GET -u user:user http://localhost:8080/api/users/reng
```

或

```
curl -i -X GET -u reng:1234 http://localhost:8080/api/users/reng
```

其结果显示为授权通过。

6.6 基于 Keycloak 实现认证和授权

6.6.1 前期准备

首先需要一个 Keycloak 服务器。Keycloak 是一个由 Red Hat 基金会开发的、开源的进行身份认证和访问控制的工具。我们可以非常方便地使用 Keycloak 给应用和安全服务添加身份认证。

获得 Keycloak 服务器有两种方式，第 1 种是通过 Docker 容器来安装、部署 Keycloak 服务器，第 2 种是直接在本地安装 Keycloak 服务器并进行基本配置。

1. 通过 Docker 容器来安装、部署

通过 Docker 容器来安装、部署 Keycloak 服务器，命令如下：

```
docker run --name keycloak -e KEYCLOAK_USER=admin -e KEYCLOAK_PASSWORD= admin ^
-p 8180:8080 -p 8543:8443 jboss/keycloak
```

执行命令后出现如图 6-13 所示的界面，说明已经成功启动 Keycloak 服务器。

图 6-13　通过 Docker 容器启动 Keycloak 服务器

说明：Keycloak 服务在 Docker 中的容器名称是 keycloak，用户名是 admin，用户密码是 admin，可从 jboss/keycloak 容器镜像中获取。开启两个端口，其中一个为内部端口 8080 和外部端口 8180，另一个为内部端口 8443 和外部端口 8543。

2. 本地直接安装

Keycloak 有很多安装模式，下面使用最简单的 standalone 模式，简单说明一下安装步骤。

第 1 步：获得 Keycloak 安装文件。

下载最新的 Keycloak 版本并将其解压缩，解压目录和文件夹说明如图 6-14 所示。

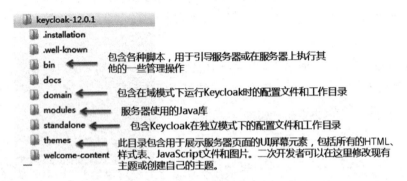

图 6-14　Keycloak 解压目录和文件夹说明

第 2 步：修改 Keycloak 的参数。

默认情况下，Keycloak 在端口 8080 上公开 API 和 Web 控制台。但是，该端口号必须不同于 Quarkus 应用程序端口，因此用端口号 8180 替换 8080，进入文件\standalone\configuration\standalone.xml 并做修改，如图 6-15 所示。

```
<socket-binding-group name="standard-sockets" default-interface="public" port-offset="${jboss.soc
    <socket-binding name="ajp" port="${jboss.ajp.port:8009}"/>
    <socket-binding name="http" port="${jboss.http.port:8180}"/>
    <socket-binding name="https" port="${jboss.https.port:8443}"/>
    <socket-binding name="management-http" interface="management" port="${jboss.management.http.p
    <socket-binding name="management-https" interface="management" port="${jboss.management.https
    <socket-binding name="txn-recovery-environment" port="4712"/>
    <socket-binding name="txn-status-manager" port="4713"/>
    <outbound-socket-binding name="mail-smtp">
        <remote-destination host="${jboss.mail.server.host:localhost}" port="${jboss.mail.server.
    </outbound-socket-binding>
</socket-binding-group>
```

图 6-15　修改 standalone.xml 文件

第 3 步：启动 Keycloak 服务。

打开一个终端会话并运行，启动 Keycloak 服务，命令为 bin/standalone.sh。当我们看到如图 6-16 所示的 Keycloak 日志界面时，就意味着已经启动 Keycloak 服务了。

第 6 章　构建安全的 Quarkus 微服务

图 6-16　Keycloak 日志界面

第 4 步：启动 Keycloak 后台管理界面。

在浏览器中输入 http://localhost:8180/auth，需要注册 admin 账号。创建完 admin 账户后，单击登录到 admin console，跳转到 admin console 的登录页面 http://localhost:8080/auth/admin/。以 admin 身份登录，Keycloak 的后台管理界面如图 6-17 所示。

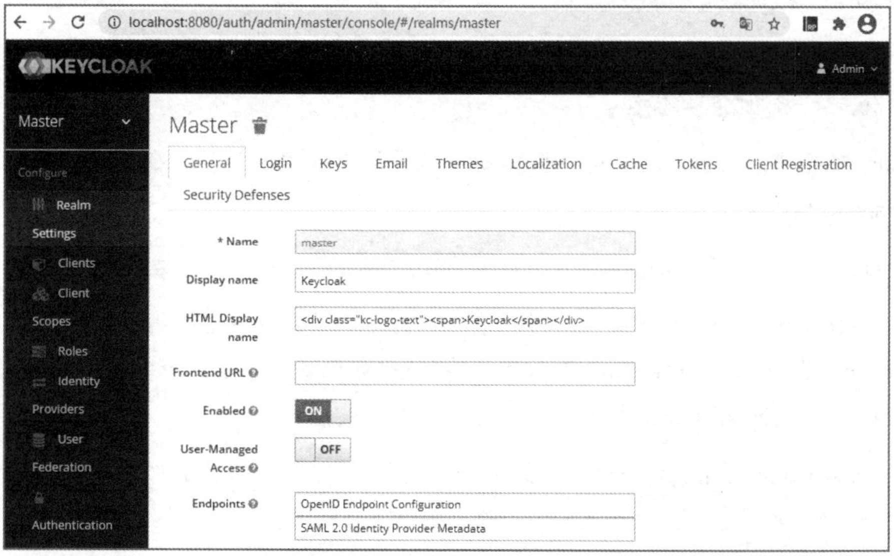

图 6-17　以 admin 身份登录 Keycloak 的后台管理界面

后台管理界面提供的功能非常丰富，可以对 Realm、Clients、Roles、Identity Providers、

· 257 ·

User Federation、Authentication 等进行配置和定义，还可以对 Groups、Users、Sessions、Events 等进行管理。

一旦服务成功启动，就构建了一个基本的 Keycloak 服务开发环境。

6.6.2 案例简介

本案例介绍 Quarkus 应用如何使用开源的 Keycloak 认证、授权服务认证、授权服务器的功能。通过阅读和分析基于 Keycloak 平台的承载令牌来访问受保护的资源的案例代码，可以了解 Quarkus 框架在 Keycloak 平台上的使用方法。

Quarkus 框架的 quarkus-keycloak-authorization 扩展基于 quarkus-oidc，并提供了一个策略执行器，该策略执行器根据 Keycloak 管理的权限强制访问受保护的资源，并且当前只能与 Quarkus OIDC 服务一起使用。它提供了灵活的基于资源访问控制的动态授权能力。换句话说，开发者不需要显式地基于某些特定的访问控制机制（例如 RBAC）强制访问资源，只需检查是否允许请求基于其名称、标识符或 URI 访问资源。通过从应用外部授权，开发者可以使用不同的访问控制机制来保护应用程序，并避免在每次更改安全需求时重新部署应用，其中 Keycloak 将充当集中授权服务，可以提供资源保护和管理关联资源的权限。

基础知识：Keycloak 平台及其概念。

针对本案例应用，需要比较熟悉 Keycloak 平台，包括创建 Realm、客户端、授权、资源、资源权限、普通用户等操作。

Realm 的中文含义就是域，可以将 Realm 看作一个隔离的空间，在 Realm 中可以创建 users 和 applications。

Keycloak 平台有两种 Realm 空间类型，一种是 Master Realm，一种是 Other Realm。

Master Realm 是指使用 admin 用户登录的 Realm 空间，这种 Realm 用于创建其他 Realm。Other Realm 是由 Master Realm 创建的，admin 可以在 Other Realm 上创建 users 和 applications，而且 applications 是 users 所有的。

单击 add realm 按钮，我们进入 add realm 界面，可以导入 realm 的文件，接着就创建了 Realm。

在下面的例子中，我们创建了一个叫作 quarkus 的 Realm，如图 6-18 所示。

第 6 章 构建安全的 Quarkus 微服务

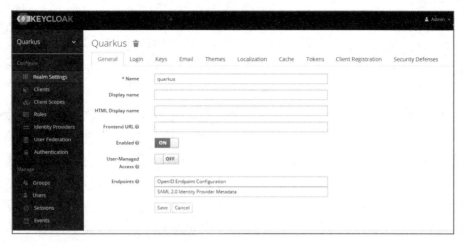

图 6-18　Keycloak 的 Realm Settings 界面

接下来，我们为 Quarkus 创建新的 admin 用户，输入用户名 quarkus，单击 Save 按钮。切换到新创建的 admin 用户的 Credentials 页面，输入要创建的密码，单击 Set Password 按钮，这样新创建用户的密码也创建完毕。

然后，我们使用新创建的用户 admin 来登录 Realm Quarkus，登录 URL 为 http://localhost:8180/auth/realms/quarkus/account。输入用户名和密码，进入用户管理界面。

由于后续会涉及 Keycloak 平台的客户端、角色、用户、资源和资源许可等内容，故此处稍微介绍一下 Keycloak 平台。如果已经很熟悉 Keycloak 平台，可以跳过下面的内容。

Keycloak 平台的资源管理总体架构图如图 6-19 所示。

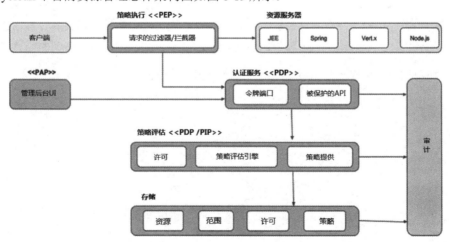

图 6-19　Keycloak 平台的资源管理总体架构图

Keycloak 支持细粒度授权策略，并且能够组合不同的访问控制机制，例如基于属性的访问控制（ABAC）、基于角色的访问控制（RBAC）、基于用户的访问控制（UBAC）、基于上下文的访问控制（CBAC）等。通过策略提供程序服务接口（SPI）来支持自定义访问控制机制（ACM）。

Keycloak 基于一组管理 UI 和 RESTful API，并提供了必要的方法来为受保护的资源和作用域创建权限，将这些权限与授权策略相关联，以及在应用和服务中强制执行授权决策。

资源服务器（为受保护的资源提供服务的应用或服务）通常依赖于某种信息来决定是否应向受保护的资源授予访问权限。对于基于 RESTful 的资源服务器，这些信息通常是从安全令牌中获得的，通常在每次请求时作为承载令牌发送给服务器。对于基于会话对用户进行身份验证的 Web 应用，该信息通常存储在用户的会话中，并针对每个请求从该会话中获取。

通常，资源服务器只执行基于角色访问控制（RBAC）的授权决策，其中对授予尝试访问受保护资源的用户角色与映射到这些相同资源的角色进行对比检查。虽然角色非常有用并可供应用使用，但它们也有如下限制。

- 资源和角色是紧密耦合的，对角色的更改（例如添加、删除或更改访问上下文）会影响多个资源。
- 对安全性需求的更改可能意味着需要对应用代码进行适应性修改以便反映这些更改。
- 根据应用程序的大小，角色管理可能会变得困难且容易出错。
- 这不是最灵活的访问控制机制。角色并不代表你是谁，也缺乏上下文信息。如果被授予了一个角色，那么至少有一些访问权限。

由于需要考虑用户分布在不同地区、具有不同的本地策略、使用不同设备及对信息共享有很高要求的异构环境中，Keycloak 授权服务可以通过以下方式改进应用和服务的授权能力。

- 使用细粒度授权策略和不同的访问控制机制保护资源。
- 集中的资源、权限和策略管理。
- 集中策略决策点。
- 通过一组基于 REST 的授权服务来提供 REST 安全性。
- 授权工作流和用户管理的访问权限。
- 该基础架构有助于避免跨项目的代码复制（和重新部署），并快速适应安全需求的变化。

启用 Keycloak 授权服务的第 1 步是创建要转换为资源服务器的客户端应用。要创建客户端应用及其资源内容，请完成如图 6-20 所示的步骤。

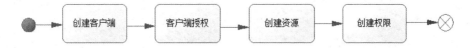

图 6-20　Keycloak 资源授权过程图

1．创建客户端

首先是创建客户端，单击 Clients，出现如图 6-21 所示的界面。

图 6-21　Keycloak 的 Clients 界面

在该界面上，单击 Create 按钮。

输入客户端的 Client ID 为 backend-service；将 Client Protocol 设置为 openid-connect；输入应用的 Root URL，这是一个可选项，例如 http://localhost:8080，如图 6-22 所示。

图 6-22　Keycloak 的 Add Client 界面

单击 Save 按钮，创建客户端并打开 Settings 界面（如图 6-23 所示），其中显示了以下内容。

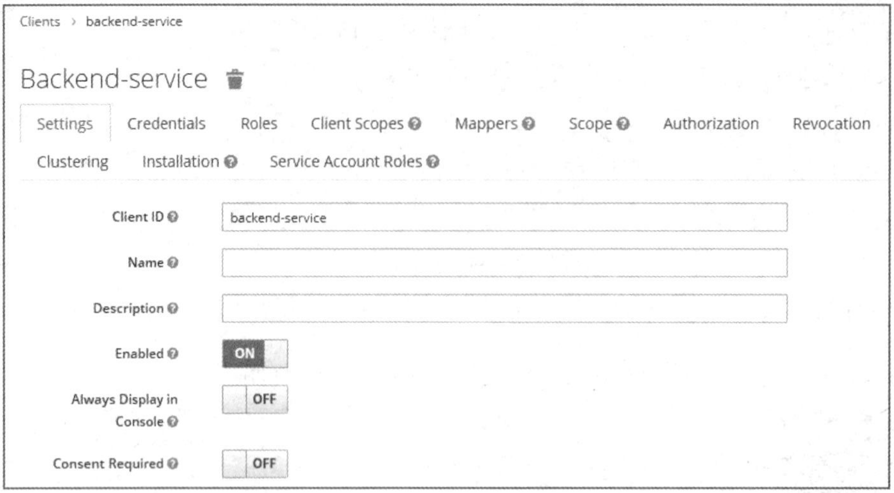

图 6-23 Keycloak 的客户端 Settings 界面

2. 客户端授权

客户端（Clients）启用授权服务，要将 OIDC 客户端应用转换为资源服务器并启用细粒度授权，将 Access type 设置为 confidential 并打开 Authorization Enabled 开关按钮，然后单击 Save 按钮。

接着，为客户端启用授权服务，单击 Authorization，显示如图 6-24 所示的界面。

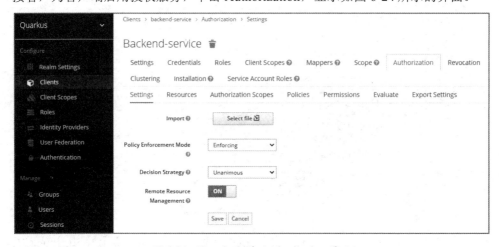

图 6-24 Keycloak 的 Authorization 界面

Authorization 界面中还包含其他子选项卡，这些子选项卡涵盖了实际保护应用资源必须遵循的不同步骤。下面是对这些步骤的简要描述：①Settings（设置）：资源服务器的常规设置；

②Resources（资源）：在此可以管理应用的资源；③Authorization Scopes（授权范围）：在此可以管理作用域；④Policies（政策）：在此可以管理授权策略并定义授予权限必须满足的条件；⑤Permissions（权限）：在此可以通过将受保护的资源和作用域与已经创建的策略连接来管理它们的权限；⑥Evaluate（评估）：在此可以模拟授权请求，并查看已定义的权限和授权策略的评估结果；⑦Export Settings（导出设置）：在此可以将授权设置导出到一个 JSON 文件中。

3. 创建资源

可以创建资源来表示一个或多个资源的集合，而定义它们的方式对于管理权限至关重要。要创建新资源，请单击 Resources 资源列表右上角的 Create 按钮，如图 6-25 所示。

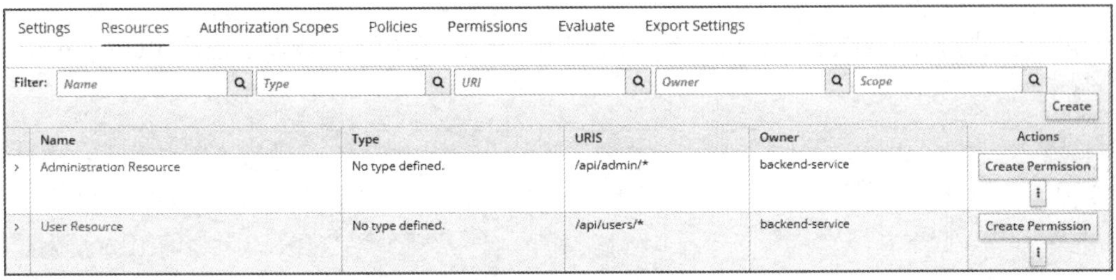

图 6-25　Resources（资源）列表

添加资源，Keycloak 的资源列表中展示了不同类型的资源所共有的一些信息。添加资源时的配置信息如图 6-26 所示。

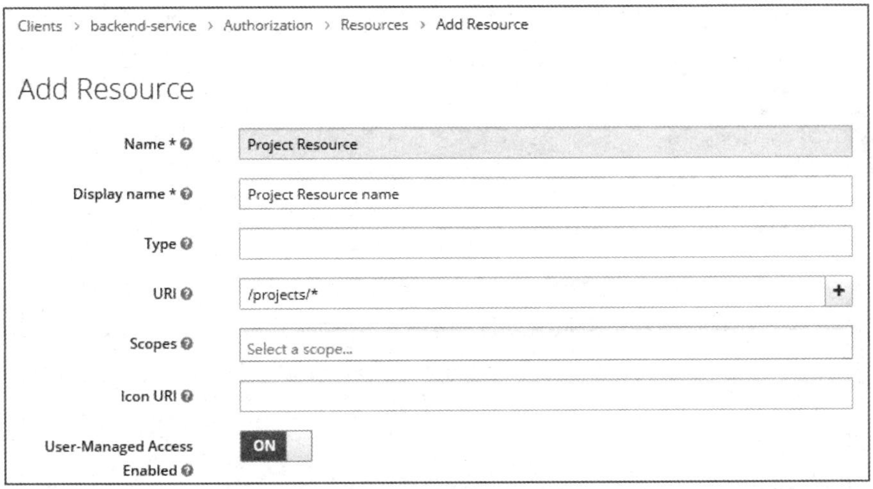

图 6-26　创建资源时的配置信息

资源配置信息包括以下内容：①Name（名称）：描述资源的可读且唯一的字符串；②Type（类型）：唯一标识一个或多个资源集类型的字符串，类型是用于对不同资源实例进行分组的字符串，③URI：为资源提供位置/地址的 URI，对于 HTTP 资源，URI 通常是这些资源的相对路径；④Scopes（范围）：与资源关联的一个或多个作用域。

在图 6-26 中，创建一个名为 Project Resource 的资源，其 URI 为/projects/*。

4．创建权限

权限将要保护的对象与必须评估以决定是否应授予访问权限的策略相关联。创建要保护的资源和用于保护这些资源的策略后，可以开始管理权限。要管理权限，可在编辑资源服务器时单击 Permissions 选项卡。使用 Permissions 权限可以保护两种主要类型的对象：资源和范围。可以从权限列表右上角的下拉列表中选择要创建的权限类型。

若要创建新的基于资源的权限，需要在权限列表右上角的下拉列表中选择 Resource Based（见图 6-27）。

图 6-27　Permissions 权限列表及创建 Resource Based 资源

图 6-28 显示了添加基于资源的权限。

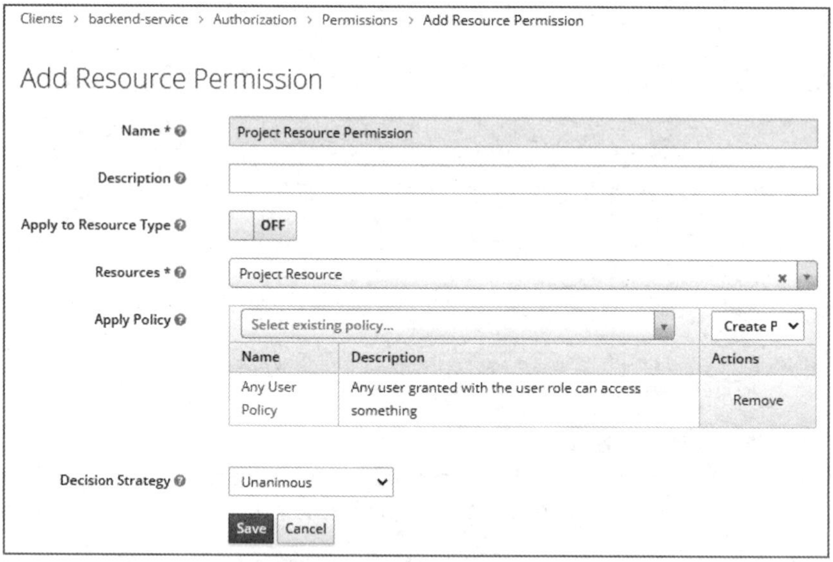

图 6-28　资源权限的配置信息

资源权限（Resource Permission）的配置信息包括以下内容（下面只列出了相关内容）。①Name（名称）：描述权限的可读且唯一的字符串；②Apply to Resource Type（应用资源类型）：指定是否将权限应用于具有给定类型的所有资源，设置此字段后，系统将提示你输入要保护的资源类型；③Resources（资源）：定义一组要保护的资源（一个或多个）；④Apply Policy（应用策略）：定义一组与权限关联的策略（一个或多个）。要关联策略，可以选择现有策略，也可以通过选择策略类型来创建新策略。

在资源权限的配置信息中，创建一个 Project Resource Permission 资源权限，拥有该权限后可以访问资源。

完成上述步骤后，可以通过以下命令来查看：

```
curl -X GET http://localhost:8180/auth/realms/quarkus/.well-known/uma2-configuration
```

或在浏览器中输入网址 http://localhost:8180/auth/realms/quarkus/.well-known/uma2-configuration 来查看。其返回如下内容：

```
{"issuer":"http://localhost:8180/auth/realms/quarkus",
 "authorization_endpoint":"http://localhost:8180/auth/realms/quarkus/protocol/openid-connect/auth",
 "token_endpoint":"http://localhost:8180/auth/realms/quarkus/protocol/openid-connect/token",
 "introspection_endpoint":"http://localhost:8180/auth/realms/quarkus/protocol/openid-connect/token/introspect",
 "userinfo_endpoint":"http://localhost:8180/auth/realms/quarkus/protocol/openid-connect/userinfo",
 "end_session_endpoint":"http://localhost:8180/auth/realms/quarkus/protocol/openid-connect/logout",
 "jwks_uri":"http://localhost:8180/auth/realms/quarkus/protocol/openid-connect/certs",
 "check_session_iframe":"http://localhost:8180/auth/realms/quarkus/protocol/openid-connect/login-status-iframe.html",
 "grant_types_supported":["authorization_code","implicit","refresh_token","password","client_credentials"],
 "response_types_supported":["code","none","id_token","token","id_token token","code id_token","code token","code id_token token"],
 "subject_types_supported":["public","pairwise"]
```

稍微解释一下：

① issuer 是生成并签署断言的一方，其名称是 http://localhost:8180/auth/realms/quarkus。

② authorization_endpoint 是认证的入口，在这里是 http://localhost:8180/auth/realms/quarkus/protocol/openid-connect/auth，即这个网址是登录入口。

③ token_endpoint 表示外部访问获取令牌的位置，在这里是 http://localhost:8180/auth/realms/quarkus/protocol/openid-connect/token，即这个网址是获取令牌的入口。

④ introspection_endpoint 是验证令牌的位置，在这里是 http://localhost:8180/auth/realms/quarkus/protocol/openid-connect/token/introspect，即这个网址可以验证令牌的有效性。

⑤ grant_types_supported 是授权支持类型，有 authorization_code、implicit、refresh_token、password、client_credentials 等 5 种类型，分别代表授权码模式、简化模式、刷新令牌模式、密码模式、客户端模式。

这样就构建了一个基本的认证和授权开发环境。

6.6.3 编写程序代码

编写程序代码有 3 种方式。第 1 种方式是通过代码 UI 来实现的，在 Quarkus 官网的生成代码页面中按照指定步骤生成脚手架代码，然后下载文件，将项目引入 IDE 工具中，最后修改程序源码。

第 2 种方式是通过 mvn 来构建程序，通过下面的命令创建 Maven 项目来实现：

```
mvn io.quarkus:quarkus-maven-plugin:1.11.1.Final:create ^
    -DprojectGroupId=com.iiit.quarkus.sample
    -DprojectArtifactId=055-quarkus-sample-security-keycloak ^
    -DclassName=com.iiit.sample.security.keycloak.authorization
    -Dpath= /projects ^
    -Dextensions=oidc,keycloak-authorization,resteasy-jackson
```

以上命令生成了一个 Maven 项目，导入 Keycloak 扩展组件，该组件用于实现 Quarkus 应用的 Keycloak 适配器并提供所有必要的功能，与 Keycloak 服务器集成并执行承载令牌授权。

第 3 种方式可以直接从 GitHub 上获取代码，可以从 GitHub 上克隆预先准备好的示例代码：

```
git clone https://******.com/rengang66/iiit.quarkus.sample.git（见链接1）
```

该程序位于 "055-quarkus-sample-security-keycloak" 目录中，是一个 Maven 工程项目程序。

在 IDE 工具中导入 Maven 工程项目程序，在 pom.xml 的<dependencies>下有如下内容：

```
<dependency>
    <groupId>io.quarkus</groupId>
    <artifactId>quarkus-keycloak-authorization</artifactId>
</dependency>

<dependency>
```

```
            <groupId>io.quarkus</groupId>
            <artifactId>quarkus-oidc</artifactId>
</dependency>
```

其中的 quarkus-keycloak-authorization 是 Quarkus 扩展了 Keycloak 的授权实现，quarkus-oidc 是 Quarkus 扩展了 Keycloak 的 OpenID Connect 实现。

quarkus-sample-security-keycloak 程序的应用架构（如图 6-29 所示）表明，外部访问 ProjectResource 资源接口，ProjectResource 资源负责外部的访问安全认证，其安全认证信息存储在 Keycloak 认证服务器中。ProjectResource 资源访问 Keycloak 认证服务器并获取安全认证信息。ProjectResource 资源依赖于 quarkus-keycloak-authorization 和 quarkus-oidc 扩展。

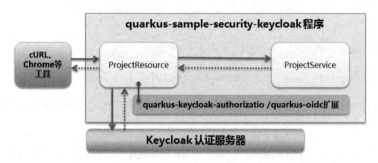

图 6-29　quarkus-sample-security-keycloak 程序应用架构图

quarkus-sample-security-keycloak 程序的配置文件和核心类如表 6-4 所示。

表 6-4　quarkus-sample-security-keycloak 程序的配置文件和核心类

名　称	类　型	简　介
application.properties	配置文件	提供 Keycloak 服务配置信息
ProjectResource	资源类	实现 Quarkus 的 Keycloak 服务认证过程，核心类
ProjectService	服务类	主要提供数据服务，无特殊处理，在本节中将不做介绍
Project	实体类	POJO 对象，无特殊处理，在本节中将不做介绍

在该程序中，首先看看配置信息的 application.properties 文件：

```
quarkus.oidc.auth-server-url=http://localhost:8180/auth/realms/quarkus
quarkus.oidc.client-id=backend-service
quarkus.oidc.credentials.secret=secret
quarkus.http.cors=true

quarkus.keycloak.policy-enforcer.enable=true
```

在 application.properties 文件中，配置了 quarkus.oidc 的相关参数。

（1）quarkus.oidc.auth-server-url 表示 OIDC 认证授权服务器的位置，OpenID 连接（OIDC）服务器的基本 URL，例如 https://host:port/auth。在默认的情况下，通过将 well-known/openid-configuration 路径附加到这个 URL 上来调用 OIDC 发现端点。注意，如果使用 Keycloak OIDC 服务器，请确保基本 URL 采用 https://host:port/auth/realms/{realm}' where '{realm}'格式，其中的{realm}必须替换为 Keycloak 域的名称。

（2）quarkus.oidc.client-id 表示应用的 client-id。每个应用都有一个用于标识自己的 client-id。

（3）quarkus.oidc.credentials.secret 是用于 client_secret_basic 身份验证方法的 client secret。注意，client-secret.value 可以定义为使用，但 quarkus.oidc.credentials.secret 和 client-secret.value 属性是互斥的。

（4）quarkus.http.cors=true 表示授权可以跨域访问。

（5）quarkus.keycloak.policy-enforcer.enable=true 表示 Keycloak 认证策略全程启用。

下面讲解 quarkus-sample-security-keycloak 程序中的 ProjectResource 资源类的功能和作用。

用 IDE 工具打开 com.iiit.sample.security.keycloak.authorization.ProjectResource 类文件，代码如下：

```
@Path("/projects")
public class ProjectResource {
    private static final Logger LOGGER = Logger.getLogger (ProjectResource.class);

    @Inject    SecurityIdentity keycloakSecurityContext;

    @Inject    ProjectService service;

    @GET
    @Path("/api/public")
    @Produces(MediaType.APPLICATION_JSON)
    @PermitAll
    public String serveResource() {
        LOGGER.info("/api/public");
        return service.getProjectInform();
    }

    @GET
```

```java
    @Path("/api/admin")
    @Produces(MediaType.APPLICATION_JSON)
    public String manageResource() {
        LOGGER.info("granted");
        return service.getProjectInform();
    }

    @GET
    @Path("/api/users/user")
    @Produces(MediaType.APPLICATION_JSON)
    public User getUserResource() {
        return new User(keycloakSecurityContext);
    }

    public static class User {
        private final String userName;
        User(SecurityIdentity securityContext) {
            this.userName = securityContext.getPrincipal().getName();
        }

        public String getUserName() { return userName; }
    }
}
```

程序说明：

① ProjectResource 类的作用是与外部进行交互，主要方法是 REST 的 GET 方法。以上程序中包括 3 个 GET 方法。

② ProjectResource 类的 serveResource 方法为授权方法，外部需要在获得 access_token 后才能调用该方法获取 Project 数据。授权方式为客户端模式（Client Credentials）。

③ ProjectResource 类的 manageResource 方法为授权方法，外部需要在获得 access_token 后才能调用该方法获取 Project 数据。授权方式为客户端模式（Client Credentials）。

④ ProjectResource 类的 getUserResource 方法为授权方法，外部需要在获得 access_token 后才能调用该方法获取 User 对象数据。授权方式为客户端模式（Client Credentials）。

该程序动态运行的序列图（如图 6-30 所示，遵循 UML 2.0 规范绘制）描述了外部调用者 Actor、ProjectResource、ProjectService 和 Keycloak 等对象之间的时间顺序交互关系。

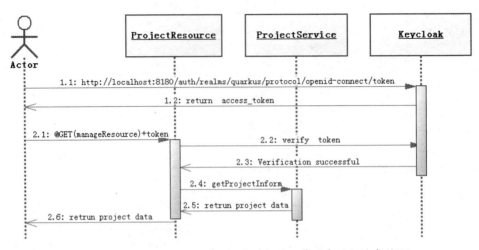

图 6-30 quarkus-sample-security-keycloak 程序动态运行的序列图

该序列图中总共有两个序列，分别介绍如下。

序列 1 活动：① 外部 Actor 向 Keycloak 服务器调用获取令牌的方法；② Keycloak 服务器返回与令牌相关的全部信息（包括 access_token）。

序列 2 活动：① 外部 Actor 传入参数 access_token 并调用 ProjectResource 资源对象的 @GET(manageResource)方法；② ProjectResource 资源对象向 Keycloak 服务器调用验证令牌的方法；③ 验证成功，返回成功信息；④ ProjectResource 资源对象调用 ProjectService 服务对象的 getProjectInform 方法；⑤ ProjectService 服务对象的 getProjectInform 方法返回 Project 数据给 ProjectResource 资源；⑥ ProjectResource 资源对象返回 Project 数据给外部 Actor。

其他通过令牌获取资源的访问方法与序列 2 基本相同，在此就不再赘述了。

6.6.4 验证程序

通过下列几个步骤（如图 6-31 所示）来验证案例程序。

下面对其中涉及的关键点进行说明。

1. 启动 Keycloak 服务器

在 Windows 操作系统下，在命令行窗口中运行> ...\bin\standalone.bat，即可启动 Keycloak 服务器。

第 6 章 构建安全的 Quarkus 微服务

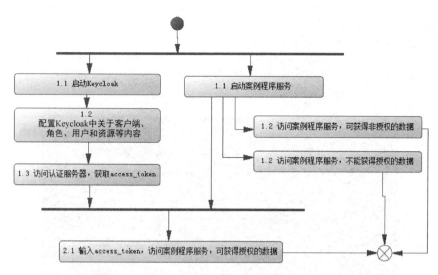

图 6-31　quarkus-sample-security-keycloak 程序验证流程图

2．配置 Keycloak 服务器

Keycloak 服务器配置如下。

第一，将 Realms 切换到 Quarkus 中。程序内部有一个 config 目录，该目录下有一个 quarkus-realm.json 文件，创建 Realms 时可以导入该文件生成 Realms 的相关属性。

第二，在 Quarkus 的 Client 模块中，确认是否有名为 backend-service 的 client-id，如果没有，则新增一个 backend-service 客户端。

第三，在 Quarkus 的 Roles 模块中，查看其中的角色，确认是否有 admin 角色，如果没有，则创建 admin 角色并获得其所有权限。

第四，在 Quarkus 的 User 模块中，查看其中的用户，确认是否有 admin 用户，如果没有，则创建 admin 用户并将其映射到 admin 角色上。

第五，在 Quarkus 的 Client 模块的 backend-service 客户端中，查看其中是否有 Project Resource 资源，如果没有，则创建资源 Project Resource 并设置其 URI 为/projects/*。

第六，在 Quarkus 的 Client 模块的 backend-service 客户端中，参看资源权限，查看其中是否有 Project Resource Permission 资源权限，如果没有，则创建 Project Resource Permission 资源权限并设置其权限为可以访问任何资源。

3．获取访问客户端的令牌

在命令行窗口中键入如下命令：

```
curl -X POST http://localhost:8180/auth/realms/quarkus/protocol/openid-
```

```
connect/token ^
        --user backend-service:secret ^
        -H "content-type: application/x-www-form-urlencoded" ^
        -d "username=admin&password=admin&grant_type=password"
```

运行命令后的结果界面如图 6-32 所示，获取了令牌内容。

图 6-32 获取了令牌内容

在图 6-32 中，access_token 和 expires_in 之间的内容就是令牌内容。这里的令牌内容看上去比较多，处理起来也比较烦琐。注意，这些字符之间不能有空格。

4．启动 quarkus-sample-security-keycloak 程序服务

启动程序有两种方式，第 1 种是在开发工具（如 Eclipse）中调用 ProjectMain 类的 run 命令，第 2 种是在程序目录下直接运行命令 mvnw compile quarkus:dev。

5．通过 API 显示 Public 的授权情况

直接执行命令 curl -i -X GET http://localhost:8080/api/public，其结果显示为授权不通过，因为我们配置文件的设置是 quarkus.oidc.credentials.secret=secret，表示所有的请求都需要进行授权验证。

6．通过 access_token 访问授权服务

在命令行窗口中键入如下命令，其中的 $access_token 是在之前的步骤中获得的 access_token：

```
curl -v -X GET  http://localhost:8080/api/users/me ^
     -H "Authorization: Bearer "$access_token
```

为了方便操作和便于观察，采用 Postman 来验证和查看。

在 Postman 上输入 http://localhost:8080/projects/api/admin，在 TYPE 中选择 Bearer Token，然后把获取的令牌信息复制到 Token 中，接着单击 Send 按钮，结果界面如图 6-33 所示。

图 6-33　通过令牌获取授权数据

图 6-33 显示了 Bearer Token 授权模式，输入了令牌并获得了授权数据。/api/admin 端点受基于角色的访问控制（RBAC）保护，只有 admin 角色的用户才能访问该端点。在这个端点上，使用@RolesAllowed 注解强制声明了访问约束。

在 Postman 上输入 http://localhost:8080/projects/api/users/user，在 TYPE 中选择 Bearer Token，然后把获取的令牌信息复制到 Token 中，接着单击 Send 按钮，结果界面如图 6-34 所示。

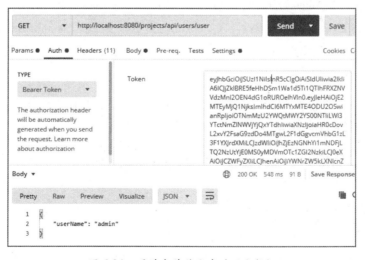

图 6-34　通过令牌获取有关用户数据

图 6-34 显示了 Bearer Token 授权模式，输入了令牌并获得了授权数据。任何拥有有效令牌的用户都可以访问/api/users/me 端点，而该端点会返回一个 JSON 文档作为响应，其中包含有关用户的详细信息，这些详细信息是从令牌携带的信息中获得的。

6.7 使用 OpenID Connect 实现安全的 JAX-RS 服务

6.7.1 案例简介

本案例介绍如何使用 Quarkus OpenID Connect 扩展组件来保护使用承载令牌授权的 JAX-RS 应用。通过阅读和分析基于 OpenID Connect 令牌访问、授权的代码，可以了解 Quarkus 框架在 OpenID Connect 上的使用方法。

承载令牌由 OpenID Connect 和 OAuth 2.0 兼容的授权服务器（如 Keycloak）颁发。承载令牌授权是基于承载令牌的存在和有效性来授权 HTTP 请求的过程，承载令牌提供了有价值的信息，可以确定调用的主题及是否可以访问 HTTP 资源。这些端点受到保护，且只有客户端随请求一起发送承载令牌时才能被访问，而且令牌必须有效（例如，签名、过期时间和访问群体都有效）并受微服务信任。承载令牌是由 Keycloak 服务器发出的，Keycloak 表示发出令牌的主体。作为 OIDC 授权服务器，令牌还引用了代表用户的客户端。

基础知识：OpenID Connect 及一些基本概念。

OIDC 是 OpenID Connect 的简称，OIDC=（Identity, Authentication）+ OAuth 2.0，是整合 OAuth 2.0 + OpenID 的新的认证授权协议。OAuth 2.0 是一个授权（Authorization）协议，但无法提供完善的身份认证功能，而 OpenID 是一个认证（Authentication）协议。两者相结合，使 OIDC 实现了认证和授权功能。

已经有很多企业在使用 OIDC 了，比如 Google 的账号认证授权体系和 Microsoft 的账号体系，OIDC 的应用场景如图 6-35 所示。

OIDC 由多个规范构成，其中包含一个核心规范和多个可选规范来提供扩展支持，其架构如图 6-36 所示。

第 6 章 构建安全的 Quarkus 微服务

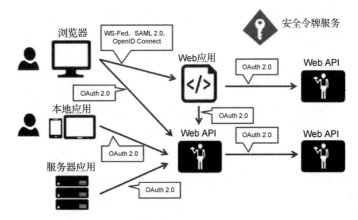

图 6-35 OIDC 的应用场景

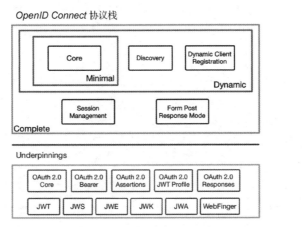

图 6-36 OIDC 协议架构图（来自 OpenID 官网）

从抽象角度来看，OIDC 工作流程由以下 5 个步骤构成，如图 6-37 所示。

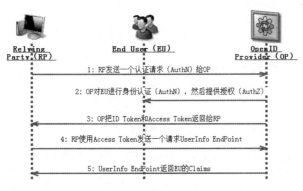

图 6-37 OIDC 流程图

· 275 ·

OIDC 工作流程各个步骤说明：①RP 发送一个认证请求给 OP；②OP 对 EU 进行身份认证，然后提供授权；③OP 把 ID Token 和 Access Token 返回给 RP；④RP 使用 Access Token 发送一个请求 UserInfo EndPoint；⑤UserInfo EndPoint 返回 EU 的 Claims。

图 6-36 来自 OIDC 核心规范文档，其中 AuthN=Authentication，表示认证；AuthZ=Authorization，代表授权。注意，RP 在这里发往 OP 的请求，属于 Authentication 类型的请求，虽然 OIDC 中复用了 OAuth 2.0 的 Authorization 请求通道，但是用途是不一样的，并且 OIDC 的 AuthN 请求中的 scope 参数需要有一个值为 openid 的参数，用于明确这是一个 OIDC 的 Authentication 请求，而不是 OAuth 2.0 的 Authorization 请求。

6.7.2 编写程序代码

编写程序代码有 3 种方式。第 1 种方式是通过代码 UI 来实现的，在 Quarkus 官网的生成代码页面中按照指定步骤生成脚手架代码，然后下载文件，将项目引入 IDE 工具中，最后修改程序源码。

第 2 种方式是通过 mvn 来构建程序，通过下面的命令创建 Maven 项目来实现：

```
mvn io.quarkus:quarkus-maven-plugin:1.11.1.Final:create ^
    -DprojectGroupId=com.iiit.quarkus.sample  ^
    -DprojectArtifactId=057-quarkus-sample-security-openid-connect-service ^
    -DclassName=com.iiit.sample.security.openidconnect.service
    -Dpath=/projects ^
    -Dextensions=resteasy,oidc,resteasy-jackson
```

第 3 种方式是直接从 GitHub 上获取代码，可以从 GitHub 上克隆预先准备好的示例代码：

```
git clone https://******.com/rengang66/iiit.quarkus.sample.git（见链接1）
```

该程序位于 "057-quarkus-sample-security-openid-connect-service" 目录中，是一个 Maven 工程项目程序。

该程序引入了 Quarkus 的两个扩展依赖项，在 pom.xml 的<dependencies>下有如下内容：

```xml
<dependency>
    <groupId>io.quarkus</groupId>
    <artifactId>quarkus-oidc</artifactId>
</dependency>
```

其中的 quarkus-oidc 是 Quarkus 扩展的 OIDC 实现。

quarkus-sample-security-openid-connect-service 程序的应用架构如图 6-38 所示。

quarkus-sample-security-openid-connect-service 程序的应用架构（如图 6-38 所示）表明，外

部访问 ProjectResource 资源接口，ProjectResource 资源负责外部的访问安全认证，其安全认证信息存储在 Keycloak 认证服务器中。ProjectResource 资源访问 Keycloak 认证服务器并获取安全认证信息。ProjectResource 资源依赖于 quarkus-oidc 扩展。

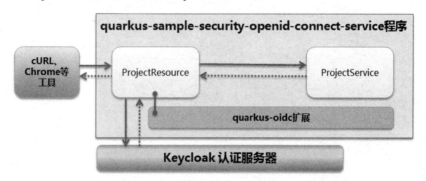

图 6-38　quarkus-sample-security-openid-connect-service 程序应用架构图

quarkus-sample-security-openid-connect-service 程序的配置文件和核心类如表 6-5 所示。

表 6-5　quarkus-sample-security-openid-connect-service 程序的配置文件和核心类

名　　称	类　　型	简　　介
application.properties	配置文件	提供 Quarkus 的 openid-connect 认证的配置信息
ProjectResource	资源类	实现 Quarkus 的 openid-connect 认证过程，核心类
ProjectService	服务类	主要提供数据服务，无特殊处理，在本节中将不做介绍
Project	实体类	POJO 对象，无特殊处理，在本节中将不做介绍

在该程序中，首先看看配置信息的 application.properties 文件：

```
quarkus.oidc.auth-server-url=http://localhost:8180/auth/realms/quarkus
quarkus.oidc.client-id=backend-service
quarkus.oidc.credentials.secret=secret
```

在 application.properties 文件中，配置了 quarkus.oidc 的相关参数。

（1）quarkus.oidc.auth-server-url 表示 OIDC 认证授权服务器的位置。

（2）quarkus.oidc.client-id 和 quarkus.oidc.credentials.secret 是 OIDC 认证的用户名和密码。

下面讲解 quarkus-sample-security-openid-connect-service 程序中的 ProjectResource 资源类的功能和作用。

用 IDE 工具打开 com.iiit.sample.security.openidconnect.service.ProjectResource 类文件，其代码如下：

```
@Path("/projects")
```

```java
public class ProjectResource {
    private static final Logger LOGGER = Logger.getLogger (ProjectResource.class);

    @Inject   SecurityIdentity identity;

    @Inject   ProjectService service;

    @GET
    @Path("/api/public")
    @Produces(MediaType.APPLICATION_JSON)
    @PermitAll
    public String serveResource() {
        LOGGER.info("/api/public");
        return service.getProjectInform();
    }

    @GET
    @Path("/api/admin")
    @Produces(MediaType.TEXT_PLAIN)
    @RolesAllowed("admin")
    public String adminResource() {
        LOGGER.info("granted");
        return service.getProjectInform();
    }

    @GET
    @Path("/api/users/user")
    @Produces(MediaType.APPLICATION_JSON)
    @RolesAllowed("user")
    @NoCache
    public User userResource() {
        return new User(identity);
    }

    public static class User {
        private final String userName;
        User(SecurityIdentity identity) {
            this.userName = identity.getPrincipal().getName();
        }
        public String getUserName() {
            return userName;
        }
    }
}
```

程序说明：

① ProjectResource 类的作用是与外部进行交互，主要方法是 REST 的 GET 方法。以上程

第 6 章 构建安全的 Quarkus 微服务

序包括 3 个 GET 方法。

② ProjectResource 类的 serveResource 方法为非授权方法，外部调用该方法可直接获取 Project 数据。

③ ProjectResource 类的 adminResource 方法为授权方法，外部需要在获得 access_token 后才能调用该方法获取 Project 数据。授权方式为客户端模式（Client Credentials）。

④ ProjectResource 类的 userResource 方法为授权方法，外部需要在获得 access_token 后才能调用该方法获取 User 对象数据。授权方式为客户端模式（Client Credentials）。

该程序动态运行的序列图（如图 6-39 所示，遵循 UML 2.0 规范绘制）描述了外部调用者 Actor、ProjectResource、ProjectService 和 Keycloak 等对象之间的时间顺序交互关系。

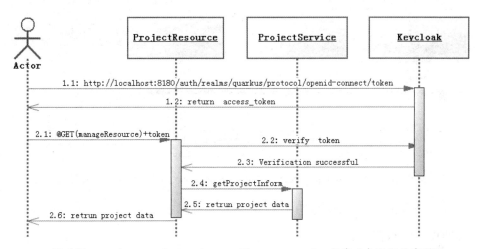

图 6-39 quarkus-sample-security-openid-connect-service 程序动态运行的序列图

该序列图中总共有两个序列，分别介绍如下。

序列 1 活动：① 外部 Actor 向 Keycloak 服务器调用获取令牌的方法；② Keycloak 服务器返回与令牌相关的全部信息（包括 access_token）。

序列 2 活动：① 外部 Actor 传入参数 access_token 并调用 ProjectResource 资源对象的 @GET(manageResource)方法；② ProjectResource 资源对象向 Keycloak 服务器调用获取令牌的方法；③ 当验证成功时，返回成功信息；④ ProjectResource 资源类调用 ProjectService 服务类的 getProjectInform 方法；⑤ ProjectService 服务对象的 getProjectInform 方法返回 Project 数据给 ProjectResource 资源；⑥ ProjectResource 资源对象返回 Project 数据给外部 Actor。

其他通过令牌获取资源的访问方法与序列 2 基本相同，就不再赘述了。

6.7.3 验证程序

通过下列几个步骤（如图 6-40 所示）来验证案例程序。

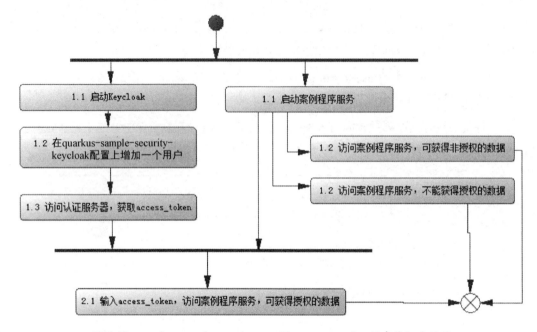

图 6-40　quarkus-sample-security-openid-connect-service 程序验证流程图

下面对其中涉及的关键点进行说明。

1．启动 Keycloak 服务器

在 Windows 操作系统下，在命令行窗口中运行> ...\bin\standalone.bat，即可启动 Keycloak 服务器。

2．配置 Keycloak 服务器

首先将 Realms 切换到 Quarkus 中，其确认过程与 quarkus-sample-security-keycloak 程序类似，在此就不赘述了。

将 Realms 切换到 Quarkus 的 Users 模块，创建一个用户 rengang，密码为 123456，如图 6-41 所示。

图 6-41 创建用户的详细信息

为用户映射角色,把 admin 和 user 角色都赋给用户,如图 6-42 所示。

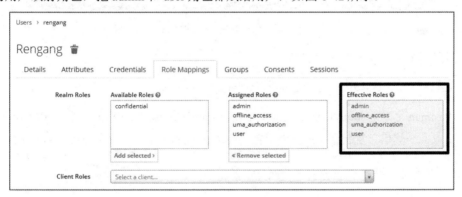

图 6-42 为用户映射角色

3. 启动 quarkus-sample-security-openid-connect-service 程序服务

启动程序有两种方式,第 1 种是在开发工具(如 Eclipse)中调用 ProjectMain 类的 run 命令,第 2 种是在程序目录下直接运行命令 mvnw compile quarkus:dev。

4. 通过 API 显示 Public 的授权情况

输入命令 curl -i -X GET http://localhost:8080/api/public,其结果显示为授权通过。这是因为该方法的授权是@PermitAll。

5. 获取 access_token

在命令行窗口中键入如下命令:

```
curl -X POST http://localhost:8180/auth/realms/quarkus/protocol/openid-
connect/token ^
      --user backend-service:secret ^
      -H "content-type: application/x-www-form-urlencoded" ^
      -d "username=rengang&password=123456&grant_type=password"
```

获取的 access_token 如图 6-43 所示。

图 6-43　用户 rengang 获取的令牌信息

6．通过 access_token 访问服务

图 6-43 中的 access_token 是通过用户 rengang 获取的。

在 Postman 上输入 http://localhost:8080/projects/api/admin，在 TYPE 中选择 Bearer Token，然后把获取的令牌信息复制到 Token 中，接着单击 Send 按钮，结果界面如图 6-44 所示。

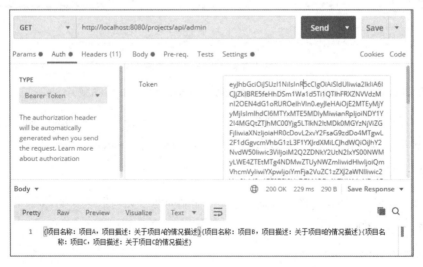

图 6-44　用户 rengang 通过令牌获取授权数据

图 6-44 显示了 Bearer Token 授权模式，输入了令牌并获得了授权数据。

在 Postman 上输入 http://localhost:8080/projects/api/users/user，在 TYPE 中选择 Bearer Token，然后把获取的令牌信息复制到 Token 中，接着单击 Send 按钮，结果界面如图 6-45 所示。

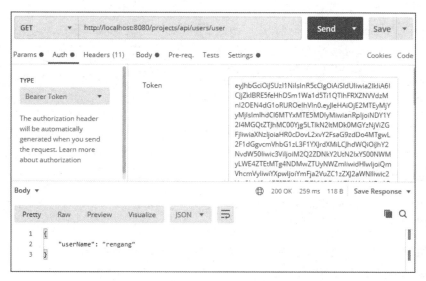

图 6-45　用户 rengang 通过令牌获取授权用户数据

图 6-45 显示了 Bearer Token 授权模式，输入了令牌并获得了授权用户数据。

6.8　使用 OpenID Connect 实现安全的 Web 应用

6.8.1　案例简介

本案例介绍如何通过 Quarkus OpenID Connect 扩展组件来使用 OpenID Connect 授权代码保护 Quarkus HTTP 端点。通过阅读和分析使用 OpenID Connect 对 Quarkus HTTP 端点的安全访问进行授权等案例代码，可以了解 Quarkus 框架的 OpenID Connect 授权的使用方法。

OpenID Connect 授权代码符合 OpenID Connect 规范，由授权服务器（如 Keycloak）支持。通过将 Web 应用的用户重定向到 OpenID Connect 提供的程序（例如 Keycloak）来进行登录，并且在验证完成后，返回确认验证成功的代码。该扩展组件允许轻松地对 Web 应用的用户进行验证。扩展组件将使用授权代码来向 OpenID Connect 提供程序请求 ID 和 Access Token，并验证这些令牌，以便对应用的访问进行授权。

6.8.2 编写程序代码

编写程序代码有 3 种方式。第 1 种方式是通过代码 UI 来实现的,在 Quarkus 官网的生成代码页面中按照指定步骤生成脚手架代码,然后下载文件,将项目引入 IDE 工具中,最后修改程序源码。

第 2 种方式是通过 mvn 来构建程序,通过下面的命令创建 Maven 项目来实现:

```
mvn io.quarkus:quarkus-maven-plugin:1.11.1.Final:create ^
    -DprojectGroupId=com.iiit.quarkus.sample  ^
    -DprojectArtifactId=056-quarkus-sample-security-openid-connect-web  ^
    -DclassName=com.iiit.sample.security.openidconnect.web
    -Dpath=/projects/ tokens ^
    -Dextensions=resteasy,oidc
```

第 3 种方式是直接从 GitHub 上获取代码,可以从 GitHub 上克隆预先准备好的示例代码:

```
git clone https://******.com/rengang66/iiit.quarkus.sample.git(见链接1)
```

该程序位于"056-quarkus-sample-security-openid-connect-web"目录中,是一个 Maven 工程项目程序。

在 IDE 工具中导入 Maven 工程项目程序,在 pom.xml 的<dependencies>下有如下内容:

```xml
<dependency>
    <groupId>io.quarkus</groupId>
    <artifactId>quarkus-oidc</artifactId>
</dependency>
```

其中的 quarkus-oidc 是 Quarkus 扩展的 OIDC 实现。

quarkus-sample-security-openid-connect-web 程序的应用架构(如图 6-46 所示)表明,外部访问 ProjectResource 资源接口,ProjectResource 资源负责外部的访问安全认证,其安全认证信息存储在 Keycloak 认证服务器中。ProjectResource 资源访问 Keycloak 认证服务器获取安全认证信息。ProjectResource 资源依赖于 quarkus-oidc 扩展。

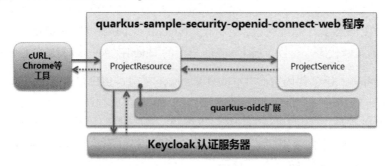

图 6-46　quarkus-sample-security-openid-connect-web 程序应用架构图

quarkus-sample-security-openid-connect-web 程序的配置文件和核心类如表 6-6 所示。

表 6-6　quarkus-sample-security-openid-connect-web 程序的配置文件和核心类

名　称	类　型	简　介
application.properties	配置文件	提供 Quarkus 的 openid-connect 认证的配置信息
ProjectResource	资源类	实现 Quarkus 的 openid-connect 认证过程，核心类

在该程序中，首先看看配置信息的 application.properties 文件：

```
quarkus.oidc.auth-server-url=http://localhost:8180/auth/realms/quarkus
quarkus.oidc.client-id=frontend
quarkus.oidc.application-type=web-app
quarkus.http.auth.permission.authenticated.paths=/*
quarkus.http.auth.permission.authenticated.policy=authenticated
quarkus.log.category."com.gargoylesoftware.htmlunit.DefaultCssErrorHandler".level=ERROR
```

在 application.properties 文件中，配置了 quarkus.oidc 的相关参数。

（1）quarkus.oidc.auth-server-url 表示 OIDC 认证授权服务器的位置。

（2）quarkus.oidc.client-id 是 OIDC 认证的用户。

（3）quarkus.oidc.application-type 定义了 OIDC 认证的应用类型，应用类型包括 web-app、service、hybrid，默认值是 service。

（4）quarkus.http.auth.permission.authenticated.paths 定义了 OIDC 认证的目录。

（5）quarkus.http.auth.permission.authenticated.policy 定义了 OIDC 认证的策略。

下面讲解 quarkus-sample-security-openid-connect-web 程序中的 TokenResource 资源类的功能和作用。

用 IDE 工具打开 com.iiit.sample.security.openidconnect.web.TokenResource 类文件，其代码如下：

```
@Path("/projects/tokens")
public class TokenResource {

    //由 OpenID Connect Provider 提供程序 ID 令牌的注入点
    @Inject
    @IdToken
    JsonWebToken idToken;

    //由 OpenID Connect Provider 提供程序访问令牌的注入点
    @Inject   JsonWebToken accessToken;
```

```java
        //由 OpenID Connect Provider 提供程序刷新令牌的注入点
        @Inject    RefreshToken refreshToken;

        //返回一个 map，包含了该程序的令牌信息
        @GET
        public String getTokens() {
            StringBuilder response = new StringBuilder().append("<html>")
                    .append("<body>")
                    .append("<ul>");

            Object userName = this.idToken.getClaim("preferred_username");
            if (userName != null) {
                response.append("<li>username: ").append(userName.toString()).append("</li>");
            }

            Object access_token = this.accessToken.getRawToken();
            if (access_token != null) {
                response.append("<li>access_token:    ").append(access_token).append("</li>");
            }

            Object scopes = this.accessToken.getClaim("scope");
            if (scopes != null) {
                response.append("<li>scopes: ").append(scopes.toString()).append("</li>");
            }
            response.append("<li>refresh_token: ").append(refreshToken.getToken()!=null).append("</li>");
            response.append("<li>refresh_token:    ").append(refreshToken.getToken()).append("</li>");
            return response.append("</ul>").append("</body>").append("</html>").toString();
        }
    }
```

程序说明：

① TokenResource 类的作用是与外部进行交互，主要方法是 REST 的 GET 方法。

② TokenResource 类的 getTokens 方法可以获取应用的有效令牌，这里仅用于演示目的，不应在实际应用中公开这些令牌。

该程序动态运行的序列图（如图 6-47 所示，遵循 UML 2.0 规范绘制）描述了外部调用者 Actor、ProjectResource 和 Keycloak 等对象之间的时间顺序交互关系。

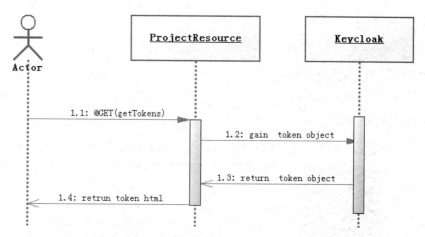

图 6-47　quarkus-sample-security-openid-connect-web 程序动态运行的序列图

该序列图中只有一个序列，介绍如下。

序列 1 活动：① 外部 Actor 调用 ProjectResource 资源对象的@GET(manageResource)方法；② ProjectResource 资源对象向 Keycloak 服务器调用获取令牌对象的方法；③ Keycloak 服务器返回令牌对象信息；④ ProjectResource 资源对象对令牌对象进行处理后返回页面数据给外部 Actor。

6.8.3　验证程序

通过下列几个步骤（如图 6-48 所示）来验证案例程序。

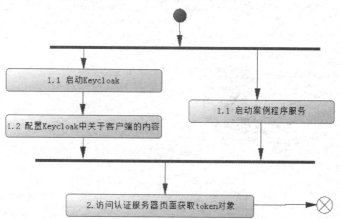

图 6-48　quarkus-sample-security-openid-connect-web 程序验证流程图

下面详细说明各个步骤。

1. 启动 Keycloak 认证和授权服务器

在 Windows 操作系统下，在命令行窗口中运行> ...\bin\standalone.bat，即可启动 Keycloak 服务器。

2. 初始化配置信息

配置信息就是导入文件，其实质是创建一个名为 frontend 的客户端，如图 6-49 所示。

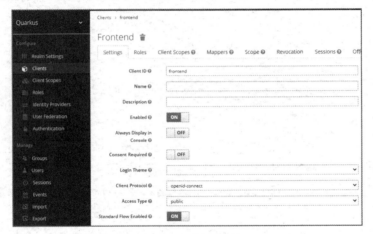

图 6-49　创建客户端信息

frontend 的其他信息如图 6-50 所示，其中增加了 Valid Redirect URLs 内容，表明有重定向转移。当外部访问资源时，会被重定向到 Keycloak 的登录界面并进行身份验证。

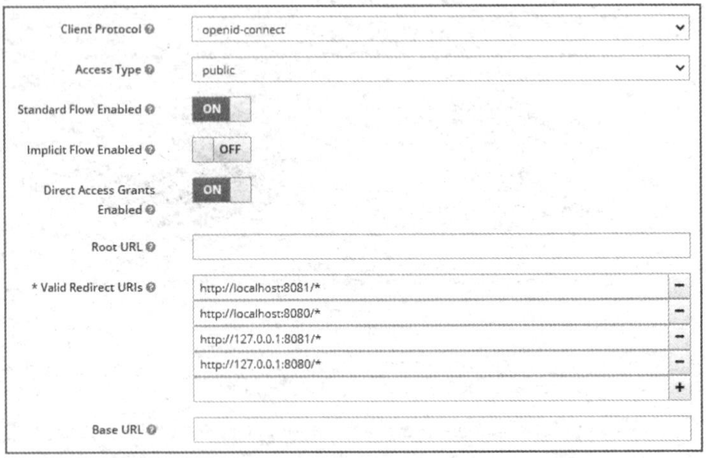

图 6-50　客户端 frontend 的 Valid Redirect URLs 信息

在我们录入 Keycloak 的用户名和密码，成功通过认证后，会重定向到应用。

3．启动 quarkus-sample-security-openid-connect-web 程序

启动程序有两种方式，第 1 种是在开发工具（如 Eclipse）中调用 ProjectMain 类的 run 命令，第 2 种是在程序目录下直接运行命令 mvnw compile quarkus:dev。

4．获取 access_token 对象信息

在浏览器中输入网址 http://localhost:8080/projects/tokens，会转到 Keycloak 登录界面，录入用户名 admin 和密码 admin，即可重定位到相应的地址，这时出现如图 6-51 所示的界面。

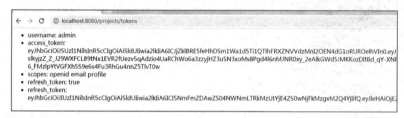

图 6-51　获取令牌相关信息的界面

在这里，可以看到登录用户名，获取的 access_token、scopes 和 refresh_token 等信息。

6.9　使用 JWT 加密令牌

6.9.1　案例简介

本案例介绍基于 Quarkus 框架帮助应用通过 MicroProfile JWT（MP JWT）验证 JSON Web 令牌，并将其表示为 MP JWT 的 org.eclipse.microprofile.jwt.JsonWebToken，使用承载令牌授权和基于角色的访问控制来提供对 Quarkus HTTP 端点的安全访问。本案例遵循 JWT 规范，通过阅读和分析使用承载令牌 JWT 并提供对资源的安全访问的案例代码，可以理解和掌握 Quarkus 框架验证 JSON Web 令牌（JWT）的使用方法。

基础知识：JWT 及一些基本概念。

JWT（JSON Web Token）是为在网络应用环境间传递声明而执行的一种基于 JSON 的开放标准（RFC 7519）。JWT 提供了一种紧凑的 URL 安全方式，表示要在双方之间传递的声明。

JWT 一般用来在身份提供者和服务提供者间传递被认证的用户身份信息，以便从资源服务器获取资源，也可以在其中增加一些额外的其他业务逻辑所需的声明信息。该令牌可直接用于认证，也可被加密。JWT 的优点：①跨语言，JSON 格式保证了对跨语言的支持；②基于令牌，无状态；③占用字节少，便于传输。

6.9.2 编写程序代码

编写程序代码有 3 种方式。第 1 种方式是通过代码 UI 来实现的，在 Quarkus 官网的生成代码页面中按照指定步骤生成脚手架代码，然后下载文件，将项目引入 IDE 工具中，最后修改程序源码。

第 2 种方式是通过 mvn 来构建程序，通过下面的命令创建 Maven 项目来实现：

```
mvn io.quarkus:quarkus-maven-plugin:1.11.1.Final:create ^
    -DprojectGroupId=com.iiit.quarkus.sample
    -DprojectArtifactId=053-quarkus-sample-security-jwt ^
    -DclassName=com.iiit.sample.security.jwt.ProjectResource
    -Dpath=/projects ^
    -Dextensions=resteasy-jsonb,quarkus-smallrye-jwt
```

第 3 种方式是直接从 GitHub 上获取代码，可以从 GitHub 上克隆预先准备好的示例代码：

```
git clone https://******.com/rengang66/iiit.quarkus.sample.git（见链接 1）
```

该程序位于 "053-quarkus-sample-security-jwt" 目录中，是一个 Maven 工程项目程序。

在 IDE 工具中导入 Maven 工程项目程序，在 pom.xml 的<dependencies>下有如下内容：

```
<dependency>
    <groupId>io.quarkus</groupId>
    <artifactId>quarkus-smallrye-jwt</artifactId>
</dependency>
```

其中的 quarkus-smallrye-jwt 是 Quarkus 扩展了 SmallRye 的 JWT 服务实现。

quarkus-sample-security-jwt 程序的应用架构（如图 6-52 所示）表明，外部访问 ProjectResource 资源接口，ProjectResource 资源负责外部的访问安全认证，通过 ProjectResource 资源的安全认证需要 JWT 加密的令牌。ProjectResource 资源依赖于 quarkus-smallrye-jwt 扩展。

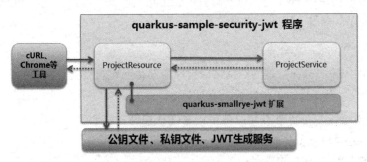

图 6-52 quarkus-sample-security-jwt 程序应用架构图

quarkus-sample-security-jwt 程序的核心类如表 6-7 所示。

表 6-7　quarkus-sample-security-jwt 程序的核心类

名　　称	类　　型	简　　介
GenerateToken	生成令牌类	提供生成令牌的功能
ProjectResource	资源类	提供 REST 外部 API，无特殊处理，在本节中将不做介绍
ProjectService	服务类	主要提供数据服务，无特殊处理，在本节中将不做介绍
Project	实体类	POJO 对象，无特殊处理，在本节中将不做介绍

在该程序中，首先看看配置信息的 application.properties 文件：

```
mp.jwt.verify.publickey.location=META-INF/resources/publicKey.pem
mp.jwt.verify.issuer=https://www.****.com（见链接 2）
smallrye.jwt.sign.key-location=privateKey.pem
```

在 application.properties 文件中，配置了与 JWT 相关的参数。

（1）mp.jwt.verify.publickey.location 表示公钥文件的存放位置。

（2）mp.jwt.verify.issuer 表示验证的 issuer。

（3）smallrye.jwt.sign.key-location 表示私钥文件的存放位置。

下面讲解 quarkus-sample-security-jwt 程序中的 GenerateToken 类和 ProjectResource 资源类的功能和作用。

1. GenerateToken 类

用 IDE 工具打开 com.iiit.sample.security.jwt.GenerateToken 类文件，其代码如下：

```
public class GenerateToken {
    /**
     * Generate JWT token
     */
    public static void main(String[] args) {
        String token = Jwt.issuer("https://www.****.com")（见链接 2）
        .upn("rengang66@sina.com")
        .groups(new HashSet<>(Arrays.asList("User", "Admin")))
        .claim(Claims.birthdate.name(), "1971-05-06")
        .sign();
        System.out.println(token);
    }
}
```

程序说明：该类的 main 方法可以根据 Jwt.issuer 生成一个使用 JWT 加密的令牌。

RSA Public Key PEM（公钥文件）的位置在 META-INF/resources/publicKey.pem，其内容如下：

```
-----BEGIN PUBLIC KEY-----
MIIBIjANBgkqhkiG9w0BAQEFAAOCAQ8AMIIBCgKCAQEAlivFI8qB4D0y2jy0CfEq
...
nQIDAQAB
-----END PUBLIC KEY-----
```

RSA Private Key PEM（私钥文件）的位置在 test/resources/ privateKey.pem，其内容如下：

```
-----BEGIN PRIVATE KEY-----
MIIEvQIBADANBgkqhkiG9w0BAQEFAASCBKcwggSjAgEAAoIBAQCWK8UjyoHgPTLa
...
-----END PRIVATE KEY-----
```

2. ProjectResource 资源类

用 IDE 工具打开 com.iiit.sample.security.jwt.ProjectResource 类文件，其代码如下：

```java
@Path("/projects")
@RequestScoped
public class ProjectResource {
    private static final Logger LOGGER = Logger.getLogger
(ProjectResource. class);
    @Inject   JsonWebToken jwt;

    @Inject
    @Claim(standard = Claims.birthdate)
    String birthdate;

    @Inject   ProjectService service;

    @GET
    @Path("permit-all")
    @PermitAll
    @Produces(MediaType.TEXT_PLAIN)
    public String serveResource(@Context SecurityContext ctx) {
        LOGGER.info(getResponseString(ctx));
        return service.getProjectInform();
    }

    @GET
    @Path("roles-allowed")
```

```java
        @RolesAllowed({ "User", "Admin" })
        @Produces(MediaType.TEXT_PLAIN)
        public String rolesAllowedResource(@Context SecurityContext ctx) {
            LOGGER.info(getResponseString(ctx));
            LOGGER.info(getResponseString(ctx) + ", birthdate: " + jwt.getClaim ("birthdate").toString());
            return service.getProjectInform();
        }

        @GET
        @Path("roles-allowed-admin")
        @RolesAllowed("Admin")
        @Produces(MediaType.TEXT_PLAIN)
        public String rolesAllowedAdminResource(@Context SecurityContext ctx) {
            LOGGER.info(getResponseString(ctx));
            LOGGER.info( getResponseString(ctx) + ", birthdate: " + birthdate);
            return service.getProjectInform();
        }

        @GET
        @Path("deny-all")
        @DenyAll
        @Produces(MediaType.TEXT_PLAIN)
        public String denyResource(@Context SecurityContext ctx) {
            throw new InternalServerErrorException("This method must not be invoked");
        }

        private String getResponseString(SecurityContext ctx) {
            String name;
            if (ctx.getUserPrincipal() == null) {
                name = "anonymous";
            } else if (!ctx.getUserPrincipal().getName().equals(jwt.getName())) {
                throw new InternalServerErrorException("Principal and JsonWebToken names do not match");
            } else {
                name = ctx.getUserPrincipal().getName();
            }
            return String.format("hello + %s,"+ " isHttps: %s,"       + " authScheme: %s," + " hasJWT: %s",name, ctx.isSecure(),
```

```
                  ctx.getAuthenticationScheme(), hasJwt());
    }
    private boolean hasJwt() {return jwt.getClaimNames() != null;}
}
```

程序说明：

① ProjectResource 类的作用是与外部进行交互，主要方法是 REST 的 GET 方法。以上程序包括 3 个 GET 方法。

② ProjectResource 类的 serveResource 方法为非授权方法，外部调用该方法直接获取 Project 数据。

③ ProjectResource 类的 rolesAllowedResource 方法为授权方法，user 和 admin 角色都有权限，外部需要在获得 access_token 后才能调用该方法获取 Project 数据。

④ ProjectResource 类的 rolesAllowedAdminResource 方法为授权方法，只有 admin 角色有权限，外部需要在获得 access_token 后才能调用该方法获取 Project 数据。

⑤ ProjectResource 类的 denyResource 方法为非授权方法，任何角色都无权限，不能获取 Project 数据。

该程序动态运行的序列图（如图 6-53 所示，遵循 UML 2.0 规范绘制）描述了外部调用者 Actor、ProjectResource、ProjectService 和 GenerateToken 等对象之间的时间顺序交互关系。

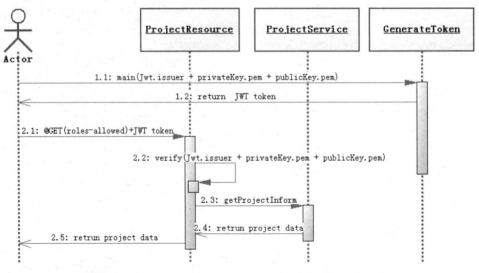

图 6-53　quarkus-sample-security-jwt 程序动态运行的序列图

该序列图总共有两个序列，分别介绍如下。

序列 1 活动：① 外部 Actor 向 GenerateToken 类调用获取 JWT 令牌的 maim 方法；② GenerateToken 类返回与令牌相关的全部 JWT 信息（包括 access_token）。

序列 2 活动：① 外部 Actor 传入参数 JWT token 并调用 ProjectResource 资源对象的 @GET(roles-allowed) 方法；② ProjectResource 资源对象验证 JWT token 的有效性；③ 验证成功，ProjectResource 资源对象调用 ProjectService 服务对象的 getProjectInform 方法；④ ProjectService 服务对象的 getProjectInform 方法返回 Project 数据给 ProjectResource 资源；⑤ ProjectResource 资源对象返回 Project 数据给外部 Actor。

其他通过令牌来获取资源的访问方法与序列 2 基本相同，就不再赘述了。

6.9.3 验证程序

通过下列几个步骤（如图 6-54 所示）来验证案例程序。

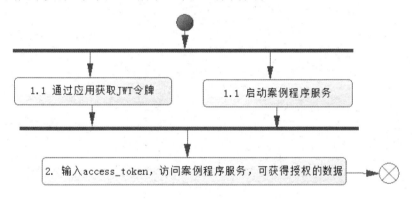

图 6-54 quarkus-sample-security-jwt 程序验证流程图

下面对其中涉及的关键点进行说明。

1. 获取 JWT 令牌

通过下面的命令来获取进行过 JWT 处理的令牌：

```
mvn exec:java -Dexec.mainClass=com.iiit.sample.security.jwt.GenerateToken
        -Dexec.classpathScope=test
        -Dsmallrye.jwt.sign.key-location=privateKey.pem
```

可以获得加密信息，如图 6-55 所示。

图 6-55 获取经过 JWT 加密的令牌信息

可以通过 JWT 官网解析加密信息，如图 6-56 所示。

图 6-56 的左边是加密信息，右边是对应的解密信息。解密信息表示 issuer 是 https://www.****.com（见链接 2），归属的角色是 user、admin 等。

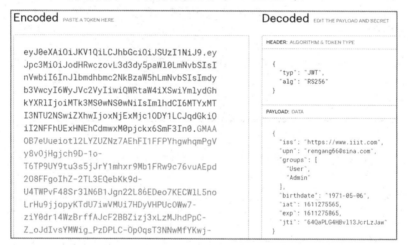

图 6-56 JWT 加密信息解析

2．启动 quarkus-sample-security-jwt 程序服务

启动程序有两种方式，第 1 种是在开发工具（如 Eclipse）中调用 ProjectMain 类的 run 命令，第 2 种是在程序目录下直接运行命令 mvnw compile quarkus:dev。

3．通过 API 显示 Public 的授权情况

直接运行命令 curl -v http://localhost:8080/projects/permit-all，其结果显示为授权通过。

4．通过 API 显示角色的授权情况

通过工具 Postman 来验证，这样输入和观察比较方便。

在 Postman 上输入 http://127.0.0.1:8080/projects/roles-allowed，结果界面如图 6-57 所示。

第 6 章 构建安全的 Quarkus 微服务

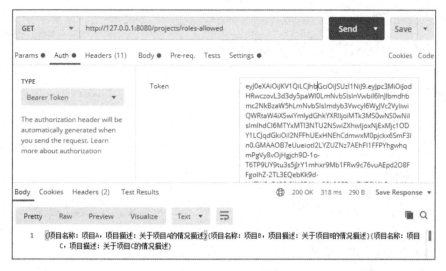

图 6-57 通过 JWT 令牌获取 admin 和 user 用户的授权数据

在 Postman 上输入 http://localhost:8080/projects/roles-allowed-admin，结果界面如图 6-58 所示。

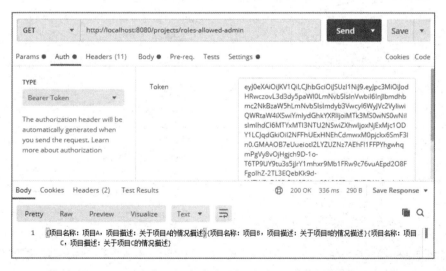

图 6-58 通过 JWT 令牌获取仅 admin 用户的授权数据

由于是 admin 管理员，所以还是正常反馈信息。

6.10 使用 OAuth 2.0 实现认证

6.10.1 前期准备

需要安装和配置 Keycloak 认证和授权服务器。Keycloak 服务器的安装和配置相关内容可以参考 6.6.1 节。

6.10.2 案例简介

本案例介绍基于 Quarkus 框架实现 OAuth 2.0 模块的基本功能。该模块遵循 OAuth 2.0 规范。通过阅读和分析使用 OAuth 2.0 授权和基于角色的访问控制提供对 Quarkus HTTP 端点的安全访问等案例代码，可以了解 Quarkus 框架的 OAuth 2.0 模块的使用方法。

基础知识：OAuth 2.0 协议。

OAuth 是一种开放协议，为桌面程序或者基于 B/S 的 Web 应用提供了一种简单的标准方式去访问需要用户授权的 API 服务。OAuth 认证授权具有简单、安全和开放等特点。OAuth 2.0 是 OAuth 1.0 协议的下一个版本，但不兼容 OAuth 1.0。OAuth 2.0 关注客户端开发的简易性，要么通过资源拥有者和 HTTP 服务提供商之间的被批准的交互动作代表用户，要么允许第三方应用代表用户获得访问权限。2012 年 10 月，OAuth 2.0 协议正式以 RFC 6749 发布。

OAuth 2.0 授权主要在 4 个角色中进行，如表 6-8 所示。

表 6-8 OAuth 2.0 授权角色表

角 色 名 称	功 能 描 述
客户端	客户端是代表资源拥有者对资源服务器发出访问受保护资源请求的应用
资源拥有者	资源拥有者是对资源具有授权能力的人
资源服务器	资源所在的服务器
授权服务器	为客户端应用提供不同的令牌，可以和资源服务器在同一服务器上，也可以独立出去

OAuth 2.0 的授权流程如图 6-59 所示，下面进行详细介绍：①用户打开客户端以后，客户端要求用户给予授权；②用户同意给予客户端授权；③客户端使用上一步获得的授权，向认证服务器申请令牌；④认证服务器对客户端进行认证以后，确认无误，同意发放令牌；⑤客户端使用令牌，向资源服务器申请获取资源；⑥资源服务器确认令牌无误，同意向客户端开放资源。

基于 OAuth 2.0 令牌认证的好处：①服务端无状态；②性能较好，无须进行权限校验；

③OAuth 2.0 令牌机制支持 Web 端和移动端。

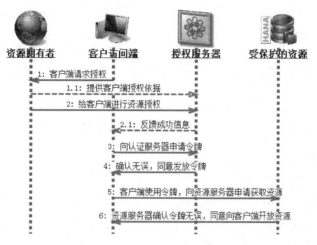

图 6-59　OAuth 2.0 授权流程图

在 OAuth 2.0 令牌认证的客户端授权模式下，客户端必须得到用户的授权（Authorization Grant）才能获得令牌（access-token）。OAuth 2.0 定义了 4 种授权方式：授权码模式、简化模式、密码模式和客户端模式。

（1）授权码模式（Authorization Code）——功能最完整、流程最严密的授权模式。它的特点是通过客户端的后台服务器与服务提供商的认证服务器进行互动。

（2）简化模式（Implicit）——不通过第三方应用的服务器，直接在浏览器中向认证服务器申请令牌。所有步骤在浏览器中完成，令牌对访问者是可见的，且客户端不需要认证。

（3）密码模式（Resource Owner Password Credentials）——用户向客户端提供自己的用户名和密码。客户端使用这些信息，向服务提供商申请授权。在这一模式下，用户必须把自己的密码发给客户端，但是客户端不得存储密码。这一模式通常用在用户对客户端高度信任的情况下。而认证服务器只有在其他授权模式无法执行的情况下，才考虑使用这一模式。

（4）客户端模式（Client Credentials）——客户端以自己的名义，而不是以用户的名义，向服务提供商进行认证。严格地说，客户端模式并不属于 OAuth 框架要解决的问题。

6.10.3　编写程序代码

编写程序代码有 3 种方式。第 1 种方式是通过代码 UI 来实现的，在 Quarkus 官网的生成代码页面中按照指定步骤生成脚手架代码，然后下载文件，将项目引入 IDE 工具中，最后修改程序源码。

第 2 种方式是通过 mvn 来构建程序，通过下面的命令创建 Maven 项目来实现：

```
mvn io.quarkus:quarkus-maven-plugin:1.11.1.Final:create ^
    -DprojectGroupId=com.iiit.quarkus.sample
    -DprojectArtifactId=054-quarkus-sample-security-oauth2 ^
    -DclassName=com.iiit.sample.security.oauth2.ProjectResource
    -Dpath=/projects ^
    -Dextensions=resteasy-jsonb,quarkus-elytron-security-oauth2
```

第 3 种方式是直接从 GitHub 上获取代码，可以从 GitHub 上克隆预先准备好的示例代码：

```
git clone https://******.com/rengang66/iiit.quarkus.sample.git（见链接 1）
```

该程序位于"054-quarkus-sample-security-oauth2"目录中，是一个 Maven 工程项目程序。

在 IDE 工具中导入 Maven 工程项目程序，在 pom.xml 的<dependencies>下有如下内容：

```
<dependency>
    <groupId>io.quarkus</groupId>
    <artifactId>quarkus-elytron-security-oauth2</artifactId>
</dependency>
```

其中的 quarkus-elytron-security-oauth2 是 Quarkus 扩展了 Elytron 的 OAuth 2.0 实现。

quarkus-sample-security-oauth2 程序的应用架构（如图 6-60 所示）表明，外部访问 ProjectResource 资源接口，ProjectResource 资源负责外部的访问安全认证，其安全认证信息存储在 Keycloak 认证服务器中。通过 ProjectResource 资源的安全认证需要支持 OAuth 2.0 的令牌。ProjectResource 资源依赖于 elytron-security-oauth2 扩展。

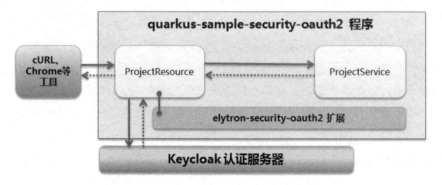

图 6-60　quarkus-sample-security-oauth2 程序应用架构图

quarkus-sample-security-oauth2 程序的配置文件和核心类如表 6-9 所示。

第 6 章 构建安全的 Quarkus 微服务

表 6-9 quarkus-sample-security-oauth2 程序的配置文件和核心类

名 称	类 型	简 介
application.properties	配置文件	提供 Quarkus 的 OAuth 2.0 认证的配置信息
ProjectResource	资源类	实现 Quarkus 的 OAuth 2.0 认证过程，核心类
ProjectService	服务类	主要提供数据服务，无特殊处理，在本节中将不做介绍
Project	实体类	POJO 对象，无特殊处理，在本节中将不做介绍

在该程序中，首先看看配置信息的 application.properties 文件：

```
quarkus.oauth2.client-id=oauth2_client_id
quarkus.oauth2.client-secret=oauth2_secret
quarkus.oauth2.role-claim=WEB
quarkus.oauth2.introspection-url=http://localhost:8900/auth/oauth/token?grant_type=client_credentials
```

在 application.properties 文件中，配置了 quarkus.oauth2 的相关参数，分别介绍如下。

（1）quarkus.oauth2.client-id 表示 OAuth 2.0 的客户端名称。

（2）quarkus.oauth2.client-secret 表示 OAuth 2.0 的客户端密码。

（3）quarkus.oauth2.role-claim 表示范围。

（4）quarkus.oauth2.introspection-url 定义获取令牌的验证信息。

下面讲解 quarkus-sample-security-oauth2 程序中的 ProjectResource 资源类的功能和作用。

用 IDE 工具打开 com.iiit.sample.security.oauth2.ProjectResource 类文件，其代码如下：

```java
@Path("/projects")
public class ProjectResource {
    private static final Logger LOGGER = Logger.getLogger (ProjectResource.class);

    @Inject   ProjectService service;

    @GET
    @Path("permit-all")
    @Produces(MediaType.TEXT_PLAIN)
    @PermitAll
    public String serveResource(@Context SecurityContext ctx) {
        Principal caller = ctx.getUserPrincipal();
        String name = caller == null ? "anonymous" : caller.getName();
        String helloReply = String.format("hello + %s, isSecure: %s, authScheme: %s", name, ctx.isSecure(),ctx.getAuthenticationScheme());
        System.out.println( helloReply);
        LOGGER.info(helloReply);
        return service.getProjectInform();
```

```
    }

    @GET
    @Path("roles-allowed")
    @RolesAllowed({ "admin" })
    @Produces(MediaType.TEXT_PLAIN)
    public String rolesAllowedResource(@Context SecurityContext ctx) {
        Principal caller = ctx.getUserPrincipal();
        String name = caller == null ? "anonymous" : caller.getName();
        String helloReply = String.format("hello + %s, isSecure: %s, authScheme: %s", name, ctx.isSecure(),ctx.getAuthenticationScheme());
        System.out.println( helloReply);
        LOGGER.info(helloReply);
        return service.getProjectInform();
    }
}
```

程序说明：

① ProjectResource 类的作用是与外部进行交互，主要方法是 REST 的 GET 方法。以上程序包括 3 个 GET 方法。

② ProjectResource 类的 serveResource 方法为非授权方法，外部调用该方法可直接获取 Project 数据。

③ ProjectResource 类的 rolesAllowedResource 方法为授权方法，user 和 admin 角色都有权限，外部需要在获得 access_token 后才能调用该方法获取 Project 数据。可以获取数据，授权方式为密码模式。

该程序动态运行的序列图（如图 6-61 所示，遵循 UML 2.0 规范绘制）描述了外部调用者 Actor、ProjectResource、ProjectService 和 Keycloak 等对象之间的时间顺序交互关系。

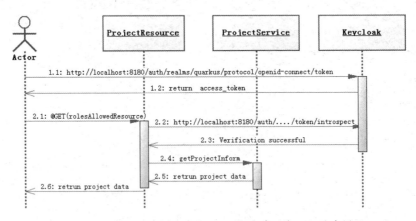

图 6-61　quarkus-sample-security-oauth2 程序动态运行的序列图

该序列图中总共有两个序列，分别介绍如下。

序列 1 活动：① 外部 Actor 向 Keycloak 服务器调用获取令牌的方法；② Keycloak 服务器返回与令牌相关的全部信息（包括 access_token）。

序列 2 活动：① 外部 Actor 传入参数 access_token 并调用 ProjectResource 资源对象的 @GET(manageResource)方法；② ProjectResource 资源对象向 Keycloak 服务器调用验证令牌的方法；③ 验证成功，返回成功信息；④ ProjectResource 资源对象调用 ProjectService 服务对象的 getProjectInform 方法；⑤ ProjectService 服务对象的 getProjectInform 方法返回 Project 数据给 ProjectResource 资源；⑥ ProjectResource 资源对象返回 Project 数据给外部 Actor。

其他通过令牌获取资源的访问方法与序列 2 基本相同，就不再赘述了。

6.10.4 验证程序

通过下列几个步骤（如图 6-62 所示）来验证案例程序。

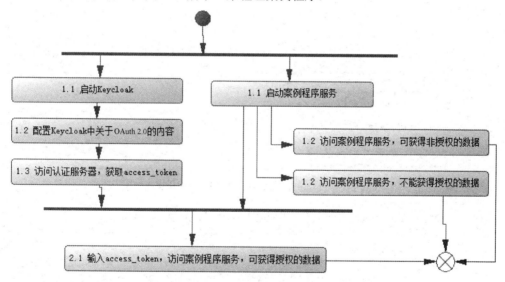

图 6-62　quarkus-sample-security-oauth2 程序验证流程图

下面对其中涉及的关键点进行说明。

1. 启动 Keycloak 认证和授权服务器

在 Windows 操作系统下，在命令行窗口中运行> ...\bin\standalone.bat，即可启动 Keycloak 服务器。

2. 初始化配置

Keycloak 配置如下。

第一，将 Realms 切换到 Quarkus 下，然后进入 Quarkus 的客户端。

第二，需要创建一个具有给定名称的 client-id。假设这个名称是 oauth2_client_id，在授权过程中使用客户端凭据。在 Access Type 中选择 confidential 并启用 Direct Access Grants，这个选项非常重要，如图 6-63 所示。

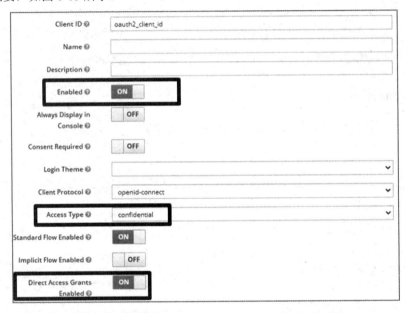

图 6-63　client-id 名字是 oauth2_client_id 的详细信息

第三，切换到 Credentials 选项卡，如图 6-64 所示，并复制 client-secret。

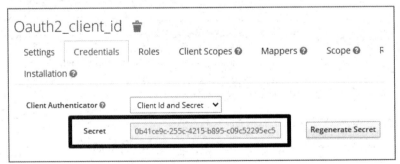

图 6-64　oauth2_client_id 的 client-secret 信息

第 6 章 构建安全的 Quarkus 微服务

在接下来的步骤中将配置 Quarkus OAuth 2.0 到 Keycloak 的连接，使用 keydrope 公开的两个 HTTP 端点 token_endpoint 和 introspection_endpoint。可以通过下面的命令来查阅 token_endpoint 和 introspection_endpoin 的映射地址：

```
curl -X GET http://localhost:8180/auth/realms/quarkus/.well-known/uma2-configuration
```

或在浏览器中输入网址 http://localhost:8180/auth/realms/quarkus/.well-known/uma2-configuration。

得到的结果内容如下：

```
{"issuer":"http://localhost:8180/auth/realms/quarkus",
 "authorization_endpoint":"http://localhost:8180/auth/realms/quarkus/protocol/openid-connect/auth",
 "token_endpoint":"http://localhost:8180/auth/realms/quarkus/protocol/openid-connect/token",
 "introspection_endpoint":"http://localhost:8180/auth/realms/quarkus/protocol/openid-connect/token/introspect",
 ...
```

token_endpoint 的映射位置是 http://localhost:8180/auth/realms/quarkus/protocol/openid-connect/token，访问其能生成新的访问令牌。

introspection_endpoint 的映射位置是 http://localhost:8180/auth/realms/quarkus/protocol/openid-connect/token/introspect，用于检索令牌的活动状态。换句话说，可以使用它来验证访问或刷新令牌。

Quarkus OAuth 2.0 模块需要 3 个配置属性，分别是 client-id、client-secret 和 introspection-url。其中有一个属性 quarkus.oauth2.role-claim，负责设置用于加载角色的声明的名称。角色列表是内省端点（introspection_endpoint）返回的响应的一部分。下面让我们看一看 keydrope 本地实例集成的配置属性的最终列表，配置文件的信息要与之保持一致：

```
quarkus.oauth2.client-id=oauth2_client_id
quarkus.oauth2.client-secret=0b41ce9c-255c-4215-b895-c09c52295ec5
quarkus.oauth2.introspection-url=http://localhost:8180/auth/realms/quarkus/protocol/openidconnect/token/introspect
quarkus.oauth2.role-claim=realm_access.roles
```

下面在 keybeat 上创建用户和角色。

我们将在 Keycloak 上创建一个测试用户，用户名是 admin，密码也是 admin。验证案例中只使用这么一个用户，如图 6-65 所示。

图 6-65　admin 用户列表

当然，我们还需要定义角色。在图 6-66 中，强调了应用使用的角色。在后面的验证程序中，我们采用的是 admin 角色。

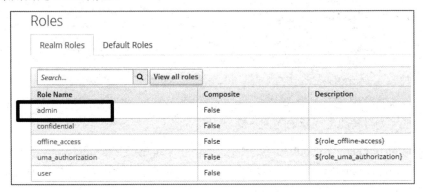

图 6-66　admin 角色列表

把用户 admin 归属给角色 admin，在 admin 属性页中可找到 Role Mappings 选项卡，可以在其中建立这种关系，如图 6-67 所示。

图 6-67　把用户 admin 归属给角色 admin

在进行测试之前，还需要做一件事，那就是必须编辑负责显示角色列表的客户端范围。为此，请转到 Client Scopes，找到 Roles 作用域。编辑之后，应该切换到 Mappers 选项卡。最后，需要找到并编辑 Realm Roles。字段 Token Claim Name 的值应与 quarkus.oauth2.role-claim 属性值一致，如图 6-68 所示。

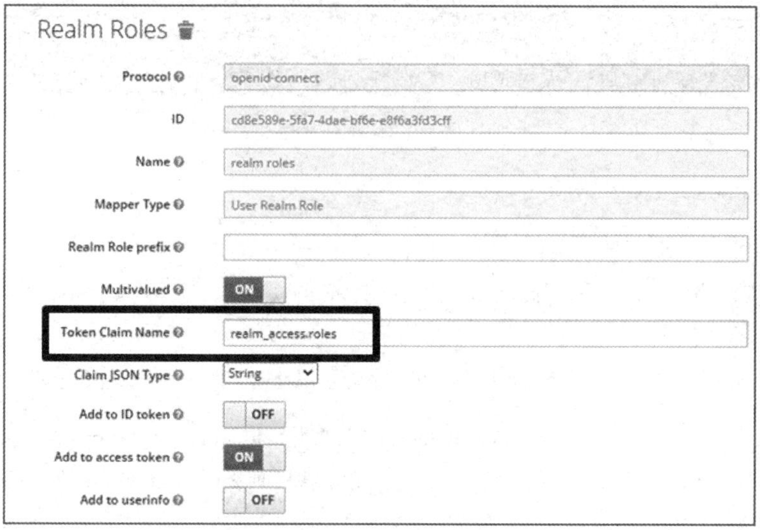

图 6-68　Realm Roles 详细信息

3．启动 quarkus-sample-security-oauth2 程序服务

启动程序有两种方式，第 1 种是在开发工具（如 Eclipse）中调用 ProjectMain 类的 run 命令，第 2 种是在程序目录下直接运行命令 mvnw compile quarkus:dev。

4．通过 API 显示 Public 的授权情况

执行命令 curl -i -X GET http://localhost:8080/api/public，其结果显示为授权通过。

5．获取 access_token

在命令行窗口中键入如下命令：

```
curl -X POST http://localhost:8180/auth/realms/quarkus/protocol/openid-connect/token ^
     --user oauth2_client_id:0b41ce9c-255c-4215-b895-c09c52295ec5 ^
     -H "content-type: application/x-www-form-urlencoded" ^
     -d "username=admin&password=admin&grant_type=password"
```

获取的 access_token 如图 6-69 所示。

图 6-69　获取的令牌信息

6. 通过 access_token 访问服务

在命令行窗口中键入如下命令：

```
curl -v -X GET  http://localhost:8080/projects/roles-allowed ^
    -H "Authorization: Bearer "$access_token
```

其中的 access_token 是上面步骤中获得的 access_token，通过用户 admin 获取的。

也可以在 Postman 中验证。在 Postman 上输入 http://localhost:8080/projects/roles-allowed，在 TYPE 中选择 Bearer Token，然后把获取的令牌信息复制到 Token 中，接着单击 Send 按钮，结果界面如图 6-70 所示。

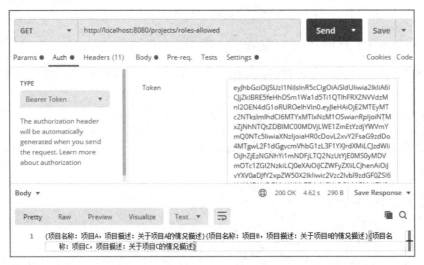

图 6-70　通过令牌获取用户授权数据

图 6-70 中的结果表明已经授权并获得了数据。

6.11 本章小结

本章主要介绍 Quarkus 在安全方面的应用开发，从如下 10 个部分进行讲解。

第一，介绍微服务 Security。

第二，介绍 Quarkus 框架的 Security 架构。

第三，介绍在 Quarkus 框架中如何开发通过文件存储用户信息的安全认证应用，包含案例的源码、讲解和验证。

第四，介绍在 Quarkus 框架中如何开发通过数据库存储用户信息并采用 JDBC 获取数据的安全认证应用，包含案例的源码、讲解和验证。

第五，介绍在 Quarkus 框架中如何开发通过数据库存储用户信息并采用 JPA 获取数据的安全认证应用，包含案例的源码、讲解和验证。

第六，介绍在 Quarkus 框架中如何开发采用 Keycloak 实现认证和授权的应用，包含案例的源码、讲解和验证。

第七，介绍在 Quarkus 框架中如何开发通过 OpenID Connect 实现安全的 JAX-RS 服务，包含案例的源码、讲解和验证。

第八，介绍在 Quarkus 框架中如何开发通过 OpenID Connect 实现安全的 Web 应用，包含案例的源码、讲解和验证。

第九，介绍在 Quarkus 框架中如何开发使用 JWT RBAC 的应用，包含案例的源码、讲解和验证。

第十，介绍在 Quarkus 框架中如何开发使用 OAuth 2.0 的应用，包含案例的源码、讲解和验证。

第 7 章
构建响应式系统应用

7.1 响应式系统简介

许多基于微服务的应用都是采用流行的 RESTful 开发的，这些微服务通常被称为命令式微服务。但是，随着高并发服务端开发场景的日益增多，很多开发者正在改造其应用，从先前使用的命令式逻辑转向异步的非阻塞功能逻辑，也就是现在经常能听到的响应式系统。

为何要采用响应式系统？下面简单说明一下原因。

下面的演示应用包含两个微服务：Service-A 和 Service-B。最初，两个微服务通过 RESTful 调用连接在一起，将一个 Service-A 端点公开给应用的客户端，如图 7-1 所示。

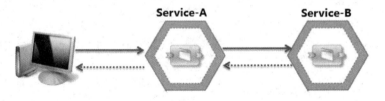

图 7-1 通过 RESTful 调用连接的两个微服务

在正常的情况下这样做没有问题，但是有一天，Service-B 停止响应，阻塞了 Service-A，这就导致整个应用被阻塞、无反应。为了解决这个问题，可以将 Service-A 和 Service-B 之间的调用从同步方式更改为异步方式，从而允许 Service-A 在等待 Service-B 重新联机的过程中还可以执行其他任务。

然而，一旦进入异步世界，就会出现新的问题。例如，需要管理 Java EE 上下文，即要求外部调用生成的上下文必须与其调用其他服务的上下文是一致的。线程池中的任何新线程都不会从其父级继承任何上下文。这是一个问题，因为安全上下文、JNDI（Java 命名和目录接口）和 CDI（上下文和依赖注入）通常需要与分配给外部方法调用的任何新线程相关联。

可以采用一些方法来解决这个一致性问题，如 MicroProfile Context Propagation 等。MicroProfile Context Propagation 引入了 ManagedExecutor 和 ThreadContext API，用于管理由线程池分派并由应用运行时管理的线程上下文。MicroProfile Context Propagation 的托管执行程序可以处理线程上下文的管理和控制，其中各阶段在可预测的线程上下文中运行，而不管操作最终在哪个线程上执行。那么在 Service-A 上可以使用 MicroProfile Context Propagation，使得线程上下文是完全确定的，因为始终从创建完成阶段的线程中捕获上下文，并在运行操作时应用该上下文。第一个问题解决了。

但是，只有在后端可靠的情况下，将应用转换为仅使用异步调用时才有用。如果后端不可靠，并且后端微服务经常失败，那么异步线程将变得无反应，保持挂起状态，并等待后端执行成功。为了确保应用通信的异步性有效，就需要改善所涉及微服务的灾备能力。为此，可以利用微服务的容错处理能力，如提供一些功能来帮助确保微服务具有灾备能力，如 @Retry 用于处理临时网络故障，@CircuitBreaker 用于使可重复的失败快速失败，@Bulkhead 用于防止一个微服务使整个系统瘫痪，@Timeout 用于为业务关键型任务设置时间限制，@Fallback 用于提供备份计划等。当然，采用这些容错策略可以保证外部调用的稳定性。第二个问题似乎也解决了。

很多开发者认为，通过实现异步编程并具备容错功能，他们的应用应该具备了非阻塞特征。但不幸的是，大多数情况都没这么简单。单凭异步编程并不能解决阻塞执行线程的问题，原因有二。

（1）如果应用中的微服务需要很长时间才能响应，则正在执行该进程的线程将被阻塞，并等待响应。被阻塞的线程越多，应用的响应能力就越差。尝试解决该问题的一种方法是分配更多的线程，以便能够处理更多的进程，但是不能无限制地分配线程。当所有可用线程都用完时，结果会如何？这时应用会停止运行，并且不会对用户做出任何反应。

（2）随着开源的兴起，许多应用还利用了第三方代码，而应用开发者可能并不熟悉这些第三方代码，或者不知道这些代码是否是非阻塞的。这也可能导致应用进程流中出现潜在的阻塞。

因此，应用要稳定，必须是异步 + 非阻塞模式，这就是响应式系统的基础。

"响应式"一词已成为一个广泛使用但又时常令人困惑的术语，其包含了响应式编程、响应式扩展、响应式流、响应式消息传递或响应式系统等，概念都不是很明确。响应式是一个不断发展的领域，而且由于其中的许多术语都与概念或规范有关，因此人们可能会各持己见。

1. 响应式的几个基本概念

首先说说响应式编程，从技术术语来说，响应式编程是一种范式，在这一范式中发布声明式代码来构造异步处理流水线。换句话说，响应式编程使用异步数据流进行编程，在数据可用时将其发送给使用者，这使得开发者能够编写可以快速、异步响应状态变化的代码。

流是按时间顺序排列的一系列进行中的事件（状态变化）。流可以发出 3 种不同的对象：值（某种类型）、错误或"已完成"信号。定义将要发出值时执行的函数、发出错误时执行的函数及发出"已完成"信号时执行的函数，并以异步方式捕获这 3 种事件或函数。服务对流的监听被称为订阅，我们把这种服务定义为观察者。流是正在被观察的主题（也被称为可观察对象）。

2. 响应式编程中的数据流

通过使用响应式编程，可以为任何对象创建数据流，包括变量、用户输入、属性、缓存、数据结构等。接着可以观测到这些流，并执行相应的操作。响应式编程还提供了一个奇妙的功能工具箱，用于组合、创建和过滤其中的任何流，比如：

- 可以将一个或多个流用作另一个流的输入。
- 可以合并两个流。
- 可以过滤流，以获取另一个仅包含感兴趣事件的流。
- 可以将数据值从一个流映射到另一个新的流。

另外，还可以使用模式和工具，以在微服务中启用响应式编程，有如下这些模式和工具。

- Futures，这是一个承诺（Promise），用于在操作完成后保存某些操作的结果。
- Observables，这是一种软件设计模式，在这种模式中，对象（称为主题）维护其依赖项（称为观察者）的列表，并自动通知观察者关于主题的任何事件（状态变化），这通常是通过调用某种方法来完成的。
- 发布和订阅。
- 响应式流，用来以非阻塞的方式处理异步数据流，同时向流发布者提供背压。
- 响应式编程库，用于编写基于事件的异步程序（比如 RxJava、Reactor 和 SmallRye Mutiny 等）。

响应式编程是一种有用的实现方法，通过异步和非阻塞执行，可以在诸如微服务之间、微服务内部组件之间进行逻辑处理和数据流转换。

3. 响应式扩展

响应式编程可处理数据流，并通过数据流自动传播更改。这种范式是由响应式扩展实现的。

响应式扩展促使命令式编程语言通过使用可观察的序列构建基于事件的异步程序。换句话说，这些代码可以创建和订阅名为 observable 的数据流。响应式扩展结合了观察者和迭代器模式，以及功能的习惯用语或习惯用法，为开发者提供了工具箱，支持应用的创建、组合、合并、过滤和转换数据流。

Java 有一些流行的响应式扩展，例如 ReactiveX（包括 RxJava、RxKotlin、Rx.NET 等）和 BaconJS。由于有很多种库可供选择，而且库之间缺乏互操作性，因此很难选择要使用的库。正是为了解决这一问题，才发起了响应式流倡议。

4. 响应式流

响应式流是为统一响应式扩展并处理具有非阻塞背压的异步流处理的标准化而提出的方案，其中包括针对运行时环境及网络协议开展的工作。为了让 Java 开发者在 JDK 中标准、规范地调用响应式流 API，JDK 9 在 java.util.concurrent.Flow 下提供了响应式流接口，其中包含 4 个接口：Publisher、Subscriber、Subscription 和 Processor。RxJava、Reactor 和 Akka Streams 都在 Flow 下实现了这些接口：

```
public interface Publisher<T> {
    public void subscribe(Subscriber<? super T> s);
}
public interface Subscriber<T> {
    public void onSubscribe(Subscription s);
    public void onNext(T t);
    public void onError(Throwable t);
    public void onComplete();
}
public interface Subscription {
    public void request(long n);
    public void cancel();
}
public interface Processor<T,R> extends Subscriber<T>, Publisher<R> {
}
```

Publisher（发布者）接口和 Subscriber（订阅者）接口之间的典型交互顺序如图 7-2 所示。

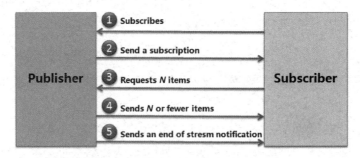

图 7-2 Publisher 接口和 Subscriber 接口之间的典型交互顺序

响应式流接口之间的交互顺序说明如下。

（1）Subscriber 接口和 Publisher 接口上场。Subscriber 接口是流订阅者，通过 Publisher.subscribe 方法订阅 Publisher 接口。

（2）Publisher 接口调用 Subscriber.onSubscribe 方法传递 Subscription，以便 Subscriber 接口调用 subscription.request 方法来处理背压或执行 subscription.cancel 方法。

（3）如果 Subscriber 接口只能处理 N 个项目，则将通过 Subscription.request(N)方法传递该信息。

（4）除非 Subscriber 接口请求更多的项目，否则 Publisher 接口不会发送 N+1 个项目。发布一个项目时，Publisher 接口会调用 onNext 方法。

（5）如果不发布任何项目，Publisher 接口则调用 onComplete 方法。

下面介绍 Processor（处理者）接口。Processor 接口是 Publisher 接口和 Subscriber 接口之间的中介。Processor 接口继承了 Publisher 和 Subscriber 接口。Processor 接口会订阅 Publisher 接口，然后 Subscriber 接口订阅 Processor 接口，这 3 个接口之间的交互关系如图 7-3 所示。

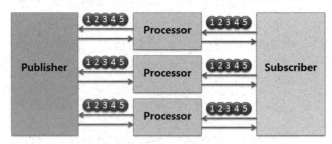

图 7-3 Processor、Publisher 和 Subscriber 接口之间的交互关系

Processor 接口是 Publisher 和 Subscriber 接口的处理阶段。它用于转换 Publisher—Subscriber 管道中的元素。Processor<T,R>订阅类型 T 的数据元素，接收元素后将其转换为类型 R 的数据元素，接着发布转换后的数据元素。图 7-3 显示 Processor 接口在 Publisher—Subscriber 管道中起转换器作用，其中可以拥有多个 Processor 接口。

如上所述，响应式流引入了发布、订阅的概念，以及将它们结合在一起的方法。但是，这些流通常需要通过 map、filter、flatMap 等进行操作（类似于非响应式流的 java.util.stream）。一般开发者不会打算直接实现响应式流 API，因为这很复杂，不仅很难做到，而且就算实现了也很难通过响应式流的 TCK 验证。因此，响应式流的实现必须由第三方库提供，这些第三方库有 Akka Streams、RxJava 或 Reactor。一般开发者学会调用第三方库提供的功能后就可以编写出响应式流程序了。

可是许多 MicroProfile 企业应用开发者并不希望或不能使用第三方库，而是希望能够直接操纵响应式流。因此，为了标准化流操作，有识之士创建了 MicroProfile Reactive Streams Operators，提供了与 java.util.stream 等效的功能。Reactive Streams 规范和 MicroProfile Reactive Streams Operators 规范为 MicroProfile Reactive Messaging 规范奠定了基础。

如上所述，响应式流是在背压下进行异步流处理的规范。响应式流定义了一组最小的接口，允许将执行此类流处理的组件连接在一起。MicroProfile Reactive Streams Operators 是 Eclipse MicroProfile 规范，其基于响应式流提供了一组基本操作符，以将不同的响应式组件连接在一起，并对在它们之间传递的数据进行处理。

MicroProfile Reactive Messaging 规范允许应用组件之间进行异步通信，从而实现微服务的时间解耦。如果通信中涉及的组件何时运行都能实现通信（不论这些组件是已加载还是过载，是已成功处理消息还是失败），则必须执行这种时间解耦。MicroProfile Reactive Messaging 规范提高了微服务之间的灾备能力，而这正是响应式系统的关键特征。

MicroProfile Reactive Messaging 旨在为消息传递提供轻量级的响应式解决方案，确保使用 MicroProfile 编写的微服务能够满足响应式架构的需求，从而提供一种将事件驱动的微服务连接在一起的方法。在应用的 Bean 上使用带注解的方法（@Incoming 和@Outgoing），并通过命名管道（表示要使用消息的源或目标的字符串/名称）将它们连接起来。

5．响应式系统

响应式编程、响应式流和响应式消息传递都是设计和构建响应式系统的得力工具。响应式系统就是在系统级别描述用于交付响应式流、响应式消息和响应式应用的架构样式。它旨在支持将包含多个微服务的应用作为一个单元协同工作，以更好地对其周围环境和其他应用做出反应，从而在处理不断变化的工作负载需求时表现出更大的弹性，并在组件发生故障时表现出更强大的灾备能力。由此还提出了响应式宣言（如图7-4所示）。

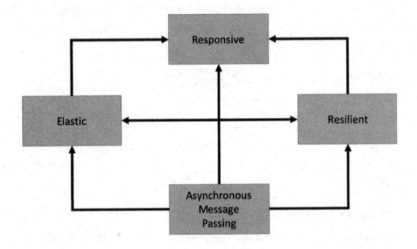

图7-4　响应式宣言的内容

响应式宣言列出了响应式系统的4个关键高级特征，分别介绍如下。

- 响应式（Responsive）：响应式系统需要在合理的时间内处理请求。
- 灾备（Resilient）：响应式系统必须在遇到故障（错误、崩溃、超时等）时积极地做出响应，因此必须将其设计为能够妥善处理故障。
- 弹性（Elastic）：响应式系统必须在各种负载下保持响应能力，即能够自如缩放。
- 异步消息驱动（Asynchronous Message Passing）：响应式系统中的组件使用异步消息传递进行交互，实现了松耦合、隔离和位置透明。

响应式系统的核心是异步消息驱动的系统。虽然响应式系统的基本原理看似简单，但要构建这些系统却很棘手。通常，每个节点都需要包含一个异步非阻塞开发模型（这是一个基于任务的并发模型），以及使用非阻塞I/O。因此，在设计和构建响应式系统时，必须认真考虑这几点。但是，使用响应式编程和响应式扩展有助于提供开发模型来解决这些异步难题。它们可以帮助开发者的代码保持可读性和可理解性。

现在已经有一些开源响应式框架或工具包可以派上用场，它们包括Vert.x、Akka、SmallRye Mutiny和Reactor等。这些框架或工具包提供的API实现可以给其他响应式工具和模式（包括响应式流规范、RxJava等）带来更多的价值。

7.2 Quarkus 响应式应用简介

7.2.1 Quarkus 的响应式总体架构

Quarkus 框架也是一个响应式框架。Quarkus 框架底层有响应式引擎 Eclipse Vert.x，每个 I/O 交互都必须使用非阻塞和响应式的 Vert.x 引擎。

Quarkus 框架非响应式和响应式程序实现原理如下：假设传入一个 HTTP 请求，Eclipse Vert.x 的 HTTP 服务器接收该请求，然后将其路由到应用。如果这个 HTTP 请求是一个阻塞请求，那么就将其路由到阻塞应用（3.1.4 节中所实现的程序）。如果这个 HTTP 请求的目标是一个响应式（非阻塞）路由，那么路由层将调用 I/O 线程上的路由。响应式带来了很多好处，例如更高的并发性和性能。Quarkus 框架的响应式路由过程及实现响应路径如图 7-5 所示。

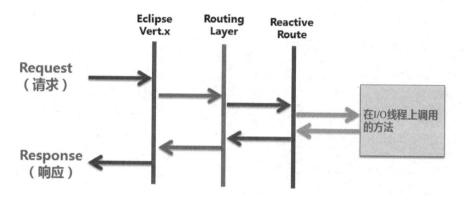

图 7-5　Quarkus 框架的响应式路由过程及实现响应路径

因此，许多 Quarkus 组件在设计时就考虑到了响应式，例如数据库访问组件（PostgreSQL、MySQL、MongoDB 等）、JPA 调用组件（如 Hibernate 等）、缓存处理组件（如 Redis 等）、消息传递组件（如 Kafka、AMQP 等）、应用服务组件（如邮件、模板引擎等）等。

7.2.2 Quarkus 中整合的响应式框架和规范

Quarkus 中整合的响应式框架有 Eclipse Vert.x 框架、SmallRye Mutiny 框架、Eclipse MicroProfile 框架等，下面会分别进行介绍。

1. Eclipse Vert.x 框架简介

Eclipse Vert.x 是一个基于 JVM 的、轻量级的、高性能的响应式开发基础平台，适用于最新的移动端后台、互联网、企业应用架构。Eclipse Vert.x 框架基于事件，依托于全异步 Java 服务器 Netty，扩展了很多特性，以轻量、高性能、支持多语言开发而备受开发者青睐。官网对 Eclipse Vert.x 的介绍中有这么一句话：Vert.x is a tool-kit for building reactive applications on the JVM，其基本含义是，Vert.x 是一个基于 JVM 的用于开发响应式应用的工具。

Eclipse Vert.x 框架的特性有如下 5 个。①同时支持多种编程语言——目前已经实现支持 Java、Scala、JavaScript、Ruby、Python、Groovy、Clojure、Ceylon 等编程语言。②异步无锁编程——经典的多线程编程模型能满足很多 Web 开发场景，但随着移动互联网并发连接数的猛增，多线程并发控制模型的性能难以扩展，同时控制并发锁需要较高的技巧，而 Vert.x 就是这种异步模型编程的首选。③对各种 I/O 的丰富支持——目前 Vert.x 的异步模型已支持 TCP、UDP、FileSystem、DNS、EventBus、SockJS 等。④极好的分布式开发支持——Vert.x 通过 EventBus 事件总线可以轻松编写分布式解耦程序，具有很好的扩展性。⑤生态系统日趋成熟——Vert.x 异步驱动已经支持 PostgreSQL、MySQL、MongoDB、Redis 等常用组件，并且 Vert.x 提供了若干生产环境中的应用案例。

2．SmallRye Mutiny 框架简介

SmallRye Mutiny 框架（架构如图 7-6 所示）是一个不同于其他著名响应式程序库的新响应式程序库。首先，Mutiny 框架的操作方法集中在最常用的操作方法上。然后，Mutiny 提供了更具指导性的 API，避免了包含数百个方法的类。最后，Mutiny 拥有内置转换器，可以在其他响应式程序库之间来回转换，所以可以随时调整不同响应式程序库之间的转换器。

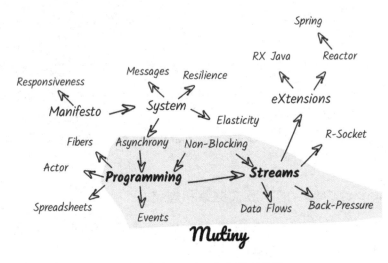

图 7-6　SmallRye Mutiny 框架的架构图

SmallRye Mutiny 框架提供了一个简单但功能强大的异步开发模型，可以构建响应式应用

程序。SmallRye Mutiny 框架可以应用在任何异步的 Java 应用中，非常适合响应式微服务、数据流、事件处理、API 网关和网络实用程序等。

3．MicroProfile Reactive Messaging 规范简介

如响应式宣言所述，响应迅速、安全永续的弹性应用由消息驱动的异步主应用提供支持。MicroProfile Reactive Messaging 规范可以在应用组件之间实现基于消息的异步通信，从而提供了一种创建响应式微服务的简便方法。该规范让微服务能够异步发送和处理作为连续事件流接收的消息。

MicroProfile Reactive Messaging 规范（架构如图 7-7 所示）定义了一个开发模型，用于声明 CDI Bean 的生成、使用和处理消息。这些组件之间的通信使用响应流。遵循 MicroProfile Reactive Messaging 规范的传递响应式消息的应用由消费、生成和处理消息的 CDI Bean 组成。

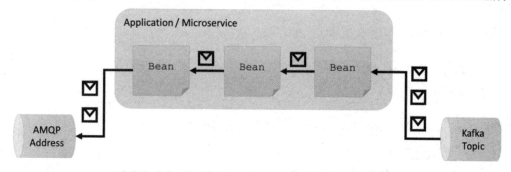

图 7-7　MicroProfile Reactive Messaging 规范总体架构图

这些消息（Message）可以完全处于应用内部，也可以通过不同的消息代理发送和接收。

应用的 Bean 包含带有@Incoming 和@Outgoing 注解的方法。带有@Incoming 注解的方法使用来自管道（Channel）的消息。带有@Outgoing 注解的方法将消息发布到管道。同时带有@Incoming 和@Outgoing 注解的方法是一个消息处理器，它使用来自一个管道的消息并对消息执行一些转换操作，并将消息发布给另一个管道。

这里涉及了几个概念，分别是管道（Channel）、消息（Message）和连接器（Connector）。

管道是一个指示使用的是消息的源或目标的名称。管道是不透明的"字符串"，其有两种类型：应用内部管道和本地管道。这两种类型都允许实现多步处理，其中来自同一应用的多个 Bean 形成一个处理链。管道可以连接到远程代理或各种消息传输层，如 Apache Kafka 或 AMQP 代理。这些管道由连接器（Connector）管理。

消息是响应式消息传递规范的核心概念。可以认为消息是包裹有效载荷的信封。一个消息被发送到一个特定的管道，当接收和处理成功时，被确认。响应式消息传递应用组件是可寻址的接收者，它们等待消息到达管道并对消息做出响应，否则其处于休眠状态。消息由 org.eclipse.microprofile. reactive.messaging.Message 类来进行表达。

连接器是管理与特定传输技术通信的扩展组件。它们负责将特定的信道映射到远程接收器或消息源。这些映射会在应用配置中定义。例如，应用可以连接到 Kafka 集群、AMQP 代理或 MQTT 服务器。可以使用各种方式来配置映射，但是必须支持 MicroProfile Config 作为配置源。连接器实现与对应于消息传递传输的软件名称相关联，例如 Apache Kafka、Amazon Kinesis、RabbitMQ 或 Apache ActiveMQ 等。

MicroProfile Reactive Messaging 还使用另两个规范：①Reactive Streams（响应式流）规范，它用于通过背压进行异步流处理，Reactive Streams 定义了一组最小的接口，允许将执行这类流处理的组件连接在一起；②MicroProfile Reactive Streams Operators（MicroProfile 响应式流操作）规范，它基于响应式流提供了一组基本操作符，以将不同的响应式组件连接在一起，并对在它们之间传递的数据进行处理。

7.2.3 使用 Quarkus 实现响应式 API

1. 使用 Quarkus 实现响应式 JAX-RS 应用

Quarkus 主要是通过 SmallRye Mutiny 框架来实现响应式 JAX-RS 应用的。

这里用 SmallRye Mutiny 框架创建了一个非常简单的响应式应用，其 REST 端点是向"/hello"发送请求并返回"hello"。现在，让我们创建一个包含以下内容的 ReactiveGreetingService 类：

```java
package org.acme.getting.started;

import io.smallrye.mutiny.Multi;
import io.smallrye.mutiny.Uni;

import javax.enterprise.context.ApplicationScoped;
import java.time.Duration;

@ApplicationScoped
public class ReactiveGreetingService {
    public Uni<String> greeting(String name) {
        return Uni.createFrom().item(name)
                .onItem().transform(n -> String.format("hello %s", name));
    }
}
```

然后，编辑 ReactiveGreetingResource 类，以匹配以下内容：

```java
package org.acme.getting.started;

import javax.inject.Inject;
import javax.ws.rs.core.MediaType;

import io.smallrye.mutiny.Multi;
import io.smallrye.mutiny.Uni;
import org.jboss.resteasy.annotations.SseElementType;
import org.jboss.resteasy.annotations.jaxrs.PathParam;
import org.reactivestreams.Publisher;

@Path("/hello")
public class ReactiveGreetingResource {
    @Inject    ReactiveGreetingService service;

    @GET
    @Produces(MediaType.TEXT_PLAIN)
    @Path("/greeting/{name}")
    public Uni<String> greeting(@PathParam String name) {
        return service.greeting(name);
    }
}
```

ReactiveGreetingService 类包含一个生成 Uni 的直接方法。

为了使 SmallRye Mutiny 框架能够正确地使用 JAX-RS 资源，请确保 SmallRye Mutiny 支持的 RESTEasy 扩展 io.quarkus:quarkus-resteasy-mutiny 存在，否则通过执行以下命令添加扩展：

```
mvn io.quarkus:quarkus-maven-plugin:1.8.1.Final:add-extensions   ^
    -Dextensions="io.quarkus:quarkus-resteasy-mutiny"
```

或者手动将 quarkus-resteasy-mutiny 添加到 pom.xml 的依赖项中：

```xml
<dependency>
    <groupId>io.quarkus</groupId>
    <artifactId>quarkus-resteasy-mutiny</artifactId>
</dependency>
```

2. 使用 Quarkus 实现响应式 SQL Client API

Quarkus 使用 SmallRye Mutiny 框架提供了许多响应式 API，其中包括使用响应式 PostgreSQL 驱动程序以非阻塞和被动的方式与数据库交互。

3. 使用 Quarkus 实现响应式 Hibernate API

Quarkus 使用 SmallRye Mutiny 框架提供了使用响应式 Hibernate 驱动程序以非阻塞和被动的方式与数据库交互。

4. 使用 Vert.x 客户端

前面的示例使用了 Quarkus 提供的服务。此外，还可以直接使用 Vert.x 客户端。

首先，确保 quarkus-vertx-extension 扩展存在。如果该扩展不存在，请通过执行以下命令添加 quarkus-vertx-extension 扩展：

```
mvn io.quarkus:quarkus-maven-plugin:1.8.1.Final:add-extensions
    -Dextensions= vertx
```

或者手动将 quarkus vertx 添加到依赖项中：

```xml
<dependency>
    <groupId>io.quarkus</groupId>
    <artifactId>quarkus-vertx</artifactId>
</dependency>
```

Vert.x API 有一个 SmallRye Mutiny 版本。该 API 有几个组件，可以独立导入。

5. 使用 RxJava 或 Reactor 的 API

SmallRye Mutiny 提供了将 RxJava 2 和 Reactor 类型转换为 Uni 和 Multi 的实用程序。

RxJava 2 转换器具有以下依赖项：

```xml
<dependency>
    <groupId>io.smallrye.reactive</groupId>
    <artifactId>mutiny-rxjava</artifactId>
</dependency>
```

因此，如果有一个 API 返回了 RxJava 2 类型（Completable、Single、Maybe、Observable、Flowable），那么可以将其转换为 Uni 和 Multi 对象，代码如下：

```java
import io.smallrye.mutiny.converters.multi.MultiRxConverters;
import io.smallrye.mutiny.converters.uni.UniRxConverters;
//...
Uni<Void> uniFromCompletable = Uni.createFrom().converter(UniRxConverters.fromCompletable(), completable);
Uni<String> uniFromSingle = Uni.createFrom().converter(UniRxConverters.fromSingle(), single);
Uni<String> uniFromMaybe = Uni.createFrom().converter(UniRxConverters.fromMaybe(), maybe);
Uni<String> uniFromEmptyMaybe = Uni.createFrom().converter(UniRxConverters.fromMaybe(), emptyMaybe);
Uni<String> uniFromObservable = Uni.createFrom().converter(UniRxConverters.fromObservable(), observable);
```

```java
    Uni<String> uniFromFlowable = Uni.createFrom().converter(UniRxConverters.fromFlowable(), flowable);

    Multi<Void> multiFromCompletable = Multi.createFrom().converter(MultiRxConverters.fromCompletable(), completable);
    Multi<String> multiFromSingle = Multi.createFrom().converter(MultiRxConverters.fromSingle(), single);
    Multi<String> multiFromMaybe = Multi.createFrom().converter(MultiRxConverters.fromMaybe(), maybe);
    Multi<String> multiFromEmptyMaybe = Multi.createFrom().converter(MultiRxConverters.fromMaybe(), emptyMaybe);
    Multi<String> multiFromObservable = Multi.createFrom().converter(MultiRxConverters.fromObservable(), observable);
    Multi<String> multiFromFlowable = Multi.createFrom().converter(MultiRxConverters.fromFlowable(), flowable);
```

还可以将 Uni 和 Multi 对象转换为 RxJava 类型，代码如下：

```java
    Completable completable = uni.convert().with(UniRxConverters.toCompletable());
    Single<Optional<String>> single = uni.convert().with(UniRxConverters.toSingle());
    Single<String> single2 = uni.convert().with(UniRxConverters.toSingle().failOnNull());
    Maybe<String> maybe = uni.convert().with(UniRxConverters.toMaybe());
    Observable<String> observable = uni.convert().with(UniRxConverters.toObservable());
    Flowable<String> flowable = uni.convert().with(UniRxConverters.toFlowable());
    //...
    Completable completable = multi.convert().with(MultiRxConverters.toCompletable());
    Single<Optional<String>> single = multi.convert().with(MultiRxConverters.toSingle());
    Single<String> single2 = multi.convert().with(MultiRxConverters
            .toSingle().onEmptyThrow(() -> new Exception("D'oh!")));
    Maybe<String> maybe = multi.convert().with(MultiRxConverters.toMaybe());
    Observable<String> observable = multi.convert().with(MultiRxConverters.toObservable());
    Flowable<String> flowable = multi.convert().with(MultiRxConverters.toFlowable());
```

Reactor 转换器具有以下依赖项：

```xml
<dependency>
    <groupId>io.smallrye.reactive</groupId>
    <artifactId>mutiny-reactor</artifactId>
</dependency>
```

因此，如果有一个 API 返回了 Reactor 类型（Mono、Fluss），那么可以将其转换为 Uni 和 Multi 对象，代码如下：

```java
import io.smallrye.mutiny.converters.multi.MultiReactorConverters;
import io.smallrye.mutiny.converters.uni.UniReactorConverters;
//...
Uni<String> uniFromMono = Uni.createFrom().converter(UniReactorConverters.fromMono(), mono);
Uni<String> uniFromFlux = Uni.createFrom().converter(UniReactorConverters.fromFlux(), flux);

Multi<String> multiFromMono = Multi.createFrom().converter(MultiReactorConverters.fromMono(), mono);
Multi<String> multiFromFlux = Multi.createFrom().converter(MultiReactorConverters.fromFlux(), flux);
```

还可以将 Uni 和 Multi 对象转换为 Reactor 类型（Mono、Fluss），代码如下：

```java
Mono<String> mono = uni.convert().with(UniReactorConverters.toMono());
Flux<String> flux = uni.convert().with(UniReactorConverters.toFlux());

Mono<String> mono2 = multi.convert().with(MultiReactorConverters.toMono());
Flux<String> flux2 = multi.convert().with(MultiReactorConverters.toFlux());
```

6. 使用 CompletionStages、CompletableFuture 或 Publisher 的 API

如果使用的是 CompletionStage、CompletableFuture 或 Publisher 的 API，则可以来回转换。首先，可以从 CompletionStage 或 Supplier<CompletionStage>生成 Uni 和 Multi 对象，代码如下：

```java
CompletableFuture<String> future = Uni
    //从一个CompletionStage上创建
    .createFrom().completionStage(CompletableFuture.supplyAsync(() -> "hello"));
```

在 Uni 上，还可以使用 subscribeAsCompletionStage 方法生成一个 CompletionStage，该 CompletionStage 可获取 Uni 发出的 item。

还可以使用 createFrom().publisher(Publisher)从 Publisher 实例创建 Uni 和 Multi 对象，也可以使用 toMulti 将 Uni 转换为 Publisher。实际上，Multi 实现了 Publisher。

7.3 创建响应式 JAX-RS 应用

7.3.1 案例简介

本案例介绍基于 Quarkus 框架实现基于响应式的 REST 基本功能。Quarkus 整合的响应式框架为 SmallRye Mutiny 框架。通过阅读和分析在 Web 上实现响应式数据查询、新增、删除、修改等操作的案例代码，可以理解和掌握使用 Quarkus 框架创建响应式 JAX-RS 应用的方法。

基础知识：SmallRye Mutiny 响应式框架。

SmallRye Mutiny 是一个响应式编程库，允许表达和组合异步操作。其提供了如下两种实现类型。

- io.smallrye.mutiny.Uni——用于提供 0 或 1 结果的异步操作。
- io.smallrye.mutiny.Multi——用于多项目（具有背压机制）流异步操作。

这两种类型都是懒加载模式的，并且遵循订阅模式，只有在实际需要时才会启动，示例代码如下：

```
uni.subscribe().with(
    result -> System.out.println("result is " + result),
    failure -> failure.printStackTrace()
);

multi.subscribe().with(
    item -> System.out.println("Got " + item),
    failure -> failure.printStackTrace()
);
```

Uni 和 Multi 都暴露了事件驱动 API：可以表达针对给定事件（成功、失败等）执行的操作。这些 API 被分成组（操作类型），这样可以使其更具表现力，并避免了单个类包含 100 个方法。这些方法主要的操作类型是对失败做出反应、完成、操作、提取或收集。如下面的代码所示，SmallRye Mutiny 通过一个可导航的 API 提供了流畅的编码体验，并且不需要太多响应式的知识。

```
httpCall.onFailure().recoverWithItem("my fallback");
```

SmallRye Mutiny 框架也实现了 Reactive Streams 的 Publisher，因此实现了 Reactive Streams 背压机制。Uni 没有实现 Publisher，因为对 Uni 而言，其功能完全可以满足订阅功能。

Uni 和 Multi 包含了来自 Quarkus 的响应式和命令式支持的统一，为命令结构提供了桥梁。例如，可以将 Multi 转换为 Iterable 或等待 Uni 生成的 item。示例代码如下：

```
//进入阻塞，直到结果可用
String result = uni.await().indefinitely();

//将一个异步流转换成一个阻塞的迭代流
stream.subscribe().asIterable().forEach(s -> System.out.println("Item is " + s));
```

RxJava 或 Reactor 用户希望了解如何将 SmallRye Mutiny 的类型 Uni 和 Multi 转换为 RxJava 和 Reactor 类型，如 Flowable、Single、Flux、Mon 等：

```
Maybe<String> maybe = uni.convert().with(UniRxConverters.toMaybe());
Flux<String> flux = multi.convert().with(MultiReactorConverters.toFlux());
```

Vert.x API 也可以使用 SmallRye Mutiny 类型。以下代码显示了 Vert.x Web 客户端的用法：

```
//使用 io.vertx.mutiny.ext.web.client.WebClient 对象
client = WebClient.create(vertx, new WebClientOptions().setDefaultHost("fruityvice.com").setDefaultPort(443).setSsl(true)
            .setTrustAll(true));
//...
Uni<JsonObject> uni =
    client.get("/api/fruit/" + name)
        .send()
        .onItem().transform(resp -> {
            if (resp.statusCode() == 200) {
                return resp.bodyAsJsonObject();
            } else {
                return new JsonObject()
                        .put("code", resp.statusCode())
                        .put("message", resp.bodyAsString());
            }
        });
```

SmallRye Mutiny 内置了与 MicroProfile Context Propagation 的集成，因此可以在响应管道中传播事务、跟踪数据等。

7.3.2 编写程序代码

编写程序代码有 3 种方式。第 1 种方式是通过代码 UI 来实现的，在 Quarkus 官网的生成代码页面中按照指定步骤生成脚手架代码，然后下载文件，将项目引入 IDE 工具中，最后修改程序源码。

第 2 种方式是通过 mvn 来构建程序，通过下面的命令创建 Maven 项目来实现：

```
mvn io.quarkus:quarkus-maven-plugin:1.11.1.Final:create ^
    -DprojectGroupId=com.iiit.quarkus.sample
    -DprojectArtifactId=060-quarkus- sample-reactive-mutiny ^
    -DclassName=com.iiit.quarkus.sample.reactive.mutiny.ProjectResource
    -Dpath=/projects ^
    -Dextensions=resteasy-jsonb,quarkus-resteasy-mutiny
```

第 3 种方式是直接从 GitHub 上获取代码，可以从 GitHub 上克隆预先准备好的示例代码：

```
git clone https://******.com/rengang66/iiit.quarkus.sample.git（见链接 1）
```

该程序位于 "060-quarkus-sample-reactive-mutiny" 目录中，是一个 Maven 工程项目程序。

在 IDE 工具中导入 Maven 工程项目程序，在 pom.xml 的<dependencies>下有如下内容：

```
<dependency>
    <groupId>io.quarkus</groupId>
    <artifactId>quarkus-resteasy</artifactId>
</dependency>

<dependency>
    <groupId>io.quarkus</groupId>
    <artifactId>quarkus-resteasy-mutiny</artifactId>
</dependency>

<dependency>
    <groupId>io.quarkus</groupId>
    <artifactId>quarkus-resteasy-jsonb</artifactId>
</dependency>
```

其中的 quarkus-resteasy-mutiny 是 Quarkus 整合了 RESTEasy 中的 REST 服务的响应式实现。

quarkus-sample-reactive-mutiny 程序的应用架构（如图 7-8 所示）表明，外部访问 ProjectResource 资源接口，ProjectResource 调用 ProjectService 服务，ProjectService 服务和 ProjectResource 资源都返回响应式数据或信息流。ProjectResource 资源依赖于 SmallRye Mutiny 框架。

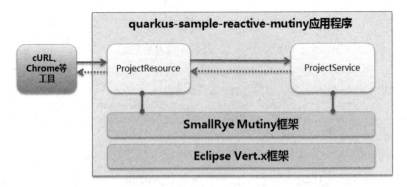

图 7-8 quarkus-sample-reactive-mutiny 程序应用架构图

quarkus-sample-reactive-mutiny 程序的核心类如表 7-1 所示。

表 7-1 quarkus-sample-reactive-mutiny 程序的核心类

名 称	类 型	简 介
ProjectResource	资源类	提供 REST 外部响应式 API，简单介绍
ProjectService	服务类	主要提供数据服务，实现响应式服务，核心类
Project	实体类	POJO 对象，无特殊处理，在本节中将不做介绍

下面讲解 quarkus-sample-reactive-mutiny 程序中的 ProjectResource 资源类和 ProjectService 服务类的功能和作用。

1. ProjectResource 资源类

用 IDE 工具打开 com.iiit.quarkus.sample.reactive.mutiny.ProjectResource 类文件，代码如下：

```
@Path("/projects")
@ApplicationScoped
@Produces(MediaType.APPLICATION_JSON)
@Consumes(MediaType.APPLICATION_JSON)
public class ProjectResource {

    private static final Logger LOGGER = Logger.getLogger (ProjectResource.
class);

    //注入 ProjectService 对象
    @Inject
    ProjectService reativeService;

    public ProjectResource() {}
```

```java
//获取所有项目的列表
@GET
public Multi<List<Project>> listReative() {
    return reativeService.getProjectList();
}

//获取单个项目的信息
@GET
@Path("/{id}")
public Uni<Project> getReativeProject(@PathParam("id") int id) {
    return reativeService.getProjectById(id);
}

//获取单个项目的格式化信息
@GET
@Path("/name/{id}")
public Uni<String> getReative(@PathParam("id") int id) {
    return reativeService.getProjectNameById(id);
}

//获取单个项目的重复信息输出
@GET
@Produces(MediaType.APPLICATION_JSON)
@Path("/{count}/{id}")
public Multi<String> getProjectName(@PathParam("count") int count, @PathParam("id") int id) {
    return reativeService.getProjectNameCountById(count, id);
}

//按照流模式获取单个项目的格式化信息
@GET
@Produces(MediaType.SERVER_SENT_EVENTS)
@SseElementType(MediaType.TEXT_PLAIN)
@Path("/stream/{count}/{id}")
public Multi<String> getProjectNameAsStream(@PathParam("count") int count, @PathParam("id") int id) {
    return reativeService.getProjectNameCountById(count, id);
}

//获取一个Project对象并提交给Service服务对象实现增加功能
@POST
public Multi<List<Project>> add(Project project) {
    return reativeService.add(project);
}
```

```
        //获取一个 Project 对象并提交给 Service 服务对象实现修改功能
        @PUT
        public Multi<List<Project>> update(Project project) {
            return reativeService.update(project);
        }

        //获取一个 Project 对象并提交给 Service 服务对象实现删除功能
        @DELETE
        public Multi<List<Project>> delete(Project project) {
            return reativeService.delete(project);
        }
}
```

程序说明：

① ProjectResource 类的主要方法是 REST 的基本操作方法，包括 GET、POST、PUT 和 DELETE。

② ProjectResource 类服务的处理采用响应式模式，对外返回的是 Multi 对象或 Uni 对象。

2. ProjectService 服务类

用 IDE 工具打开 com.iiit.quarkus.sample.reactive.mutiny.ProjectService 类文件，代码如下：

```
@ApplicationScoped
public class ProjectService {

    private static final Logger LOGGER = Logger.getLogger(ProjectService.class);
    private Map<Integer, Project> projectMap = new HashMap<>();

    public ProjectService() {
        projectMap.put(1, new Project(1, "项目A", "关于项目A的情况描述"));
        projectMap.put(2, new Project(2, "项目B", "关于项目B的情况描述"));
        //projectMap.put(3, new Project(3, "项目C", "关于项目C的情况描述"));
    }

    //Multi 形成 List 列表
    public Multi<List<Project>> getProjectList() {
        return Multi.createFrom().items(new ArrayList<>(projectMap.values()));
    }

    //Uni 形成 Project 对象
    public Uni<Project> getProjectById(Integer id) {
```

```java
            Project project = projectMap.get(id);
            return Uni.createFrom().item(project);
        }

        //Uni 形成 Project 的格式化字符
        public Uni<String> getProjectNameById(Integer id) {
            Project project = projectMap.get(id);
            return Uni.createFrom().item(project)
                    .onItem().transform(n -> String.format
                    ("项目名称: %s",project.name+",项目描述: "+ project.description ));
        }

        //Uni 获得 Project 的 name 字符
        public Uni<String> getNameById(Integer id) {
            Project project = projectMap.get(id);
            return Uni.createFrom().item(project)
                    .onItem().transform(n -> {
                        String name = project.name;
                        return name;
                    });
        }

        //Multi 形成 Project 对象的响应次数
        public Multi<String> getProjectNameCountById(int count, Integer id) {
            Project project = projectMap.get(id);
            return Multi.createFrom().ticks().every(Duration.ofSeconds(1))
                    .onItem().transform(n -> String.format("项目名称: %s - %d",project.name, n))
                    .transform().byTakingFirstItems(count);
        }

        public Multi<List<Project>> add( Project project) {
            projectMap.put(projectMap.size()+1,project);
            return Multi.createFrom().items(new ArrayList<>(projectMap.values()));
        }

        public Multi<List<Project>> update(Project project) {
            if (projectMap.containsKey(project.id))    {
                projectMap.replace(project.id, project);
            }
            return Multi.createFrom().items(new ArrayList<>(projectMap.values()));
        }
```

```
    public Multi<List<Project>> delete(Project project) {
        if (projectMap.containsKey(project.id))    {
            projectMap.remove(project.id);
        }
        return Multi.createFrom().items(new ArrayList<>(projectMap.values()));
    }
}
```

程序说明:

① ProjectService 类内部有一个 Map 变量对象 projectMap, 用来存储所有的 Project 对象实例。ProjectService 服务实现了对 Map 变量对象 projectMap 的全列、查询、新增、修改和删除操作。

② ProjectService 类服务的处理采用响应式模式, 把对象列表转换为 Multi 对象或 Uni 对象。

由于 quarkus-sample-reactive-mutiny 程序的序列图与 quarkus-sample-rest-json 程序的序列图高度相似, 就不再重复列出了。下面用 quarkus-sample-reactive-mutiny 程序运行的服务调用过程图(如图 7-9 所示)来描述。

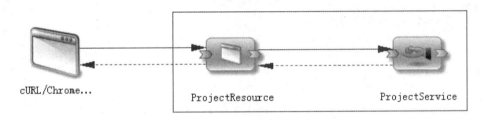

图 7-9 quarkus-sample-reactive-mutiny 程序运行的服务调用过程图

图 7-9 中方框内为程序的两个服务：资源类服务和业务类服务, 实线表示调用(访问)方向, 虚线表示返回信息。

7.3.3 验证程序

通过下列几个步骤(如图 7-10 所示)来验证案例程序。

下面对其中涉及的关键点进行说明。

第 7 章 构建响应式系统应用

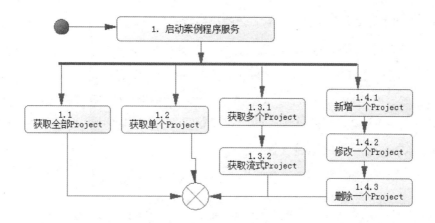

图 7-10 quarkus-sample-reactive-mutiny 程序验证流程图

1. 启动 quarkus-sample-reactive-mutiny 程序服务

启动程序有两种方式,第 1 种是在开发工具(如 Eclipse)中调用 ProjectMain 类的 run 命令,第 2 种是在程序目录下直接运行命令 mvnw compile quarkus:dev。

2. 通过 API 显示所有项目的 JSON 列表内容

在命令行窗口中键入如下命令:

```
curl http://localhost:8080/projects/
```

输出结果是所有 Project 的 JSON 列表。也可以通过浏览器地址 http://localhost:8080/projects/ 来访问,其输出结果为所有 Project 列表。

3. 通过 API 显示单个项目的 JSON 列表内容

在命令行窗口中键入如下命令:

```
curl http://localhost:8080/projects/1
```

输出结果为项目 id 为 1 的 JSON 列表,是 JSON 格式的。也可以通过浏览器地址 http://localhost:8080/projects/project/1/来访问。

4. 通过 API 显示单个项目的多次输出内容

处理单个项目后可以多次输出,在命令行窗口中键入如下命令:

```
curl http://localhost:8080/projects/5/2
```

在上面的参数中,5 表示次数,2 表示 ProjectID=2,输出结果是已经格式化的项目信息和项目描述内容。也可以通过浏览器地址 http://localhost:8080/projects/5/2 来访问。

5. 通过 API 显示单个项目的多次数据流输出内容

处理单个项目后可以多次输出,在命令行窗口中键入如下命令:

```
curl http://localhost:8080/projects/reactive/stream/5/2
```

在上面的参数中,5 表示次数,2 表示 ProjectID=2,输出结果是已经格式化的项目信息和项目描述内容。也可以通过浏览器地址 http://localhost:8080/projects/reactive/stream/5/2 来访问。

6. 通过 API 增加一条 Project 数据

按照 JSON 格式增加一条 Project 数据,在命令行窗口中键入如下命令:

```
curl -X POST -H "Content-type: application/json" -d {\"id\":3,\"name\":\"项目 C\",\"description\":\"关于项目 C 的描述\"} http://localhost:8080/projects
```

注意,这里采用的是 Windows 格式,而如果采用的是 Linux 格式,则命令如下:

```
curl -X POST -H "Content-type: application/json" -d {"id":3,"name":"项目 C","description":"关于项目 C 的描述"}
```

7. 通过 API 修改一条 Project 数据

按照 JSON 格式修改一条 Project 数据,在命令行窗口中键入如下命令:

```
curl -X PUT -H "Content-type: application/json" -d {\"id\":3,\"name\":\"项目 C\",\"description\":\"项目 C 描述修改内容\"} http://localhost:8080/projects
```

根据输出结果,可以看到已经对项目 C 的描述进行了修改。

8. 通过 API 删除一条 Project 数据

按照 JSON 格式删除一条 Project 数据,在命令行窗口中键入如下命令:

```
curl -X DELETE -H "Content-type: application/json" -d {\"id\":3,\"name\":\"项目 C\",\"description\":\"关于项目 C 的描述\"} http://localhost:8080/projects
```

根据输出结果,可以看到已经删除了项目 C 的内容。

7.4 创建响应式 SQL Client 应用

7.4.1 前期准备

需要安装 PostgreSQL 数据库并进行基本配置,安装和配置相关内容可参考 4.1.1 节。

7.4.2 案例简介

本案例介绍基于 Quarkus 框架实现响应式的 SQL Client 的基本功能。通过阅读和分析在 SQL Client 上实现响应式地查询、新增、删除、修改数据等操作的案例代码,可以理解和掌握 Quarkus 框架的响应式 SQL Client 基本功能的使用方法。

基础知识:Eclipse Vert.x 框架的 SQL Client。

Eclipse Vert.x 框架的 SQL Client 可以实现响应式的低可伸缩性。目前,Quarkus 通过基于 Vert.x 响应式驱动程序支持 4 种数据库,分别是 DB2、PostgreSQL、MariaDB 和 MySQL 等。Quarkus 对响应式数据库服务器的配置可以进行统一、灵活的配置。为正在使用的数据库添加正确的响应式扩展,可以使用 reactive-pg-client、reactive-mysql-client 或 reactive-db2-client 等。下面的清单是响应式 PostgreSQL 数据源的配置清单:

```
quarkus.datasource.db-kind=postgresql
quarkus.datasource.username=<your username>
quarkus.datasource.password=<your password>
quarkus.datasource.reactive.url=postgresql:///your_database
quarkus.datasource.reactive.max-size=20
```

7.4.3 编写程序代码

编写程序代码有 3 种方式。第 1 种方式是通过代码 UI 来实现的,在 Quarkus 官网的生成代码页面中按照指定步骤生成脚手架代码,然后下载文件,将项目引入 IDE 工具中,最后修改程序源码。

第 2 种方式是通过 mvn 来构建程序,通过下面的命令创建 Maven 项目来实现:

```
mvn io.quarkus:quarkus-maven-plugin:1.11.1.Final:create ^
    -DprojectGroupId=com.iiit.quarkus.sample
    -DprojectArtifactId=061-quarkus- sample-reactive-sqlclient ^
    -DclassName=com.iiit.quarkus.sample.reactive.sqlclient.ProjectResource
    -Dpath=/projects ^
    -Dextensions=resteasy-jsonb,quarkus-resteasy-mutiny,quarkus-reactive-pg-client
```

第 3 种方式是直接从 GitHub 上获取代码,可以从 GitHub 上克隆预先准备好的示例代码:

```
git clone https://******.com/rengang66/iiit.quarkus.sample.git(见链接 1)
```

该程序位于"061-quarkus-sample-reactive-sqlclient"目录中,是一个 Maven 工程项目程序。

在 IDE 工具中导入 Maven 工程项目程序,在 pom.xml 的<dependencies>下有如下内容:

```xml
<dependency>
    <groupId>io.quarkus</groupId>
    <artifactId>quarkus-reactive-pg-client</artifactId>
</dependency>
```

其中的 quarkus-reactive-pg-client 是 Quarkus 整合了 PostgreSQL 数据库的响应式实现。

quarkus-sample-reactive-sqlclient 程序的应用架构（如图 7-11 所示）表明，外部访问 ProjectResource 资源接口，ProjectResource 调用 ProjectService 服务，ProjectService 服务调用注入的 PgPool 对象来对 PostgreSQL 数据库执行 CRUD 操作。ProjectResource 和 ProjectService 资源依赖于 SmallRye Mutiny 框架。PgPool 对象依赖于 Eclipse Vert.x 框架。

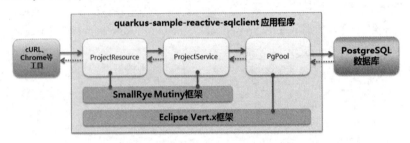

图 7-11　quarkus-sample-reactive-sqlclient 程序应用架构图

quarkus-sample-reactive-sqlclient 程序的配置文件和核心类如表 7-2 所示。

表 7-2　quarkus-sample-reactive-sqlclient 程序的配置文件和核心类

名 称	类 型	简 介
application.properties	配置文件	定义数据库配置参数
ProjectResource	资源类	提供 REST 外部响应式 API，简单介绍
ProjectService	服务类	主要提供数据服务，实现响应式服务，核心类
Project	实体类	POJO 对象，无特殊处理，在本节中将不做介绍

在该程序中，首先看看配置信息的 application.properties 文件：

```
quarkus.datasource.db-kind=postgresql
quarkus.datasource.username=quarkus_test
quarkus.datasource.password=quarkus_test
quarkus.datasource.reactive.url=postgresql://localhost:5432/quarkus_test
myapp.schema.create=true
```

在 application.properties 文件中，只有数据库连接采用响应式配置，其他与配置案例 quarkus-sample-orm-hibernate 的配置参数都是一样的。其中 quarkus.datasource.reactive.url 表示连接数据库的方式是响应式驱动的。

下面讲解 quarkus-sample-reactive-sqlclient 程序中的 ProjectResource 资源类和 ProjectService 服务类的功能和作用。

1．ProjectResource 资源类

用 IDE 工具打开 com.iiit.quarkus.sample.reactive.sqlclient.ProjectResource 类文件，其代码如下：

```
@Path("/projects")
@ApplicationScoped
@Produces(MediaType.APPLICATION_JSON)
@Consumes(MediaType.APPLICATION_JSON)
public class ProjectResource {
    private static final Logger LOGGER = Logger.getLogger (ProjectResource.class);
    //注入 ReactiveProjectService 对象
    @Inject    ReactiveProjectService reativeService;

    public ProjectResource() {}

    //获取所有的 Project 对象，形成列表返回
    @GET
    @Path("/reactive")
    public Multi<Project> listReative() {return reativeService.findAll();    }

    //获取过滤出来的一个 Project 对象并返回该 Project 对象
    @GET
    @Path("/reactive/{id}")
    public Uni<Project> getReativeProject(@PathParam("id")  long id) {
        return reativeService.findById(id);
    }

    //提交新增一个 Project 对象
    @POST
    @Path("/reactive/save")
    public Uni<Long> save(Project project){return reativeService.save(project);}

    //提交修改一个 Project 对象
    @PUT
    @Path("/reactive/update")
    public Uni<Boolean> update(Project project){return reativeService.update(project);    }
```

```
//根据 Project 对象的主键，提交删除该 Project 对象
@DELETE
@Path("/reactive/delete/{id}")
public    Uni<Boolean>    delete(@PathParam("id")    Long    id){return
reativeService.delete(id);}
}
```

程序说明：

① ProjectResource 类的主要方法是 REST 的基本操作方法，包括 GET、POST、PUT 和 DELETE 方法。

② ProjectResource 类服务的处理采用响应式模式，对外返回的是 Multi 对象或 Uni 对象。

2. ProjectService 服务类

用 IDE 工具打开 com.iiit.quarkus.sample.reactive.sqlclient.ProjectService 类文件，代码如下：

```
@ApplicationScoped
public class ReactiveProjectService {

    private static final Logger LOGGER = Logger.getLogger (ReactiveProject
Service.class);

    @Inject
    @ConfigProperty(name = "myapp.schema.create", defaultValue = "true")
    boolean schemaCreate;

    @Inject
    PgPool client;

    @PostConstruct
    void config() {
        if (schemaCreate) {
            initdb();
        }
    }

    //初始化数据
    private void initdb() {
        client.query("DROP TABLE IF EXISTS iiit_projects").execute()
            .flatMap(r -> client.query("CREATE TABLE iiit_projects
```

```java
(id SERIAL PRIMARY KEY, name TEXT NOT NULL)").execute())
                .flatMap(r -> client.query("INSERT INTO iiit_projects
(name) VALUES ('项目A')").execute())
                .flatMap(r -> client.query("INSERT INTO iiit_projects
(name) VALUES ('项目B')").execute())
                .flatMap(r -> client.query("INSERT INTO iiit_projects
(name) VALUES ('项目C')").execute())
                .flatMap(r -> client.query("INSERT INTO iiit_projects
(name) VALUES ('项目D')").execute())
                .await().indefinitely();
    }

    //从数据库获取所有行,将每行数据组装成一个 Project 对象,然后放入 List 中
    public Multi<Project> findAll() {
        return client.query("SELECT id, name FROM iiit_projects ORDER BY
name ASC").execute().onItem().transformToMulti(set -> Multi.createFrom().
iterable(set)).onItem().transform(ReactiveProjectService::from);
    }

    //从数据库过滤出指定行,组装成一个 Project 对象
    public Uni<Project> findById(Long id) {
        return client.preparedQuery("SELECT id, name FROM iiit_projects
WHERE id = $1").execute(Tuple.of(id)).onItem().transform(RowSet::iterator)
                .onItem().transform(iterator -> iterator.hasNext() ?
from(iterator.next()) : null);
    }

    //给数据库增加一条数据
    public Uni<Long> save( Project project ) {
        return client.preparedQuery("INSERT INTO iiit_projects (name)
VALUES ($1) RETURNING (id)").execute(Tuple.of(project.name))
                .onItem().transform(pgRowSet -> pgRowSet.iterator().next().
getLong("id"));
    }

    //在数据库中修改一条数据
    public Uni<Boolean> update (Project project) {
        return client.preparedQuery("UPDATE iiit_projects SET name = $1
WHERE id = $2").execute(Tuple.of(project.name, project.id))
                .onItem().transform(pgRowSet -> pgRowSet.rowCount() == 1);
    }
```

```java
        //在数据库中删除一条数据
        public Uni<Boolean> delete( Long id) {
            return client.preparedQuery("DELETE FROM iiit_projects WHERE id = $1").execute(Tuple.of(id))
                    .onItem().transform(pgRowSet -> pgRowSet.rowCount() == 1);
        }

        //把一行数据组装成一个 Project 对象
        private static Project from( Row row) {
            return new Project(row.getLong("id"), row.getString("name"));
        }
    }
```

程序说明：

① ProjectService 类注入了 PgPool 对象。这是基于 Vert.x 的 PostgreSQL 客户端的响应式实现。

② ProjectService 类服务的处理采用响应式模式，对外返回的是 Multi 对象或 Uni 对象。

③ ProjectService 类实现了响应式数据库操作，包括查询、新增、修改和删除等操作。

由于 quarkus-sample-reactive-mutiny 程序的序列图与 quarkus-sample-rest-json 程序的序列图高度相似，就不再重复列出了。下面用 quarkus-sample-reactive-mutiny 程序运行的服务调用过程图（如图 7-12 所示）来描述。

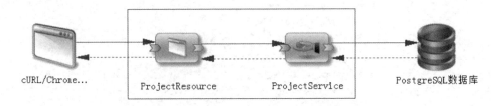

图 7-12 quarkus-sample-reactive-mutiny 程序运行的服务调用过程图

图 7-12 中方框内为程序的两个服务：资源类服务和业务类服务，实线表示调用（访问）方向，虚线表示返回信息。

7.4.4 验证程序

通过下列几个步骤（如图 7-13 所示）来验证案例程序。

第 7 章 构建响应式系统应用

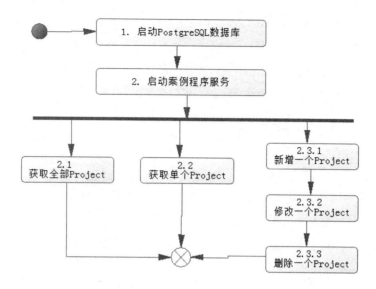

图 7-13　quarkus-sample-reactive-sqlclient 程序验证流程图

下面对其中涉及的关键点进行说明。

1. 启动 PostgreSQL 数据库

首先要启动 PostgreSQL 数据库，然后可以进入 PostgreSQL 的图形管理界面并观察数据库中数据的变化情况。

2. 启动 quarkus-sample-reactive-sqlclient 程序服务

启动程序有两种方式，第 1 种是在开发工具（如 Eclipse）中调用 ProjectMain 类的 run 命令，第 2 种是在程序目录下直接运行命令 mvnw compile quarkus:dev。

3. 通过 API 显示项目的 JSON 格式内容

在命令行窗口中键入如下命令：

```
curl http://localhost:8080/projects/reactive/
```

4. 通过 API 显示单条记录

在命令行窗口中键入如下命令：

```
curl http://localhost:8080/projects/reactive/1/
```

5. 通过 API 增加一条数据

在命令行窗口中键入如下命令：

```
curl -X POST  -H "Content-type: application/json" -d {\"id\":5,\"name\":
```

```
\"项目 ABC\"} http://localhost:8080/projects/reactive/add
```

显示 Project 的主键是 5 的内容：

```
curl http://localhost:8080/projects/reactive/5/
```

已经成功新增数据。

6. 通过 API 修改一条数据的内容

在命令行窗口中键入如下命令：

```
curl -X PUT -H "Content-type: application/json" -d {\"id\":5,
\"name\":\"项目 ABC 修改\"} http://localhost:8080/projects/reactive/update
```

显示 Project 的主键是 5 的内容：

```
curl http://localhost:8080/projects/reactive/5/
```

已经成功修改数据。

7. 通过 API 删除 project1 记录

在命令行窗口中键入如下命令：

```
curl -X DELETE http://localhost:8080/projects/reactive/delete/4 -v
```

显示 Project 的主键是 4 的内容：

```
curl http://localhost:8080/projects/reactive/4/
```

数据已经被删除了。

7.5 创建响应式 Hibernate 应用

7.5.1 前期准备

需要安装 PostgreSQL 数据库并进行基本配置，安装和配置 PostgreSQL 数据库的相关内容可参考 4.1.1 节。

7.5.2 案例简介

本案例介绍基于 Quarkus 框架实现的响应式 JPA 基本功能。Quarkus 整合的响应式框架为 Hibernate 框架，通过阅读和分析在 JPA 上实现响应式地查询、新增、删除、修改数据等操作的案例代码，可以理解和掌握 Quarkus 框架的响应式 JPA 基本功能的使用方法。

7.5.3 编写程序代码

编写程序代码有 3 种方式。第 1 种方式是通过代码 UI 来实现的，在 Quarkus 官网的生成代码页面中按照指定步骤生成脚手架代码，然后下载文件，将项目引入 IDE 工具中，最后修改程序源码。

第 2 种方式是通过 mvn 来构建程序，通过下面的命令创建 Maven 项目来实现：

```
mvn io.quarkus:quarkus-maven-plugin:1.7.1.Final:create ^
    -DprojectGroupId=com.iiit.quarkus.sample
    -DprojectArtifactId=065-quarkus-sample-reactive-hibernate ^
    -DclassName=com.iiit.quarkus.sample.reactive.hibernate.ProjectResource
    -Dpath=/projects ^
    -Dextensions=resteasy-jsonb,quarkus-hibernate-reactive,quarkus-reactive-pg-client,quarkus-resteasy-mutiny
```

第 3 种方式是直接从 GitHub 上获取代码，可以从 GitHub 上克隆预先准备好的示例代码：

```
git clone https://******.com/rengang66/iiit.quarkus.sample.git（见链接1）
```

该程序位于"065-quarkus-sample-reactive-hibernate"目录中，是一个 Maven 工程项目程序。

在 IDE 工具中导入 Maven 工程项目程序，在 pom.xml 的<dependencies>下有如下内容：

```xml
<dependency>
    <groupId>io.quarkus</groupId>
    <artifactId>quarkus-hibernate-reactive</artifactId>
    <version>${quarkus-plugin.version}</version>
</dependency>

<dependency>
    <groupId>io.quarkus</groupId>
    <artifactId>quarkus-reactive-pg-client</artifactId>
</dependency>

<dependency>
    <groupId>io.quarkus</groupId>
    <artifactId>quarkus-resteasy</artifactId>
</dependency>

<dependency>
    <groupId>io.quarkus</groupId>
    <artifactId>quarkus-resteasy-jsonb</artifactId>
</dependency>
```

```xml
<dependency>
    <groupId>io.quarkus</groupId>
    <artifactId>quarkus-resteasy-mutiny</artifactId>
</dependency>

<dependency>
    <groupId>io.quarkus</groupId>
    <artifactId>quarkus-hibernate-reactive-deployment</artifactId>
    <scope>provided</scope>
    <version>${quarkus-plugin.version}</version>
</dependency>
```

其中的 quarkus-hibernate-reactive 是 Quarkus 扩展了 Hibernate 的响应式服务实现。Hibernate Reactive 在 Hood 下使用了针对 PostgreSQL 的 reactive-pg-client，所以要引用 quarkus-reactive-pg-client。注意，quarkus-hibernate-reactive 扩展是非 Red Hat 官方提供的扩展实现。

quarkus-sample-reactive-hibernate 程序的应用架构（如图 7-14 所示）表明，外部访问 ProjectResource 资源接口，ProjectResource 调用 ProjectService 服务，ProjectService 服务调用注入的 Mutiny.Session 对象来对 PostgreSQL 数据库执行 CRUD 操作。ProjectResource、ProjectService 和 Mutiny.Session 对象依赖于 SmallRye Mutiny 框架。

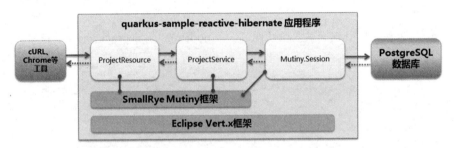

图 7-14　quarkus-sample-reactive-hibernate 程序应用架构图

quarkus-sample-reactive-hibernate 程序的配置文件和核心类如表 7-3 所示。

表 7-3　quarkus-sample-reactive-hibernate 程序的配置文件和核心类

名　称	类　型	简　介
application.properties	配置文件	定义数据库配置参数
import.sql	配置文件	在数据库中初始化数据
ProjectResource	资源类	提供 REST 外部响应式 API，简单介绍
ProjectService	服务类	主要提供数据服务，实现响应式服务，核心类
Project	实体类	POJO 对象，无特殊处理，在本节中将不做介绍

在该程序中，首先看看配置信息的 application.properties 文件：

```
quarkus.datasource.db-kind=postgresql
quarkus.datasource.username=quarkus_test
quarkus.datasource.password=quarkus_test
quarkus.hibernate-orm.database.generation=drop-and-create
quarkus.hibernate-orm.log.sql=true
quarkus.hibernate-orm.sql-load-script=import.sql

#响应式属性配置
quarkus.datasource.reactive.url=vertx-reactive:postgresql://localhost/quarkus_test
```

在 application.properties 文件中，除 quarkus.datasource.reactive.url 属性外，其他属性的配置与 quarkus-sample-orm-hibernate 程序的配置基本相同，在此不再解释了。而 quarkus.datasource.reactive.url 表示连接数据库的方式是响应式驱动的。

import.sql 的内容与 quarkus-sample-orm-hibernate 程序基本相同，也不再解释，其主要作用是实现了 iiit_projects 表的初始化数据工作。

下面讲解 quarkus-sample-reactive-hibernate 程序的 ProjectResource 资源类、ProjectService 服务类和 Project 实体类的功能和作用。

1．ProjectResource 资源类

用 IDE 工具打开 com.iiit.quarkus.sample.reactive.hibernate.ProjectResource 类文件，其代码如下：

```
@Path("projects")
@ApplicationScoped
@Produces("application/json")
@Consumes("application/json")
public class ProjectResource {
    private static final Logger LOGGER = Logger.getLogger (ProjectResource.class.getName());

    //注入服务类
    @Inject   ProjectService service;

    //获取 Project 列表
    @GET
    public Multi<Project> get() { return service.get(); }

    //获取单条 Project 信息
    @GET
```

```
        @Path("{id}")
        public Uni<Project> getSingle(@PathParam("id")  Integer id) {
            return service.getSingle(id);
        }

        //增加一个 Project 对象
        @POST
        public Uni<Response> add( Project project) {
            if (project == null || project.getId() == null) {
                throw new WebApplicationException("Id was invalidly set on request.", 422);
            }
            return  service.add(project) ;
        }

        //修改一个 Project 对象
        @PUT
        @Path("{id}")
        public Uni<Response> update(@PathParam("id") Integer id,Project project) {
            if (project == null || project.getName() == null) {
                throw new WebApplicationException("Project name was not set on request.", 422);
            }
            return service.update(id,project);
        }

        //删除一个 Project 对象
        @DELETE
        @Path("{id}")
        public Uni<Response> delete(@PathParam("id") Integer id) {return service.delete(id); }

        //处理 Response 的错误情况
        @Provider

        //省略部分代码

    }
```

程序说明：

① ProjectResource 类的主要方法是 REST 的基本操作方法，包括 GET、POST、PUT 和 DELETE 方法。

② ProjectResource 类服务的处理采用响应式模式，对外返回的是 Multi 对象或 Uni 对象。

2. ProjectService 服务类

用 IDE 工具打开 com.iiit.quarkus.sample.reactive.hibernate.ProjectService 类文件，其代码如下：

```
@ApplicationScoped
public class ProjectService {
    private static final Logger LOGGER = Logger.getLogger (ProjectResource.class.getName());
    @Inject   Mutiny.Session mutinySession;

    //获取所有Project列表
    public Multi<Project> get() {
        return mutinySession
                .createNamedQuery( "Projects.findAll", Project.class).getResults();
    }

    //获取单个Project
    public Uni<Project> getSingle(Integer id) {return mutinySession.find(Project.class, id); }

    //带事务提交增加一条记录
    public Uni<Response> add(Project project) {
        return mutinySession
                .persist(project)
                .onItem().produceUni(session -> mutinySession.flush())
                //.onItem().apply(object -> project );
                .onItem().apply(ignore -> Response.ok(project).status(201).build());
    }

    //带事务提交修改一条记录
    public Uni<Response> update(Integer id, Project project) {
        Function<Project, Uni<Response>> update = entity -> {
            entity.setName(project.getName());
            return mutinySession.flush()
                    .onItem().apply(ignore -> Response.ok(entity).build());
        };

        return mutinySession.find(Project.class,  id   ).onItem().ifNotNull().produceUni(update) .onItem().ifNull().continueWith(Response.ok().status(404).build());
```

```
        }
        //带事务提交删除一条记录
        public Uni<Response> delete( Integer id) {
            Function<Project,   Uni<Response>>   delete   =   entity   ->
mutinySession. remove(entity).onItem().produceUni(ignore -> mutinySession.
flush()).onItem().apply(ignore -> Response.ok().status(204).build());

            return mutinySession
                    .find(Project.class,id).onItem().ifNotNull().produceUni
(delete).onItem().ifNull().continueWith(Response.ok(). status(404).build());
        }
    }
```

程序说明：

① 注入了 Mutiny.Session 对象，这是基于 Mutiny 的 PostgreSQL 客户端的响应式实现。

② 该类服务的处理采用响应式模式，对外返回的是 Multi 对象或 Uni 对象。

③ 该类实现了响应式数据库操作，包括查询、新增、修改和删除等操作。

由于 quarkus-sample-reactive-hibernate 程序的序列图与 quarkus-sample-orm-hibernate 程序的序列图类似，就不重复列出了。下面用 quarkus-sample-reactive-hibernate 程序运行的服务调用过程（如图 7-15 所示）来描述。

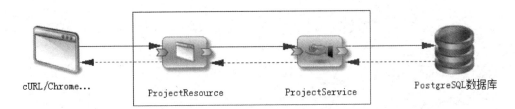

图 7-15　quarkus-sample-reactive-hibernate 程序运行的服务调用过程

图 7-15 中方框内为程序的两个服务：资源类服务和业务类服务，实线表示调用（访问）方向，虚线表示返回信息。

7.5.4　验证程序

通过下列几个步骤（如图 7-16 所示）来验证案例程序。

第 7 章 构建响应式系统应用

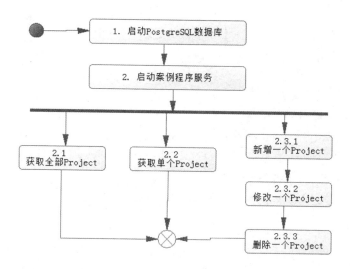

图 7-16 quarkus-sample-reactive-hibernate 程序验证流程图

下面对其中涉及的关键点进行说明。

1. 启动 PostgreSQL 数据库

首先要启动 PostgreSQL 数据库，然后可以进入 PostgreSQL 的图形管理界面并观察数据库中数据的变化情况。

2. 启动 quarkus-sample-reactive-hibernate 程序服务

启动程序有两种方式，第 1 种是在开发工具（如 Eclipse）中调用 ProjectMain 类的 run 命令，第 2 种是在程序目录下直接运行命令 mvnw compile quarkus:dev。

3. 通过 API 显示项目的 JSON 格式内容

在命令行窗口中键入如下命令：

```
curl http://localhost:8080/projects
```

4. 通过 API 显示单条记录

在命令行窗口中键入如下命令：

```
curl http://localhost:8080/projects/1
```

5. 通过 API 增加一条数据

在命令行窗口中键入如下命令：

```
curl -X POST  -H "Content-type: application/json" -d {\"id\":6,\"name\":\"项目F\"} http://localhost:8080/projects
```

结果是显示全部内容：

```
curl http://localhost:8080/projects
```

6. 通过 API 修改一条数据的内容

在命令行窗口中键入如下命令：

```
curl -X PUT -H "Content-type: application/json" -d {\"id\":5,\"name\":\"Project5\"} http://localhost:8080/projects/5 -v
```

显示如下记录，可以查看变化情况：

```
http://localhost:8080/projects
```

7. 通过 API 删除 project1 记录

在命令行窗口中键入如下命令：

```
curl -X DELETE http://localhost:8080/projects/6 -v
```

执行完成后，调用命令 curl http://localhost:8080/projects，显示该记录，可以查看变化情况。

7.6 创建响应式 Redis 应用

7.6.1 前期准备

需要安装 Redis 服务器，安装和配置的相关内容可参考 4.3.1 节。

7.6.2 案例简介

本案例介绍基于 Quarkus 框架实现响应式的 Redis 基本功能。通过阅读和分析在 Redis 框架上实现响应式地获取、新增、删除、修改数据等操作的案例代码，可以理解和掌握 Quarkus 框架的响应式 Redis 基本功能的使用方法。

7.6.3 编写程序代码

编写程序代码有 3 种方式。第 1 种方式是通过代码 UI 来实现的，在 Quarkus 官网的生成代码页面中按照指定步骤生成脚手架代码，然后下载文件，将项目引入 IDE 工具中，最后修改程序源码。

第 2 种方式是通过 mvn 来构建程序，通过下面的命令创建 Maven 项目来实现：

```
mvn io.quarkus:quarkus-maven-plugin:1.11.1.Final:create ^
    -DprojectGroupId=com.iiit.quarkus.sample
    -DprojectArtifactId=062-quarkus- sample-reactive-redis ^
    -DclassName=com.iiit.quarkus.sample.reactive.redis.ProjectResource
    -Dpath=/projects ^
    -Dextensions=resteasy-jsonb,quarkus-redis-client
```

第 3 种方式是直接从 GitHub 上获取代码，可以从 GitHub 上克隆预先准备好的示例代码：

git clone https://******.com/rengang66/iiit.quarkus.sample.git（见链接 1）

该程序位于 "062-quarkus-sample-reactive-redis" 目录中，是一个 Maven 工程项目程序。

在 IDE 工具中导入 Maven 工程项目程序，在 pom.xml 的<dependencies>下有如下内容：

```
<dependency>
    <groupId>io.quarkus</groupId>
    <artifactId>quarkus-redis-client</artifactId>
</dependency>

<dependency>
    <groupId>io.quarkus</groupId>
    <artifactId>quarkus-resteasy-jsonb</artifactId>
</dependency>

<dependency>
    <groupId>io.quarkus</groupId>
    <artifactId>quarkus-resteasy</artifactId>
</dependency>

<dependency>
    <groupId>io.quarkus</groupId>
    <artifactId>quarkus-resteasy-mutiny</artifactId>
</dependency>
```

其中的 quarkus-redis-client 是 Quarkus 扩展了 Redis 的客户端实现。

quarkus-sample-reactive-redis 程序的应用架构（如图 7-17 所示）表明，外部访问 ProjectResource 资源接口，ProjectResource 调用 ProjectService 服务，ProjectService 服务调用注入的 ReactiveRedisClient 对象来对 Redis 服务器执行操作。ProjectResource 和 ProjectService 依赖于 SmallRye Mutiny 框架。ReactiveRedisClient 依赖于 quarkus-redis-client 扩展。

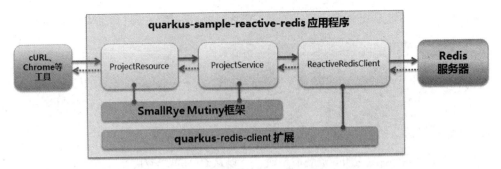

图 7-17　quarkus-sample-reactive-redis 程序应用架构图

quarkus-sample-reactive-redis 程序的配置文件和核心类如表 7-4 所示。

表 7-4　quarkus-sample-reactive-redis 程序的配置文件和核心类

名　称	类　型	简　介
application.properties	配置文件	定义 Redis 配置参数
ProjectResource	资源类	提供 REST 外部响应式 API，简单介绍
ProjectService	服务类	主要提供数据服务，实现响应式服务，核心类
Project	实体类	POJO 对象，无特殊处理，在本节中将不做介绍

在该程序中，首先看看配置信息的 application.properties 文件：

```
quarkus.redis.hosts=redis://localhost:6379
```

在该文件中，配置了与 Redis 连接相关的参数。quarkus.redis.hosts 表示连接的数据库 Redis 的位置信息。

下面讲解 quarkus-sample-reactive-redis 程序的 ProjectResource 资源类和 ProjectService 服务类的功能和作用。

1. ProjectResource 资源类

用 IDE 工具打开 com.iiit.quarkus.sample.reactive.redis.ProjectResource 类文件，其代码如下：

```
@Path("/projects")
@ApplicationScoped
@Produces(MediaType.APPLICATION_JSON)
@Consumes(MediaType.APPLICATION_JSON)
public class ProjectResource {
    private static final Logger LOGGER = Logger.getLogger(Project-
Resource.class);

    //注入ProjectService服务对象
```

```java
    @Inject    ProjectService service;

    public ProjectResource() { }

    //在 Redis 中初始化数据
    @PostConstruct
    void config() {
        create(new Project("project1", "关于project1 的情况描述"));
        create(new Project("project2", "关于project2 的情况描述"));
    }

    //获取 Service 服务对象所有主键的列表
    @GET
    public Uni<List<String>> list() {
        return service.keys();
    }

    //获取一个主键值对象并提交 Service 服务对象，获取该主键的 Project 对象
    @GET
    @Path("/{key}")
    public Uni<Project> get(@PathParam("key") String key) {
        return service.get(key);
    }

    //获取一个 Project 对象并提交 Service 服务对象，增加一个 Project 对象
    @PUT
    public Uni<Response> create(Project project) {
        //LOGGER.info("ProjectResource"+"="+ project.name+"---"+project.description);
        return  service.set(project.name, project.description);
        //return project;
    }

    //获取一个 Project 对象并提交 Service 服务对象，修改一个 Project 对象
    @PUT
    @Path("/{key}")
    public Uni<Response> update(Project project) {
        return service.update(project.name, project.description);
    }

    //获取一个主键值对象并提交 Service 服务对象，删除该主键的 Project 对象
    @DELETE
    @Path("/{key}")
    public Uni<Void> delete(@PathParam("key") String key) {
```

```
            return service.del(key);
    }
}
```

程序说明：

① ProjectResource 类的主要方法是 REST 的基本操作方法，包括 GET、POST、PUT 和 DELETE 方法。

② ProjectResource 类服务的处理采用响应式模式，对外返回的是 Multi 对象或 Uni 对象。

2. ProjectService 服务类

用 IDE 工具打开 com.iiit.quarkus.sample.reactive.redis.ProjectService 类文件，其代码如下：

```
@Singleton
class ProjectService {
    private static final Logger LOGGER = Logger.getLogger(ProjectService.class);

    //注入 ReactiveRedisClient 客户端
    @Inject   ReactiveRedisClient reactiveRedisClient;

    ProjectService() { }

    public Uni<List<String>> keys() {
        return reactiveRedisClient
                .keys("*") .map(response -> {
                    List<String> result = new ArrayList<>();
                    for (Response r : response) {
                        result.add(r.toString());
                    }
                    return result;
                });
    }

    //在 Redis 中为某主键赋值
    public Uni<Response> set(String key,String value) {
        //return reactiveRedisClient.set(Arrays.asList(key, value));
        return reactiveRedisClient.getset(key,value);
    }

    //在 Redis 中获取某主键的值
    public Uni<Project> get(String key) {
        Uni<Project> result = reactiveRedisClient.get(key).map(response
->{
```

```
            String value = response.toString();
            Project project = new Project(key,value);
                return project;});
        return result;
    }

    //在 Redis 中修改某主键
    public Uni<Response> update(String key, String value) {
        return reactiveRedisClient.getset(key,value);
    }

    //在 Redis 中删除某主键的值
    public Uni<Void> del(String key) {
        return reactiveRedisClient.del(Arrays.asList(key))
                .map(response -> null);
    }
}
```

程序说明：

① @Singleton 表示单例模式，无论外部进行多少次构造，最终只有一个实例化对象。

② 注入 ReactiveRedisClient 对象，这是基于 Vert.x 的 Redis 客户端的响应式实现。

③ 该类服务的处理采用响应式模式，对外返回的是 Multi 对象或 Uni 对象。

④ 该类实现了响应式 Redis 操作，包括查询、新增、修改和删除等操作。

由于 quarkus-sample-reactive-redis 程序的序列图与 quarkus-sample-redis 程序的序列图类似，就不再重复列出了。下面用 quarkus-sample-reactive-redis 程序运行的服务调用过程图（如图 7-18 所示）来描述。

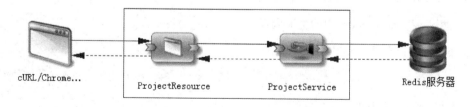

图 7-18 quarkus-sample-reactive-redis 程序运行的服务调用过程图

图 7-18 中方框内为程序的两个服务：资源类服务和业务类服务，实线表示调用（访问）方向，虚线表示返回信息。

7.6.4 验证程序

通过下列几个步骤（如图 7-19 所示）来验证案例程序。

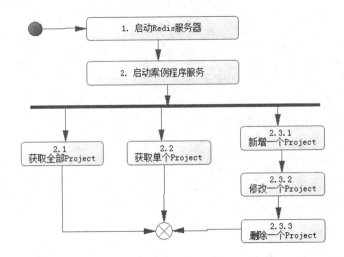

图 7-19　quarkus-sample-reactive-redis 程序验证流程图

下面对其中涉及的关键点进行说明。

1. 启动 Redis 服务器

启动 Redis 服务器，同时也可以打开 redis-cli，这样便于观察数据的变化。

2. 启动 quarkus-sample-reactive-redis 程序服务

启动程序有两种方式，第 1 种是在开发工具（如 Eclipse）中调用 ProjectMain 类的 run 命令，第 2 种是在程序目录下直接运行命令 mvnw compile quarkus:dev。

3. 通过 API 显示 Redis 中的主键列表

在命令行窗口中键入如下命令：

```
curl http://localhost:8080/projects/
```

结果是列出所有 Redis 中的主键列表。

4. 通过 API 显示单条记录

在命令行窗口中键入如下命令：

```
curl http://localhost:8080/projects/project1
```

5. 通过 API 增加一条数据

在命令行窗口中键入如下命令：

```
curl -X PUT -H "Content-type: application/json" -d {\"name\":\"project1\",\"description\":\"关于 project1 的描述\"} http://localhost:8080/projects/
```

结果是显示全部内容。

6. 通过 API 修改内容

在命令行窗口中键入如下命令：

```
curl -X PUT -H "Content-type: application/json" -d {\"name\":\"project1\",\"description\":\"关于 project1 的描述的修改\"} http://localhost:8080/projects/project1
```

显示该记录的修改情况：

```
curl http://localhost:8080/projects/project1
```

7. 通过 API 删除 project1 记录

在命令行窗口中键入如下命令：

```
curl -X DELETE http://localhost:8080/projects/project1 -v
```

通过 curl http://localhost:8080/projects/project1 来显示该记录，发现已经不存在了。

7.7 创建响应式 MongoDB 应用

7.7.1 前期准备

需要安装 MongoDB 数据库，安装和配置的相关内容可参考 4.4.1 节。

7.7.2 案例简介

本案例介绍基于 Quarkus 框架实现的响应式 MongoDB 基本功能。通过阅读和分析在 MongoDB 数据库上实现响应式地获取、新增、删除、修改数据等操作的案例代码，可以理解和掌握 Quarkus 框架的响应式 MongoDB 基本功能的使用方法。

7.7.3 编写程序代码

编写程序代码有 3 种方式。第 1 种方式是通过代码 UI 来实现的，在 Quarkus 官网的生成代码页面中按照指定步骤生成脚手架代码，然后下载文件，将项目引入 IDE 工具中，最后修改程序源码。

第 2 种方式是通过 mvn 来构建程序，通过下面的命令创建 Maven 项目来实现：

```
mvn io.quarkus:quarkus-maven-plugin:1.11.1.Final:create ^
    -DprojectGroupId=com.iiit.quarkus.sample
    -DprojectArtifactId=064-quarkus- sample-reactive-mongodb ^
    -DclassName=com.iiit.quarkus.sample.mongodb.ProjectResource
    -Dpath= /projects ^
    -Dextensions=resteasy-jsonb,quarkus-resteasy-mutiny,^quarkus-smallrye-context-propagation,quarkus-mongodb-client
```

第 3 种方式是直接从 GitHub 上获取代码，可以从 GitHub 上克隆预先准备好的示例代码：

```
git clone https://******.com/rengang66/iiit.quarkus.sample.git（见链接 1）
```

该程序位于"064-quarkus-sample-reactive-mongodb"目录中，是一个 Maven 工程项目程序。

在 IDE 工具中导入 Maven 工程项目程序，在 pom.xml 的<dependencies>下有如下内容：

```xml
<dependency>
    <groupId>io.quarkus</groupId>
    <artifactId>quarkus-mongodb-client</artifactId>
</dependency>
```

其中的 quarkus-mongodb-client 是 Quarkus 扩展了 MongoDB 的客户端实现。

quarkus-sample-reactive-mongodb 程序的应用架构（如图 7-20 所示）表明，外部访问 ProjectResource 资源接口，ProjectResource 调用 ProjectService 服务，ProjectService 服务调用注入的 ReactiveMongoClient 对象来对 MongoDB 数据库执行 CRUD 操作。ProjectResource 和 ProjectService 依赖于 SmallRye Mutiny 框架。ReactiveMongoClient 依赖于 quarkus-mongodb-client 扩展。

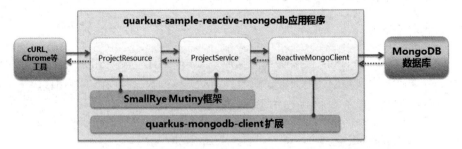

图 7-20　quarkus-sample-reactive-mongodb 程序应用架构图

第 7 章 构建响应式系统应用

quarkus-sample-reactive-mongodb 程序的配置文件和核心类如表 7-5 所示。

表 7-5　quarkus-sample-reactive-mongodb 程序的配置文件和核心类

名　称	类　型	简　介
application.properties	配置文件	定义 MongoDB 的配置参数
ProjectResource	资源类	提供 REST 外部响应式 API，简单介绍
ProjectService	服务类	主要提供数据服务，实现响应式服务，核心类
Project	实体类	POJO 对象，无特殊处理，在本节中将不做介绍

在该程序中，首先看看配置信息的 application.properties 文件：

```
quarkus.mongodb.connection-string = mongodb://localhost:27017
iiit_projects.init.insert = true
```

在 application.properties 文件中，配置了与 MongoDB 数据库连接相关的参数。其中 quarkus.mongodb.connection-string 表示连接的 MongoDB 数据库的位置信息。

下面讲解 quarkus-sample-reactive-mongodb 程序中的 ProjectResource 资源类和 ProjectService 服务类的功能和作用。

1. ProjectResource 资源类

用 IDE 工具打开 com.iiit.quarkus.sample.mongodb.ProjectResource 类文件，其代码如下：

```
@Path("/projects")
@ApplicationScoped
@Produces(MediaType.APPLICATION_JSON)
@Consumes(MediaType.APPLICATION_JSON)
public class ProjectResource {

    //注入ProjectService对象
    @Inject    ProjectService service;

    public ProjectResource() {}

    //获取所有的Project对象，形成列表
    @GET
    public Uni<List<Project>> list() { return service.list(); }

    @GET
    @Path("/find")
    public Uni<List<Project>> find(@PathParam("id") int id) { return service.find(id); }
```

```
    //提交并新增一个 Project 对象
    @POST
    public Uni<List<Project>> add(Project project) {
        service.add(project);
        return list();
    }

    //提交并修改一个 Project 对象
    @PUT
    public Uni<List<Project>> update(Project project) {
        service.update(project);
        return list();
    }

    //提交并删除一个 Project 对象
    @DELETE
    public Uni<List<Project>> delete(Project project) {
        service.delete(project);
        return list();
    }
}
```

程序说明：

① ProjectResource 类的主要方法是 REST 的基本操作方法，包括 GET、POST、PUT 和 DELETE 方法。

② ProjectResource 类服务的处理采用响应式模式，对外返回的是 Multi 对象或 Uni 对象。

2. ProjectService 服务类

用 IDE 工具打开 com.iiit.quarkus.sample.mongodb.ProjectService 类文件，其代码如下：

```
@ApplicationScoped
public class ProjectService {

    @Inject   ReactiveMongoClient mongoClient;

    @Inject
    @ConfigProperty(name = "iiit_projects.init.insert",defaultValue = "true")
    boolean initInsertData;

    public ProjectService() {}

    @PostConstruct
    void config() {
```

```java
        if (initInsertData) {
            initDBdata();
        }
    }

    //初始化数据
    private void initDBdata() {
        deleteAll();
        Project project1 = new Project("项目A", "关于项目A的描述");
        Project project2 = new Project("项目B", "关于项目B的描述");
        add(project1);
        add(project2);
    }

    //从MongoDB中获取projects数据库iiit_projects集合中的所有数据并将其存入列表中
    public Uni<List<Project>> list() {
        return getCollection().find()
                .map(doc -> {
                    Project project = new Project(doc.getString("name"),doc.getString("description"));
                    return project;
                }).collectItems().asList();
    }

    public Uni<List<Project>> find( int id) {
        return getCollection().find()
                .map(doc -> {
                    Project project = new Project(doc.getString("name"),doc.getString("description"));
                    return project;
                }).collectItems().asList();
    }

    //在MongoDB的projects数据库iiit_projects集合中新增一条Document
    public Uni<Void> add(Project project) {
        Document document = new Document().append("name", project.name).append("description", project.description);
        return getCollection().insertOne(document).onItem().ignore().andContinueWithNull();
    }

    //在MongoDB的projects数据库iiit_projects集合中修改一条Document
    public Uni<Void> update(Project project) {
        getCollection().deleteOne(Filters.eq("name", project.name));
```

```
        return add(project);
    }

    //在 MongoDB 的 projects 数据库 iiit_projects 集合中删除一条 Document
    public Uni<Void> delete(Project project) {
        return getCollection().deleteOne(Filters.eq("name", project.
name)).onItem().ignore().andContinueWithNull();
    }

    //删除 MongoDB 的 projects 数据库 iiit_projects 集合中的所有记录
    private void deleteAll() {
        BasicDBObject document = new BasicDBObject();
        getCollection().deleteMany(document);
    }

    //获取 MongoDB 的 projects 数据库 iiit_projects 集合对象
    private ReactiveMongoCollection<Document> getCollection() {
        return mongoClient.getDatabase("projects").getCollection(
            "iiit_projects");
    }
}
```

程序说明：

① 注入了 ReactiveMongoClient 对象。这是基于 Vert.x 的 MongoDB 客户端的响应式实现。

② 该类服务的处理采用响应式模式，对外返回的是 Multi 对象或 Uni 对象。

③ 该类实现了响应式的数据库操作，包括查询、新增、修改和删除等操作。

由于 quarkus-sample-reactive-mongodb 程序的序列图与 quarkus-sample-mongodb 程序的序列图类似，就不再重复列出了。下面用 quarkus-sample-reactive-mongodb 程序运行的服务调用过程图（如图 7-21 所示）来描述。

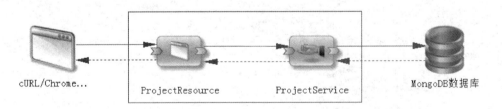

图 7-21　quarkus-sample-reactive-mongodb 程序运行的服务调用过程图

图 7-21 中方框内为程序的两个服务：资源类服务和业务类服务，实线表示调用（访问）方向，虚线表示返回信息。

7.7.4 验证程序

通过下列几个步骤（如图 7-22 所示）来验证案例程序。

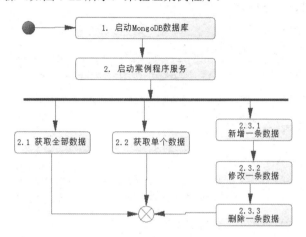

图 7-22　quarkus-sample-reactive-mongodb 程序验证流程图。

下面对其中涉及的关键点进行说明。

1. 启动 MongoDB 数据库

首先启动 MongoDB 服务，然后调用 MongoDB 的后台管理 Shell。

需要进入 MongoDB 后台管理界面，创建数据库 projects，创建集合 iiit_projects。

```
use projects
db.createCollection("iiit_projects")
```

2. 启动 quarkus-sample-reactive-mongodb 程序服务

启动程序有两种方式，第 1 种是在开发工具（如 Eclipse）中调用 ProjectMain 类的 run 命令，第 2 种是在程序目录下直接运行命令 mvnw compile quarkus:dev。

3. 通过 API 显示所有记录

在命令行窗口中键入如下命令：

```
curl http://localhost:8080/projects
```

结果是显示全部内容。

4. 通过 API 显示单条记录

在命令行窗口中键入如下命令：

```
curl http://localhost:8080/projects/find/1
```

结果是显示全部内容。

5. 通过 API 增加一条数据

在命令行窗口中键入如下命令：

```
curl -X POST -H "Content-type: application/json" -d {\"name\":\" 项目 C\",\"description\":\"关于项目 C 的描述\"} http://localhost:8080/projects
```

结果是显示全部内容，可以观察到已经新增了一条数据。

6. 通过 API 修改内容

在命令行窗口中键入如下命令：

```
curl -X PUT -H "Content-type: application/json" -d {\"name\":\" 项目 C\",\"description\":\"关于项目 C 的描述修改\"} http://localhost:8080/projects
```

结果是显示全部内容，可以观察到已经修改了一条数据。

7. 通过 API 删除记录

在命令行窗口中键入如下命令：

```
curl -X DELETE -H "Content-type: application/json" -d {\"name\":\" 项目 B\",\"description\":\"关于项目 B 的描述修改\"} http://localhost:8080/projects
```

结果是显示全部内容，可以观察到已经删除了一条数据。

7.8 创建响应式 Apache Kafka 应用

7.8.1 前期准备

需要安装 Kafka 消息服务，安装和配置的相关内容可以参考 5.1.1 节。

7.8.2 案例简介

本案例介绍基于 Quarkus 框架实现分布式消息流的基本功能。该模块以成熟的 Apache Kafka 框架作为分布式消息流平台。通过阅读和分析在 Apache Kafka 框架上实现分布式消息的生成、发布、广播和消费等操作的案例代码，可以理解和掌握 Quarkus 框架的分布式消息流和 Apache Kafka 的使用方法。

基础知识：MicroProfile Reactive Messaging 规范和 SmallRye Reactive Messaging 的实现。

对于 MicroProfile Reactive Messaging 规范，在前面已经进行了介绍。而 SmallRye Reactive Messaging 框架，就是 MicroProfile Reactive Messaging 规范的具体实现。

SmallRye Reactive Messaging 框架（运行图如图 7-23 所示）是一个使用 CDI 构建事件驱动、数据流和事件源应用的开发框架。该框架允许开发者的应用使用各种消息传递技术（如 Apache Kafka、AMQP 或 MQTT）进行交互。该框架提供了一个灵活的编程模型，将 CDI 和事件驱动连接起来。

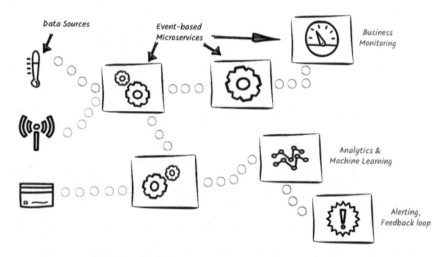

图 7-23　SmallRye Reactive Messaging 框架的运行图

在 Quarkus 中使用 SmallRye Reactive Messaging 框架时，引入了一些事件驱动的概念。这些概念基本上与 MicroProfile Reactive Messaging 规范的概念一致。图 7-24 展示了这些概念之间的关系。

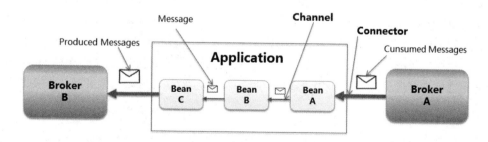

图 7-24　SmallRye Reactive Messaging 核心概念之间的关系

首先，介绍一下整个消息的处理流程。

图 7-24 中的 Broker A 和 Broker B 代表某个远程代理或各种消息传输层的组件。图 7-24 中的 Application 是一个应用。Application 由 A、B、C 等多个 Bean 构成。Broker A（消息代理 A）通过 Connector（连接器）发送 Message（消息）给 Application（应用）。对于 Application 而言，它是消息的消费者，所以这个消息也就是 Consumed Messages。在 Application 内部，消息从 Bean A 通过 Channel（管道）传递到 Bean B，再到 Bean C。Application 又通过 Connector 发送 Message 给 Broker B（消息代理 B）。对于 Application 而言，它是消息的生产者，所以这个消息也就是 Produced Messages。

这个消息传递流程虽然比较简单，但总体上把所涉及的概念描述清楚了。

然后，说明一下 Messages 内容。

消息是封装有效负载（Payload）的信封，在响应式消息传递中由消息类表示。消息既可以在应用、消息代理 A 和消息代理 B 之间接收、处理和发送，也可以在应用内部接收、处理和发送。

每条消息都包含<T>类型的有效负载，可以使用 message.getPayload 获取：

```
String payload = message.getPayload();
Optional<MyMetadata> metadata = message.getMetadata(MyMetadata.class);
```

消息也可以包含元数据。元数据是一种用附加数据扩展消息的方法。它可以是与 messagebroker 相关的元数据（例如 Kafka Message Metadata），也可以包含操作数据（例如跟踪元数据）或与业务相关的数据。检索元数据会得到一个可选的消息，因为它可能不存在。元数据还用于影响出站调度（如何将消息发送给代理）。

接着，看看管道的作用及功能。

在图 7-24 的 Application 内部，Message 通过 Channel 传输。Channel 是由名称标识的虚拟目的地。Message 将 Bean 组件连接到它们读取的 Channel 和它们填充的 Channel。而此时的 Message 实际上就变成了一个 SmallRye 响应式流，即 Message 通过 Channel 在 Bean 组件之间流动。这里引入了流（Stream）概念。为什么消息会变成响应式流呢？这是因为 SmallRye 在消息传递过程中创建了遵循订阅和请求协议的流并实现了背压，所以这些流都是响应式流。

最后，谈谈连接器。

连接器是一段将应用连接到代理的代码，实现了应用与消息传递代理或事件主干之间的交互，而且这种交互是使用非阻塞 I/O 实现的。连接器的功能有：①订阅、轮询、接收来自代理的消息并将其传递给应用；②向代理发送、写入、调度应用提供的消息。

连接器配置将传入的消息映射给特定管道（由应用使用），并收集发送到特定管道的传出消息。这些收集到的消息被发送给外部代理。每个连接器都专用于特定的技术，例如 Kafka 连接器只处理 Kafka。

当然开发者也不一定非用连接器不可。当应用不使用连接器时，一切都发生在内存中，响应式流是通过链接方法创建的。每个链仍然是一个响应式流，并强制执行背压协议。当不使用连接器时，需要确保链是完整的，这意味着其以消息源开始，以接收器结束。换句话说，需要从应用内部生成消息（使用只拥有@Outgoing 的方法或发射器），并从应用内部使用消息（使用只有@Incoming 的方法或非托管流）。

下面简单介绍一下 SmallRye Reactive Messaging 的应用代码。

在应用 SmallRye Reactive Messaging 框架时，开发者可以使用 MicroProfile Reactive Messaging 规范提供的@Incoming 和@Outgoing 注解来注解应用 Bean 的方法。带有@Incoming 注解的方法将使用来自管道的消息，带有@Outgoing 注解的方法则将消息发送到管道，同时带有@Incoming 和@Outgoing 注解的方法是消息处理器，它使用来自管道的消息，对消息进行一些转换，然后将消息发送给另一个管道。

以下代码是一个@incoming 注解的示例，其中的 my-channel 代表管道，并且为发送到 my-channel 的每条消息调用如下方法：

```
@Incoming("my-channel")
public CompletionStage<Void> consume(Message<String> message) {
    return message.ack();
}
```

以下代码是一个@Outgoing 注解的示例，其中的 my-channel 是目标管道，并且为每个使用者请求调用如下方法：

```
@Outgoing("my-channel")
public Message<String> publish() {
    return Message.of("hello");
}
```

可以使用 org.eclipse.microprofile.reactive.messaging.Message#of(T)来创建简单的 org.eclipse.microprofile.reactive.messaging.Message。然后将这些带注解的方法转换为与响应式流兼容的发布者、订阅者和处理者，并使用管道将它们连接起来。管道是不透明的字符串，指示使用消息的哪个源或目标。

图 7-25 显示了分配给方法 A、B 和 C 的注解@Outgoing 和@Incoming，以及它们如何使用管道在这种情况下将 order 和 status 连接起来。

图 7-25　使用管道连接起来的带注解的方法

管道有两种类型：内部管道和外部管道。内部管道位于应用本地，它们都支持多步骤处理，此时来自同一应用的多个 Bean 构成了一个处理链；外部管道会连接到远程代理或消息传输层，例如 Apache Kafka，外部管道由连接器使用 Connector API 进行管理。

连接器作为扩展，可管理与特定传输技术的通信。SmallRye Reactive Messaging 框架实现了一些最流行和常用的远程代理（如 Apache Kafka）预先配置的连接器。不过，开发者也可以创建自己的连接器，因为 MicroProfile Reactive Messaging 规范提供了一个 SPI（Serial Peripheral Interface，串行外设接口）来实现连接器。这样的话，MicroProfile Reactive Messaging 规范就不会限制开发者使用哪种消息代理。Open Liberty 支持基于 Kafka 的消息传输。

通过应用配置，将特定管道映射到远程接收器或消息源。需要注意的是，虽然可能会提供各种方法来实现配置映射，但是必须将 MicroProfile Config 作为配置源。在 Open Liberty 中，可以为在 MicroProfile Config 中读取的任何位置定义配置属性，如作为 Open Liberty 的 bootstrap.properties 文件中的系统属性，或者 Open Liberty 的 server.env 文件中的环境变量，以及其他自定义配置源。

7.8.3　编写程序代码

编写程序代码有 3 种方式。第 1 种方式是通过代码 UI 来实现的，在 Quarkus 官网的生成代码页面中按照指定步骤生成脚手架代码，然后下载文件，将项目引入 IDE 工具中，最后修改程序源码。

第 2 种方式是通过 mvn 来构建程序，通过下面的命令创建 Maven 项目来实现：

```
mvn io.quarkus:quarkus-maven-plugin:1.11.1.Final:create ^
    -DprojectGroupId=com.iiit.quarkus.sample ^
    -DprojectArtifactId=066-quarkus-sample-reactive-kafka ^
    -DclassName=com.iiit.quarkus.sample.reactive.kafka.ProjectResource
    -Dpath=/projects ^
    -Dextensions=resteasy-jsonb,quarkus-smallrye-reactive-messaging-kafka
```

第 3 种方式是直接从 GitHub 上获取代码，可以从 GitHub 上克隆预先准备好的示例代码：

```
git clone https://******.com/rengang66/iiit.quarkus.sample.git（见链接1）
```

该程序位于"066-quarkus-sample-reactive-kafka"目录中，是一个 Maven 工程项目程序。

在 IDE 工具中导入 Maven 工程项目程序，在 pom.xml 的<dependencies>下有如下内容：

```
<dependency>
    <groupId>io.quarkus</groupId>
    <artifactId>quarkus-resteasy</artifactId>
</dependency>

<dependency>
    <groupId>io.quarkus</groupId>
    <artifactId>quarkus-resteasy-jsonb</artifactId>
</dependency>

<dependency>
    <groupId>io.quarkus</groupId>
    <artifactId>quarkus-smallrye-reactive-messaging-kafka</artifactId>
</dependency>
```

其中的 quarkus-smallrye-reactive-messaging-kafka 是 Quarkus 扩展了 SmallRye 的 Kafka 实现。

quarkus-sample-reactive-kafka 程序的应用架构（如图 7-26 所示）表明，ProjectInformGenerator 类遵循 MicroProfile Reactive Messaging 规范，通过管道向 Apache Kafka 消息平台的主题发送消息流，ProjectInformConverter 消息类遵循 MicroProfile Reactive Messaging 规范从 Apache Kafka 消息平台获取消息主题的消息流，然后 ProjectInformConverter 又通过管道向 Apache Kafka 消息平台的主题广播消息流。外部访问 ProjectResource 资源接口，ProjectResource 遵循 MicroProfile Reactive Messaging 规范，从 Apache Kafka 消息平台获取广播的消息流。ProjectResource 资源类、ProjectInformConverter 类和 ProjectInformGenerator 类都依赖于基于 MicroProfile Reactive Messaging 规范实现的 SmallRye Reactive Messaging 框架。

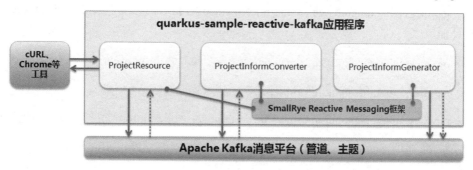

图 7-26　quarkus-sample-reactive-kafka 程序应用架构图

quarkus-sample-reactive-kafka 程序的配置文件和核心类如表 7-6 所示。

表 7-6　quarkus-sample-reactive-kafka 程序配置文件和核心类

名　称	类　型	简　介
application.properties	配置文件	定义 Kafka 连接和管道、主题等信息
ProjectInformGenerator	数据生成类	生成数据并发送到 Kafka 的管道中，核心类
ProjectInformConverter	数据转换类	消费 Kafka 管道中的数据并广播，核心类
ProjectResource	资源类	消费 Kafka 管道中的数据并以 REST 方式提供访问，核心类

在该程序中，首先看看配置信息的 application.properties 文件：

```
kafka.bootstrap.servers=localhost:9092

mp.messaging.outgoing.generated-inform.connector=smallrye-kafka
mp.messaging.outgoing.generated-inform.topic=informs
mp.messaging.outgoing.generated-inform.value.serializer=org.apache.kafka.common.serialization.StringSerializer

mp.messaging.incoming.inform.connector=smallrye-kafka
mp.messaging.incoming.inform.topic=informs
mp.messaging.incoming.inform.value.deserializer=org.apache.kafka.common.serialization.StringDeserializer
```

在 application.properties 文件中，配置了 MicroProfile Reactive Messaging 规范的相关参数。

（1）kafka.bootstrap.servers 表示连接 Kafka 的位置。

（2）mp.messaging.outgoing.generated-inform.connector 表示输出管道 generated-inform 的类型。

（3）mp.messaging.outgoing.generated-inform.topic 表示输出管道 generated-inform 的主题。

（4）mp.messaging.outgoing.generated-inform.value.serializer 表示对 generated-inform 消息的序列化处理。

（5）mp.messaging.incoming.inform.connector 表示输入管道 inform 的类型。

（6）mp.messaging.incoming.inform.topic 表示输入管道 inform 的主题。

（7）mp.messaging.incoming.inform.value.deserializer 表示对 inform 消息的反序列化处理。

下面讲解 quarkus-sample-reactive-kafka 程序的 ProjectInformGenerator 类、ProjectInformConverter 类、ProjectResource 资源类的功能和作用。

1. ProjectInformGenerator 类

用 IDE 工具打开 com.iiit.quarkus.sample.reactive.kafka.ProjectInformGenerator 类文件，其代码如下：

```
@ApplicationScoped
public class ProjectInformGenerator{
    private static final Logger LOGGER = Logger.getLogger(ProjectInform-
Generator.class);

    @Outgoing("generated-inform")
    public Multi<String> generate() {
        int count = 100;
        String name = "这是项目信息 :";
        return Multi.createFrom().ticks().every(Duration.ofSeconds(1))
            .onItem().transform(n ->{ String inform = String.format ("各位 %s - %d", name, n);
            LOGGER.info("生产的数据：" + inform);
            return inform;
            })
            .transform().byTakingFirstItems(count);
    }
}
```

程序说明：

① 输出管道 generated-inform 按照数据流模式生产数据。

② 按照数据流模式，每隔 1 秒发送一次数据。

2. ProjectInformConverter 类

用 IDE 工具打开 com.iiit.quarkus.sample.reactive.kafka.ProjectInformConverter 类文件，其代码如下：

```
@ApplicationScoped
public class ProjectInformConverter {
    private static final Logger LOGGER = Logger.getLogger
(ProjectResource.class);

    public ProjectInformConverter() {    }

    @Incoming("inform")
    @Outgoing("data-stream")
    @Broadcast
    @Acknowledgment(Acknowledgment.Strategy.PRE_PROCESSING)
```

```
    public String process(String inform) {
        LOGGER.info("接收并转发的数据:" + inform);
        return inform;
    }
}
```

程序说明:

① 获取输入管道 inform 的数据。由于输入管道 inform 和输出管道 generated-inform 有相同的主题,因此输出管道 generated-inform 的数据会被输入管道 receive-data 所接收。

② 输出管道 data-stream 按照数据流模式生产数据,数据以广播方式发出。

3. ProjectResource 资源类

用 IDE 工具打开 com.iiit.quarkus.sample.rest.json.ProjectResource 类文件,其代码如下:

```
@Path("/projects")
@ApplicationScoped
@Produces(MediaType.APPLICATION_JSON)
@Consumes(MediaType.APPLICATION_JSON)
public class ProjectResource {

    private static final Logger LOGGER = Logger.getLogger (ProjectResource.class);

    @Inject
    @Channel("data-stream")
    Publisher<String> informs;

    public ProjectResource() {
    }

    @GET
    @Path("/kafka")
    @Produces(MediaType.SERVER_SENT_EVENTS)
    @SseElementType("text/plain")
    public Publisher<String> kafkaStream() {
        LOGGER.info("最终获得的数据:" + informs.toString());
        return informs;
    }
}
```

程序说明:

① ProjectResource 类的主要方法是 REST 的基本操作方法,按照流模式获取消息的内容。

② 注入了 Publisher<String>发布者，从管道 data-stream 获取广播的订阅信息。

用通信图（遵循 UML 2.0 规范）来表述 quarkus-sample-reactive-kafka 程序的业务场景，如图 7-27 所示。

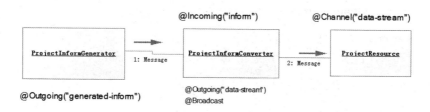

图 7-27　quarkus-sample-reactive-kafka 程序通信图

消息的处理过程说明如下。

（1）启动应用，会调用 ProjectInformGenerator 对象的 generate 方法，该方法按照 1 秒一次的频率向输出管道 generated-inform 的 informs 主题发送消息。

（2）ProjectInformConverter 对象通过输入管道 inform 获取 informs 主题的消息，然后通过输出管道 data-stream 发出、广播消息。

（3）ProjectResource 对象通过管道 data-stream 获取消息。

7.8.4　验证程序

通过下列几个步骤（如图 7-28 所示）来验证案例程序。

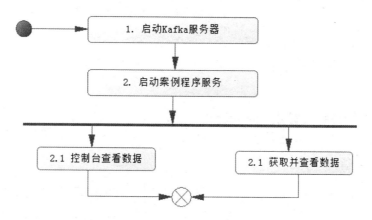

图 7-28　quarkus-sample-reactive-kafka 程序验证流程图

下面对其中涉及的关键点进行说明。

1．启动 Kafka 服务器

安装 Kafka 后，先启动 ZooKeeper，然后启动 Kafka 服务器。

2．启动 quarkus-sample-reactive-kafka 程序服务

启动程序有两种方式，第 1 种是在开发工具（如 Eclipse）中调用 ProjectMain 类的 run 命令，第 2 种是在程序目录下直接运行命令 mvnw compile quarkus:dev。

3．通过 API 显示获取到的消息内容

在命令行窗口中键入如下命令：

```
curl http://localhost:8080/projects/kafka
```

结果是获取到的消息，而且还是按照流模式依次展示的，如图 7-29 所示。

图 7-29　运行结果界面

也可以在浏览器中输入如下内容：

```
http://localhost:8080/projects/kafka
```

7.9　创建响应式 AMQP 应用

7.9.1　前期准备

需要安装 ActiveMQ Artemis 消息队列，安装和配置的相关信息可以参考 5.2.1 节。

7.9.2　案例简介

本案例介绍基于 Quarkus 框架实现响应式的 AMQP 基本功能。通过阅读和分析在 AMQP

协议上实现响应式消息的生成、发布、广播和消费等案例代码,可以理解和掌握 Quarkus 框架的响应式 AMQP 协议使用方法。

基础知识:AMQP 协议。

AMQP(Advanced Message Queuing Protocol,高级消息队列协议)是一个进程间传递异步消息的网络协议,这是一个提供统一消息服务的应用层标准高级消息队列协议,是应用层协议的开放标准,面向消息的中间件进行设计。基于该协议的客户端与消息中间件可传递消息,并且不受客户端、中间件的不同产品、不同开发语言等条件的限制。

AMQP 模型图(如图 7-30 所示)显示了其工作过程:发布者(Publisher)发布消息(Message),经由交换机(Exchange)进行路由。交换机根据路由规则将收到的消息分发给与该交换机绑定的队列(Queue)。最后 AMQP 代理会将消息投递给订阅了队列的消费者(Consumer)或者消费者按照需求自行获取消息。

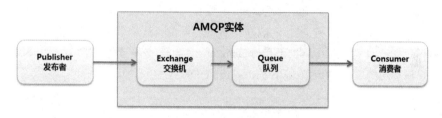

图 7-30　AMQP 模型图

7.9.3　编写程序代码

编写程序代码有 3 种方式。第 1 种方式是通过代码 UI 来实现的,在 Quarkus 官网的生成代码页面中按照指定步骤生成脚手架代码,然后下载文件,将项目引入 IDE 工具中,最后修改程序源码。

第 2 种方式是通过 mvn 来构建程序,通过下面的命令创建 Maven 项目来实现:

```
mvn io.quarkus:quarkus-maven-plugin:1.11.1.Final:create ^
    -DprojectGroupId=com.iiit.quarkus.sample
    -DprojectArtifactId=063-quarkus- sample-reactive-amqp ^
    -DclassName=com.iiit.quarkus.sample.reactive.amqp.ProjectResource
    -Dpath=/projects ^
    -Dextensions=resteasy-jsonb,quarkus-smallrye-reactive-messaging-amqp
```

第 3 种方式是直接从 GitHub 上获取代码,可以从 GitHub 上克隆预先准备好的示例代码:

```
git clone https://******.com/rengang66/iiit.quarkus.sample.git(见链接1)
```

该程序位于"063-quarkus-sample-reactive-amqp"目录中,是一个 Maven 工程项目程序。

在 IDE 工具中导入 Maven 工程项目程序，在 pom.xml 的<dependencies>下有如下内容：

```
<dependency>
    <groupId>io.quarkus</groupId>
    <artifactId>quarkus-smallrye-reactive-messaging-amqp</artifactId>
</dependency>
```

其中的 quarkus-smallrye-reactive-messaging-amqp 是 Quarkus 扩展了 SmallRye 的 AMQP 实现。

quarkus-sample-reactive-amqp 程序的应用架构（如图 7-31 所示）表明，ProjectInformGenerator 类遵循 MicroProfile Reactive Messaging 规范，通过管道向 Activemq-Artemis 消息服务器的主题发送消息流，ProjectInformConverter 消息类遵循 MicroProfile Reactive Messaging 规范从 Activemq-Artemis 消息服务器获取消息主题的消息流，然后 ProjectInformConverter 又通过管道向 Activemq-Artemis 消息服务器的主题广播消息流。外部访问 ProjectResource 资源接口，ProjectResource 遵循 MicroProfile Reactive Messaging 规范从 Activemq-Artemis 消息服务器获取广播的消息流。ProjectResource 资源类、ProjectInformConverter 类和 ProjectInformGenerator 类都依赖于依据 MicroProfile Reactive Messaging 规范实现的 SmallRye Reactive Messaging 框架。

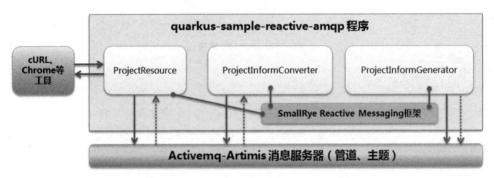

图 7-31　quarkus-sample-reactive-amqp 程序应用架构图

quarkus-sample-reactive-amqp 程序的配置文件和核心类如表 7-7 所示。

表 7-7　quarkus-sample-reactive-amqp 程序的配置文件和核心类

名 称	类 型	简 介
application.properties	配置文件	定义 Artemis 连接和管道、主题等信息
ProjectInformGenerator	数据生成类	生成数据并将数据发送到 Artemis 的管道中，核心类
ProjectInformConverter	数据转换类	消费 Artemis 管道中的数据并将数据广播出去，核心类
ProjectResource	资源类	消费 Artemis 管道中的数据并以 REST 方式提供访问，核心类

在该程序中，首先看看配置信息的 application.properties 文件：

```
amqp-username=mq
amqp-password=123456

# Configure the AMQP connector to write to the `inform` address
mp.messaging.outgoing.generated-inform.connector=smallrye-amqp
mp.messaging.outgoing.generated-inform.address=inform
mp.messaging.outgoing.generated-inform.host=localhost
mp.messaging.outgoing.generated-inform.port=5672

# Configure the AMQP connector to read from the `inform` queue
mp.messaging.incoming.inform.connector=smallrye-amqp
mp.messaging.incoming.inform.address=inform
mp.messaging.incoming.inform.durable=true
mp.messaging.incoming.inform.host=localhost
mp.messaging.incoming.inform.port=5672
```

在 application.properties 文件中，配置了 MicroProfile Reactive Messaging 规范的相关参数。

（1）amqp-username 和 amqp-password 表示连接的 AMQP Broker 的用户名和口令。

（2）mp.messaging.outgoing.generated-inform.connector 表示输出管道 generated-inform 的类型。

（3）mp.messaging.outgoing.generated-inform.address 表示输出管道 generated-inform 的地址。

（4）mp.messaging.outgoing.generated-inform.host 和 mp.messaging.outgoing.generated-inform.port 表示输出管道 generated-inform 的 Host 地址和端口。

（5）mp.messaging.incoming.inform.connector 表示输入管道 inform 的类型。

（6）mp.messaging.incoming.inform.topic 表示输入管道 inform 的主题。

（7）mp.messaging.incoming.inform.host 和 mp.messaging.incoming.inform.port 表示输入管道 inform 的 Host 地址和端口。

下面讲解 quarkus-sample-reactive-amqp 程序的 ProjectInformGenerator 类、ProjectInformConverter 类和 ProjectResource 资源类的功能和作用。

1. ProjectInformGenerator 类

用 IDE 工具打开 com.iiit.quarkus.sample.reactive.amqp.json.ProjectInformGenerator 类文件，其代码如下：

```
@ApplicationScoped
```

```java
public class ProjectInformGenerator {
    private static final Logger LOGGER = Logger.getLogger(ProjectInformGenerator.class);
    private Random random = new Random();
    private SimpleDateFormat formatter = new SimpleDateFormat("yyyy-MM-dd HH:mm:ss");
    private String dateString, sendContent = null;

    @Outgoing("generated-inform")
    public Multi<String> generateInform() {
        return Multi.createFrom().ticks().every(Duration.ofSeconds(5))
                .onOverflow().drop().map(tick -> {
                    dateString = formatter.format(new Date());
                    sendContent = "项目进程数据："+ Integer.toString(random.nextInt(100));
                    System.out.println(dateString + " ProjectInform-Generator 发送数据: " + sendContent);
                    return sendContent;
                });
    }
}
```

程序说明：

① 输出管道 generated-inform 按照数据流模式生产数据。

② 按照数据流模式，每间隔 5 秒发送一次数据。

2. ProjectInformConverter 类

用 IDE 工具打开 com.iiit.quarkus.sample.reactive.amqp.ProjectInformConverter 类文件，其代码如下：

```java
@ApplicationScoped
public class ProjectInformConverter {

    private static final Logger LOGGER = Logger.getLogger(ProjectResource.class);
    private SimpleDateFormat formatter = new SimpleDateFormat("yyyy-MM-dd HH:mm:ss");
    private String dateString = null;
    public ProjectInformConverter() {    }

    @Incoming("inform")
    @Outgoing("data-stream")
```

```
    @Broadcast
    @Acknowledgment(Acknowledgment.Strategy.PRE_PROCESSING)
    public String process(String inform) {
        dateString=formatter.format(new Date());
        System.out.println(dateString + " ProjectInformConverter 接收并转
发的数据: " + inform);
        LOGGER.info("接收并转发的数据: " + inform);
        return inform;
    }
}
```

程序说明：

① 获取输入管道 generated-inform 的数据。由于输入管道 inform 和输出管道 generated-inform 有相同的主题，故输出管道 generated-inform 的数据会被输入管道 inform 接收。

② 输出管道 data-stream 按照数据流模式生产数据，数据以广播方式发出。

3．ProjectResource 资源类

用 IDE 工具打开 com.iiit.quarkus.sample.reactive.amqp.ProjectResource 类文件，其代码如下：

```
@Path("/projects")
@ApplicationScoped
@Produces(MediaType.APPLICATION_JSON)
@Consumes(MediaType.APPLICATION_JSON)
public class ProjectResource {
    private static final Logger LOGGER = Logger.getLogger(Project-
Resource.class);

    @Inject
    @Channel("data-stream")
    Publisher<String> informs;

    public ProjectResource() {
    }

    @GET
    @Path("/amqp")
    @Produces(MediaType.SERVER_SENT_EVENTS)
    @SseElementType("text/plain")
    public Publisher<String> kafkaStream() {
        LOGGER.info("最终获得的数据: " + informs.toString());
        return informs;
    }
}
```

程序说明：

① ProjectResource 类的主要方法是 REST 的基本操作方法，按照流模式获取消息的内容。

② 注入了 Publisher<String>发布者，从管道 data-stream 获取广播的订阅信息。

用通信图（遵循 UML 2.0 规范）来表述 quarkus-sample-reactive-amqp 程序的业务场景，如图 7-32 所示。

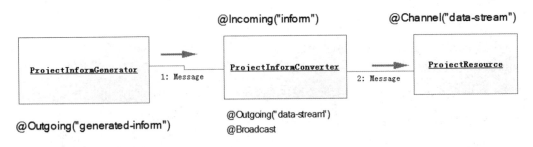

图 7-32 quarkus-sample-reactive-amqp 程序通信图

消息的处理过程说明如下。

（1）启动应用，会调用 ProjectInformGenerator 对象的 generate 方法，该方法会按照 1 秒一次的频率向输出管道 generated-inform 的 informs 主题发送消息。

（2）ProjectInformConverter 对象通过输入管道 inform 获取 informs 主题的消息，然后通过输出管道 data-stream 发出、广播消息。

（3）ProjectResource 对象通过管道 data-stream 获取消息。

7.9.4 验证程序

通过下列几个步骤（如图 7-33 所示）来验证案例程序。

下面对其中涉及的关键点进行说明。

1．启动 Artemis 消息服务

安装 ActiveMQ Artemis，初始化数据文件，然后进入其数据目录。要启动 Artemis 消息服务，在该数据目录下运行命令 artemis run 即可。

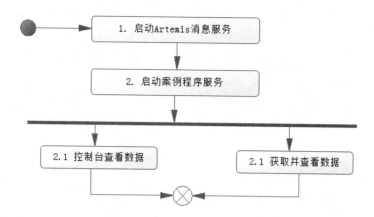

图 7-33　quarkus-sample-reactive-amqp 程序验证流程图

打开 Artemis 的 artemis_home 代理实例的 etc 目录下的 broker.xml 文件，确认其中有如下配置内容：

```
<acceptor name="amqp">tcp://0.0.0.0:5672?tcpSendBufferSize=1048576;tcpReceiveBufferSize=1048576;protocols=AMQP;useEpoll=true;amqpCredits=1000;amqpLowCredits=300;amqpMinLargeMessageSize=102400;amqpDuplicateDetection=true</acceptor>
```

上述内容的主要含义是，AMQP 协议中的监听端口是 5672。

2. 启动 quarkus-sample-reactive-amqp 程序服务

启动程序有两种方式，第 1 种是在开发工具（如 Eclipse）中调用 ProjectMain 类的 run 命令，第 2 种是在程序目录下直接运行命令 mvnw compile quarkus:dev。

3. 查看数据接收情况

首先在调试界面上会出现如图 7-34 所示的界面。

```
=============== quarkus is running! ===============
2020-12-10 21:09:01 ProjectInformGenerator发送数据: 项目进程数据: 39
2020-12-10 21:09:06 ProjectInformGenerator发送数据: 项目进程数据: 77
2020-12-10 21:09:11 ProjectInformGenerator发送数据: 项目进程数据: 23
2020-12-10 21:09:16 ProjectInformGenerator发送数据: 项目进程数据: 53
2020-12-10 21:09:21 ProjectInformGenerator发送数据: 项目进程数据: 69
2020-12-10 21:09:26 ProjectInformGenerator发送数据: 项目进程数据: 8
2020-12-10 21:09:31 ProjectInformGenerator发送数据: 项目进程数据: 9
2020-12-10 21:09:36 ProjectInformGenerator发送数据: 项目进程数据: 50
2020-12-10 21:09:41 ProjectInformGenerator发送数据: 项目进程数据: 49
2020-12-10 21:09:46 ProjectInformGenerator发送数据: 项目进程数据: 32
```

图 7-34　控制台的数据展示图

键入命令 curl http://localhost:8080/projects/amqp，出现 IDE 工具控制台界面，可以查看数据变化情况，如图 7-35 所示。

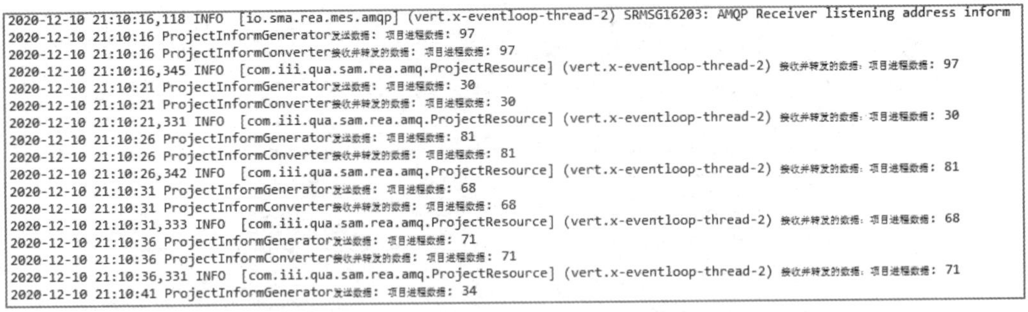

图 7-35 控制台的数据变化情况

这时的命令行窗口界面如图 7-36 所示。

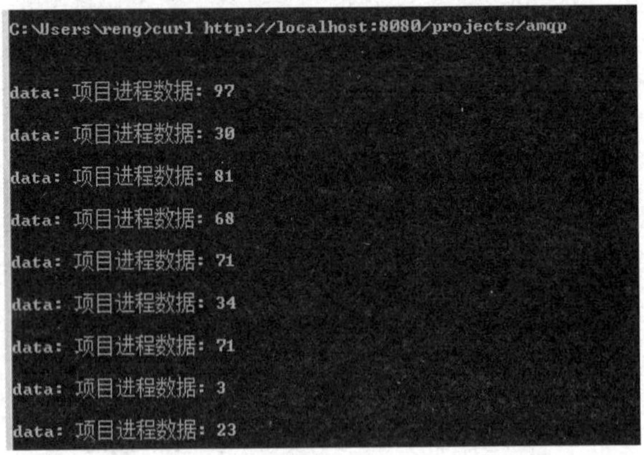

图 7-36 命令行窗口界面

也可以在浏览器中输入如下内容：

```
http://localhost:8080/projects/amqp
```

7.10 Quarkus 响应式基础框架 Vert.x 的应用

Eclipse Vert.x 是一个用于构建响应式应用的工具包，它被设计成轻量级和可嵌入的。Vert.x 定义了一个响应式执行模型，并且提供了巨大的生态系统。

Quarkus 的几乎所有与网络相关的功能都依赖于 Vert.x。虽然 Quarkus 的许多响应式功能不显式调用 Vert.x，但 Vert.x 的的确确存在于 Quarkus 底层。Quarkus 还与 Vert.x 事件总线（以支持应用组件之间的异步消息传递）和一些响应式客户端集成，也可以在 Quarkus 应用中使用各种 Vert.x API，例如部署 Verticle、实例化客户端等。

7.10.1 案例简介

本案例介绍基于 Quarkus 框架实现响应式的 Vert.x 基本功能。通过阅读和分析在基于响应式 Vert.x 的框架上实现延迟、事件总线、JSON 格式、响应式数据库操作、流数据和 Web 客户端等的案例代码，可以理解和掌握 Quarkus 框架的响应式 Vert.x 框架的使用方法。

基础知识：Vert.x 框架平台及其概念。

Vert.x 是一个基于事件驱动和异步非阻塞 I/O、运行于 JVM 上的框架和事件驱动编程模型。可以通过阅读图书 *Vert.x in Action* 来了解 Eclipse Vert.x 的原理和应用。Vert.x 框架图如图 7-37 所示。

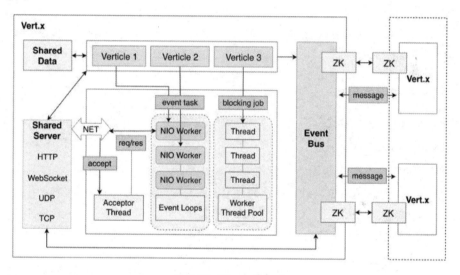

图 7-37 Vert.x 框架图

Vert.x 的重要接口分别介绍如下。

（1）org.vertx.java.core.Handler 接口：Vert.x 运行时的核心接口，用于结果回调处理，在此处执行调用者需要实现的业务逻辑代码。

（2）org.vertx.java.core.Context 接口：Context 接口代表着一次可执行单元的上下文。在 Vert.x 里有两种上下文，即 EventLoop 与 Worker。

（3）org.vertx.java.core.Vertx 接口：这是对外的 API。通过 Vertx 接口调用一个 API，API 内部会持有一个 Context 对象，在 API 本身的非业务逻辑代码执行完成后，将 Handler 传入

Context 对象来执行。

Vert.x 框架的重要概念介绍如下。

（1）Verticle：Verticle 是最基础的开发和部署单元。Vert.x 的执行单元叫 Verticle，即程序的入口，每种语言实现的方式可能不一样，比如 Java 需要继承一个 AbstractVerticle 抽象类。Verticle 分两种，一种是基于 EventLoop 的适合 I/O 密集型的 Verticle，还有一种是适合 CPU 密集型的 Worker Verticle。而 Verticle 之间通过 EventBus 相互通信。

（2）Module：Vert.x 应用由一个或多个 Module 来实现，一个 Module 由多个 Verticle 来实现。

（3）EventBus：EventBus 是 Vert.x 的通信核心，其功能是实现集群中容器之间的通信。不同的 Verticle 可以通过 EventBus 传递数据，进而方便地实现高并发的网络程序。EventBus 可以支持 Point to Point 通信方式，也可以支持 Publish & Subscribe 通信方式。

（4）Shared Data：由 Vert.x 提供，可简单共享 Map 和 Set 对象，用于解决各个 Verticle 之间的数据共享问题。

7.10.2 编写程序代码

编写程序代码有 3 种方式。第 1 种方式是通过代码 UI 来实现的，在 Quarkus 官网的生成代码页面中按照指定步骤生成脚手架代码，然后下载文件，将项目引入 IDE 工具中，最后修改程序源码。

第 2 种方式是通过 mvn 来构建程序，通过下面的命令创建 Maven 项目来实现：

```
mvn io.quarkus:quarkus-maven-plugin:1.11.1.Final:create ^
    -DprojectGroupId=com.iiit.quarkus.sample
    -DprojectArtifactId=067-quarkus- sample-vertx ^
    -DclassName=com.iiit.quarkus.sample.vertx.ProjectResource
    -Dpath= /projects ^
    -Dextensions=resteasy-jsonb,quarkus-vertx,quarkus-vertx-web,quarkus-reactive-pg-client, ^quarkus-resteasy-mutiny
```

第 3 种方式是直接从 GitHub 上获取代码，可以从 GitHub 上克隆预先准备好的示例代码：

```
git clone https://******.com/rengang66/iiit.quarkus.sample.git
```
（见链接1）

该程序位于"067-quarkus-sample-vertx"目录中，是一个 Maven 工程项目程序。

在 IDE 工具中导入 Maven 工程项目程序，在 pom.xml 的<dependencies>下有如下内容：

```
<dependency>
```

```xml
        <groupId>io.quarkus</groupId>
        <artifactId>quarkus-vertx</artifactId>
</dependency>

<dependency>
        <groupId>io.quarkus</groupId>
        <artifactId>quarkus-vertx-web</artifactId>
</dependency>

<dependency>
        <groupId>io.quarkus</groupId>
        <artifactId>quarkus-reactive-pg-client</artifactId>
</dependency>

<dependency>
        <groupId>io.smallrye.reactive</groupId>
        <artifactId>smallrye-mutiny-vertx-web-client</artifactId>
</dependency>
```

其中的 quarkus-vertx 是 Quarkus 扩展了 Vert.x 的核心实现，quarkus-vertx-web 是 Quarkus 扩展了 Vert.x 的 Web 实现，quarkus-reactive-pg-client 是 Quarkus 扩展了 Vert.x 的数据库实现，smallrye-mutiny-vertx-web-client 是 Quarkus 扩展了 Vert.x 和 Mutiny 的 Web 实现。

下面介绍 quarkus-vertx 的一些功能。

7.10.3　Vert.x API 应用讲解和验证

1．Vert.x API 简介

下面讲解如何使用 Vert.x 的几种 API 类型。

增加 Vert.x 扩展组件后，可以使用@Inject 注解来进行实例化，例如@Inject Vertx vertx。

Vert.x 提供了不同的 API 类型，分别是 Bare、Mutiny、RxJava 2、Axle。例如，Bare 使用回调，Mutiny 使用 Uni 和 Multi 对象，RxJava 2 使用 Single、Maybe、Completable、Observatable 和 Flowable 等对象。Quarkus 提供了 Vert.x 的 4 种 API 类型（如表 7-8 所示）。

表 7-8　Quarkus 提供的 Vert.x 的 API 类型

名　　称	注解和代码	说　　明
Bare	@inject io.vertx.core.Vertx vertx	Bare Vert.x 实例，API 使用回调方式来实现
Mutiny	@inject io.vertx.mutiny.core.Vertx vertx	Vert.x 的 Mutiny API

续表

名称	注解和代码	说明
RxJava 2	@inject io.vertx.reativex.core.Vertx vertx	RxJava 2 Vert.x,API 使用 RxJava 2 类型（在 Vert.x 的新版本中已弃用该类型）
Axle	@inject io.vertx.axle.core.Vertx vertx	在 Vert.x 中,API 使用 CompletionStage 和响应式流来实现（在 Vert.x 的新版本中已弃用该类型）

可以在 Quarkus 应用的 Bean 中注入 Vert.x 和 EventBus 的 4 种类型中的任何一种：Bare、Mutiny、RxJava 2、Axle。它们需要依赖于单个托管的 Vert.x 实例。

可根据应用的用例选择其中一种,4 种类型分别介绍如下。

- Bare Vert.x：高级用法,或者希望在 Quarkus 应用中重用现有 Vert.x 代码时使用。
- Mutiny Vert.x：这是一个由事件驱动的响应式编程 API。Mutiny 使用两种类型的对象——Uni 和 Multi。这是 Vert.x 推荐的 API 实现。
- RxJava 2 Vert.x：当需要在流上支持多种数据转换操作符时可用这种 API 类型,但是不推荐使用,建议切换到 Mutiny Vert.x。
- Axle：与 Quarkus 和 MicroProfile API（CompletionStage 用于单个结果,Publisher 用于流）配合良好,已弃用,建议切换到 Mutiny Vert.x。

2．程序讲解

Vert.x API 应用只由一个 VertxJsonResource 类组成。

打开 com.iiit.quarkus.sample.vertx.json.VertxAccessResource.java 文件,其代码如下：

```
@Path("/vertx")
@Produces(MediaType.APPLICATION_JSON)
public class VertxAccessResource {
    @Inject io.vertx.core.Vertx vertx;
    @Inject io.vertx.mutiny.core.Vertx mutinyVertx;
    @Inject io.vertx.reactivex.core.Vertx reactivexVertx;
    @Inject io.vertx.axle.core.Vertx axleVertx;

    @GET
    @Path("/bare")
    public void doVertx() {
        //Bare Vert.x:
        vertx.fileSystem().readFile("/META-INF/resources/quarkus-introduce.txt", ar -> {
            if (ar.succeeded()) {
```

```
                    System.out.println("文件内容:" + ar.result().toString("UTF-
8"));
            } else {
                    System.out.println("不能打开文件: " + ar.cause().
getMessage());
            }
        });
    }

    @GET
    @Path("/mutiny")
    public void doMutinyVertx() {
        //Mutiny Vert.x:
        mutinyVertx.fileSystem().readFile("/META-INF/resources/quarkus-
introduce.txt")
                .onItem().transform(buffer -> buffer.toString("UTF-8"))
                .subscribe()
                .with(
                        content -> System.out.println("文件内容: " + content),
                        err -> System.out.println("不能打开文件: " +
err.getMessage())
                );
    }

    @GET
    @Path("/reactivex")
    public void doReactivexVertx() {
        //Rx Java 2 Vert.x
        reactivexVertx.fileSystem().rxReadFile("/META-
INF/resources/quarkus- introduce.txt")
                .map(buffer -> buffer.toString("UTF-8"))
                .subscribe(
                        content -> System.out.println("文件内容: " + content),
                        err -> System.out.println("不能打开文件: " +
err.getMessage())
                );
    }

    @GET
    @Path("/axle")
    public void doAxleVertx() {
        //Axle API:
        axleVertx.fileSystem().readFile("/META-INF/resources/quarkus-
introduce.txt")
```

```
            .thenApply(buffer -> buffer.toString("UTF-8"))
            .whenComplete((content, err) -> {
                if (err != null) {
                    System.out.println("不能打开文件: " + err.getMessage());
                } else {
                    System.out.println("文件内容: " + content);
                }
            });
    }

    @GET
    @Path("/mutiny/getfile")
    //@Produces(MediaType.TEXT_PLAIN)
    public Uni<String> doSomethingAsync() {
        return    mutinyVertx.fileSystem().readFile("/META-INF/resources/
quarkus-introduce.txt").onItem().transform(b -> b.toString("UTF-8"));
    }
}
```

程序说明：

① VertxAccessResource 类是一个用于测试 Vert.x 且提供了不同 API 的类。

② VertxAccessResource 类的 doVertx 方法采用 io.vertx.core.Vertx 对象来读取文件并在控制台上展示文件内容。

③ VertxAccessResource 类的 doMutinyVertx 方法采用 io.vertx.mutiny.core.Vertx 对象来读取文件并在控制台上展示文件内容。

④ VertxAccessResource 类的 doReactivexVertx 方法采用 io.vertx.reactivex.core.Vertx 对象来读取文件并在控制台上展示文件内容。

⑤ VertxAccessResource 类的 doAxleVertx 方法采用 io.vertx.axle.core.Vertx 对象来读取文件并在控制台上展示文件内容。

⑥ VertxAccessResource 类的 doSomethingAsync 方法采用 io.vertx.mutiny.core.Vertx 对象来读取文件并将文件内容转换为 Uni 对象，然后返回 Uni 对象。

3．验证程序

通过下列几个步骤来验证程序。

（1）启动程序

启动程序有两种方式，第 1 种是在开发工具（如 Eclipse）中调用 ProjectMain 类的 run 命

令,第 2 种是在程序目录下直接运行命令:

```
mvnw compile quarkus:dev
```

(2)通过 API 显示 Bare Vert.x、Mutiny Vert.x、RxJava 2 Vert.x 和 Axle Vert.x 的执行情况

在命令行窗口中依次执行如下命令:

```
curl http://localhost:8080/vertx/bare
curl http://localhost:8080/vertx/mutiny
curl http://localhost:8080/vertx/reactivex
curl http://localhost:8080/vertx/axle
```

所有命令都有结果,可以在开发工具的监控控制台上看到相关的结果信息。

(3)通过 API 读取文件内容

在命令行窗口中键入如下命令:

```
curl http://localhost:8080/vertx/mutiny/getfile
```

这里采用了推荐的 Mutiny Vert.x 的实现,会在结果界面上显示读取的文件内容。

7.10.4　WebClient 应用讲解和验证

1. WebClient 简介

下面讲解 WebClient 的异步(非阻塞)调用,显示数据在接收时被转发并返回响应的过程。

2. 程序讲解

WebClient 应用只由一个 ResourceUsingWebClient 类组成,打开 com.iiit.quarkus.sample.vertx.webclient.ResourceUsingWebClient 类文件,其代码如下:

```java
@Path("/project-data")
public class ResourceUsingWebClient {
    @Inject
    Vertx vertx;
    private WebClient client;
    @PostConstruct
    void initialize() {
        this.client = WebClient.create(vertx,
                new     WebClientOptions().setDefaultHost("localhost").setDefaultPort (8080));
    }
```

```java
@GET
@Produces(MediaType.APPLICATION_JSON)
@Path("/{id}")
public Uni<JsonObject> getData( @PathParam("id")  int id) {
    return client.get("/projects/" + id )
            .send()
            .map(resp -> {
                if (resp.statusCode() == 200) {
                    return resp.bodyAsJsonObject();
                } else {
                    return new JsonObject()
                            .put("code", resp.statusCode())
                            .put("message", resp.bodyAsString());
                }
            });
    }
}
```

程序说明：

① ResourceUsingWebClient 资源类的作用是与外部进行交互，注入 Vertx 对象。

② ResourceUsingWebClient 资源类创建了一个 WebClient，并根据请求使用该客户端调用 Vertx API。

根据结果，数据在接收时被转发，或者使用状态和主体创建一个新的 JSON 对象。WebClient 显然是异步（非阻塞）的，Web 端点会返回 Uni 对象。

3．验证程序

通过下列几个步骤来验证程序。

（1）启动程序

启动程序有两种方式，第 1 种是在开发工具（如 Eclipse）中调用 ProjectMain 类的 run 命令，第 2 种是在程序目录下直接运行命令 mvnw compile quarkus:dev。

（2）通过 API 显示 WebClient 的响应内容

在命令行窗口中键入如下命令：

```
curl http://localhost:8080/vertx/webclient/1
```

结果是转到 http://localhost:8080/projects/1 并获取的数据。

7.10.5 routes 应用讲解和验证

1. routes 简介

在实现声明式和路由链 HTTP 端点的方式中,响应式路由是一种替代方案。这种方案在 JavaScript 领域非常流行,比如 Express.js 或者 Hapi。Quarkus 也提供了这种响应式路由功能,开发者可以单独使用响应式路由实现 REST API,也可以将响应式路由与 JAX-RS 资源和 Servlet 结合起来使用。

@Route 注解的功能有 6 种,分别介绍如下。①Path:用于按路径路由,使用 Vert.x Web 格式;②正则表达式:涉及使用正则表达式进行路由的详细说明信息;③方法:触发路由的 HTTP 动作,如 GET、POST 等;④类型:可以是 normal(非阻塞)、blocking(在工作线程上调度的方法)或 failure(失败时调用该路由);⑤顺序:处理传入请求时涉及的多个路由的顺序;⑥使用 produces 和 consumes 注解表示生成和使用的数据类型是 mime 类型。

2. 程序讲解

routes 应用有 3 个类,分别是 ProjectDeclarativeRoutes、ProjectRouteRegistar 和 ProjectFilter 类。

打开 com.iiit.quarkus.sample.vertx.routes.ProjectDeclarativeRoutes.java 文件,其代码如下:

```
@ApplicationScoped
public class ProjectDeclarativeRoutes {
    @Inject    ProjectService service;

    @Route(path = "/route/projects", methods = HttpMethod.GET)
    public void handle(RoutingContext rc) {
        String content = service.getProjectInform();
        System.out.println(content);
        rc.response().end(content);
    }

    @Route(path = "/route/getprojects")
    public String getProjectInform() {
        return service.getProjectInform();
    }

    @Route(path = "/route/getproject/{id}", methods = HttpMethod.GET)
    public void getproject(RoutingContext rc) {
        String id = rc.request().getParam("id");
        String projectContent = "" ;
        if (id != null) {
```

```
            Integer i = new Integer(id);
            projectContent = service.getProjectInformById(i);
        }
        rc.response().end(projectContent);
    }

    @Route(path = "/route/hello", methods = HttpMethod.GET)
    public void greetings(RoutingContext rc) {
        String name = rc.request().getParam("name");
        if (name == null) {
            name = "world";
        }
        rc.response().end("hello " + name);
    }
}
```

程序说明：

① ProjectDeclarativeRoutes 类的作用是与外部进行交互，实现路由转移。如果在 ProjectDeclarativeRoutes 类中没有作用域的注解类，那么会自动填上@javax.inject.Singleton。

② @Route 注解表示该方法是一个被动路由。默认情况下，方法中包含的代码不能阻塞。

③ 该类的 handle、getproject 和 greetings 方法获取 RoutingContext 作为参数。在 RoutingContext 中，可以检索 HTTP 请求（使用 request）并使用 response 写入响应，最后使用 end 进行输出。

④ 如果带注解的方法不返回 void，则参数是可选的。

⑤ RoutingExchange 是 RoutingContext 的一个方便的包装器，它提供了一些有用的方法。

打开 com.iiit.quarkus.sample.vertx.routes.ProjectRouteRegistar.java 文件，其代码如下：

```
@ApplicationScoped
public class ProjectRouteRegistar {
    @Inject    ProjectService service;

    public void init(@Observes Router router) {
        router.get("/route/registar").handler(rc -> {
            String content = service.getProjectInform();
            System.out.println(content);
            rc.response().end(content);
        });
    }
}
```

程序说明：

① ProjectRouteRegistar 类的作用是注册路由。

② 该程序说明 Quarkus 可通过创建一个 Router 对象来直接在 HTTP 路由层上注册 Router。

③ ProjectRouteRegistar 类的 init 方法在 HTTP 路由层上创建了一个/route/registar 路径的路由。

打开 com.iiit.quarkus.sample.vertx.routes.ProjectFilter.java 文件，其代码如下：

```
@ApplicationScoped
public class ProjectFilter {
    public void registerMyFilter(@Observes Filters filters) {
        filters.register(rc -> {
            rc.response().putHeader("X-Header", "intercepting the request");
            rc.next();
        }, 100);
    }
}
```

程序说明：

① ProjectFilter 表的作用是注册过滤器（Filter）。

② 该程序说明在 Quarkus 启动时可以注册过滤器（Filter）来拦截传入的 HTTP 请求。这些过滤器也适用于 Servlet、JAX-RS 资源和响应式路由。

③ 该程序在 Quarkus 启动时注册了一个过滤器，该过滤器为 HTTP 请求添加了一个 HTTP 头。

④ RouteFilter 的值用于定义过滤器优先级，优先级较高的过滤器将首先被调用。过滤器需要调用 next 方法才能继续执行过滤器链。

3．验证程序

通过下列几个步骤来验证程序。

（1）启动程序

启动程序有两种方式，第 1 种是在开发工具（如 Eclipse）中调用 ProjectMain 类的 run 命令，第 2 种是在程序目录下直接运行命令 mvnw compile quarkus:dev。

（2）通过 API 显示路由的列表

在命令行窗口中键入如下命令：

```
curl http://localhost:8080/route/projects
```

结果是列出所有项目列表。

在命令行窗口中键入如下命令：

```
curl http://localhost:8080/route/getprojects
```

结果是列出所有项目列表。

在命令行窗口中键入如下命令：

```
curl http://localhost:8080/route/registar
```

结果是列出所有项目列表。

7.10.6 EventBus 应用讲解和验证

1. EventBus 简介

Quarkus 允许不同的 Bean 之间通过异步事件进行交互，从而促进松散耦合，消息被发送到虚拟地址。EventBus 提供了 3 种传送机制：①点对点发送消息，一个消费者接收消息，如果存在一个应用于多个消费者的循环，则一个消息会被发送给多个消费者；②发布/订阅消息，所有收听订阅地址的消费者都可以接收到发布的消息；③请求时发送的消息并期望得到响应，接收器可以采用异步方式响应消息。

所有这些传送机制都是非阻塞的，Vert.x 为构建响应式应用提供了一个 EventBus 基本组件。异步消息传递功能允许答复的响应消息采用 Vert.x 不支持的消息格式。但是，这种实现方式仅限于单个事件行为（无流）和本地消息。

EventBus 对象提供了以下方法：①向特定地址发送消息：一个消费者接收消息；②将消息发布到特定地址：所有使用者都会收到消息；③发送消息并等待答复。

2. 程序讲解

EventBus 应用由 EventResource 类和 EventService 类组成。

打开 com.iiit.quarkus.sample.vertx.eventbus.EventResource.java 文件，其代码如下：

```
@Path("/eventbus")
public class EventResource {
    @Inject    EventBus bus;

    @GET
    @Produces(MediaType.TEXT_PLAIN)
```

```
    @Path("{id}")
    public Uni<String> getName(@PathParam("id") Integer id) {
        return bus.<String> request("getNameByID", id)
                .onItem().transform(Message::body);
    }
}
```

程序说明：

① EventResource 类的作用是与外部进行交互，只有 REST 的 GET 方法，其注入了 EventBus 对象。

② EventResource 类的 getName 方法向一个特定的地址发送消息请求，并且获取该地址返回的数据信息。在这里，这个特定访问地址是其内部实现的方法 getNameByID。

打开 com.iiit.quarkus.sample.vertx.eventbus.EventService.java 文件，其代码如下：

```
@ApplicationScoped
public class EventService {
    @Inject    ProjectService service;

    @ConsumeEvent("getNameByID")
    public String getName(Integer id) {
        return service.getProjectInformById(id);
    }
}
```

程序说明：

① EventService 类是一个服务类，提供事件消费功能。

② 注解@ConsumeEvent("getNameByID")表明该方法是一个消费事件。若要使用事件，就要使用 io.quarkus.vertx.Event 注解。

③ 如果没有设置地址，地址就是 Bean 的完全限定名。例如，在上面这个代码段中，地址是 com.iiit.quarkus.sample.vertx.stream.EventService。方法的参数是消息体。如果该方法会返回数据，那么这个数据就是对消息的响应。

3．验证程序

通过下列几个步骤来验证程序。

（1）启动程序

启动程序有两种方式，第 1 种是在开发工具（如 Eclipse）中调用 ProjectMain 类的 run 命令，第 2 种是在程序目录下直接运行命令 mvnw compile quarkus:dev。

（2）通过 API 显示 Redis 中的主键列表

在命令行窗口中键入如下命令：

```
curl http://localhost:8080/eventbus/1
```

结果是列出转到 http://localhost:8080/getNameByID/1 的消费事件，该事件返回项目 ID 是 1 的项目信息。

7.10.7　stream 应用讲解和验证

1．stream 简介

Quarkus 使用服务器发送的事件（Server-Sent Events）进行流式处理。

需要以服务器发送事件（Server-Sent Events）的形式发送消息的 Quarkus Web 资源必须有一个方法：①声明 text/event-stream 响应内容类型；②返回 Reactive Streams Publisher 或 Mutiny Multi（需要 quarkus-resteasy-mutiny 扩展）。

2．程序讲解

stream 应用由一个 StreamingResource 类和一个 js 文件组成。

打开 com.iiit.quarkus.sample.vertx.webclient.StreamingResource.java 文件，其代码如下：

```java
@Path("/stream")
public class StreamingResource {
    @Inject   Vertx vertx;

    @GET
    @Produces(MediaType.SERVER_SENT_EVENTS)
    @Path("{name}")
    public Multi<String> getStreaming(@PathParam("name") String name) {
        return  Multi.createFrom().publisher(vertx.periodicStream(2000).toPublisher())
                .map(l -> String.format("Hello %s! (%s)%n", name, new Date()));
    }
}
```

程序说明：

① StreamingResource 类主要实现的功能就是延迟时间，其注入对象是 Vertx。

② StreamingResource 类的 getStreaming 方法声明 text、event-stream 响应内容类型，获取数据后会返回 Mutiny Multi 对象。

打开 src\main\resources\META-INF\resource\streaming.js 文件，其代码如下：

```
if (!!window.EventSource) {
    var eventSource = new EventSource("/stream/reng");
    eventSource.onmessage = function (event) {
        var container = document.getElementById("container");
        var paragraph = document.createElement("p");
        paragraph.innerHTML = event.data;
        container.appendChild(paragraph);
    };
} else {
    window.alert("EventSource not available on this browser.")
}
```

程序说明：streaming.js 中定义了 EventSource 对象，然后通过事件函数 eventSource.onmessage 在浏览器中展示数据流的内容。

3．验证程序

通过下列几个步骤来验证程序。

（1）启动程序

启动程序有两种方式，第 1 种是在开发工具（如 Eclipse）中调用 ProjectMain 类的 run 命令，第 2 种是在程序目录下直接运行命令 mvnw compile quarkus:dev。

（2）通过 API 显示数据流

在命令行窗口中键入如下命令：

```
curl http://localhost:8080/stream/reng
```

结果是显示数据流。

也可以通过在浏览器中键入 http://localhost:8080/streaming.html 来观察结果。

7.10.8　pgclient 应用讲解和验证

1．pgclient 简介

下面将学习如何实现一个简单的 CRUD 应用，以及如何通过 RESTful API 公开 PostgreSQL 中存储的数据。

2．程序讲解

pgclient 应用由配置信息、ProjectPgResource 类和 ProjectPg 类组成。

在该程序中，首先看看配置信息的 application.properties 文件：

```
quarkus.datasource.db-kind=postgresql
quarkus.datasource.username=quarkus_test
quarkus.datasource.password=quarkus_test
quarkus.datasource.reactive.url=postgresql://localhost:5432/quarkus_test
myapp.schema.create=true
ProjectPg.schema.create=true
```

在 application.properties 文件中，配置了与数据库连接相关的参数。

打开 com.iiit.quarkus.sample.vertx.pgclient.ProjectPgResource.java 文件，其代码如下：

```java
@Path("projectpgs")
@Produces(MediaType.APPLICATION_JSON)
@Consumes(MediaType.APPLICATION_JSON)
public class ProjectPgResource {

    @Inject
    @ConfigProperty(name = "ProjectPg.schema.create",defaultValue = "true")
    boolean schemaCreate;

    @Inject
    PgPool client;

    @PostConstruct
    void config() {
        if (schemaCreate) { initdb(); }
    }

    private void initdb() {
        client.query("DROP TABLE IF EXISTS iiit_projects").execute()
                .flatMap(r -> client.query("CREATE TABLE iiit_projects (id SERIAL PRIMARY KEY, name TEXT NOT NULL)").execute())
                .flatMap(r -> client.query("INSERT INTO iiit_projects (name) VALUES ('项目A')").execute())
                .flatMap(r -> client.query("INSERT INTO iiit_projects (name) VALUES ('项目B')").execute())
                .flatMap(r -> client.query("INSERT INTO iiit_projects (name) VALUES ('项目C')").execute())
                .flatMap(r -> client.query("INSERT INTO iiit_projects (name) VALUES ('项目D')").execute())
                .await().indefinitely();
    }

    @GET
```

```java
    public Uni<Response> get() {
        return ProjectPg.findAll(client)
                .onItem().transform(Response::ok)
                .onItem().transform(ResponseBuilder::build);
    }

    @GET
    @Path("{id}")
    public Uni<Response> getSingle(@PathParam Long id) {
        return ProjectPg.findById(client, id)
                .onItem().transform(fruit -> fruit != null ? Response.ok(fruit) : Response.status(Status.NOT_FOUND))
                .onItem().transform(ResponseBuilder::build);
    }

    @POST
    public Uni<Response> create(ProjectPg projectPg) {
        return projectPg.save(client)
                .onItem().transform(id -> URI.create("/projectpgs/" + id))
                .onItem().transform(uri -> Response.created(uri).build());
    }

    @PUT
    @Path("{id}")
    public Uni<Response> update( ProjectPg projectPg) {
        return projectPg.update(client)
                .onItem().transform(updated -> updated ? Status.OK : Status.NOT_FOUND)
                .onItem().transform(status -> Response.status(status).build());
    }

    @DELETE
    @Path("{id}")
    public Uni<Response> delete(@PathParam Long id) {
        return ProjectPg.delete(client, id)
                .onItem().transform(deleted -> deleted ? Status.NO_CONTENT: Status.NOT_FOUND)
                .onItem().transform(status -> Response.status(status).build());
    }
}
```

程序说明：

① ProjectPgResource 类的主要方法是 REST 的基本操作方法，包括 GET、POST、PUT 和 DELETE 方法。

② ProjectPgResource 类服务的处理采用响应式模式，对外返回的是 Multi 对象或 Uni 对象。

打开 com.iiit.quarkus.sample.vertx.pgclient.ProjectPg.java 文件，其代码如下：

```java
public class ProjectPg {
public Long id;
public String name;

public ProjectPg() {  }

public ProjectPg(String name) {
    this.name = name;
}

public ProjectPg(Long id, String name) {
    this.id = id;
    this.name = name;
}

public static Uni<List<ProjectPg>> findAll(PgPool client) {
    return client.query("SELECT id, name FROM iiit_projects ORDER BY name ASC").execute().onItem().transform(pgRowSet -> {
        List<ProjectPg> list = new ArrayList<>(pgRowSet.size());
        for (Row row : pgRowSet) {
        list.add(from(row));
        }
        return list;
        });
}

public static Uni<ProjectPg> findById(PgPool client, Long id) {
    return client.preparedQuery("SELECT id, name FROM iiit_projects WHERE id = $1").execute(Tuple.of(id))
              .onItem().transform(RowSet::iterator)
              .onItem().transform(iterator -> iterator.hasNext() ? from(iterator.next()) : null);
}
```

```java
    public Uni<Long> save(PgPool client) {
        return client.preparedQuery("INSERT INTO iiit_projects (name) VALUES ($1) RETURNING (id)").execute(Tuple.of(name))
            .onItem().transform(pgRowSet -> pgRowSet.iterator().next().getLong("id"));
    }

    public Uni<Boolean> update(PgPool client) {
        return client.preparedQuery("UPDATE iiit_projects SET name = $1 WHERE id = $2").execute(Tuple.of(name, id))
            .onItem().transform(pgRowSet -> pgRowSet.rowCount() == 1);
    }

    public static Uni<Boolean> delete(PgPool client, Long id) {
        return client.preparedQuery("DELETE FROM iiit_projects WHERE id = $1").execute(Tuple.of(id))
            .onItem().transform(pgRowSet -> pgRowSet.rowCount() == 1);
    }

    private static ProjectPg from(Row row) {
        return new ProjectPg(row.getLong("id"), row.getString("name"));
    }
}
```

程序说明：ProjectPg 类是一个实体类，通过方法参数 PgPool（这是 Vert.x 针对 PostgreSQL 的响应式客户端）来对数据库执行 CRUD 操作。

3．验证程序

通过下列几个步骤来验证程序。

（1）启动 PostgreSQL 数据库

首先需要启动 PostgreSQL 数据库，然后可以进入 PostgreSQL 的图形管理界面并观察数据库中数据的变化情况。

（2）启动程序

启动程序有两种方式，第 1 种是在开发工具（如 Eclipse）中调用 ProjectMain 类的 run 命令，第 2 种是在程序目录下直接运行命令 mvnw compile quarkus:dev。

（3）通过 API 显示项目的 JSON 格式内容

在命令行窗口中键入如下命令：

```
curl http://localhost:8080/projectpgs
```

（4）通过 API 显示单条记录

在命令行窗口中键入如下命令：

```
curl http://localhost:8080/projectpgs/1
```

（5）通过 API 增加一条数据

在命令行窗口中键入如下命令：

```
curl -X POST -H "Content-type: application/json" -d {\"id\":5,\"name\":\"项目ABC\"} http://localhost:8080/projectpgs
```

显示 Project 的主键是 5 的内容：

```
curl http://localhost:8080/projects/reactive/5/
```

可以看到已成功新增数据。

（6）通过 API 修改一条数据内容

在命令行窗口中键入如下命令：

```
curl -X PUT -H "Content-type: application/json" -d {\"id\":5,\"name\":\"项目ABC修改\"} http://localhost:8080/projectpgs/5
```

显示 Project 的主键是 5 的内容：

```
curl http://localhost:8080/projects/reactive/5/
```

可以看到已成功修改数据。

（7）通过 API 删除 project1 记录

在命令行窗口中键入如下命令：

```
curl -X DELETE http://localhost:8080/projectpgs/4 -v
```

显示 Project 的主键是 4 的内容：

```
curl http://localhost:8080/projectpgs/4/
```

可以看到数据已被删除了。

7.10.9　delay 应用讲解和验证

1. delay 简介

下面讲解 Vert.x 框架如何实现时间上的延迟。

2. 程序讲解

delay 应用只由一个 DelayResource 类组成。

打开 com.iiit.quarkus.sample.vertx.delay.DelayResource.java 文件，其代码如下：

```java
@Path("/vertx/delay")
public class DelayResource {
    @Inject    Vertx vertx;
    @Inject    ProjectService service;

    @GET
    @Produces(MediaType.TEXT_PLAIN)
    @Path("{id}")
    public Uni<String> greeting(@PathParam("id") Integer id) {
        return Uni.createFrom().emitter(emitter -> {
            long start = System.nanoTime();
            //延迟响应100ms
            vertx.setTimer(100, l -> {
                String content = service.getProjectInformById(id);
                //计算已用时间（ms）
                long duration = MILLISECONDS.convert(System.nanoTime() - start, NANOSECONDS);
                String message = "延迟响应："+ duration +"; 获取数据："+ content;
                emitter.complete(message);
            });
        });
    }
}
```

程序说明：

① DelayResource 类主要实现的功能就是延迟时间，其注入对象是 Vertx。

② DelayResource 类的方法调用 Vertx 对象的延迟方法，获取数据，并延迟 100ms 返回响应式 Uni 对象。

3. 验证程序

通过下列几个步骤来验证程序。

（1）启动程序

启动程序有两种方式，第 1 种是在开发工具（如 Eclipse）中调用 ProjectMain 类的 run 命令，第 2 种是在程序目录下直接运行命令 mvnw compile quarkus:dev。

（2）通过 API 显示延迟效果

在命令行窗口中键入如下命令：

```
curl http://localhost:8080/vertx/delay/1
```

结果是列出延迟时间和获取的数据。

7.10.10　JSON 应用讲解和验证

1．JSON 简介

下面讲解 Vert.x 框架如何实现 JSON 的调用。

2．程序讲解

JSON 应用只由一个 VertxJsonResource 类组成。

打开 com.iiit.quarkus.sample.vertx.json.VertxJsonResource.java 文件，其代码如下：

```java
@Path("/json")
@Produces(MediaType.APPLICATION_JSON)
public class VertxJsonResource {
    @Inject    ProjectService service;

    @GET
    @Path("/object/{name}")
    public JsonObject jsonObject(@PathParam String name) {
        return new JsonObject().put("Hello", name);
    }

    @GET
    @Path("/array/{name}")
    public JsonArray jsonArray(@PathParam String name) {
        return new JsonArray().add("Hello").add(name);
    }
}
```

程序说明：

① VertxJsonResource 类的 jsonObject 方法说明如何组装一个 JsonObject。

② VertxJsonResource 类的 jsonArray 方法说明如何组装一个 JsonArray。

3．验证程序

通过下列几个步骤来验证程序。

（1）启动程序

启动程序有两种方式，第 1 种是在开发工具（如 Eclipse）中调用 ProjectMain 类的 run 命令，第 2 种是在程序目录下直接运行命令 mvnw compile quarkus:dev。

（2）通过 API 显示 JSON 数据

在命令行窗口中键入如下命令：

```
curl http://localhost:8080/vertx/json/object/reng
curl http://localhost:8080/vertx/json/array/reng
```

结果是列出 JSON 对象数据和 JSON 数组数据。

7.11 本章小结

本章主要介绍了 Quarkus 在响应式开发中的应用，从如下 10 个部分来进行讲解。

第一，简介响应式系统的原理和基本概念。

第二，简介 Quarkus 框架的响应式应用。

第三，介绍在 Quarkus 框架上如何开发响应式 JAX-RS 应用，包含案例的源码、讲解和验证。

第四，介绍在 Quarkus 框架上如何开发响应式 SQL Client 应用，包含案例的源码、讲解和验证。

第五，介绍在 Quarkus 框架上如何开发响应式 Hibernate 应用，包含案例的源码、讲解和验证。

第六，介绍在 Quarkus 框架上如何开发响应式 Redis 应用，包含案例的源码、讲解和验证。

第七，介绍在 Quarkus 框架上如何开发响应式 MongoDB 应用，包含案例的源码、讲解和验证。

第八，介绍在 Quarkus 框架上如何开发响应式 Apache Kafka 应用，包含案例的源码、讲解和验证。

第九，介绍在 Quarkus 框架上如何开发响应式 AMQP 应用，包含案例的源码、讲解和验证。

第十，介绍在 Quarkus 框架上基于 Vert.x 创建响应式应用，包含案例的源码、讲解和验证。

第 8 章 Quarkus 微服务容错机制

8.1 微服务容错简介

设计微服务框架时需要加入容错措施，确保某一服务即使出现问题也不会影响系统整体可用性。这些措施包括：超时与重试（Timeout and Retry）、限流（Rate Limiting）、熔断器（Circuit Breaking）、回退（Backoff）、舱壁隔离（Bulkhead Isolation）等。下面简单介绍这几种容错措施。

（1）超时与重试：在调用服务时，超出了限定的时间，这时的调用就是超时调用。对于超时，要采用一定的规则进行处理，这个规则就是超时机制。比如，针对网络连接超时、RPC 响应超时的超时响应机制等。在分布式服务环境下，超时机制主要解决了当依赖服务出现网络连接或响应延迟、服务端线程占满、回调无限等待等问题时，调用方可依据设定的超时时间策略来采取中断调用或间歇调用，及时释放关键资源，避免无限占用某个系统资源而出现整个系统拒绝对外提供服务的情况。

（2）限流：服务的容量和性能是有限的，限流机制主要限定了对微服务应用的并发访问。比如定义了一个限流阈值，当外部访问超过了这个限流阈值时，后续的请求就会遭到拒绝，这样就可以防止微服务应用在突发流量下或被攻击时被击垮。

（3）熔断器：在微服务系统中，当服务的输入负载迅速增加时，如果没有有效的措施对负载进行切断，则服务会被迅速压垮，接着压垮的服务会导致依赖它的其他服务也被压垮，出现连锁反应并造成雪崩效应。因此，可在微服务架构中实现熔断器，即在某个微服务发生故障后，通过熔断器的故障监控，向调用方返回一个错误响应，调用方进行主动熔断。这样可以防止服务被长时间占用而得不到释放，避免了故障在分布式系统中的蔓延。如果故障恢复正常，服务调用也能自动恢复。

（4）回退：指微服务系统在熔断或者限流发生时，采用某种处理逻辑，返回到以前的状态。这是一种弹性恢复能力。常见的处理策略有直接抛出异常、返回空值或默认值，以及返回备份数据等。回退机制是保证微服务系统具有弹性恢复能力的机制。

（5）舱壁隔离：这里借用了造船行业里的概念，轮船上往往会对一个个船舱进行隔离，这样一个船舱漏水不会影响其他船舱。同样的道理，舱壁隔离措施就是采用隔离手段把各个资源分隔开。当其中一个资源出现故障时，只会损失一个资源，其他资源不受影响。线程隔离（Thread Isolation）就是舱壁隔离的常见场景之一。

8.2 Quarkus 容错的实现

8.2.1 案例简介

本案例介绍基于 Quarkus 框架实现应用服务的容错功能。通过阅读和分析在 Quarkus 框架上实现重试、超时、回退和熔断器等操作的案例代码，可以理解和掌握 Quarkus 框架容错功能的使用方法。

微服务分布式特性带来的挑战之一是，与外部系统的通信从本质上说是不可靠的。这增加了对应用弹性的需求。为了方便制作更具弹性的应用，Quarkus 实现了包含 MicroProfile 规范的容错处理。在本案例中，我们将演示 MicroProfile 容错注解的用法，例如 @Timeout、@Fallback、@Retry 和 @CircuitBreaker 等。

基础知识：MicroProfile Fault Tolerance 规范。

MicroProfile Fault Tolerance 规范为确保微服务具有灾备能力提供了以下处理故障的策略。

- @Timeout 超时：定义执行的最大持续时间，为业务关键型任务设置时间限制。

- @Retry 重试：如果失败，请再次尝试执行。处理临时网络故障。

- @Bulkhead 舱壁隔离：限制并发执行，使得该区域的故障不会让整个系统过载。防止一个微服务使整个系统瘫痪。

- @CircuitBreaker 熔断器：执行过程重复失败时自动快速失效。

- @Fallback 回退：在执行失败时提供替代解决方案，提供备份计划。容错为每个策略提供了一个注解，可以放在 CDI Bean 的方法上。当一个带注解的方法被调用时，调用被截获，相应的容错策略被应用到该方法的执行过程中。

8.2.2 编写程序代码

编写程序代码有 3 种方式。第 1 种方式是通过代码 UI 来实现的，在 Quarkus 官网的生成代码页面中按照指定步骤生成脚手架代码，然后下载文件，将项目引入 IDE 工具中，最后修改程序源码。

第 2 种方式是通过 mvn 来构建程序，通过下面的命令创建 Maven 项目来实现：

```
mvn io.quarkus:quarkus-maven-plugin:1.11.1.Final:create ^
    -DprojectGroupId=com.iiit.quarkus.sample
    -DprojectArtifactId=070-quarkus- sample-fault-tolerance ^
    -DclassName=com.iiit.quarkus.sample.microprofile.ProjectResource
    -Dpath= /projects ^
    -Dextensions=resteasy-jsonb,quarkus-smallrye-fault-tolerance
```

第 3 种方式是直接从 GitHub 上获取代码，可以从 GitHub 上克隆预先准备好的示例代码：

```
git clone https://******.com/rengang66/iiit.quarkus.sample.git（见链接1）
```

该程序位于 "070-quarkus-sample-fault-tolerance" 目录中，是一个 Maven 工程项目程序。

在 IDE 工具中导入 Maven 工程项目程序，在 pom.xml 的<dependencies>下有如下内容：

```xml
<dependency>
    <groupId>io.quarkus</groupId>
    <artifactId>quarkus-smallrye-fault-tolerance</artifactId>
</dependency>
```

其中的 quarkus-smallrye-fault-tolerance 是 Quarkus 整合了 SmallRye 的容错实现。

quarkus-sample-fault-tolerance 程序的应用架构（如图 8-1 所示）表明，外部访问 ProjectResource 资源接口，ProjectResource 提供超时、重试、回退、熔断器、舱壁隔离等容错功能。ProjectResource 资源依赖于遵循 MicroProfile Fault Tolerance 规范的 SmallRye Mutiny 框架。

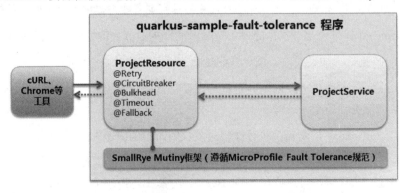

图 8-1　quarkus-sample-fault-tolerance 程序应用架构图

quarkus-sample-fault-tolerance 程序的核心类如表 8-1 所示。

表 8-1　quarkus-sample-fault-tolerance 程序的核心类

名　称	类　型	简　介
ProjectResource	资源类	容错的核心处理类
ProjectService	服务类	主要提供数据服务，无特殊处理，在本节中将不做介绍
Project	实体类	POJO 对象，无特殊处理，在本节中将不做介绍

该程序无配置信息的 application.properties 文件。

由于 ProjectResource 资源类覆盖了所有的容错方法，因此下面分别介绍 ProjectResource 类的各个容错功能及其对应的程序代码。

8.2.3　Quarkus 重试的实现和验证

用 IDE 工具打开 com.iiit.quarkus.sample.microprofile.faulttolerance.ProjectResource 类文件，关于重试主题的方法有 3 个，分别是 list、get、maybeFail 方法，代码如下：

```
@Path("/projects")
@ApplicationScoped
@Produces(MediaType.APPLICATION_JSON)
@Consumes(MediaType.APPLICATION_JSON)
public class ProjectResource {

    //省略部分代码

    //********Quarkus 重试的实现*******
    //在 50%的时间内，这种方法都会失败。但是，由于使用了@Retry 注解，
    //该方法在失败后会自动被重新调用（最多 4 次）。
    //因为很少同时连续出现 4 次故障，这意味着出现故障的概率很低。
    @GET
    @Retry(maxRetries = 4, retryOn = RuntimeException.class)
    public List<Project> list() {
        final Long invocationNumber = counter.getAndIncrement();
        maybeFail(String.format("ProjectResourcee 的 list 方法 invocation #%d failed",invocationNumber));
        LOGGER.infof("ProjectResourcee 的 list 方法  invocation #%d returning successfully",invocationNumber);
        return service.getAllProject();
    }

    @GET
    @Path("/{id}")
```

```java
    @Retry(maxRetries = 4, retryOn = RuntimeException.class)
    public Response get(@PathParam("id") int id) {
        final Long invocationNumber = counter.getAndIncrement();
        maybeFail(String.format("CoffeeResource#coffees() invocation #%d failed", invocationNumber));
        LOGGER.infof("CoffeeResource#coffees() invocation #%d returning successfully",invocationNumber);

        Project project = service.getProjectById(id);
        //没有找到id对应的project对象,返回404错误
        if (project == null) {
            return Response.status(Response.Status.NOT_FOUND).build();
        }
        return Response.ok(project).build();
    }

    //引入一些人为的故障
    private void maybeFail(String failureLogMessage) {
        if (new Random().nextFloat() < failRatio) {
            LOGGER.error(failureLogMessage);
            throw new RuntimeException("Resource failure.");
        }
    }
}
```

程序说明：

① ProjectResource 类的作用是与外部进行交互，主要方法是 REST 的 GET 方法。该程序包括 3 个 GET 方法。

② ProjectResource 类的 list 方法和 get 方法都是重试策略的入口。现以 get 方法为例，get 方法会调用 maybeFail 方法，实现重试。

下面用程序执行过程图来解释一下，Quarkus 重试的程序执行过程如图 8-2 所示。

解析说明：调用的方法是 public Response get(@PathParam("id") int id)，同时有注解 @Retry(maxRetries = 4, retryOn = RuntimeException.class)，表示当出现异常时可以重试 4 次，若 4 次还不成功，才会抛出异常。

程序首先随机产生一个浮点数，当该浮点数小于 0.5 时，就抛出异常。因为应用在执行过程中产生这种情况的概率是 50%，并有 4 次重试，所以出现异常的概率是 0.5×0.5×0.5×0.5×100%=6.25%，也就是说运行 16 次才有 1 次会真正抛出异常。

第 8 章 Quarkus 微服务容错机制

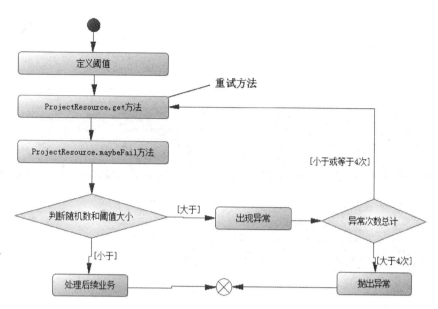

图 8-2 Quarkus 重试的程序执行过程图

下面介绍 Quarkus 重试的验证过程。

首先在命令行窗口中键入命令 curl http://localhost:8080/projects/2，或者直接在浏览器中打开 http://localhost:8080/projects/2，显示的结果是{"description":"关于项目 B 的情况描述","id":2,"name":"项目 B"}。

然后反复刷新页面，一般会出现如下结果：

{"description":"关于项目 B 的情况描述","id":2,"name":"项目 B"}

这时候，日志监控界面如图 8-3 所示。

```
2020-11-02 11:16:27,734 INFO  [com.iii.qua.sam.mic.fau.LoggingFilter] (executor-thread-179) Request GET /projects from IP 0:0:0:0:0:0:0:1:52246
2020-11-02 11:16:27,735 ERROR [org.acm.mic.fau.CoffeeResource] (executor-thread-179) ProjectResourcee的list方法 invocation #3 failed
2020-11-02 11:16:27,772 ERROR [org.acm.mic.fau.CoffeeResource] (executor-thread-179) ProjectResourcee的list方法 invocation #4 failed
2020-11-02 11:16:27,850 ERROR [org.acm.mic.fau.CoffeeResource] (executor-thread-179) ProjectResourcee的list方法 invocation #5 failed
2020-11-02 11:16:27,850 INFO  [org.acm.mic.fau.CoffeeResource] (executor-thread-179) ProjectResourcee的list方法 invocation #6 returning successfully
```

图 8-3 日志监控界面

内容如下：

```
2020-11-02 11:16:27,735 ERROR [org.acm.mic.fau.CoffeeResource] (executor-thread-179) ProjectResourcee 的 list 方法 invocation #3 failed
2020-11-02 11:16:27,772 ERROR [org.acm.mic.fau.CoffeeResource] (executor-thread-179) ProjectResourcee 的 list 方法 invocation #4 failed
2020-11-02 11:16:27,850 ERROR [org.acm.mic.fau.CoffeeResource] (executor-thread-179) ProjectResourcee 的 list 方法 invocation #5 failed
```

```
2020-11-02 11:16:27,850 INFO  [org.acm.mic.fau.CoffeeResource] (executor-
thread-179) ProjectResourcee 的 list 方法  invocation #6 returning successfully
```

笔者在反复刷新页面的过程中基本上很难遇到异常，下面是刷到的一次异常，该异常出现的概率是 6.25%，如图 8-4 所示。

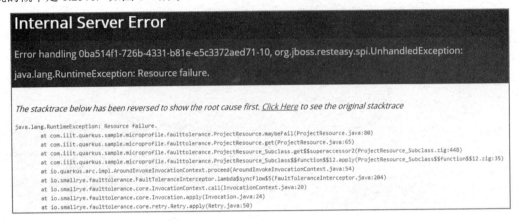

图 8-4 案例程序的重试异常界面

8.2.4 Quarkus 超时和回退的实现和验证

用 IDE 工具打开 com.iiit.quarkus.sample.microprofile.faulttolerance.ProjectResource 类文件，关于超时和回退主题的方法有 3 个，分别是 recommendations、randomDelay 和 fallbackRecommendations 方法，其代码如下：

```
@Path("/projects")
@ApplicationScoped
@Produces(MediaType.APPLICATION_JSON)
@Consumes(MediaType.APPLICATION_JSON)
public class ProjectResource {

//省略部分代码
...

    //********Quarkus 超时和回退的实现*******
    @GET
    @Path("/recommendations/{id}")
    @Timeout(250)
    @Fallback(fallbackMethod = "fallbackRecommendations")
    public List<Project> recommendations(@PathParam("id") int id) {
        long started = System.currentTimeMillis();
```

```
            final long invocationNumber = counter.getAndIncrement();
            try {
                randomDelay();
                LOGGER.infof("ProjectResource 的 recommendations()调用#%dreturning successfully",invocationNumber);
                return Collections.singletonList(service.getProjectById(id));
            } catch (InterruptedException e) {
                LOGGER.errorf("ProjectResource 的 recommendations() 调用 #%d timed out after %d ms", invocationNumber, System.currentTimeMillis() - started);
                return null;
            }
        }

        //引入人为的延误
        private void randomDelay() throws InterruptedException {
            long random = new Random().nextInt(500);
            LOGGER.info("随机数 random:"+random);
            Thread.sleep(random);
        }

        //推荐的后备方法
        public List<Project> fallbackRecommendations(int id) {
            LOGGER.info("Falling back to ProjectResource 的 fallbackRecommendations()");
            return service.getRecommendations(id);
        }
    }
```

程序说明：

① ProjectResource 类的作用是与外部进行交互，主要方法有 REST 的 GET 方法。该程序包括 3 个 GET 方法。

② ProjectResource 类的 recommendations 方法是超时策略的入口。recommendations 方法会调用 randomDelay 方法，执行人为设置的随机超时操作。

下面用程序执行过程图来解释一下，Quarkus 超时和回退的程序执行过程如图 8-5 所示。

调用的方法是 public List<Project> recommendations(@PathParam("id") int id)，在该方法上有 4 个注解，其中有两个表示的意思分别如下。

① @Timeout(250)：表示可以等待 250ms，如果超时，将会调用超时处理机制。

② @Fallback(fallbackMethod = "fallbackRecommendations")：表示如果出现异常（如抛出异常等），将会调用 fallbackRecommendations 方法来回应外部响应。

首先是调用超时方法，超时时间是由随机数确定的。若随机数大于 250，则出现异常，然后执行回退方法（@Fallback(fallbackMethod = "fallbackRecommendations"))，直接返回除当前 id 的所有记录。若随机数小于或等于 250，则直接返回含有当前 id 的所有记录。

笔者在刷新页面的过程中，基本上这两种情况出现的概率都是 50%。

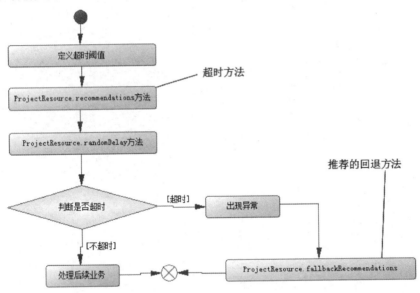

图 8-5　Quarkus 超时和回退的程序执行过程

下面介绍 Quarkus 超时和回退的验证过程。

首先在命令行窗口中键入命令 curl http://localhost:8080/projects/2/recommendations，或者直接在浏览器中打开 http://localhost:8080/projects/2/recommendations 页面。然后反复刷新页面，结果界面显示的是：

[{"description":"关于项目 A 的情况描述","id":1,"name":"项目 A"},{"description":"关于项目 C 的情况描述","id":3,"name":"项目 C"}]

或者是：

[{"description":"关于项目 B 的情况描述","id":2,"name":"项目 B"}]

这时候，日志监控界面如图 8-6 所示。

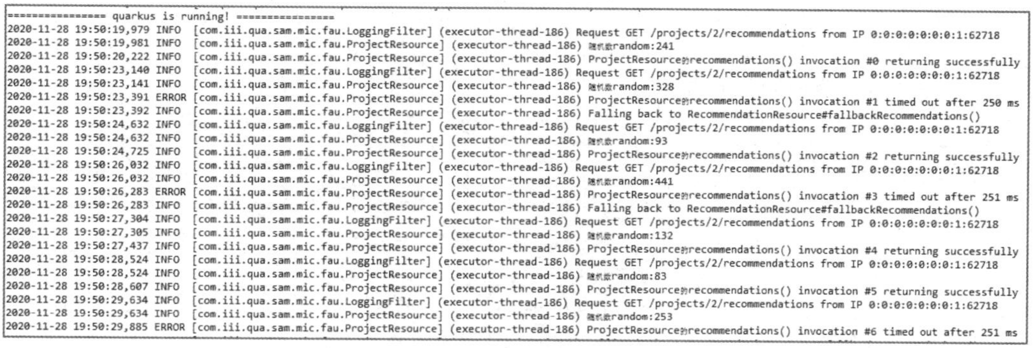

图 8-6 日志监控界面

具体处理过程中可执行以下操作。

- 在浏览器中打开 http://localhost:8080/projects/recommendations/2 页面，应该会看到文本内容 "[{"description":"关于项目 A 的情况描述","id":1,"name":"项目 A"},{"description":"关于项目 C 的情况描述","id":3,"name":"项目 C"}]" 或者 "[{"description":"关于项目 B 的情况描述","id":2,"name":"项目 B"}]" 被返回。

- 反复刷新页面，返回以上两种文本内容之一，出现的次数大致各占一半。

8.2.5 Quarkus 熔断器的实现和验证

用 IDE 工具打开 com.iiit.quarkus.sample.microprofile.faulttolerance.ProjectResource 类文件，关于熔断器主题的方法有 3 个，分别是 availability、getAvailability 和 maybeFail 方法，其代码如下：

```
@Path("/projects")
@ApplicationScoped
@Produces(MediaType.APPLICATION_JSON)
@Consumes(MediaType.APPLICATION_JSON)
public class ProjectResource {

//省略部分代码


    //********Quarkus 熔断器的实现********
    @GET
    @Path("/availability/{id}")
    public Response availability(@PathParam("id") int id) {
        final Long invocationNumber = counter.getAndIncrement();
        try {
            String   availability = getAvailability(id);
```

```
            LOGGER.infof("ProjectResource 的 availability 方法调用 #%d returning
successfully",    invocationNumber);
            return Response.ok(availability).build();
        } catch (RuntimeException e) {
            String message = e.getClass().getSimpleName() + ": "+ e.getMessage();
            LOGGER.errorf("ProjectResource 的 availability 方法调用 #%d failed: %s", invocationNumber, message);
            return Response.status(Response.Status.INTERNAL_SERVER_ERROR).entity(message).build();
        }
    }

    @CircuitBreaker(requestVolumeThreshold = 4)
    private String getAvailability(int id) {
        maybeFail();
        Project project = service.getProjectById(id);
        if (project == null) {
            return "没有找到对应的项目!";
        }
        return   "项目名称:"+project.name +", 项目描述:" + project.description;
    }

    //引入一些人为的故障
    private void maybeFail() {
        final Long invocationNumber = circuitBreakerCounter.getAndIncrement();
        if (invocationNumber % 4 > 1) {
            //2 次成功调用和 2 次失败调用交替出现
            LOGGER.errorf("Invocation #%d failing", invocationNumber);
            throw new RuntimeException("Service failed.");
        }
        LOGGER.infof("Invocation #%d OK", invocationNumber);
    }
}
```

程序说明:

① ProjectResource 类的作用是与外部进行交互,主要方法是 REST 的 GET 方法。该程序包括 3 个 GET 方法。

② ProjectResource 类的 availability 方法是熔断器策略的入口。getAvailability 方法会调用 maybeFail 方法,执行人为设置的随机异常操作。

下面用程序执行过程图来解释一下，Quarkus 熔断器的程序执行过程如图 8-7 所示。

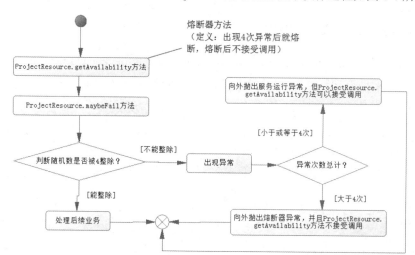

图 8-7　Quarkus 熔断器的程序执行过程

调用的方法是 public Response availability(@PathParam("id") int id)，该方法调用了 getAvailability(int id)方法，其中包含注解@CircuitBreaker(requestVolumeThreshold = 4)，表示调用熔断器的次数是 4 次。

下面介绍 Quarkus 熔断器的验证过程。

首先在命令行窗口中键入命令 curl http://localhost:8080/projects/2/availability，或者直接在浏览器中打开 http://localhost:8080/projects/2/availability 页面。

然后进行测试，执行以下操作。

- 在浏览器中打开 http://localhost:8080/projects/availability/2 页面，应该会看到文本内容"项目名称：项目 B, 项目描述：关于项目 B 的情况描述"被返回。
- 刷新页面，第二个请求成功并返回文本内容"项目名称：项目 B, 项目描述：关于项目 B 的情况描述"。
- 再刷新页面两次，这两次都应该能看到"RuntimeException:Service failed."，这是 ProjectResource 的 getAvailability 方法引发的异常提示。
- 再刷新页面几次。除非等待的时间太长，否则应该会再次看到异常，因为这次显示的是"CircuitBreakerOpenException:getAvailability"。该异常表示熔断器已打开，并且不再调用 ProjectResource #getAvailability 方法。

■ 熔断器关闭，经过 5s 后，应该能够再次发出两个成功的请求。

8.2.6 Quarkus 舱壁隔离的实现

用 IDE 工具打开 com.iiit.quarkus.sample.microprofile.faulttolerance.ProjectResource 类文件，关于舱壁隔离主题的方法有两个，分别是 bulkhead、getBulkhead 方法，其代码如下：

```
@GET
@Path("/bulkhead/{id}")
@Produces(MediaType.TEXT_PLAIN)
public String bulkhead(@PathParam("id") int id) {
      return getBulkhead(id);
   }

@Bulkhead(3)
private String getBulkhead(int id) {
   try {
       TimeUnit.SECONDS.sleep(2);
   } catch (InterruptedException e) {
      }
      Project project = service.getProjectById(id);
      if (project == null) {
          return "没有找到对应的项目！";
      }
      return   "项目名称："+project.name +"，项目描述：" + project.description;
   }
```

程序说明：

① 该程序指定对实例的最大并发调用数，值必须大于 0。

② getBulkhead 方法的@Bulkhead(3)注解说明，等待任务队列中有 3 个任务，这 3 个任务独立运行。一个任务失败并不影响其他任务。这样，3 个独立的并发任务实例有一个成功就能得到正确的结果。该设置仅对异步调用有效。

8.3 本章小结

本章主要介绍了 Quarkus 在微服务容错方面的开发、应用，从如下两个部分进行讲解。

第一，介绍微服务容错。

第二，介绍在 Quarkus 框架上如何开发微服务容错的应用。这些微服务容错案例包括重试、超时和回退、熔断器、舱壁隔离等的实现和验证，包含案例的源码、讲解和验证。

第 9 章 Quarkus 监控和日志

9.1 Quarkus 的健康监控

本节将演示 Quarkus 应用如何通过 SmallRye 扩展组件来使用 MicroProfile 运行状况规范。MicroProfile 运行状况规范允许应用向外部查看器提供有关其状态的信息。这点在云环境中非常有用，因为在云环境中，自动化进程必须能够确定应用是否应该被丢弃或重新启动。

9.1.1 案例简介

本案例介绍基于 Quarkus 框架实现应用服务的运行健康状况的监控功能。Quarkus 通过 MicroProfile 规范和 SmallRye Mutiny 框架来扩展应用服务运行健康状况功能。通过阅读和分析在 REST 端点实现健康状态请求和检查等的案例代码，可以理解和掌握 Quarkus 框架运行健康状况功能的使用方法。

基础知识：Eclipse MicroProfile Health 规范和 SmallRye Health 扩展组件。

Eclipse MicroProfile Health 规范分为两部分：①一个健康检查协议和 wire 格式；②实现健康检查过程的 Java API。Eclipse MicroProfile Health 的运行状况检查用于从另一台计算机探测计算节点的状态，主要目标是云基础设施环境，其中的自动化进程会维护计算节点的状态。在此场景中，运行状况检查用于确定是否需要丢弃（终止、关闭）计算节点，并最终由另一个（正常）实例替换。

SmallRye Mutiny 框架实现了 Eclipse MicroProfile Health 规范，并直接公开了 3 个 REST 端点：①/health/live——应用已启动并正在运行；②/health/ready——应用已准备好服务请求；

③/health——汇集应用中的所有健康检查程序。所有 health REST 端点都会返回一个带有两个字段的简单 JSON 对象：①状态——所有健康检查程序的总体结果；②检查——单个检查的数组。健康检查的一般状态是通过所有已声明的运行状况检查过程的逻辑"与"来计算的。

9.1.2 编写程序代码

编写程序代码有 3 种方式。第 1 种方式是通过代码 UI 来实现的，在 Quarkus 官网的生成代码页面中按照指定步骤生成脚手架代码，然后下载文件，将项目引入 IDE 工具中，最后修改程序源码。

第 2 种方式是通过 mvn 来构建程序，通过下面的命令创建 Maven 项目来实现：

```
mvn io.quarkus:quarkus-maven-plugin:1.11.1.Final:create ^
    -DprojectGroupId=com.iiit.quarkus.sample
    -DprojectArtifactId=071-quarkus- sample-microprofile-health ^
    -DclassName=com.iiit.quarkus.sample.microprofile.health.
ProjectResource
    -Dpath=/projects ^
    -Dextensions=resteasy-jsonb,quarkus-smallrye-health,quarkus-smallrye-metrics
```

第 3 种方式是直接从 GitHub 上获取代码，可以从 GitHub 上克隆预先准备好的示例代码：

```
git clone https://******.com/rengang66/iiit.quarkus.sample.git（见链接1）
```

该程序位于 "071-quarkus-sample-microprofile-health" 目录中，是一个 Maven 工程项目程序。

在 IDE 工具中导入 Maven 工程项目程序，在 pom.xml 的<dependencies>下有如下内容：

```
<dependency>
    <groupId>io.quarkus</groupId>
    <artifactId>quarkus-smallrye-health</artifactId>
</dependency>

<dependency>
    <groupId>io.quarkus</groupId>
    <artifactId>quarkus-smallrye-metrics</artifactId>
</dependency>
```

其中的 quarkus-smallrye-health 是 Quarkus 整合了 SmallRye 的健康监控实现，quarkus-smallrye-metrics 是 Quarkus 整合了 SmallRye 的健康指标输出实现。

quarkus-sample-microprofile-health 程序的应用架构（如图 9-1 所示）表明，外部访问 ProjectResource 资源接口，ProjectResource 调用 ProjectService 服务。ProjectResource 和

ProjectService 提供健康监控服务。ProjectResource 资源依赖于遵循 Eclipse MicroProfile Health 规范的 SmallRye Mutiny 框架。

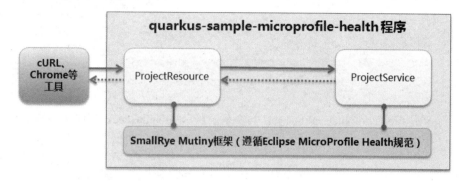

图 9-1 quarkus-sample-microprofile-health 程序应用架构图

quarkus-sample-microprofile-health 程序的配置文件和核心类如表 9-1 所示。

表 9-1 quarkus-sample-microprofile-health 程序的配置文件和核心类

名 称	类 型	简 介
application.properties	配置文件	基本配置信息
ProjectSimpleHealthCheck	健康监测类	检查应用是否还运行着
ProjectBusinessHealthCheck	健康监测类	检查应用的某项应用是否还在运行
ProjectDataHealthCheck	健康监测类	检查应用是否还能提供数据服务
PrimeNumberChecker	测试采集类	通过运行程序，获取应用的运行时状态数据
ProjectResource	资源类	提供 REST 外部 API，无特殊处理，在本节中将不做介绍
ProjectService	服务类	主要提供数据服务，无特殊处理，在本节中将不做介绍
Project	实体类	POJO 对象，无特殊处理，在本节中将不做介绍

在该程序中，首先看看配置信息的 application.properties 文件：

```
business.up=true
database.up=true
```

这是两个基本配置，用于后续验证中的数据获取情况。

下面分别说明 ProjectSimpleHealthCheck 类、ProjectBusinessHealthCheck 类、ProjectDataHealthCheck 类、PrimeNumberChecker 类的功能和作用。

1. ProjectSimpleHealthCheck 类

用 IDE 工具打开 com.iiit.quarkus.sample.microprofile.health.ProjectSimpleHealthCheck 类文件，其代码如下：

```java
@Liveness
@ApplicationScoped
public class ProjectSimpleHealthCheck implements HealthCheck {

    @Override
    public HealthCheckResponse call() {
        return HealthCheckResponse.up("简单健康检测");
    }
}
```

程序说明：ProjectSimpleHealthCheck 类实现了接口 HealthCheck，其@Liveness 注解表明可以通过访问路径"{$home}/health/live"来进行活跃度检查。所谓活跃度，就是该应用是否运行着。

2. ProjectBusinessHealthCheck 类

用 IDE 工具打开 com.iiit.quarkus.sample.microprofile.health.ProjectBusinessHealthCheck 类文件，其代码如下：

```java
@Readiness
@ApplicationScoped
public class ProjectBusinessHealthCheck implements HealthCheck {

    @ConfigProperty(name = "business.up", defaultValue = "false")
    boolean businessUP;

    @Override
    public HealthCheckResponse call() {
        HealthCheckResponseBuilder responseBuilder = HealthCheckResponse.named("Project 业务逻辑健康检测");

        try {
            BusinessVerification();
            responseBuilder.up();
        } catch (IllegalStateException e) {
            responseBuilder.down().withData("error", e.getMessage());
        }
        return responseBuilder.build();
    }

    private void BusinessVerification() {
        if (!businessUP) {
            throw new IllegalStateException("警告，Project 业务逻辑有问题！！");
        }
    }
}
```

程序说明：ProjectBusinessHealthCheck 类实现了接口 HealthCheck，其@Readiness 注解表明可以通过访问路径"{$home}/health/ready"来进行准备就绪检查。所谓准备就绪，就是该应用的这项业务是否正常进行。

3．ProjectDataHealthCheck 类

用 IDE 工具打开 com.iiit.quarkus.sample.microprofile.health.ProjectDataHealthCheck 类文件，其代码如下：

```
@Liveness
@Readiness
@ApplicationScoped
public class ProjectDataHealthCheck implements HealthCheck {

    @Inject
    ProjectService service;

    @Override
    public HealthCheckResponse call() {
        return HealthCheckResponse.named("数据访问健康检测")
           .up()
           .withData(((Project)service.getProjectById(1)).name, (Project)service.getProjectById(1)).description)
           .withData(((Project)service.getProjectById(2)).name, (Project)service.getProjectById(1)).description)
           .build();
    }
}
```

程序说明：

① ProjectDataHealthCheck 类实现了接口 HealthCheck，其@Liveness 注解表明可以通过访问路径"{$home}/health/live"来进行活跃度检查，其@Readiness 注解表明可以通过访问路径"{$home}/health/ready"来进行准备就绪检查。

② ProjectDataHealthCheck 类的 call 方法做了活跃度检查，接着又对业务数据逻辑做了检测。

该程序动态运行的序列图（如图 9-2 所示，遵循 UML 2.0 规范绘制）描述了外部调用者 Actor、ProjectSimpleHealthCheck、ProjectBusinessHealthCheck 和 ProjectDataHealthCheck 等对象之间的时间顺序交互关系。

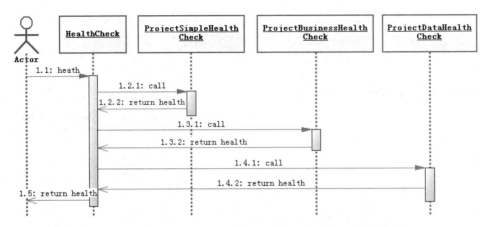

图 9-2　quarkus-sample-microprofile-health 程序动态运行的序列图

该序列图中总共有一个序列，介绍如下。

序列 1 活动：① 外部 Actor 调用应用健康监控对象的 heath 方法；② 程序健康监控对象的 heath 方法向 ProjectSimpleHealthCheck 对象调用 call 方法并获取健康信息；③ 程序健康监控对象的 heath 方法向 ProjectBusinessHealthCheck 对象调用 call 方法并获取健康信息；④ 程序健康监控对象的 heath 方法向 ProjectDataHealthCheck 对象调用 call 方法并获取健康信息；⑤ 健康监控对象返回 health 信息给外部 Actor。

也可以分别调用各个监控对象，其序列图基本相似，在此就不再重复讲解了。

9.1.3　验证程序

通过下列几个步骤（如图 9-3 所示）来验证案例程序。

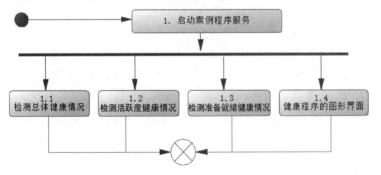

图 9-3　quarkus-sample-microprofile-health 程序验证流程图

下面对其中涉及的关键点进行说明。

1. 启动 quarkus-sample-microprofile-health 程序服务

启动程序有两种方式，第 1 种是在开发工具（如 Eclipse）中调用 ProjectMain 类的 run 命令，第 2 种是在程序目录下直接运行命令 mvnw compile quarkus:dev。

2. 检测程序的总体健康情况

在命令行窗口中键入如下命令：

```
curl http://localhost:8080/health/
```

结果是显示如图 9-4 所示的界面。

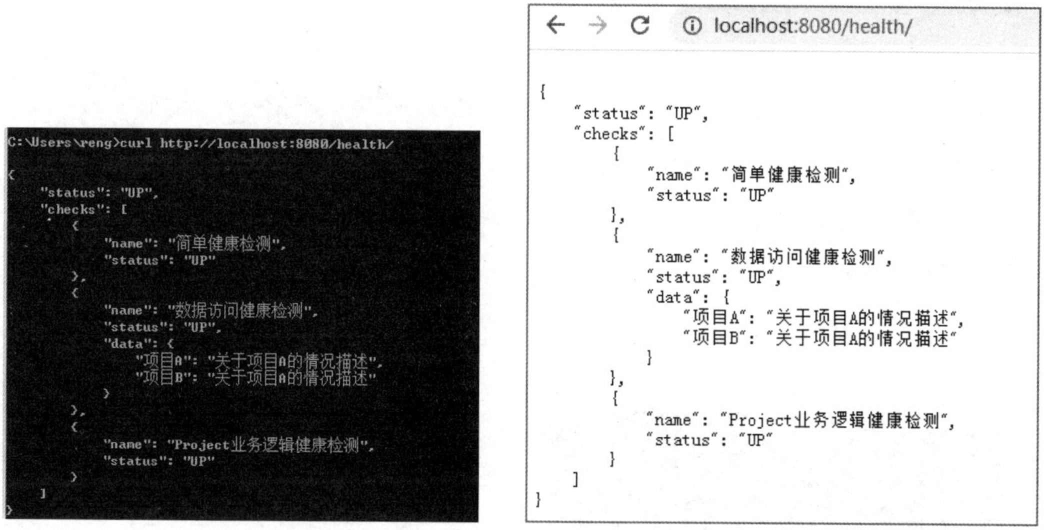

图 9-4 quarkus-sample-microprofile-health 程序总体健康情况图

也可以在浏览器中输入 http://localhost:8080/health/，显示的结果也是如图 9-4 所示的界面。

图 9-4 显示了整个应用的状态是 UP，即正常的。下面列出该程序下的所有类的状况。

3. 检测程序的活跃度健康情况

在命令行窗口中键入命令 curl http://localhost:8080/health/live，或者在浏览器中输入 http://localhost:8080/health/live，显示如图 9-5 所示的界面。

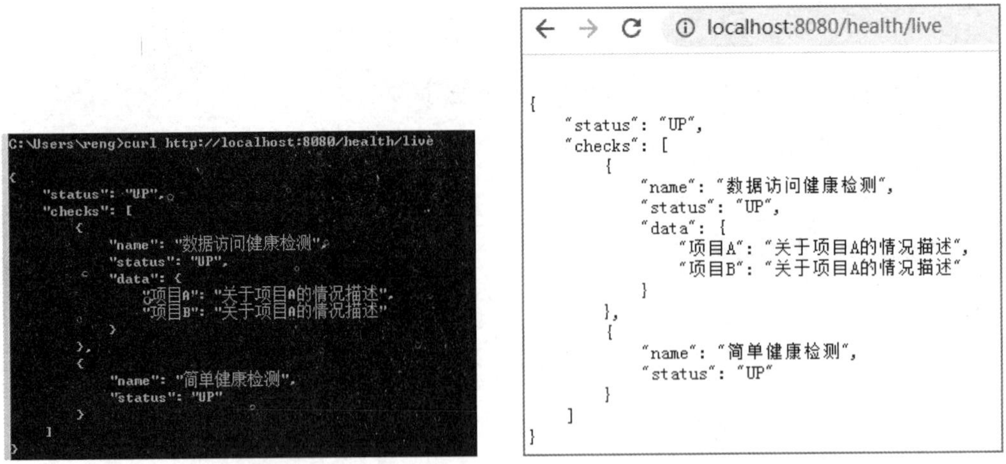

图 9-5　quarkus-sample-microprofile-health 程序活跃度健康情况图

图 9-5 显示了应用定义的两个为@Liveness 注解监控的业务类都在列表中输出。

4．检测程序的准备就绪健康情况

在命令行窗口中键入命令 curl http://localhost:8080/health/ready，或者在浏览器中输入 http://localhost:8080/health/ready，显示如图 9-6 所示的界面。

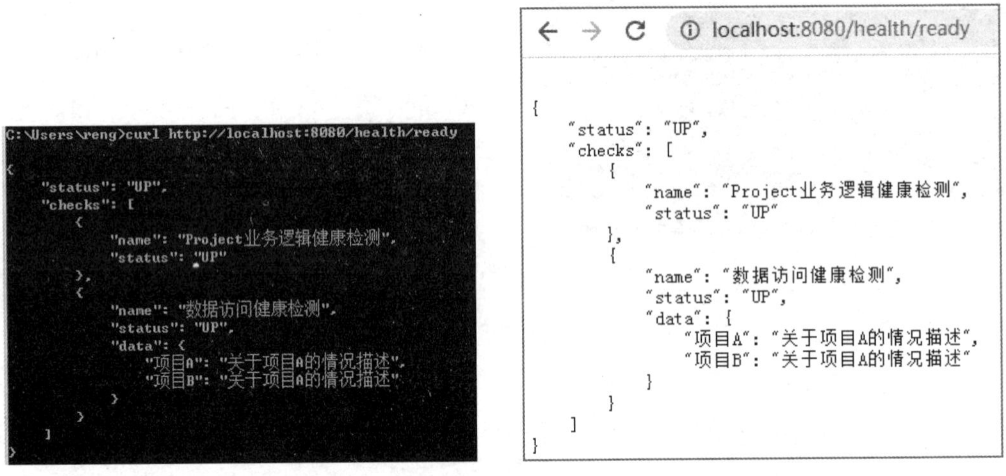

图 9-6　quarkus-sample-microprofile-health 程序准备就绪健康情况图

图 9-6 显示了应用定义的两个为@Readiness 注解监控的业务类都在列表中输出。

5．健康程序的图形界面

在浏览器中输入 http://localhost:8080/health/ready，进入如图 9-7 所示的 Health UI 界面。

图 9-7　Quarkus 的 Health UI 界面

在该界面中可以了解各个类的健康情况。

9.2　Quarkus 的监控度量

9.2.1　案例简介

本案例介绍基于 Quarkus 框架实现了解应用服务的运行度量状况的功能。Quarkus 整合的框架为 SmallRye Mutiny 框架和 MicroProfile 框架（MicroProfile 规范的实现）。通过阅读和分析在 REST 端点实现运行状况度量等的案例代码，可以理解和掌握 Quarkus 框架的运行状况度量功能的使用方法。MicroProfile 度量规范是 Quarkus 监控度量的推荐方法。当需要保留 MicroProfile 规范兼容性时，可使用 MicroProfile 度量扩展组件。

基础知识：Eclipse MicroProfile Metrics 规范和 SmallRye Metrics 扩展组件。

需要简单了解一下 MicroProfile 度量规范和 SmallRye Metrics 扩展组件的使用方法。MicroProfile 度量规范旨在为 MicroProfile 服务器提供一种将监控数据导出到管理代理的统一方法，并提供一个统一的 Java API，所有应用都可以使用该 API 公开其遥测数据。MicroProfile 度量允许应用收集各种度量和统计信息，以便深入了解应用内部发生的事情。这些指标可以使用 JSON 格式或 OpenMetrics 格式远程读取，这样就可以导入其他工具（比如 Prometheus）来处理这些指标，并将其存储起来进行分析和可视化。除了本节中描述的特定于应用的度量外，还可以使用由各种 Quarkus 扩展组件公开的内置度量。

9.2.2　编写程序代码

本案例代码采用"071-quarkus-sample-microprofile-health"目录中的程序。

quarkus-sample-microprofile-health 中的 Checker 程序引入了 Quarkus 的两项 REST 和扩展组件，还引入了使用响应性扩展的依赖组件，在 pom.xml 的<dependencies>下有如下内容：

```xml
<dependency>
    <groupId>io.quarkus</groupId>
    <artifactId>quarkus-smallrye-metrics</artifactId>
</dependency>
```

其中的 quarkus-smallrye-metrics 是 Quarkus 整合了 SmallRye 的监控度量实现。

Checker 程序的核心类如表 9-2 所示。

表 9-2　Checker 程序的核心类

名　称	类　型	简　介
PrimeNumberChecker	资源类	提供 REST 外部 API，无特殊处理，在本节中将不做介绍

下面主要介绍 PrimeNumberChecker 类的功能和作用。

用 IDE 工具打开 com.iiit.quarkus.sample.microprofile.metrics.PrimeNumberChecker 类文件，其代码如下：

```java
@Path("/metric")
public class PrimeNumberChecker {
    private long highestPrimeNumberSoFar = 2;

    @GET
    @Path("/{number}")
    @Produces("text/plain")
    @Counted(name = "performedChecks", description = "How many primality checks have been performed.")
    @Timed(name = "checksTimer", description = "A measure how long it takes to perform the primality test.", unit = MetricUnits.MILLISECONDS)
    public String checkIfPrime(@PathParam("number") long number) {
        if (number < 1) { return "Only natural numbers can be prime numbers."; }
        if (number == 1) {return "1 is not prime."; }
        if (number == 2) { return "2 is prime.";}
        if (number % 2 == 0) { return number + " is not prime, it is divisible by 2."; }
        for (int i = 3; i < Math.floor(Math.sqrt(number)) + 1; i = i + 2) {
            if (number % i == 0) {
                return number + " is not prime, is divisible by " + i + ".";
            }
        }
```

```
            if (number > highestPrimeNumberSoFar) { highestPrimeNumberSoFar
= number; }
        return number + " is prime.";
    }

    @Gauge(name = "highestPrimeNumberSoFar", unit = MetricUnits.NONE,
description = "Highest prime number so far.")
    public Long highestPrimeNumberSoFar() {
        return highestPrimeNumberSoFar;
    }
}
```

程序说明：

① PrimeNumberChecker 类用于生成监控度量数据。通过多次输入不同的数字，可以形成一系列监控数据，可以在后台输出整个监控度量数据的汇总信息。

② @Counted(name = "performedChecks")是一个拦截器绑定注解，计算所命名对象检查的次数。

③ @Timed(name = "checksTimer")用于衡量要素测试所用的时间，所有持续时间均以 ms 为单位。

④ @Gauge(name = "highestPrimeNumberSoFar")用于存储用户询问的、确定为素数的最大数。

9.2.3 验证程序

通过下列几个步骤（如图 9-8 所示）来验证案例程序。

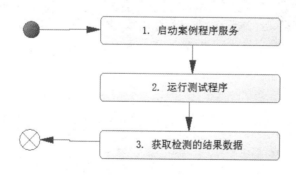

图 9-8　Checker 程序验证流程图

下面对其中涉及的关键点进行说明。

1. 启动 quarkus-sample-microprofile-health 程序服务

启动程序有两种方式，第 1 种是在开发工具（如 Eclipse）中调用 ProjectMain 类的 run 命令，第 2 种是在程序目录下直接运行命令 mvnw compile quarkus:dev。

2. 运行测试程序，获取检测数据

在命令行窗口中键入命令 curl http://localhost:8080/metric/77，多运行几次该命令。

3. 获取检测的结果数据

然后执行命令 curl -H"Accept: application/json" localhost:8080/metrics/application，结果界面如图 9-9 所示。

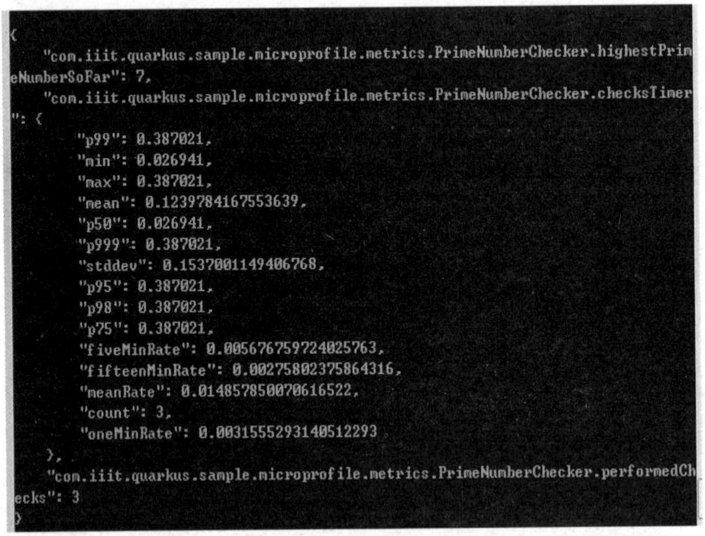

图 9-9　结果界面

其内容如下：

```
{
    "com.iiit.quarkus.sample.microprofile.metrics.PrimeNumberChecker.highestPrimeNumberSoFar": 7,
    "com.iiit.quarkus.sample.microprofile.metrics.PrimeNumberChecker.checksTimer
": {
        "p99": 0.387021,
        "min": 0.026941,
        "max": 0.387021,
```

```
            "mean": 0.1239784167553639,
            "p50": 0.026941,
            "p999": 0.387021,
            "stddev": 0.1537001149406768,
            "p95": 0.387021,
            "p98": 0.387021,
            "p75": 0.387021,
            "fiveMinRate": 0.005676759724025763,
            "fifteenMinRate": 0.00275802375864316,
            "meanRate": 0.014857850070616522,
            "count": 3,
            "oneMinRate": 0.0031555293140512293
        },
        "com.iiit.quarkus.sample.microprofile.metrics.PrimeNumberChecker.performedChecks": 3
    }
```

下面是以上变量的解释和说明。

① highestPrimerNumberSoFar：这是一个度量工具，用于存储用户询问的、确定为素数的最大数。

② checksTimer：这是一个计时器，也是一个复合指标，用来衡量所列对象素性测试所用的时间。所有持续时间均以 ms 为单位。它由以下值组成：

- min：执行素性测试所用的最短时间，可能是针对少数人进行的。

- max：最长的持续时间，可能是因为有一个大质数。

- mean：测量持续时间的平均值。

- stddev：标准偏差。

- count：观察值的数量（count 与 performedChecks 的值相同）。

- p50、p75、p95、p99、p999：持续时间的百分位数。例如，p95 中的值意味着 95% 的测量值比这个持续时间短。

- meanRate、oneMinRate、fiveMinRate、fifteenMinRate：平均吞吐量和 1 分钟、5 分钟和 15 分钟的指数加权移动平均吞吐量。

③ performedChecks：一种计数器，每当用户询问某个数字时，它就增加 1。

9.3 Quarkus 的调用链日志

9.3.1 案例简介

本案例介绍基于 Quarkus 框架实现分布式跟踪功能。Quarkus 整合的框架为遵循 OpenTracing 规范的 Jaeger 框架，通过阅读和分析在 REST 端点实现分布式跟踪等的案例代码，可以理解和掌握 Quarkus 框架的分布式跟踪功能的使用方法。

基础知识：Google Dapper 论文、OpenTracing 规范和 Jaeger 实现框架。

1. Google Dapper 论文

Google Dapper 是 Google 公司为广泛使用分布式集群、应对自身大规模的复杂集群环境而研发的一套分布式跟踪系统。其相关论文 *Dapper, a Large-Scale Distributed Systems Tracing Infrastructure* 也成为当前分布式跟踪系统的理论基础。分布式跟踪是针对服务器上的每一次发送和接收动作来收集和记录跟踪标识符（Message Identifier）和时间戳（Timestamped）等相关信息。

基于这个系统，Google 公司在该论文中提出了如下重要概念。

（1）基于标注（Annotation-Based），又叫植入点或埋点

在应用或中间件中明确定义了一个全局标注（Annotation），这是一个特殊 ID，通过这个 ID 可连接每一条记录和发起者的请求。Dapper 系统能够以对应用开发者来说近乎零侵入的成本，对分布式控制路径进行跟踪。当一个线程在处理跟踪控制路径时，Dapper 把这次跟踪的上下文存储在 ThreadLocal 中。跟踪上下文是一个小且容易复制的容器，其中承载了跟踪的属性，比如 trace ID 和 span ID。计算过程是延迟调用或异步进行的。Dapper 确保所有这样的调用可以存储这次跟踪的上下文，而当回调函数被触发时，这次跟踪的上下文会与适当的线程关联。在这种方式下，Dapper 可以使用 trace ID 和 span ID 来辅助构建异步调用的路径。

（2）跟踪树和 span 对象

在 Dapper 跟踪树结构中，树节点是整个架构的基本单元，而每一个节点又是对 span 的引用。节点之间的连线表示 span 和它的父 span 之间的关系。通过简单的 parentId 和 spanId 就可以有序地把所有关系串联起来，达到记录业务流的作用。

2. OpenTracing 规范

OpenTracing 规范（架构如图 9-10 所示）是一套分布式跟踪协议，与平台、语言无关，统

一接口，方便开发、接入不同的分布式跟踪标准。OpenTracing 规范通过提供平台无关、厂商无关的 API，使得开发者能够方便地添加（或更换）跟踪系统的实现。OpenTracing 规范正在为全球的分布式跟踪系统提供统一的概念和数据标准。

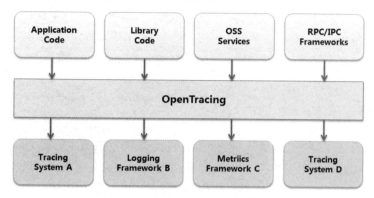

图 9-10　OpenTracing 规范的架构图

OpenTracing 规范定义了 Trace、Span、SpanContext、Propagation 等多种概念及其相应的操作。OpenTracing 规范支持多种语言，提供不同语言的 API。开发者可在自己的应用中执行链路记录。

3. Jaeger 实现框架

Jaeger 是 Uber 开发的一套分布式跟踪系统，受到了 Dapper 和 OpenZipkin 的启发，兼容 OpenTracing 规范，是归属于 CNCF 的开源项目。Jaeger 系统框架图如图 9-11 所示。

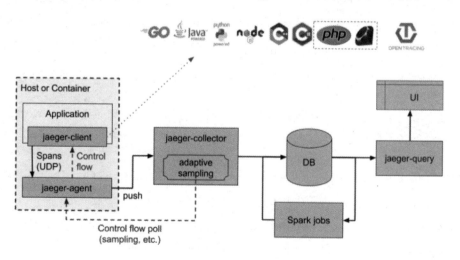

图 9-11　Jaeger 系统框架图

Jaeger 系统框架（如图 9-11 所示）由以下组件组成。①jaeger-client 是 Jaeger 的客户端，为不同语言实现了符合 OpenTracing 规范的 SDK。②jaeger-agent 是一个监听 UDP 端口和接收 span 数据的网络守护进程，其暂存 Jaeger 客户端发来的 Span，并批量地向 Jaeger Collector 发送 Span，一般每台机器上都会部署一个 jaeger-agent。③jaeger-collector 接收 jaeger-agent 发来的数据，并将其写入存储后端。④DB 存储组件是一个可插拔的后端存储组件，目前支持采用 Cassandra 和 Elasticsearch 作为存储后端。⑤jaeger-query & jaeger-ui 功能用于读取存储后端中的数据，并以直观的形式呈现。

9.3.2　编写程序代码

编写程序代码有 3 种方式。第 1 种方式是通过代码 UI 来实现的，在 Quarkus 官网的生成代码页面中按照指定步骤生成脚手架代码，然后下载文件，将项目引入 IDE 工具中，最后修改程序源码。

第 2 种方式是通过 mvn 来构建程序，通过下面的命令创建 Maven 项目来实现：

```
mvn io.quarkus:quarkus-maven-plugin:1.11.1.Final:create ^
    -DprojectGroupId=com.iiit.quarkus.sample
    -DprojectArtifactId=073-quarkus- sample-opentracing ^
    -DclassName=com.iiit.quarkus.sample.opentracing.ProjectResource
    -Dpath= /projects ^
    -Dextensions=resteasy-jsonb,quarkus-smallrye-opentracing,quarkus-rest-client
```

第 3 种方式是直接从 GitHub 上获取代码，可以从 GitHub 上克隆预先准备好的示例代码：

```
git clone https://******.com/rengang66/iiit.quarkus.sample.git（见链接 1）
```

该程序位于 "073-quarkus-sample-opentracing" 目录中，是一个 Maven 工程项目程序。

在 IDE 工具中导入 Maven 工程项目程序，在 pom.xml 的<dependencies>下有如下内容：

```xml
<dependency>
    <groupId>io.quarkus</groupId>
    <artifactId>quarkus-smallrye-opentracing</artifactId>
</dependency>
```

其中的 quarkus-smallrye-opentracing 是 Quarkus 整合了 SmallRye 的 OpenTracing 实现。

quarkus-sample-opentracing 程序的应用架构（如图 9-12 所示）表明，外部访问 ProjectResource 资源接口，ProjectResource 调用 ProjectService 服务。ProjectResource 和 ProjectService 提供分布式日志监控服务。ProjectResource 资源依赖于遵循 OpenTracing 规范的 Jaeger 框架。

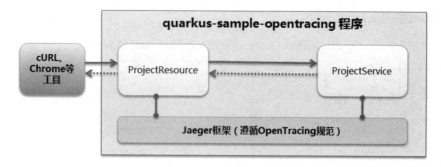

图 9-12 quarkus-sample-opentracing 程序应用架构图

quarkus-sample-opentracing 程序的配置文件和核心类如表 9-3 所示。

表 9-3 quarkus-sample-opentracing 程序的配置文件和核心类

名 称	类 型	简 介
application.properties	配置文件	定义分布式跟踪的配置信息和输出格式
ProjectResource	资源类	提供 REST 外部 API，在本节中进行了跟踪设置
ProjectService	服务类	主要提供数据服务，在本节中进行了跟踪设置
Project	实体类	POJO 对象，无特殊处理，在本节中将不做介绍

在该程序中，首先看看配置信息的 application.properties 文件：

```
quarkus.jaeger.service-name=myservice
quarkus.jaeger.sampler-type=const
quarkus.jaeger.sampler-param=1
quarkus.log.console.format=%d{HH:mm:ss} %-5p traceId=%X{traceId}, spanId=%X{spanId}, sampled=%X{sampled} [%c{2.}] (%t) %s%e%n
```

程序说明：

① 如果 quarkus.jaeger.service-name（或 JAEGER_SERVICE_NAME 环境变量）未提供属性，则将配置 noop 跟踪器，这将导致不会向后端报告跟踪数据。

② quarkus.jaeger.sampler-type 用于设置一个采样器，使用恒定的采样策略。

③ quarkus.jaeger.sampler-param 用于抽样所有请求。如果不希望对所有请求进行采样，可将 sampler param 设置为 0 和 1 之间的某个值，例如 0.50。

④ quarkus.log.console.format 用于在日志消息中添加跟踪 ID 的内容及格式。

下面分别说明 ProjectResource 资源类和 ProjectService 服务类的功能和作用。

1. ProjectResource 资源类

用 IDE 工具打开 com.iiit.quarkus.sample.opentracing.ProjectResource 类文件，其代码如下：

```
@Path("/projects")
@ApplicationScoped
@Produces(MediaType.APPLICATION_JSON)
@Consumes(MediaType.APPLICATION_JSON)
@Traced
public class ProjectResource {
    private static final Logger LOGGER = Logger.getLogger(ProjectResource.class);
    @Inject    ProjectService service;

    //省略部分代码

}
```

程序说明：ProjectResource 类的@Traced 注解表明该类要纳入分布式监控的日志记录范畴。

2. ProjectService 服务类

ProjectService 服务类的代码如下：

```
@Traced
@ApplicationScoped
public class ProjectService {
    private static final Logger LOGGER = Logger.getLogger(ProjectService.class);

    //省略部分代码
}
```

程序说明：ProjectService 类的@Traced 注解表明该类要纳入分布式监控的日志记录范畴。

该程序动态运行的序列图（如图 9-13 所示，遵循 UML 2.0 规范绘制）描述了外部调用者 Actor 与 ProjectResource、ProjectService 和 Traced 等对象之间的时间顺序交互关系。

该序列图中总共有一个序列，介绍如下。

序列 1 活动：① 外部调用 ProjectResource 资源对象的 GET(list)方法；② ProjectResource 资源类的切面会调用 Traced 对象的 operationName 方法，记录这次调用日志；③ ProjectResource 资源对象的 GET(list)方法调用 ProjectService 类的 getAllProject 方法；④ProjectService 服务对象的切面会调用 Traced 对象的 operationName 方法，记录这次调用日志；⑤ 返回整个 Project 列表。

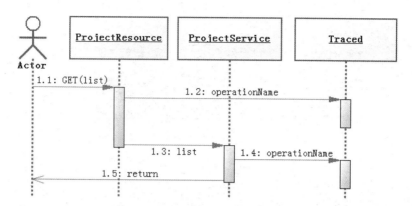

图 9-13 quarkus-sample-opentracing 程序动态运行的序列图

9.3.3 验证程序

通过下列几个步骤（如图 9-14 所示）来验证案例程序。

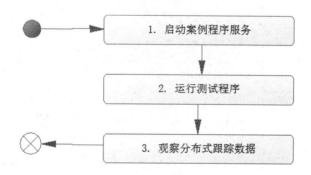

图 9-14 quarkus-sample-opentracing 程序验证流程图

下面对其中涉及的关键点进行说明。

1. 启动 quarkus-sample-opentracing 程序服务

启动程序有两种方式，第 1 种是在开发工具（如 Eclipse）中调用 ProjectMain 类的 run 方法，第 2 种是在程序目录下直接运行命令 mvnw compile quarkus:dev。

2. 运行测试程序，观察日志信息

在命令行窗口中键入命令 curl http://localhost:8080/projects，接着在命令行窗口中键入命令 curl http://localhost:8080/projects/2。

这时，在监控日志里就会出现如图 9-15 所示的分布式日志记录界面。

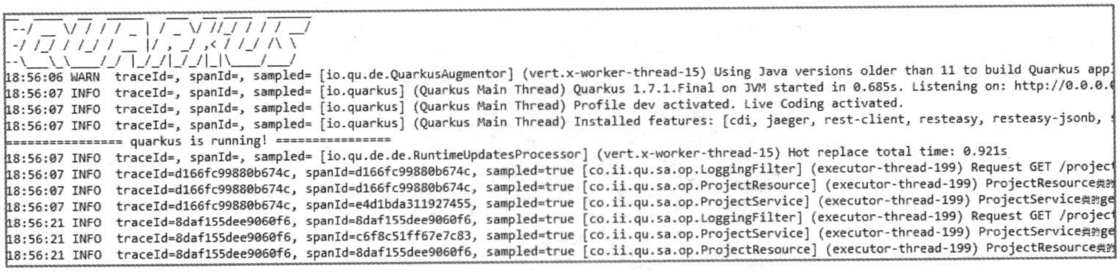

```
-./__\/ /|  /_  \/ / / /
 -./ /_/ /  / /  / /_/ /
 -\___\/ /\/_/   \__,_/
18:56:06 WARN  traceId=, spanId=, sampled= [io.qu.de.QuarkusAugmentor] (vert.x-worker-thread-15) Using Java versions older than 11 to build Quarkus app
18:56:07 INFO  traceId=, spanId=, sampled= [io.quarkus] (Quarkus Main Thread) Quarkus 1.7.1.Final on JVM started in 0.685s. Listening on: http://0.0.0.0
18:56:07 INFO  traceId=, spanId=, sampled= [io.quarkus] (Quarkus Main Thread) Profile dev activated. Live Coding activated.
18:56:07 INFO  traceId=, spanId=, sampled= [io.quarkus] (Quarkus Main Thread) Installed features: [cdi, jaeger, rest-client, resteasy, resteasy-jsonb,
--------------- quarkus is running! ----------------
18:56:07 INFO  traceId=, spanId=, sampled= [io.qu.de.de.RuntimeUpdatesProcessor] (vert.x-worker-thread-15) Hot replace total time: 0.921s
18:56:07 INFO  traceId=d166fc99880b674c, spanId=d166fc99880b674c, sampled=true [co.ii.qu.sa.op.LoggingFilter] (executor-thread-199) Request GET /project
18:56:07 INFO  traceId=d166fc99880b674c, spanId=d166fc99880b674c, sampled=true [co.ii.qu.sa.op.ProjectResource] (executor-thread-199) ProjectResource类
18:56:07 INFO  traceId=d166fc99880b674c, spanId=e4d1bda311927455, sampled=true [co.ii.qu.sa.op.ProjectService] (executor-thread-199) ProjectService类的ge
18:56:21 INFO  traceId=8daf155dee9060f6, spanId=8daf155dee9060f6, sampled=true [co.ii.qu.sa.op.LoggingFilter] (executor-thread-199) Request GET /project
18:56:21 INFO  traceId=8daf155dee9060f6, spanId=c6f8c51ff67e7c83, sampled=true [co.ii.qu.sa.op.ProjectService] (executor-thread-199) ProjectService类的ge
18:56:21 INFO  traceId=8daf155dee9060f6, spanId=8daf155dee9060f6, sampled=true [co.ii.qu.sa.op.ProjectResource] (executor-thread-199) ProjectResource类
```

图 9-15 监控日志中的分布式日志记录界面

其日志记录如下：

```
18:56:07 INFO  traceId=, spanId=, sampled= [io.qu.de.de.RuntimeUpdatesProcessor] (vert.x-worker-thread-15) Hot replace total time: 0.921s
18:56:07 INFO  traceId=d166fc99880b674c, spanId=d166fc99880b674c, sampled=true [co.ii.qu.sa.op.LoggingFilter] (executor-thread-199) Request GET /projects from IP 0:0:0:0:0:0:0:1:58260
18:56:07 INFO  traceId=d166fc99880b674c, spanId=d166fc99880b674c, sampled=true [co.ii.qu.sa.op.ProjectResource] (executor-thread-199) ProjectResource 类的 list()生产的日志
18:56:07 INFO  traceId=d166fc99880b674c, spanId=e4d1bda311927455, sampled=true [co.ii.qu.sa.op.ProjectService] (executor-thread-199) ProjectService 类的 get()生产的日志
18:56:21 INFO  traceId=8daf155dee9060f6, spanId=8daf155dee9060f6, sampled=true [co.ii.qu.sa.op.LoggingFilter] (executor-thread-199) Request GET /projects/2 from IP 0:0:0:0:0:0:0:1:58269
18:56:21 INFO  traceId=8daf155dee9060f6, spanId=c6f8c51ff67e7c83, sampled=true [co.ii.qu.sa.op.ProjectService] (executor-thread-199) ProjectService 类的 get()生产的日志
18:56:21 INFO  traceId=8daf155dee9060f6, spanId=8daf155dee9060f6, sampled=true [co.ii.qu.sa.op.ProjectResource] (executor-thread-199) ProjectResource 类的 get()生产的日志
```

说明：每运行 1 次，产生 3 个日志记录，分别由 co.ii.qu.sa.op.LoggingFilter（这是简写）、co.ii.qu.sa.op.ProjectResource 和 co.ii.qu.sa.op.ProjectService 产生。在这些日志记录中，虽然 spanId 不同，但是 traceId 是相同的。

9.4 本章小结

本章主要介绍了 Quarkus 在监控和日志方面的应用，从如下 3 个部分进行讲解。

第一，介绍在 Quarkus 框架上如何开发健康监控应用，包含案例的源码、讲解和验证。

第二，介绍在 Quarkus 框架上如何实现监控度量功能，包含案例的源码、讲解和验证。

第三，介绍在 Quarkus 框架上如何开发调用链日志应用，包含案例的源码、讲解和验证。

第 10 章 集成 Spring 到 Quarkus 中

10.1 整合 Spring 的 DI 功能

10.1.1 案例简介

本案例介绍基于 Quarkus 框架实现整合 Spring 框架的 DI（依赖注入）功能。Quarkus 以 Spring DI 扩展的形式为 Spring 依赖注入提供了一个兼容层。通过阅读和分析 Quarkus 整合 Spring 框架的配置、服务和资源等的案例代码，可以理解和掌握 Quarkus 整合 Spring 框架的 DI 功能的使用方法。

基础知识：Spring 框架的 DI（依赖注入）相关知识。

Spring 框架的依赖注入（DI）模块是 Spring 的核心模块，其作用是降低 Bean 之间的耦合依赖关系，其实现方式就是在 Spring 框架的配置文件或注解中定义 Bean 之间的关系，其依赖注入可以分为 3 种方式：构造器注入、setter 注入、接口注入。

10.1.2 编写程序代码

编写程序代码有 3 种方式。第 1 种方式是通过代码 UI 来实现的，在 Quarkus 官网的生成代码页面中按照指定步骤生成脚手架代码，然后下载文件，将项目引入 IDE 工具中，最后修改程序源码。

第 2 种方式是通过 mvn 来构建程序，通过下面的命令创建 Maven 项目来实现：

```
mvn io.quarkus:quarkus-maven-plugin:1.11.1.Final:create ^
    -DprojectGroupId=com.iiit.quarkus.sample
```

```
     -DprojectArtifactId=100-quarkus- sample-integrate-spring-di ^
     -DclassName=com.iiit.quarkus.sample.integrate.spring.di.ProjectResource
     -Dpath=/projects ^
     -Dextensions=resteasy-jsonb,quarkus-spring-di
```

第3种方式是直接从 GitHub 上获取代码，可以从 GitHub 上克隆预先准备好的示例代码：

```
git clone https://******.com/rengang66/iiit.quarkus.sample.git（见链接1）
```

该程序位于"100-quarkus-sample-integrate-spring-di"目录中，是一个 Maven 工程项目程序。

在 IDE 工具中导入 Maven 工程项目程序，在 pom.xml 的<dependencies>下有如下内容：

```
<dependency>
    <groupId>io.quarkus</groupId>
    <artifactId>quarkus-spring-di</artifactId>
</dependency>
```

其中的 quarkus-spring-di 是 Quarkus 整合了 Spring 框架的 DI 实现。

quarkus-sample-integrate-spring-di 程序的应用架构（如图 10-1 所示）表明，外部访问 ProjectResource 资源接口，ProjectResource 调用 ProjectService 服务，ProjectService 服务则调用由 Spring 框架的依赖注入形成的组件服务，包括 ProjectConfiguration、ProjectStateFunction 和 MessageBuilder 等。

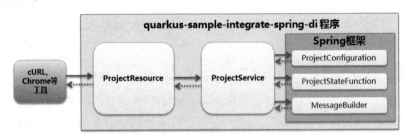

图 10-1 quarkus-sample-integrate-spring-di 程序应用架构图

quarkus-sample-integrate-spring-di 程序的核心类如表 10-1 所示。

表 10-1 quarkus-sample-integrate-spring-di 程序的核心类

名 称	类 型	简 介
ProjectConfiguration	配置类	基于 Spring 框架模式提供配置功能
ProjectFunction	接口类	基于 Spring 框架模式提供接口
ProjectStateFunction	组件类	基于 Spring 框架模式提供组件实现接口
MessageBuilder	服务类	基于 Spring 框架模式提供信息服务

续表

名　称	类　型	简　介
ProjectResource	资源类	提供 REST 外部 API，可以进行一些接口上的处理
ProjectService	服务类（组件类）	基于 Spring 框架模式提供数据服务，是该程序的核心处理类
Project	实体类	POJO 对象，无特殊处理，在本节中将不做介绍

在该程序中，首先看看配置信息的 application.properties 文件：

```
project.message = Project Message Content
project.changeitem = abc
```

这是两个基本配置，用于后续验证数据获取情况。

下面分别说明 ProjectConfiguration 配置类、ProjectFunction 接口类、ProjectStateFunction 组件类、MessageBuilder 服务类、ProjectResource 资源类、ProjectService 服务类等的功能和作用。

1. ProjectConfiguration 配置类

用 IDE 工具打开 com.iiit.quarkus.sample.integrate.spring.di.ProjectConfiguration 类文件，该配置类定义了一个实现 ProjectFunction 接口类的配置，其代码如下：

```java
@Configuration
public class ProjectConfiguration {
    @Bean(name = "projectCapitalizeFunction")
    public ProjectFunction capitalizer() {
        return String::toUpperCase;
    }
}
```

程序说明：ProjectConfiguration 的@Configuration 注解（Spring 框架专用注解）表明其主要目的是作为 Bean 定义的源，同时允许通过调用同一类中的其他@Bean 方法来定义 Bean 之间的依赖关系。

2. ProjectFunction 接口类

用 IDE 工具打开 com.iiit.quarkus.sample.integrate.spring.di.ProjectFunction 类文件，该接口类定义了一个实现 Function<String, String>的接口函数，其代码如下：

```java
public interface ProjectFunction extends Function<String, String> {
}
```

程序说明：ProjectFunction 接口类是一个继承自 Function<String, String>的函数。

3. ProjectStateFunction 组件类

用 IDE 工具打开 com.iiit.quarkus.sample.integrate.spring.di.ProjectStateFunction 类文件，其代码如下：

```
@Component("projectStateFunction")
public class ProjectStateFunction implements ProjectFunction {
    @Override
    public String apply(String isTrue) {
        if (Boolean.valueOf(isTrue)) return "false";
        return "true";
    }
}
```

程序说明：

① ProjectStateFunction 类实现了 ProjectFunction 接口，表明 ProjectStateFunction 类是一个方法类。

② ProjectStateFunction 类的 @Component 注解（Spring 框架专用注解）表明 ProjectStateFunction 类是一个组件 Bean，在 Spring 框架的 Bean 容器中可以通过名称 projectStateFunction 进行调用，或者在 Spring 运行框架的 Bean 容器中有一个名为 projectStateFunction 的 Bean。

③ ProjectStateFunction 类的 apply 方法，是一个 Function 必须实现的方法。该方法的功能是进行 true 或 false 的转换，类似开关按钮。当外部输入 true 时，方法就返回 false；当外部输入 false 时，方法就返回 true。

4. MessageBuilder 服务类

用 IDE 工具打开 com.iiit.quarkus.sample.integrate.spring.di.MessageBuilder 类文件，其代码如下：

```
@Service
public class MessageBuilder {
    @Value("${project.message}")
    String message;
    public String getMessage() {
        return message;
    }
}
```

程序说明：

① MessageBuilder 类的类注解@Service（Spring 框架专用注解）表明 MessageBuilder 类是

一个业务逻辑服务 Bean。

② MessageBuilder 类的值注解@Value（Spring 框架专用注解）表明定义的变量需要从配置文件中获取。@Value 注解的功能类似于 Quarkus 的@ConfigProperty 注解，区别在于，Quarkus 的@ConfigProperty 注解遵循的是 Eclipse MicroProfile 规范，而@Value 注解是 Spring 框架自定义的专用注解实现。

5. ProjectResource 资源类

用 IDE 工具打开 com.iiit.quarkus.sample.integrate.spring.di.ProjectResource 类文件，其代码如下：

```java
@Path("/projects")
@ApplicationScoped
@Produces(MediaType.APPLICATION_JSON)
@Consumes(MediaType.APPLICATION_JSON)
public class ProjectResource {
    private static final Logger LOGGER = Logger.getLogger
(ProjectResource. class);

    //注入ProjectService对象
    @Autowired    ProjectService service;

    //省略部分代码
    ...

    @GET
    @Path("/getstate/{id}")
    public Response getState(@PathParam("id")  int id) {
        Project project = service.getProjectStateById(id);
        if (project == null) {
            return Response.status(Response.Status.NOT_FOUND).build();
        }
        return Response.ok(project).build();
    }

    @GET
    @Path("/message")
    public Response getMessage() {
        return Response.ok(service.getMessage()).build();
    }

    @GET
    @Path("/change")
```

```java
    public Response getChange() {
        return Response.ok(service.getChange()).build();
    }
}
```

程序说明：

① ProjectResource 类的作用是与外部进行交互，主要方法是 REST 的 GET 方法。该程序包括 3 个 GET 方法。

② ProjectResource 类的@Autowired 注解（Spring 框架专用注解）表明要注入一个 Bean。@Autowired 注解的功能类似于 Quarkus 的@Inject 注解。区别在于，Quarkus 的@Inject 注解遵循的是 Java 规范，而@Autowired 注解是 Spring 框架自定义的专用注解实现。

6．ProjectService 服务类

用 IDE 工具打开 com.iiit.quarkus.sample.integrate.spring.di.ProjectService 类文件，其代码如下：

```java
@Service
public class ProjectService {
    private static final Logger LOGGER = Logger.getLogger(ProjectService.class);

    @Autowired
    @Qualifier("projectStateFunction")
    ProjectFunction projectState;

    @Autowired
    @Qualifier("projectCapitalizeFunction")
    ProjectFunction capitalizerStringFunction;

    @Autowired
    MessageBuilder  messageBuilder;

    @Value("${project.changeitem}")
    String changItem;

    private Map<Integer, Project> projectMap = new HashMap<>();

    public ProjectService() {
        projectMap.put(1, new Project(1, "项目A", "关于项目A的情况描述"));
        projectMap.put(2, new Project(2, "项目B", "关于项目B的情况描述"));
```

```
            projectMap.put(3, new Project(3, "项目C", "关于项目C的情况描述"));
        }

        //省略部分代码

        public Project getProjectStateById(Integer id) {
            Project project = projectMap.get(id);
            String isTrue = String.valueOf(project.state);
            project.state = Boolean.valueOf(projectState.apply(isTrue));
            return project;
        }

        public String getMessage(){
            return messageBuilder.getMessage();
        }

        public String getChange(){
            return capitalizerStringFunction.apply(changItem);
        }
}
```

程序说明：

① ProjectService 类的类注解@Service（Spring 框架专用注解）表明 ProjectService 类是一个业务逻辑服务 Bean。

② ProjectService 类的值注解@Qualifier("projectCapitalizeFunction")表明 Spring 框架容器中的 Bean 是 projectCapitalizeFunction，这是一个具有唯一名称的 Bean。其中的@Qualifier 注解（全称是@org.springframework.beans.factory.annotation.Qualifier）是 Spring 框架自定义的专用注解。而 Quarkus 也有同名注解，但其全称是@ javax.inject.Qualifier，遵循的是 Java 规范，在这里不要混淆。

③ ProjectService 类主要展现了 Quarkus 框架如何整合 Spring 框架的 DI 功能，包括@Service、@Qualifier、@Autowired、@Value、@Component 等注解。

10.1.3 验证程序

通过下列几个步骤（如图 10-2 所示）来验证案例程序。

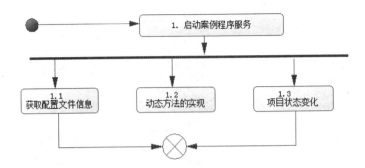

图 10-2　quarkus-sample-integrate-spring-di 程序验证流程图

下面对其中涉及的关键点进行说明。

1. 启动 quarkus-sample-integrate-spring-di 程序服务

启动程序有两种方式：第 1 种是在开发工具（如 Eclipse）中调用 ProjectMain 类的 run 命令，第 2 种是在程序目录下直接运行命令 mvnw compile quarkus:dev。

2. 通过 API 来验证获取的配置文件信息

在命令行窗口中键入如下命令：

```
curl http://localhost:8080/projects/message
```

其结果如下：

```
Project Message Content
```

这正是配置文件中的 project.message 属性定义，说明正确获取了配置文件的信息。

3. 通过 API 来验证动态方法的实现

在命令行窗口中键入如下命令：

```
curl http://localhost:8080/projects/change
```

其结果如下：

```
ABC
```

这正是配置文件中的 project.changeitem 属性的大写字母，说明正确获取了配置文件中的小写字母信息，然后通过 ProjectConfiguration 配置类定义的 projectCapitalizeFunction Bean，把该内容转换为大写字母。

4. 通过 API 来验证项目状态变化

显示项目 1 的列表内容，可观察其中的 state 值。

在命令行窗口中键入如下命令：

```
curl http://localhost:8080/projects/1/
```

其结果是所有项目 1 的内容：

```
{"description":"关于项目 A 的情况描述","id":1,"name":"项目 A","state":true}
```

其中的 state 值为 true。

然后在命令行窗口中键入如下命令：

```
curl http://localhost:8080/projects/getstate/1
```

其结果是所有项目 1 的内容：

```
{"description":"关于项目 A 的情况描述","id":1,"name":"项目 A","state":false}
```

其中的 state 值为 false，这说明已经发生了变化。

当然，当再次键入 curl http://localhost:8080/projects/getstate/1 命令时，又会发现 state 值为 true，true 和 false 会反复交替出现。

这说明 ProjectService 对象的 getProjectStateById 方法成功调用了 ProjectStateFunction 类的 apply 方法。而 ProjectStateFunction 类的 apply 方法实现了开关功能，即当输入为 true 时，返回值是 false；当输入为 false 时，返回值是 true。

10.2 整合 Spring 的 Web 功能

10.2.1 案例简介

本案例介绍基于 Quarkus 框架实现整合 Spring 框架的 Web 功能。Quarkus 以 Spring Web 扩展的形式为 Spring MVC 提供了一个兼容层。通过阅读和分析 Quarkus 框架整合 Spring MVC 框架的 Controller 和 Services 等的案例代码，可以理解和掌握 Quarkus 框架整合 Spring 框架的 Web 功能的使用方法。

基础知识：Spring MVC 框架。

Spring MVC 框架以请求为驱动，围绕 Servlet 进行设计，将请求发送给控制器，然后通过模型对象、分派器来展示请求结果视图。其中的核心类是 DispatcherServlet，这是一个 Servlet，顶层是 Servlet 接口。Spring MVC 的 6 个主要组件是 DisPatcherServlet 前端控制器、HandlerMapping 处理器映射器、HandLer 处理器、HandlerAdapter 处理器适配器、ViewResolver 视图解析器、View 视图等。

10.2.2 编写程序代码

编写程序代码有 3 种方式。第 1 种方式是通过代码 UI 来实现的，在 Quarkus 官网的生成代码页面中按照指定步骤生成脚手架代码，然后下载文件，将项目引入 IDE 工具中，最后修改程序源码。

第 2 种方式是通过 mvn 来构建程序，通过下面的命令创建 Maven 项目来实现：

```
mvn io.quarkus:quarkus-maven-plugin:1.11.1.Final:create ^
    -DprojectGroupId=com.iiit.quarkus.sample
    -DprojectArtifactId=101-quarkus- sample-integrate-spring-web ^
    -DclassName=com.iiit.quarkus.sample.integrate.spring.web.ProjectController
    -Dpath=/projects ^
    -Dextensions=resteasy-jsonb,quarkus-spring-web
```

第 3 种方式是直接从 GitHub 上获取代码，可以从 GitHub 上克隆预先准备好的示例代码：

```
git clone https://******.com/rengang66/iiit.quarkus.sample.git
```
（见链接 1）

该程序位于"101-quarkus-sample-integrate-spring-web"目录中，是一个 Maven 工程项目程序。

在 IDE 工具中导入 Maven 工程项目程序，在 pom.xml 的<dependencies>下有如下内容：

```xml
<dependency>
    <groupId>io.quarkus</groupId>
    <artifactId>quarkus-spring-web</artifactId>
</dependency>
```

其中的 quarkus-spring-web 是 Quarkus 整合了 Spring 框架的 Web 实现，无配置文件信息。

quarkus-sample-integrate-spring-web 程序的应用架构（如图 10-3 所示）表明，外部访问基于 Spring MVC 框架的 ProjectController 接口，ProjectController 接口调用 ProjectService 服务，两者无缝地协同在一起。

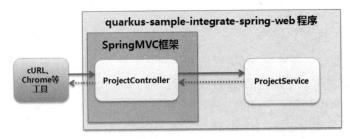

图 10-3　quarkus-sample-integrate-spring-web 程序应用架构图

quarkus-sample-integrate-spring-web 程序的核心类如表 10-2 所示。

表 10-2　quarkus-sample-integrate-spring-web 程序的核心类

名称	类型	简介
ProjectController	资源类	采用 Spring MVC 架构方式提供 REST 外部 API，是该程序的核心处理类
ProjectService	服务类（组件类）	提供数据服务，无特殊处理，在本节中将不做介绍
Project	实体类	POJO 对象，无特殊处理，在本节中将不做介绍

下面说明 ProjectController 资源类的功能和作用。

用 IDE 工具打开 com.iiit.quarkus.sample.integrate.spring.web.ProjectController 类文件，其代码如下：

```
@RestController
@RequestMapping("/projects")
public class ProjectController {
    private static final Logger LOGGER = Logger.getLogger(ProjectController.class);
    private final ProjectService service;

    public ProjectController( ProjectService service1 ) {
        this.service = service1;
    }

    @GetMapping()
    public List<Project> list() {return service.getAllProject();}

    @GetMapping("/{id}")
    public Response get(@PathVariable(name = "id") int id) {
        Project project = service.getProjectById(id);
        if (project == null) {
            return Response.status(Response.Status.NOT_FOUND).build();
        }
        return Response.ok(project).build();
    }

    @POST
    @RequestMapping("/add")
    public Response add(@RequestBody Project project) {
        if (project == null) {
            return Response.status(Response.Status.NOT_FOUND).build();
```

```
        }
        service.add(project);
        return Response.ok(project).build();
    }

    @PUT
    @RequestMapping("/update")
    public Response update(@RequestBody Project project) {
        if (project == null) {
            return Response.status(Response.Status.NOT_FOUND).build();
        }
        service.update(project);
        return Response.ok(project).build();
    }

    @DELETE
    @RequestMapping("/delete")
    public Response delete(@RequestBody Project project) {
        if (project == null) {
            return Response.status(Response.Status.NOT_FOUND).build();
        }
        service.delete(project);
        return Response.ok(project).build();
    }
}
```

程序说明：

① ProjectController 类主要与外部进行交互，主要方法是 REST 的基本操作方法，包括 GET、POST、PUT 和 DELETE 方法。

② ProjectController 类完全基于 Spring MVC 框架实现。关于具体实现内容，可参阅 Spring MVC 框架的相关资料。

③ ProjectController 类注入了 ProjectService 对象。这是采用 Quarkus 框架的注入方式实现的。

④ 该程序证明，前端可以是 Spring 框架的 MVC，后台服务可以由 Quarkus 框架来实现。在这种前端 Spring MVC 框架、后端 Quarkus 框架的模式下，两个框架可以完全无缝衔接。

该程序动态运行的序列图（如图 10-4 所示，遵循 UML 2.0 规范绘制）描述了外部调用者 Actor、ProjectController 和 ProjectService 等对象之间的时间顺序交互关系。

第 10 章 集成 Spring 到 Quarkus 中

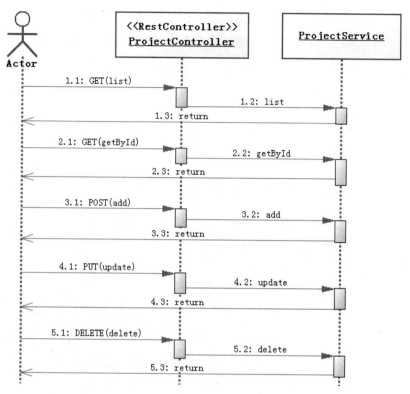

图 10-4 quarkus-sample-integrate-spring-web 程序动态运行的序列图

该序列图中总共有 5 个序列，分别介绍如下。

序列 1 活动：① 外部调用 ProjectController 资源对象的 GET(list)方法；② GET(list)方法调用 ProjectService 服务对象的 list 方法；③ 返回整个 Project 列表。

序列 2 活动：① 外部传入参数 ID 并调用 ProjectController 资源对象的 GET(getById)方法；② GET(getById)方法调用 ProjectService 服务对象的 getById 方法；③ 返回 Project 列表中对应 ID 的 Project 对象。

序列 3 活动：① 外部传入参数 Project 对象并调用 ProjectController 资源类的 POST(add)方法；② POST(add)方法调用 ProjectService 服务对象的 add 方法，ProjectService 服务对象实现增加一个 Project 对象的操作并返回整个 Project 列表。

序列 4 活动：① 外部传入参数 Project 对象并调用 ProjectController 资源对象的 PUT(update)方法；② PUT(update)方法调用 ProjectService 服务对象的 update 方法，ProjectService 服务对象根据项目名称是否相等来实现修改一个 Project 对象的操作并返回整个 Project 列表。

序列 5 活动：① 外部传入参数 Project 对象并调用 ProjectController 资源对象的 DELETE(delete)方法；② DELETE(delete)方法调用 ProjectService 服务对象的 delete 方法，ProjectService 服务对象根据项目名称是否相等来实现删除一个 Project 对象的操作并返回整个 Project 列表。

10.2.3 验证程序

通过下列几个步骤（如图 10-5 所示）来验证案例程序。

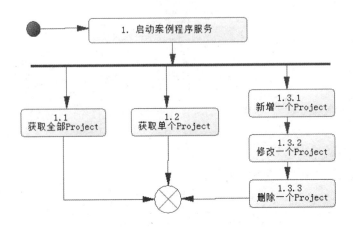

图 10-5　quarkus-sample-integrate-spring-web 程序验证流程图

下面对其中涉及的关键点进行说明。

1. 启动 quarkus-sample-integrate-spring-web 程序服务

启动程序有两种方式，第 1 种是在开发工具（如 Eclipse）中调用 ProjectMain 类的 run 命令，第 2 种是在程序目录下直接运行命令 mvnw compile quarkus:dev。

2. 通过 API 显示全部 Project 的 JSON 列表内容

在命令行窗口中键入如下命令：

```
curl http://localhost:8080/projects
```

其结果是所有 Project 的 JSON 列表。

3. 通过 API 显示项目 1 的列表内容

在命令行窗口中键入如下命令：

```
curl http://localhost:8080/projects/1/
```

其结果是项目 1 的列表内容。

4. 通过 API 增加一条 Project 数据

按照 JSON 格式增加一条 Project 数据，在命令行窗口中键入如下命令：

```
curl -X POST -H "Content-type: application/json" -d {\"id\":4,\"name\":\" 项 目 D\",\"description\":\" 关 于 项 目 D 的 描 述 \"} http://localhost:8080/projects/add
```

5. 通过 API 修改一条 Project 数据

按照 JSON 格式修改一条 Project 数据，在命令行窗口中键入如下命令：

```
curl -X PUT -H "Content-type: application/json" -d {\"id\":4,\"name\":\" 项目 D\",\"description\":\" 关 于 项 目 D 的 描 述 的 修 改 \"} http://localhost:8080/projects/update
```

根据结果，可以看到项目 D 的描述已经进行了修改。注意，这里采用的是 Windows 格式。

6. 通过 API 删除一条 Project 数据

按照 JSON 格式删除一条 Project 数据，在命令行窗口中键入如下命令：

```
curl -X DELETE -H "Content-type: application/json" -d {\"id\":3,\"name\":\" 项目 C\",\"description\":\" 关于项目 C 的描述\"} http://localhost:8080/projects/delete
```

根据结果，可以看到已经删除了项目 C 的内容。

10.3 整合 Spring 的 Data 功能

10.3.1 案例简介

本案例介绍基于 Quarkus 框架实现整合 Spring 框架的 Data 功能。Quarkus 以 Spring Data 扩展组件的形式为 Spring Data JPA 存储库提供了一个兼容层。通过阅读和分析 Quarkus 框架整合 Spring Data 扩展组件的 JPA 来实现数据的查询、新增、删除、修改等操作的案例代码，可以理解和掌握 Quarkus 整合 Spring 框架的 Data 功能的使用方法。

基础知识：Spring Data 框架。

Spring Data 框架是一款基于 Spring 框架实现的数据访问框架，旨在提供一致的数据库访问模型。同时仍然保留了不同数据库底层数据存储的特点。Spring Data 框架由一系列对应不同数据库具体实现的组件组成，同时 Spring Data 实现了访问关系型数据库、非关系型数据库、

Map-Reduce 框架及基于云的数据服务的统一接口，对于常见的企业级 CRUD、排序操作等都不需要手动添加任何 SQL 语句，同时也支持手动扩展功能。

Spring Data 框架中最核心的概念是 Repository，Repository 是一个抽象接口，用户通过该接口来实现数据的访问。Spring Data JPA 提供了关系型数据库访问的一致性，在该组件中，Repository 包括 CrudRepository 和 PagingAndSortingRepository 两个类。其中 CrudRepository 接口的内容如下：

```java
public interface CrudRepository<T, ID extends Serializable>extends Repository<T, ID> {
    <S extends T> S save(Sentity);
    <S extends T> Iterable<S> save(Iterable<S>entities);
    T findOne(ID id);
    boolean exists(IDid);
    Iterable<T> findAll();
    Iterable<T> findAll(Iterable<ID> ids);
    long count();
    void delete(IDid);
    void delete(Tentity);
    void delete(Iterable<?extends T> entities);
    void deleteAll();
}
```

CrudRepository 接口实现了 save、delete、count、exists、findOne 等方法，继承这个接口时需要两个模板参数 T 和 ID，T 是实体类（对应数据库表），ID 是主键。

10.3.2 编写程序代码

编写程序代码有 3 种方式。第 1 种方式是通过代码 UI 来实现的，在 Quarkus 官网的生成代码页面中按照指定步骤生成脚手架代码，然后下载文件，将项目引入 IDE 工具中，最后修改程序源码。

第 2 种方式是通过 mvn 来构建程序，通过下面的命令创建 Maven 项目来实现：

```
mvn io.quarkus:quarkus-maven-plugin:1.11.1.Final:create \
    -DprojectGroupId=org.acme \
    -DprojectArtifactId=spring-data-jpa-quickstart \
    -DclassName="org.acme.spring.data.jpa.FruitResource" \
    -Dpath="/greeting" \
    -Dextensions="spring-data-jpa,resteasy-jsonb,quarkus-jdbc-postgresql"
```

第 3 种方式是直接从 GitHub 上获取代码，可以从 GitHub 上克隆预先准备好的示例代码：

```
git clone https://******.com/rengang66/iiit.quarkus.sample.git（见链接1）
```

该程序位于"102-quarkus-sample-integrate-spring-data"目录中，是一个 Maven 工程项目程序。

在 IDE 工具中导入 Maven 工程项目程序，在 pom.xml 的<dependencies>下有如下内容：

```
<dependency>
    <groupId>io.quarkus</groupId>
    <artifactId>quarkus-spring-data-jpa</artifactId>
</dependency>

<dependency>
    <groupId>io.quarkus</groupId>
    <artifactId>quarkus-jdbc-postgresql</artifactId>
</dependency>
```

其中的 quarkus-spring-data-jpa 是 Quarkus 整合了 Spring 框架的 JPA 实现。

quarkus-sample-integrate-spring-data 程序的应用架构（如图 10-6 所示）表明，外部访问 ProjectResource 资源接口，ProjectResource 调用基于 Spring Data 框架的 ProjectRepository 服务，ProjectRepository 服务依赖于 Spring Data 框架。

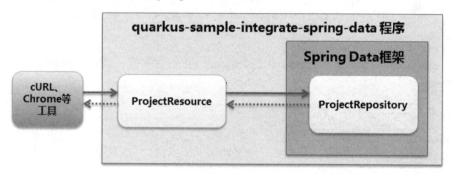

图 10-6　quarkus-sample-integrate-spring-data 程序应用架构图

quarkus-sample-integrate-spring-data 程序的配置文件和核心类如表 10-3 所示。

表 10-3　quarkus-sample-integrate-spring-data 程序的配置文件和核心类

名　称	类　型	简　介
application.properties	配置文件	定义数据库配置信息
ProjectResource	资源类	提供 REST 外部 API，无特殊处理
ProjectRepository	服务类	提供数据服务
Project	实体类	POJO 对象，无特殊处理，在本节中将不做介绍

在该程序中，首先看看配置信息的 application.properties 文件：

```properties
quarkus.datasource.db-kind=postgresql
quarkus.datasource.username=quarkus_test
quarkus.datasource.password=quarkus_test
quarkus.datasource.jdbc.url=jdbc:postgresql://localhost/quarkus_test
quarkus.datasource.jdbc.max-size=8
quarkus.datasource.jdbc.min-size=2

quarkus.hibernate-orm.database.generation=drop-and-create
quarkus.hibernate-orm.log.sql=true
quarkus.hibernate-orm.sql-load-script=import.sql
```

在 application.properties 文件中，配置了与数据库连接相关的参数。

（1）quarkus.datasource.db-kind 表示连接的数据库是 PostgreSQL。

（2）quarkus.datasource.username 和 quarkus.datasource.password 是用户名和密码，即 PostgreSQL 的登录角色名和密码。

（3）quarkus.datasource.jdbc.url 用于定义数据库的连接位置信息，其中 jdbc:postgresql://localhost/quarkus_test 中的 quarkus_test 是连接 PostgreSQL 的数据库。

（4）quarkus.hibernate-orm.database.generation=drop-and-create 表示每次启动都要删除和重新创建新表。

（5）quarkus.hibernate-orm.sql-load-script=import.sql 的含义是，启动时要通过 import.sql 来初始化数据。

下面看看 import.sql 的内容：

```sql
insert into iiit_projects(id, name) values (1, '项目A');
insert into iiit_projects(id, name) values (2, '项目B');
insert into iiit_projects(id, name) values (3, '项目C');
insert into iiit_projects(id, name) values (4, '项目D');
insert into iiit_projects(id, name) values (5, '项目E');
```

import.sql 主要实现了 iiit_projects 表的数据初始化工作。

下面分别说明 ProjectRepository 服务类、ProjectResource 资源类的功能和作用。

1. ProjectRepository 服务类

用 IDE 工具打开 com.iiit.quarkus.sample.integrate.spring.data.ProjectRepository 类文件，其代码如下：

```java
public interface ProjectRepository extends CrudRepository<Project, Long> {
    List<Project> findByDescription(String description);
}
```

程序说明：该 ProjectRepository 接口继承了 CrudRepository，实现了数据库的 CRUD 操作。CrudRepository 是一个抽象接口，开发者可以通过该接口来实现数据的 CRUD 操作。Spring Data JPA 提供了关系型数据库访问的一致性。

2. ProjectResource 资源类

用 IDE 工具打开 com.iiit.quarkus.sample.integrate.spring.data.ProjectResource 类文件，其代码如下：

```java
@Path("/projects")
public class ProjectResource {
    private static final Logger LOGGER = Logger.getLogger (ProjectResource.class);
    private final ProjectRepository projectRepository;
    public ProjectResource( ProjectRepository projectRepository ) {
        this.projectRepository = projectRepository;
    }

    @GET
    @Produces("application/json")
    public Iterable<Project> findAll() {
        return projectRepository.findAll();
    }

    @GET
    @Produces("application/json")
    @Path("/{id}")
    public Project findById(@PathParam Long id) {
        Optional<Project> optional = projectRepository.findById(id);
        Project project = null;
        if (optional.isPresent()) {
            project = optional.get();
        }
        return project;
    }

    @DELETE
    @Path("/{id}")
    public void delete(@PathParam long id) {
        projectRepository.deleteById(id);
    }

    @POST
    @Path("/add")
```

```
        @Produces("application/json")
        @Consumes("application/json")
        public Project create( Project project) {
            Optional<Project> optional = projectRepository.findById(project.getId());
            if (!optional.isPresent()) {
                return projectRepository.save(project);
            }
            throw new IllegalArgumentException("Project with id " + project.getId()+ " exists");
        }

        @PUT
        @Path("/update")
        @Produces("application/json")
        @Consumes("application/json")
        public Project changeColor( Project project) {
            Optional<Project> optional = projectRepository.findById(project.getId());
            if (optional.isPresent()) {
                return projectRepository.save(project);
            }
            throw new IllegalArgumentException("No Project with id " + project.getId()+ " exists");
        }
    }
```

程序说明：

① ProjectResource 类的主要方法是 REST 的基本操作方法，包括 GET、POST、PUT 和 DELETE 方法。

② ProjectResource 类注入了 ProjectRepository 对象，这是采用 Quarkus 框架的注入方式实现的。

③ 该程序证明，前端可以是 Quarkus 框架，后台服务可以是 Spring Data JPA 框架。在这种前端 Quarkus 框架、后端 Spring Data JPA 框架的模式下，两个框架可以完全无缝衔接起来。

该程序动态运行的序列图（如图 10-7 所示，遵循 UML 2.0 规范绘制）描述了外部调用者 Actor、ProjectResource 和 ProjectRepository 等对象之间的时间顺序交互关系。

第10章 集成 Spring 到 Quarkus 中

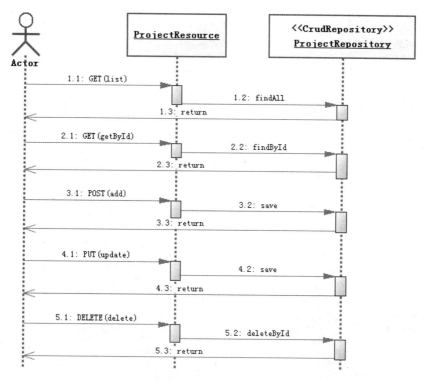

图 10-7 quarkus-sample-integrate-spring-data 程序动态运行的序列图

该序列图中总共有 5 个序列，分别介绍如下。

序列 1 活动：① 外部调用 ProjectResource 资源类的 GET(list)方法；② GET(list)方法调用 ProjectRepository 服务类的 findAll 方法；③ 返回整个 Project 列表。

序列 2 活动：① 外部传入参数 ID 并调用 ProjectResource 资源类的 GET(getById)方法；② GET(getById)方法调用 ProjectRepository 服务类的 findById 方法；③ 返回 Project 列表中对应 ID 的 Project 对象。

序列 3 活动：① 外部传入参数 Project 对象并调用 ProjectResource 资源类的 POST(add)方法；② POST(add)方法调用 ProjectRepository 服务类的 add 方法，ProjectRepository 服务类实现增加一个 Project 对象的操作并返回整个 Project 列表。

序列 4 活动：① 外部传入参数 Project 对象并调用 ProjectResource 资源类的 PUT(update)方法；② PUT(update)方法调用 ProjectRepository 服务类的 update 方法，ProjectRepository 服务类根据项目名称是否相等来实现修改一个 Project 对象的操作并返回整个 Project 列表。

序列 5 活动：① 外部传入参数 Project 对象并调用 ProjectResource 资源类的 DELETE

(delete)方法；② DELETE(delete)方法调用 ProjectRepository 服务类的 deleteById 方法，ProjectRepository 服务类根据项目名称是否相等来实现删除一个 Project 对象的操作并返回整个 Project 列表。

10.3.3 验证程序

通过下列几个步骤（如图 10-8 所示）来验证案例程序。

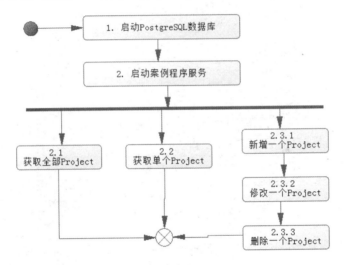

图 10-8　quarkus-sample-integrate-spring-data 程序验证流程图

下面对其中涉及的关键点进行说明。

1．启动 PostgreSQL 数据库

首先要启动 PostgreSQL 数据库，然后可以进入 PostgreSQL 的图形管理界面并观察数据库中数据的变化情况。

2．启动 quarkus-sample-integrate-spring-data 程序服务

启动程序有两种方式，第 1 种是在开发工具（如 Eclipse）中调用 ProjectMain 类的 run 命令，第 2 种是在程序目录下直接运行命令 mvnw compile quarkus:dev。

3．通过 API 显示全部 Project 的 JSON 列表内容

在命令行窗口中键入如下命令：

```
curl http://localhost:8080/projects
```

其结果是所有 Project 的 JSON 列表。

4. 通过 API 显示项目 1 的列表内容

在命令行窗口中键入如下命令：

```
curl http://localhost:8080/projects/1/
```

其结果是项目 1 的列表内容。

5. 通过 API 增加一条 Project 数据

按照 JSON 格式增加一条 Project 数据，在命令行窗口中键入如下命令：

```
curl -X POST -H "Content-type: application/json" -d {\"id\":6,\"name\":\"项目 F\",\"description\":\"关于项目 F 的描述\"} http://localhost:8080/projects/add
```

6. 通过 API 修改一条 Project 数据

按照 JSON 格式修改一条 Project 数据，在命令行窗口中键入如下命令：

```
curl -X PUT -H "Content-type: application/json" -d {\"id\":6,\"name\":\"项目 F\",\"description\":\"关于项目 F 的描述的修改\"} http://localhost:8080/projects/update
```

根据结果，可以看到项目 D 的描述已经进行了修改。

7. 通过 API 删除一条 Project 数据

按照 JSON 格式删除一条 Project 数据，在命令行窗口中键入如下命令：

```
curl -X DELETE http://localhost:8080/projects/5
```

根据结果，可以看到已经删除了项目 C 的内容。

10.4 整合 Spring 的安全功能

10.4.1 案例简介

本案例介绍基于 Quarkus 框架实现整合 Spring 框架的安全功能。Quarkus 以 Spring Security 扩展组件的形式为 Spring Security 提供了一个兼容层。通过阅读和分析 Quarkus 框架整合 Spring Security 框架的案例代码，可以理解和掌握 Quarkus 框架整合 Spring 框架的安全功能的使用方法。

基础知识：Spring Security 框架。

Spring Security 框架是一个专注于为 Java 应用提供身份验证和授权的框架。Spring Security 框架可以很容易地被扩展以满足定制需求。

10.4.2 编写程序代码

编写程序代码有 3 种方式。第 1 种方式是通过代码 UI 来实现的，在 Quarkus 框架的生成代码页面中按照指定步骤生成脚手架代码，然后下载文件，将项目引入 IDE 工具中，最后修改程序源码。

第 2 种方式是通过 mvn 来构建程序，通过下面的命令创建 Maven 项目来实现：

```
mvn io.quarkus:quarkus-maven-plugin:1.11.1.Final:create ^
    -DprojectGroupId=com.iiit.quarkus.sample  ^
    -DprojectArtifactId=103-quarkus-sample-integrate-spring-security ^
    -DclassName=com.iiit.quarkus.sample.integrate.spring.security.ProjectController
    -Dpath=/projects ^
    -Dextensions=resteasy-jsonb,quarkus-spring-web,quarkus-spring-security, ^ quarkus-elytron-security-properties-file
```

第 3 种方式是直接从 GitHub 上获取代码，可以从 GitHub 上克隆预先准备好的示例代码：

```
git clone https://******.com/rengang66/iiit.quarkus.sample.git（见链接1）
```

该程序位于 "103-quarkus-sample-integrate-spring-security" 目录中，是一个 Maven 工程项目程序。

在 IDE 工具中导入 Maven 工程项目程序，在 pom.xml 的 <dependencies> 下有如下内容：

```xml
<dependency>
    <groupId>io.quarkus</groupId>
    <artifactId>quarkus-spring-web</artifactId>
</dependency>

<dependency>
    <groupId>io.quarkus</groupId>
    <artifactId>quarkus-spring-security</artifactId>
</dependency>

<dependency>
    <groupId>io.quarkus</groupId>
    <artifactId>quarkus-elytron-security-properties-file</artifactId>
</dependency>
```

其中的 quarkus-spring-security 是 Quarkus 整合了 Spring Security 框架的实现。

quarkus-sample-integrate-spring-security 程序的应用架构（如图 10-9 所示）表明，外部访问基于 Spring Security 框架的 ProjectController 接口，ProjectController 接口调用 ProjectService 服务类。

第 10 章 集成 Spring 到 Quarkus 中

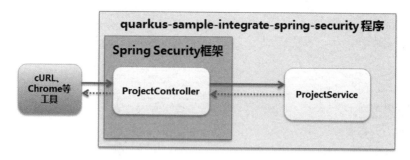

图 10-9 quarkus-sample-integrate-spring-security 程序应用架构图

quarkus-sample-integrate-spring-security 程序的配置文件和核心类如表 10-4 所示。

表 10-4 quarkus-sample-integrate-spring-security 程序的配置文件和核心类

名 称	类 型	简 介
application.properties	配置文件	定义应用与安全相关的配置信息
ProjectController	资源类	提供 REST 外部 API,是该程序的核心处理类
ProjectService	服务类	提供数据服务,在本节中将不做介绍
Project	实体类	POJO 对象,无特殊处理,在本节中将不做介绍

在该程序中,首先看看配置信息的 application.properties 文件:

```
quarkus.security.users.embedded.enabled=true
quarkus.security.users.embedded.plain-text=true
quarkus.security.users.embedded.users.reng=password
quarkus.security.users.embedded.roles.reng=admin,user
quarkus.security.users.embedded.users.test=test
quarkus.security.users.embedded.roles.test=user
```

在 application.properties 文件中,定义了与安全相关的配置参数。

(1) quarkus.security.users.embedded.enabled=true,表示启动内部安全设置。

(2) quarkus.security.users.embedded.plain-text=true,表示安全信息的输出格式。

(3) quarkus.security.users.embedded.users.reng=password,表示用户名及其密码。

(4) quarkus.security.users.embedded.roles.reng=admin,user,表示用户归属的角色。

下面说明 ProjectController 资源类的功能和作用。

用 IDE 工具打开 com.iiit.quarkus.sample.integrate.spring.security.ProjectController 类文件,其代码如下:

```java
@RestController
@RequestMapping("/projects")
public class ProjectController {
    private static final Logger LOGGER = Logger.getLogger (ProjectController.class);
    private final ProjectService service;
    public ProjectController( ProjectService service1 ) {this.service = service1;}

    @Secured("admin")
    @GetMapping
    public List<Project> list() {return service.getAllProject();}

    @Secured("user")
    @GetMapping("/{id}")
    public Response get(@PathVariable(name = "id")  int id) {
        Project project = service.getProjectById(id);
        if (project == null) {
            return Response.status(Response.Status.NOT_FOUND).build();
        }
        return Response.ok(project).build();
    }

    //省略部分代码
}
```

程序说明：

① ProjectController 类主要与外部进行交互，主要方法是 REST 的基本操作方法，包括 GET、POST、PUT 和 DELETE 方法。ProjectController 类完全基于 Spring MVC 框架实现。关于具体实现内容，可参阅 Spring MVC 框架的相关资料。

② ProjectController 类的方法注解@Secured（Spring 框架自定义注解）表明该方法需要认证。

该程序动态运行的序列图（如图 10-10 所示，遵循 UML 2.0 规范绘制）描述了外部调用者 Actor、ProjectController、Spring Security Authentication 和 ProjectService 等对象之间的时间顺序交互关系。

第 10 章 集成 Spring 到 Quarkus 中

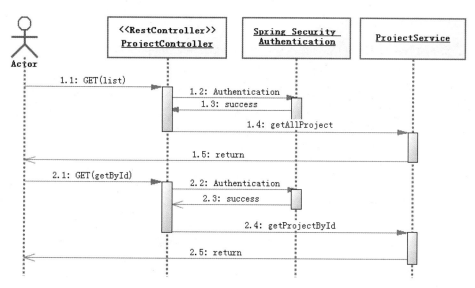

图 10-10 quarkus-sample-integrate-spring-security 程序动态运行的序列图

该序列图中总共有 2 个序列，分别介绍如下。

序列 1 活动：① 外部传入参数用户名和密码并调用 ProjectController 资源对象的 GET(list) 方法；② ProjectController 资源对象向 Spring Security Authentication 进行用户名和密码的认证；③ 认证成功后，返回成功信息；④ 获取认证成功信息后，ProjectController 资源对象的 GET(list) 方法调用 ProjectService 服务对象的 getAllProject 方法；⑤ 返回 Project 列表。

序列 2 活动：① 外部传入参数用户名和密码并调用 ProjectController 资源对象的 GET(getById) 方法；② ProjectController 资源对象向 Spring Security Authentication 进行用户名和密码的认证；③ 认证成功后，返回成功信息；④ 获取认证成功信息后，ProjectController 资源对象的 GET(getById) 方法调用 ProjectService 服务对象的 getProjectById 方法；⑤ 返回 Project 列表中对应的 Project 对象。

10.4.3 验证程序

通过下列几个步骤来验证案例程序。

1. 启动 quarkus-sample-integrate-spring-security 程序服务

启动程序有两种方式，第 1 种是在开发工具（如 Eclipse）中调用 ProjectMain 类的 run 命令，第 2 种是在程序目录下直接运行命令 mvnw compile quarkus:dev。

2. 通过 API 来演示功能

为了显示所有项目的 JSON 列表内容，在浏览器中输入 http://localhost:8080/projects。由于有安全限制，会弹出对话框，如图 10-11 所示。

图 10-11 弹出对话框来录入用户名及密码

录入用户名 reng，密码 password，即可获取访问信息。

基于 reng 用户，可以访问 http://localhost:8080/projects/1 等。由于 reng 用户的角色是 admin 和 user，也可以使用 test 用户（密码也是 test）进行登录来访问，但 test 用户只能访问 http://localhost:8080/projects/1，而不能访问 http://localhost:8080/projects，这是因为 test 用户只是 user 角色。

10.5 获取 Spring Boot 的配置文件属性功能

10.5.1 案例简介

本案例介绍基于 Quarkus 框架实现获取 Spring Boot 框架的配置文件属性功能。Quarkus 以 Spring Boot 扩展组件的形式为 Spring Boot 提供了一个兼容层。通过阅读和分析 Quarkus 框架通过 Spring Boot 框架的 ConfigurationProperties 组件读取 application.properties 文件的案例代码，可以理解和掌握 Quarkus 框架获取 Spring Boot 框架的配置文件属性功能的使用方法。

基础知识：Spring Boot 框架。

Spring Boot 框架是一个简化的 Spring 开发框架，用来帮助开发 Spring 应用，通过约定规则大于配置的实现方式，去繁就简。

10.5.2 编写程序代码

编写程序代码有 3 种方式。第 1 种方式是通过代码 UI 来实现的，在 Quarkus 官网的生成代码页面中按照指定步骤生成脚手架代码，然后下载文件，将项目引入 IDE 工具中，最后修改程序源码。

第 2 种方式是通过 mvn 来构建程序，通过下面的命令创建 Maven 项目来实现：

```
mvn io.quarkus:quarkus-maven-plugin:1.11.1.Final:create ^
    -DprojectGroupId=com.iiit.quarkus.sample   ^
    -DprojectArtifactId=104-quarkus-sample-integrate-springboot-properties ^
    -DclassName=com.iiit.quarkus.sample.integrate.springboot.properties.ProjectResource
    -Dpath=/projects ^
    -Dextensions=resteasy-jsonb,quarkus-spring-boot-properties
```

第 3 种方式是直接从 GitHub 上获取代码，可以从 GitHub 上克隆预先准备好的示例代码：

```
git clone https://******.com/rengang66/iiit.quarkus.sample.git（见链接1）
```

该程序位于"104-quarkus-sample-integrate-springboot-properties"目录中，是一个 Maven 工程项目程序。

在 IDE 工具中导入 Maven 工程项目程序，在 pom.xml 的<dependencies>下有如下内容：

```xml
<dependency>
    <groupId>io.quarkus</groupId>
    <artifactId>quarkus-spring-boot-properties</artifactId>
</dependency>
```

其中的 quarkus-spring-boot-properties 是 Quarkus 整合了 Spring Boot 框架的属性实现。

quarkus-sample-integrate-springboot-properties 程序的应用架构（如图 10-12 所示）表明，外部访问 ProjectResource 资源接口，ProjectResource 调用 ProjectService 服务，ProjectService 服务则调用由 Spring Boot 框架提供的属性服务。

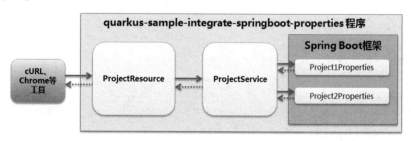

图 10-12 quarkus-sample-integrate-springboot-properties 程序应用架构图

quarkus-sample-integrate-springboot-properties 程序的配置文件和核心类如表 10-5 所示。

表 10-5　quarkus-sample-integrate-springboot-properties 程序的配置文件和核心类

名　称	类　型	简　介
application.properties	配置文件	定义一些验证数据的参数
ProjectResource	资源类	提供 REST 外部 API，无特殊处理
ProjectService	服务类（组件类）	提供数据服务，是该程序的核心处理类
ProjectProperties	配置信息类	用于配置的父类
Project1Properties	配置信息类	用于配置的子类
Project2Properties	配置信息类	用于配置的子类
Project	实体类	POJO 对象，无特殊处理，在本节中将不做介绍

在该程序中，首先看看配置信息的 application.properties 文件：

```
init.data.create=true
project1.id=1
project1.inform.name=项目 A
project1.inform.description=关于项目 A 的描述

project2.id=2
project2.inform.name=项目 B
project2.inform.description=关于项目 B 的描述
```

这些基本配置用于后续验证数据获取情况。

下面分别说明 ProjectResource 资源类、ProjectService 服务类和 Project1Properties 类的功能和作用。

1. ProjectResource 资源类

用 IDE 工具打开 com.iiit.quarkus.sample.integrate.springboot.properties.ProjectResource 类文件，其代码如下：

```
@Path("/projects")
@ApplicationScoped
@Produces(MediaType.APPLICATION_JSON)
@Consumes(MediaType.APPLICATION_JSON)
public class ProjectResource {
    private static final Logger LOGGER = Logger.getLogger
(ProjectResource. class.getName());

    //注入 ProjectService 对象
    @Inject    ProjectService service;
```

```
        //省略部分代码
    }
```

程序说明：ProjectResource 类的主要方法是 REST 的基本操作方法，主要是 GET 方法。

2. ProjectService 服务类

用 IDE 工具打开 com.iiit.quarkus.sample.integrate.springboot.properties.ProjectService 类文件，其代码如下：

```
@ApplicationScoped
public class ProjectService {
    private static final Logger LOGGER = Logger.getLogger(ProjectService.class.getName());
    @Inject    Project1Properties properties1;

    @Inject    Project2Properties properties2;

    @Inject
    @ConfigProperty(name = "init.data.create", defaultValue = "true")
    boolean isInitData;

    private    Set<Project>    projects    =    Collections.newSetFromMap(Collections.synchronizedMap(new LinkedHashMap<>()));

    public ProjectService() {
    }

    //初始化数据
    @PostConstruct
    void initData() {
        LOGGER.info("初始化数据");
        if (isInitData) {
            Project project1 = new Project (properties1.id, properties1.inform. name, properties1.inform.description);
            Project project2 = new Project (properties2.id, properties2.inform. name, properties2.inform.description);
            projects.add(project1);
            projects.add(project2);
        }
    }
```

```
    public Set<Project> list() {return projects;     }

    public Project getById(Integer id) {
        for (Project value : projects) {
            if ( (id.intValue()) == (value.id.intValue())) {
                return value;
            }
        }
        return null;
    }
}
```

程序说明：ProjectService 类分别注入了 Project1Properties 和 Project2Properties 对象。这两个对象就是由 Spring Boot 定义的属性类，可以通过 Spring Boot 的配置注解来获取其属性值。

3．Project1Properties 类

用 IDE 工具打开 com.iiit.quarkus.sample.integrate.springboot.properties.ProjectProperties 类文件，其代码如下：

```
public class ProjectProperties {
    public Information inform;
    public Integer id;
    public static class Information {
        public String name;
        public String description ;
    }
}
```

而 Project1Properties 类（代码如下）和 Project2Properties 类继承自 ProjectProperties 类，但读取的配置信息不同。

```
@ConfigurationProperties("project1")
public class Project1Properties  extends ProjectProperties {
}
```

程序说明：Project1Properties 类的类注解@ConfigurationProperties 是 Spring Boot 的属性注解，在该应用配置参数列表中增加一个 project1 属性类。

10.5.3　验证程序

通过下列几个步骤（如图 10-13 所示）来验证案例程序。

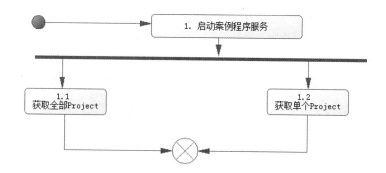

图 10-13　quarkus-sample-integrate-springboot-properties 程序验证流程图

下面详细说明各个步骤。

1. 启动 quarkus-sample-integrate-springboot-properties 程序

启动程序有两种方式，第 1 种是在开发工具（如 Eclipse）中调用 ProjectMain 类的 run 命令，第 2 种是在程序目录下直接运行命令 mvnw compile quarkus:dev。

2. 通过 API 显示全部 Project 的 JSON 列表内容

在命令行窗口中键入如下命令：

```
curl http://localhost:8080/projects
```

其结果是所有 Project 的 JSON 列表。

3. 通过 API 显示项目 1 的列表内容

在命令行窗口中键入如下命令：

```
curl http://localhost:8080/projects/1/
```

其结果是项目 1 的列表内容。

10.6　获取 Spring Cloud 的 Config Server 配置文件属性功能

10.6.1　案例简介

本案例介绍基于 Quarkus 框架实现获取 Spring Cloud 框架的 Config Server 配置文件属性功能。通过阅读和分析 Quarkus 框架通过 Spring Cloud 框架的 Config Server 读取 application.properties 文件和 Spring Cloud Config 配置文件的案例代码，可以理解和掌握

Quarkus 调用 Spring Cloud Config 框架配置文件属性功能的使用方法。

基础知识：Spring Cloud Config 框架。

Spring Cloud Config 框架是一个解决分布式系统的配置管理方案。该方案包含了客户端和服务器两个部分。服务器提供配置文件的存储、以接口形式将配置文件的内容提供出去，客户端通过接口获取数据并依据此数据初始化自己的应用。

10.6.2 编写程序代码

直接从 GitHub 上获取代码，可以从 GitHub 上克隆预先准备好的示例代码：

git clone https://******.com/rengang66/iiit.quarkus.sample.git（见链接 1）

该程序位于"105-quarkus-sample-integrate-springcloud-configserver"目录中，是一个 Maven 工程项目程序。整个程序分为两个部分，第 1 部分是 Spring Cloud Config Server，第 2 部分是 Quarkus 框架的读取程序。

quarkus-sample-integrate-springcloud-configserver 程序的应用架构（如图 10-14 所示）表明，外部访问 ProjectResource 资源接口，ProjectResource 调用 ProjectService 服务，ProjectService 服务调用 springcould-config-server 的 Config Server 服务器，获取配置信息。

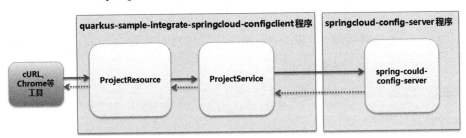

图 10-14　quarkus-sample-integrate-springcloud-configserver 程序应用架构图

第 1 部分是 Spring Cloud Config Server，这是一个标准的 Spring Cloud 程序。Spring Cloud Config Server 的核心是 application.properties 配置文件：

```
project1.id=1
project1.inform.name=项目 A
project1.inform.description=关于项目 A 的描述

project2.id=2
project2.inform.name=项目 B
project2.inform.description=关于项目 B 的描述
```

第 2 部分是 quarkus-sample-integrate-springcloud-configclient 程序。

编写程序代码有 3 种方式。第 1 种方式是通过代码 UI 来实现的，第 2 种方式是通过创建 Maven 项目来实现的：

```
mvn io.quarkus:quarkus-maven-plugin:1.10.5.Final:create ^
    -DprojectGroupId=com.iiit.quarkus.sample    ^
    -DprojectArtifactId=104-quarkus-sample-integrate-springboot-properties ^
    -DclassName=com.iiit.quarkus.sample.integrate.springboot.properties.ProjectResource
    -Dpath=/projects ^
    -Dextensions=resteasy-jsonb,quarkus-spring-cloud-config-client
```

第 3 种方式是在 IDE 工具中导入 Maven 工程项目程序 quarkus-sample-integrate-springcloud-configclient，在 pom.xml 的 <dependencies> 下有如下内容：

```
<dependency>
    <groupId>io.quarkus</groupId>
    <artifactId>quarkus-spring-cloud-config-client</artifactId>
</dependency>
```

其中的 quarkus-spring-cloud-config-client 是 Quarkus 整合了 Spring Cloud 框架的配置服务的实现。

quarkus-sample-integrate-springcloud-configclient 程序的配置文件和核心类如表 10-6 所示。

表 10-6　quarkus-sample-integrate-springcloud-configclient 程序的配置文件和核心类

名　称	类　型	简　介
application.properties	配置文件	定义连接 Spring Cloud Config Server 的参数
ProjectController	资源类	采用 Spring MVC 架构方式来提供 REST 外部 API，是该程序的核心处理类
ProjectService	服务类（组件类）	提供数据服务，无特殊处理，在本节中将不做介绍
Project	实体类	POJO 对象，无特殊处理，在本节中将不做介绍

在 quarkus-sample-integrate-springcloud-configclient 程序中，首先看看配置信息的 application.properties 文件：

```
init.data.create=true
quarkus.application.name=spring-could-config-client
quarkus.spring-cloud-config.enabled=true
quarkus.spring-cloud-config.url=http://localhost:8888
```

在 application.properties 文件中，配置了与 Spring Cloud Config Server 连接相关的参数。

（1）init.data.create 表示初始化数据。

（2）quarkus.application.name=spring-could-config-client 表示使用在配置服务器上确定的客户端应用名称。

（3）quarkus.spring-cloud-config.enabled=true 表示启用从配置服务器检索配置，其在默认情况下处于关闭状态。

（4）quarkus.spring-cloud-config.url=http://localhost:8888 表示定义配置服务器的位置，即监听 HTTP 请求的 URL。

quarkus-sample-integrate-springcloud-configclient 程序与 quarkus-sample-integrate-springboot-properties 程序的大部分内容一样，其差别在于，quarkus-sample-integrate-springboot-properties 程序通过 springboot-properties 类读取本地配置文件来获取配置值，而 quarkus-sample-integrate-springcloud-configclient 程序通过读取 Spring Cloud Config Server 的远程配置文件来获取配置值。

10.6.3 验证程序

通过下列几个步骤（如图 10-15 所示）来验证案例程序。

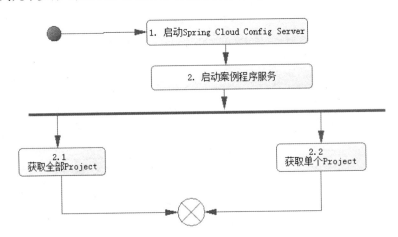

图 10-15 quarkus-sample-integrate-springcloud-configserver 程序验证流程图

下面对其中涉及的关键点进行说明。

1. 启动 Spring Cloud Config Server 程序服务

在开发工具（如 Eclipse）中调用 com.iiit.train.springcloud.config.Application 类的 run 命令，就可以启动 Spring Cloud Config Server 程序。

2. 启动 quarkus-sample-integrate-springcloud-configclient 程序

启动程序有两种方式，第 1 种是在开发工具（如 Eclipse）中调用 ProjectMain 类的 run 命令，第 2 种是在程序目录下直接运行命令 mvnw compile quarkus:dev。

3. 通过 API 显示全部 Project 的 JSON 列表内容

在命令行窗口中键入如下命令：

```
curl http://localhost:8080/projects
```

其结果是所有 Project 的 JSON 列表。

4. 通过 API 显示项目 1 的列表内容

在命令行窗口中键入如下命令：

```
curl http://localhost:8080/projects/1/
```

其结果是项目 1 的列表内容。

10.7 本章小结

本章主要介绍 Quarkus 框架整合 Spring 框架的开发应用，从如下 6 个部分来进行讲解。

第一，介绍在 Quarkus 框架上如何整合 Spring 框架的 DI 功能的应用，包含案例的源码、讲解和验证。

第二，介绍在 Quarkus 框架上如何整合 Spring 框架的 Web 功能的应用，包含案例的源码、讲解和验证。

第三，介绍在 Quarkus 框架上如何整合 Spring 框架的 Data 功能的应用，包含案例的源码、讲解和验证。

第四，介绍在 Quarkus 框架上如何整合 Spring 框架的安全功能的应用，包含案例的源码、讲解和验证。

第五，介绍在 Quarkus 框架上如何获取 Spring Boot 框架的配置文件属性功能的应用，包含案例的源码、讲解和验证。

第六，介绍在 Quarkus 框架上如何获取 Spring Cloud 框架的 Config Server 配置文件属性功能的应用，包含案例的源码、讲解和验证。

第 11 章
Quarkus 的云原生应用和部署

11.1 构建容器镜像

11.1.1 Quarkus 构建容器镜像概述

Quarkus 为构建和推送容器镜像提供扩展。目前 Quarkus 支持 Jib、Docker 和 S2I 等 3 种方式。

1. Quarkus 容器镜像扩展组件

（1）Jib

quarkus-container-image-jib 扩展组件由 Jib 驱动，用于执行容器镜像构建。将 Jib 与 Quarkus 一起使用的主要好处是，所有依赖项都缓存在与实际应用不同的层中，这使得重构非常快且应用非常小。使用该扩展的另一个好处是，它提供了创建容器镜像的能力，而不必使用任何专用的客户端工具（如 Docker）或运行守护进程（如 Docker 守护进程），只需推送到容器镜像注册表。

要使用 quarkus-container-image-jib 扩展功能，请将以下扩展组件添加到项目中：

```
./mvnw quarkus:add-extension -Dextensions="container-image-jib"
```

在执行构建一个容器镜像所需的所有操作而不需要向注册表推送的情况下（本质上是设置了 quarkus.container-image.build=true，而没有设置 quarkus.container-image.push 属性，则 quarkus.container-image.push 的默认值为 false)，如果这个属性值为 true，则该扩展组件将创建一个容器镜像并将其注册到 Docker 守护进程中。这意味着虽然 Docker 不用于构建镜像，但它仍然是必需的。还请注意，在运行命令 docker images 时使用该模式，将显示已构建的容器镜像。

在某些情况下，需要将其他文件（除 Quarkus 构建生成的文件外）添加到容器镜像中。为了支持这些情况，Quarkus 会将 src/main/jib 目录下的所有文件复制到构建的容器镜像中（这与 jib Maven 和 Gradle 插件所支持的基本相同）。

（2）Docker

quarkus-container-image-docker 扩展组件正在使用 Docker 二进制文件和 src/main/docker 目录下生成的 Dockerfiles 来执行 Docker 构建。

要使用 quarkus-container-image-docker 扩展功能，请将以下扩展组件添加到项目中：

```
./mvnw quarkus:add-extension -Dextensions="container-image-docker"
```

（3）S2I

quarkus-container-image-s2i 扩展组件使用 S2I 二进制文件构建，以便在 OpenShift 集群内进行容器构建。S2I 构建的核心思想是，只需将工件及其依赖项上传到集群，在构建过程中它们将被合并到构建器镜像中（默认为 fabric8/s2i-java）。

这种方法的好处是，它可以与 OpenShift 的 DeploymentConfig 相结合，这样就可以很容易地对集群进行更改。要使用此扩展功能，请将以下扩展组件添加到项目中：

```
./mvnw quarkus:add-extension -Dextensions="container-image-s2i"
```

S2I 构建需要创建一个 BuildConfig（基本配置信息）和两个 ImageStream 资源，一个 ImageStream 资源用于构建器镜像，另一个 ImageStream 资源用于输出镜像。这种资源对象的生成是由 Quarkus Kubernetes Extension 来处理的。

2．创建容器镜像

要为项目构建容器镜像，在使用 Quarkus 支持的任何方式时都需要设置 quarkus.container-image.build=true，命令如下：

```
mvnw clean package -Dquarkus.container-image.build=true
```

3．推送容器镜像

要为项目推送容器镜像，在使用 Quarkus 支持的任何方式时都需要设置 quarkus.container-image.push=true，命令如下：

```
mvnw clean package -Dquarkus.container-image.push=true
```

如果没有设置注册表（使用 quarkus.container-image.registry），那么 docker.io 将用作默认值。

4．定制化容器镜像

配置属性可在运行时修改，所有在配置文件中配置的属性都可在运行时重写。定制化容器镜像参数通用配置信息列表如表 11-1 所示。

表 11-1 定制化容器镜像参数通用配置信息列表

配 置 属 性	描 述	类 型	默 认 值
quarkus.container-image.group	容器镜像属于的组	string	${user.name}
quarkus.container-image.name	容器镜像的名称。如果未设置，则默认值是应用的名称	string	${quarkus.application.name:unset}
quarkus.container-image.tag	容器镜像的标签。如果未设置，则默认值是应用的版本	string	${quarkus.application.version:latest}
quarkus.container-image.additional-tags	容器镜像的附加标签	list of string	
quarkus.container-image.registry	要使用的容器注册表	string	
quarkus.container-image.image	表示整个容器镜像的字符串。如果设置，则忽略 group、name、registry、tags 和 additionalTags 等的设置	string	
quarkus.container-image.username	用于推送生成容器镜像的注册表时进行身份验证的用户名	string	
quarkus.container-image.password	用于推送生成容器镜像的注册表时进行身份验证的密码	string	
quarkus.container-image.insecure	是否允许不安全的注册	boolean	false
quarkus.container-image.build	是否生成容器镜像	boolean	false
quarkus.container-image.push	是否推送容器镜像	boolean	false
quarkus.container-image.builder	要使用的容器镜像扩展组件的名称（例如 docker、jib、s2i）。如果存在多个扩展组件，将使用该属性进行设置	string	

定制化容器镜像参数 Docker 配置信息列表如表 11-2 所示。

表 11-2 定制化容器镜像参数 Docker 配置信息列表

配置属性	描述	类型	默认值
quarkus.docker.dockerfile-jvm-path	JVM Dockerfile 的路径。如果未设置，将使用 ${project.root}/src/main/docker/Dockerfile.jvm 文件作为默认路径和文件名。如果设置为绝对路径，则将使用绝对路径，否则该路径被视为针对项目根的相对路径	string	
quarkus.docker.dockerfile-native-path	JVM Dockerfile 的路径。如果未设置，将使用 ${project.root}/src/main/docker/Dockerfile.native 文件作为默认文件的路径和名称。如果设置为绝对路径，则将使用绝对路径，否则该路径将被视为针对项目根的相对路径	string	
quarkus.docker.cache-from	需要缓存源的镜像。通过参数值 cache-from 的选项传递给 Docker Build	list of string	
quarkus.docker.executable-name	用于执行 Docker 命令的二进制文件名称	string	docker
quarkus.docker.build-args	通过 Build arg 传递参数给 Docker	Map<String,String>	

11.1.2 案例简介

本案例介绍基于 Quarkus 框架实现容器扩展组件的基本功能。通过了解将 Quarkus 应用构建为 Docker 镜像的配置和过程，可以掌握和使用 Quarkus 应用在容器上的发布和构建。

基础知识：Docker 容器技术。

Docker 是容器技术的一种实现，也是目前比较主流的开源容器实现工具。Docker 组件包括：①客户端（Docker Client）和服务端（Docker Host）；②镜像（Images）；③注册表（Registry）；④容器（Containers），如图 11-1 所示。

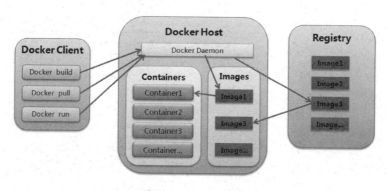

图 11-1 Docker 组件

11.1.3 编写程序代码

编写程序代码有 3 种方式。第 1 种方式是通过代码 UI 来实现的，在 Quarkus 官网的生成代码页面中按照指定步骤生成脚手架代码，然后下载文件，将项目引入 IDE 工具中，最后修改程序源码。

第 2 种方式是通过 mvn 来构建程序，通过下面的命令创建 Maven 项目来实现：

```
mvn io.quarkus:quarkus-maven-plugin:1.11.1.Final:create ^
    -DprojectGroupId=com.iiit.quarkus.sample ^
    -DprojectArtifactId=120-quarkus-sample-container-image ^
    -DclassName=com.iiit.quarkus.sample.hello.HelloResource -Dpath=/hello ^
    -Dextensions="docker"
```

第 3 种方式是直接从 GitHub 上获取代码，可以从 GitHub 上克隆预先准备好的示例代码：

```
git clone https://******.com/rengang66/iiit.quarkus.sample.git （见链接 1）
```

该程序位于 "120-quarkus-sample-container-image" 目录中，是一个 Maven 工程项目程序。

在 IDE 工具中导入 Maven 工程项目程序，在 pom.xml 的<dependencies>下有如下内容：

```xml
<dependency>
    <groupId>io.quarkus</groupId>
    <artifactId>quarkus-container-image-docker</artifactId>
</dependency>
```

quarkus-container-image-docker 是 Quarkus 整合了 Docker 的实现。

quarkus-sample-container-image 程序的配置文件和核心类如表 11-3 所示。

表 11-3 quarkus-sample-container-image 程序的配置文件和核心类

名称	类型	简介
application.properties	配置文件	须定义 container-imager 配置的信息，是该程序的核心内容
HelloResource	资源类	提供 REST 的外部 API，无特殊处理，在本节中将不做介绍

在该程序中，首先看看配置信息的 application.properties 文件：

```
# 统一的容器镜像的配置信息
quarkus.container-image.group =
quarkus.container-image.name =
quarkus.container-image.tag =
quarkus.container-image.additional-tags = additional-tags
quarkus.container-image.registry =
quarkus.container-image.image =
```

```
quarkus.container-image.username = reng
quarkus.container-image.password = 12345678
quarkus.container-image.insecure  = false
quarkus.container-image.build = false
quarkus.container-image.push = false
quarkus.container-image.builder = docker

# Docker 镜像的配置信息
quarkus.docker.dockerfile-jvm-path =
quarkus.docker.dockerfile-native-path =
quarkus.docker.cache-from =
quarkus.docker.executable-name = docker
quarkus.docker.build-args =
```

application.properties 文件的参数配置可以参看表 11-1 和表 11-2。

由于本案例的应用程序就是一个简单的 Hello 程序，故不多做解释了。所有的 Quarkus 应用都可以按照以上模式生成容器镜像。

11.1.4　创建 Docker 容器镜像并运行容器程序

1．创建 Docker 容器镜像

创建 Docker 容器镜像有两种方式，第 1 种方式只需一步，即在程序目录下运行以下命令：

```
mvnw clean package -Dquarkus.container-image.build=true
```

第 2 种方式是采用 Dockerfile 文件，步骤如下。

第 1 步：在程序目录下运行命令 mvnw clean package（或 mvn clean package）。

第 2 步：通过 Docker 客户端程序来创建容器镜像，命令如下：

```
docker build -f src/main/docker/Dockerfile.jvm -t quarkus/120-quarkus-sample-container-image-jvm
```

2．运行容器程序

构建了 Docker 容器镜像后，就可以运行容器内的应用了，命令如下：

```
docker run -i --rm -p 8080:8080 quarkus/120-quarkus-sample-container-image-jvm
```

如果要在 Docker 镜像中包含调试端口，那么运行如下的容器命令：

```
docker run -i --rm -p 8080:8080 -p 5005:5005 -e JAVA_ENABLE_DEBUG="true" quarkus/120-quarkus-sample-container-image-jvm
```

11.2 生成 Kubernetes 资源文件

Quarkus 提供基于正常默认值和用户提供的配置来自动生成 Kubernetes 资源的部署能力。Quarkus 目前支持为 Kubernetes、OpenShift 和 Knative 生产资源。此外，Quarkus 可以通过将生成的清单应用于目标集群的 API 服务器，将应用部署到目标 Kubernetes 集群。最后，当 Kubernetes 集群存在一个容器镜像扩展时，Quarkus 可以创建容器镜像并在将应用部署到目标平台之前将其推送给注册表。

11.2.1 Quarkus 在 Kubernetes 上部署云原生应用

可以在 Quarkus 中定义一些部署 Kubernetes 的参数属性，主要通过 application.properties 文件进行定制。

1. 配置容器镜像信息

默认使用 yourDockerUsername/test-quarkus-app:1.0-SNAPSHOT 作为容器镜像的应用名称，容器镜像名称由 Docker Extension 设置，例如 application.properties 文件中的配置如下：

```
quarkus.container-image.group=quarkus          #可选，默认是系统用户名
quarkus.container-image.name=demo-app          #可选，默认是应用名称
quarkus.container-image.tag=1.0                #可选，默认是应用版本
quarkus.container-image.registry=my.docker-registry.net
```

将在生成的清单中使用的容器镜像是 quarkus/demo-app:1.0。

2. 配置 Kubernetes 标签信息

针对 Kubernetes 的标签和自定义标签信息，application.properties 文件中的配置如下：

```
qquarkus.kubernetes.part-of=121-quarkus-hello-kubernetes
quarkus.kubernetes.name=quarkus-hello-kubernetes
quarkus.kubernetes.version=1.0-SNAPSHOT
quarkus.kubernetes.labels.business=hello
```

3. 配置 Kubernetes 注解信息

针对 Kubernetes 的注解信息，application.properties 文件中的配置如下：

```
quarkus.kubernetes.annotations.business=hello
quarkus.kubernetes.annotations."app.quarkus/id"=42
```

4. 配置 quarkus.kubernetes 的 mounts volume、secret-volumes、config-map、replicas、hostaliases 属性

针对 Kubernetes 的 mounts volume、secret-volumes、config-map、replicas、hostaliases 属

性，application.properties 文件中的配置如下：

```
quarkus.kubernetes.mounts.my-volume.path=/where/to/mount
quarkus.kubernetes.secret-volumes.my-volume.secret-name=my-secret
quarkus.kubernetes.config-map-volumes.my-volume.config-map-name=my-secret
quarkus.kubernetes.replicas=3
quarkus.kubernetes.hostaliases."10.0.0.0".hostnames=business.com,iiit.com
```

5. 配置 quarkus.kubernetes 的 env 属性

针对 Kubernetes 的 env 属性，application.properties 文件中的配置如下：

```
quarkus.kubernetes.env.vars.my-env-var=businessbar
# quarkus.kubernetes.env.secrets=my-secret,my-other-secret
# quarkus.kubernetes.env.configmaps=my-config-map,another-config-map
# quarkus.kubernetes.env.mapping.business.from-secret=my-secret
# quarkus.kubernetes.env.mapping.business.with-key=keyName
# quarkus.kubernetes.env.mapping.business.from-configmap=my-configmap
# quarkus.kubernetes.env.mapping.business.with-key=keyName
quarkus.kubernetes.env.fields.business=metadata.name
```

6. 配置 quarkus.kubernetes 的 resources 属性

针对 Kubernetes 的 resources 属性，application.properties 文件中的配置如下：

```
quarkus.kubernetes.resources.requests.memory=64Mi
quarkus.kubernetes.resources.requests.cpu=250m
quarkus.kubernetes.resources.limits.memory=512Mi
quarkus.kubernetes.resources.limits.cpu=1000m
```

11.2.2 案例简介

本案例介绍基于 Quarkus 框架实现生成 Kubernetes 资源文件的功能。Kubernetes 能提供一个以"容器为中心的基础架构"，满足在生产环境中运行应用的一些常见需求。通过阅读和分析在 Quarkus 框架中生成可以部署到 Kubernetes 的资源文件等的案例代码，可以理解和掌握如何把 Quarkus 框架与 Kubernetes 更友好和高效地协同起来。

基础知识：Kubernetes 平台及其基本概念。

Kubernetes 可以在物理或虚拟机的 Kubernetes 集群上运行容器化应用，提供多种功能，如多个进程协同工作、存储系统挂载、分布式加密、服务健康检测、服务实例复制、自动伸缩/扩展、服务发现、负载均衡、迭代更新、资源监控、日志访问、调试应用、提供认证和授权等。

1. Kubernetes 框架的构成

Kubernetes 框架平台采用了主从架构。Kubernetes 的组件可以被分为管理单个节点和控制平面（Control Plane）的部分，如图 11-2 所示。

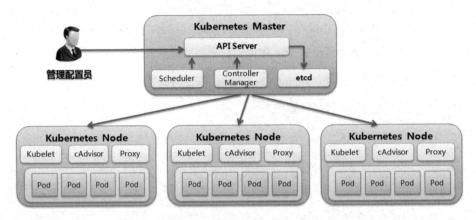

图 11-2　Kubernetes 框架平台总体运行架构

下面主要介绍 Kubernetes 的核心组件。

（1）Kubernetes 的 Master

Kubernetes 的 Master 主要是在不同系统之间负责管理工作负载和指导通信的控制单元。Kubernetes 本身的进程可以运行在一个单独的 Master 节点上，或者运行在由多个 Master 支持的高可用集群中。Master 节点主要由 kube-apiserver、kube-scheduler、kube-controller-manager、cloud-controller-manager、etcd 等 5 个组件组成。各组件的功能如下：①kube-apiserver 是资源操作的统一、唯一入口，提供了认证、授权、访问控制、API 注册和发现等机制；②kube-scheduler 负责资源的调度，按照预定的调度策略将 Pod 调度到相应的机器上；③kube-controller-manager 负责运行管理控制器，负责维护集群的状态，比如故障检测、自动扩展、滚动更新等，它是核心 Kubernetes 控制器所运行的进程；④cloud-controller-manager（云控制器管理器）负责与云提供商的底层平台交互；⑤etcd 是一个由 CoreOS 开发的轻量级、分布式 key-value 数据存储器。

（2）Kubernetes 的 Node

Kubernetes 节点（Node，也叫 worker 或者 minion）是部署容器的单个机器或者虚拟机。集群中的每一个节点必须运行着容器运行时及下面提到的各个组件，用来与 Master 通信，以便对容器进行网络配置。节点（Node）组件运行在节点上，提供了 Kubernetes 运行时环境，以及维护 Pod。节点组件的作用和功能如下：①Kubelet 负责每个节点的运行状态，也就是确保节点中的所有容器正常运行；②kube-proxy 是网络代理和负载均衡的实现；③cAdvisor 是监听和收集资源使用情况和性能指标的代理者；④supervisord 是一个轻量级的监控系统，用于保障 Kubelet 和 Docker 的运行；⑤Container runtime 负责容器镜像管理及 Pod 和容器的真正运行（CRI）；runtime 指的是容器运行环境，目前 Kubernetes 支持 Docker 和 RKT 两种容器。

2. Quarkus 开发者需要了解的 Kubernetes 的一些基本概念

虽然 Kubernetes 平台有着丰富的概念和功能，同时围绕 Kubernetes 还形成了一个云原生生态，但对于开发者，而非运维者，主要需要搞清楚自己写的程序（或微服务）如何与 Kubernetes 关联，这首先要搞明白 4 个基本概念：Pod、ReplicationController、Service、Label，下面分别进行介绍。

- Pod 是 Kubernetes 的基本操作单元，也是应用运行的载体。整个 Kubernetes 系统都是围绕着 Pod 展开的。一个 Pod 代表着集群中运行的一个进程。Pod 中封装着应用的容器、存储，拥有独立的网络 IP、管理容器如何运行的策略选项等。Pod 中可以共享两种资源：网络和存储。

- ReplicationController 用于确保容器应用的副本数量始终与用户定义的副本数量保持一致，即如果有容器异常退出，则会自动创建新的 Pod 来替代，而由于发生异常而多出来的容器会被自动回收。在新版本的 Kubernetes 中建议使用 ReplicaSet 来取代 ReplicationController。ReplicaSet 跟 ReplicationController 没有本质区别，只是名字不一样，而且 ReplicaSet 支持集合式的 Selector。

- Kubernetes Service 定义了一种抽象，一个 Pod 的逻辑分组，一种可以访问分组的策略，通常被称为微服务（这里是 Kubernetes 定义的微服务概念）。这一组 Pod 能够被 Service 访问，通常是通过 Label Selector 实现的。Service 有几个属性，分别是 Internal IP、Extendal IP、Service Port、Pod Port 和 Label Selector 等。

- Label 是附着在对象（例如 Pod）上的键值对。Label 的值对系统本身并没有什么含义，Label 可以将组织架构映射到系统架构上，这样能够方便管理微服务。

对于 Kubernetes 集群中的应用，Kubernetes 提供了简单的 Endpoints API，只要 Service 中的一组 Pod 发生变更，应用就会被更新。对于非 Kubernetes 集群中的应用，Kubernetes 提供了基于 VIP 的网桥方式来访问 Service，再由 Service 重定向到 backend Pod。一个 Service 在 Kubernetes 中是一个 REST 对象。

另外，要搞明白这 4 个基本概念之间的关系。为了方便读者理解，给大家展示如图 11-3 所示的关系映射图。

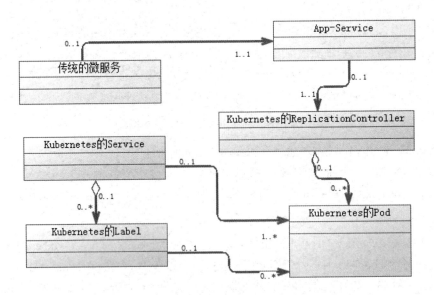

图 11-3　Kubernetes 内组件与微服务的关系映射图

传统微服务是一个可以运行的服务组件。Kubernetes 的 Service 定义了这样一种服务抽象。传统微服务与具体应用服务组件是一对一的关系，具体应用服务组件与 Kubernetes 的 ReplicationController 也是一对一的关系。Kubernetes 的 ReplicationController 与 Kubernetes 的 Pod 是一对多的关系。这样进行推理，传统微服务与 Kubernetes 的 Pod 是一对多的关系。Kubernetes 的 Service 与 Kubernetes 的 Label 是一对多的关系。Kubernetes 的 Label 与 Kubernetes 的 Pod 是一对多的关系。再进行推理，Kubernetes 的 Service 与 Kubernetes 的 Pod 是一对多的关系。

3. 将 Quarkus 开发的微服务发布到 Kubernetes 及其集群

Kubectl 是对 Kubernetes 进行管理的命令行工具。通过 Kubectl 能够对 Kubernetes 及其集群进行管理，并能够在集群上进行容器化应用的安装部署。

本案例生成的 Kubernetes 资源部署文件，就是通过 Kubectl 发布到 Kubernetes 平台或集群中的。

11.2.3　编写程序代码

编写程序代码有 3 种方式。第 1 种方式是通过代码 UI 来实现的，在 Quarkus 官网的生成代码页面中按照指定的步骤生成脚手架代码，然后下载文件，将项目引入 IDE 工具中，最后修改程序源码。

第 2 种方式是通过 mvn 来构建程序，通过下面的命令创建 Maven 项目来实现：

第 11 章　Quarkus 的云原生应用和部署

```
mvn io.quarkus:quarkus-maven-plugin:1.11.1.Final:create ^
    -DprojectGroupId=com.iiit.quarkus.sample ^
    -DprojectArtifactId=121-quarkus-sample-kubernetes ^
    -DclassName=com.iiit.quarkus.sample.hello.HelloResource ^
    -Dpath=/hello ^
    -Dextensions=resteasy,kubernetes,docker
```

第 3 种方式是直接从 GitHub 上获取代码，可以从 GitHub 上克隆预先准备好的示例代码：

`git clone https://******.com/rengang66/iiit.quarkus.sample.git`（见链接 1）

这里有两个关于生成 Kubernetes 部署文件的程序，其中 quarkus-sample-kubernetes 程序中没有任何配置信息，其生成的 Kubernetes 部署文件也都进行的是默认配置。而 quarkus-sample-kubernetes-customizing 程序的配置信息进行了定制化。下面选择位于 "124-quarkus-sample-kubernetes-customizing" 目录中的 Maven 工程项目程序进行讲解。

在 IDE 工具中导入 Maven 工程项目程序，在 pom.xml 的<dependencies>下有如下内容：

```xml
<dependency>
    <groupId>io.quarkus</groupId>
    <artifactId>quarkus-kubernetes</artifactId>
</dependency>

<dependency>
    <groupId>io.quarkus</groupId>
    <artifactId>quarkus-container-image-docker</artifactId>
</dependency>
```

quarkus-kubernetes 是 Quarkus 整合了 Kubernetes 的实现。

quarkus-sample-kubernetes-customizing 程序的配置文件和核心类如表 11-4 所示。

表 11-4　quarkus-sample-kubernetes-customizing 程序的配置文件和核心类

名　称	类　型	简　介
application.properties	配置文件	须定义 Kubernetes 的配置信息，是该程序的核心内容
HelloResource	资源类	提供了 REST 外部 API，无特殊处理，在本节中将不做介绍

在该程序中，首先看看配置信息的 application.properties 文件：

```
# 定制化 quarkus.container-image 属性
# quarkus.container-image.group=quarkus
# quarkus.container-image.name=demo-app
# quarkus.container-image.tag=1.0
# quarkus.container-image.registry=my.docker-registry.net

# 定制化 quarkus.kubernetes 的 labels 属性
```

```
quarkus.kubernetes.part-of=121-quarkus-hello-kubernetes
quarkus.kubernetes.name=quarkus-hello-kubernetes
quarkus.kubernetes.version=1.0-SNAPSHOT
quarkus.kubernetes.labels.business=hello

# 定制化 quarkus.kubernetes 的 annotations 属性
quarkus.kubernetes.annotations.business=hello
quarkus.kubernetes.annotations."app.quarkus/id"=42

# 定制化 quarkus.kubernetes 的 env 属性
quarkus.kubernetes.env.vars.my-env-var=businessbar
#quarkus.kubernetes.env.secrets=my-secret,my-other-secret
#quarkus.kubernetes.env.configmaps=my-config-map,another-config-map
#quarkus.kubernetes.env.mapping.business.from-secret=my-secret
#quarkus.kubernetes.env.mapping.business.with-key=keyName
#quarkus.kubernetes.env.mapping.business.from-configmap=my-configmap
#quarkus.kubernetes.env.mapping.business.with-key=keyName
quarkus.kubernetes.env.fields.business=metadata.name

# 定制化 quarkus.kubernetes 的 mounts volume 属性
quarkus.kubernetes.mounts.my-volume.path=/where/to/mount

# 定制化 quarkus.kubernetes 的 secret-volumes 属性
quarkus.kubernetes.secret-volumes.my-volume.secret-name=my-secret

# 定制化 quarkus.kubernetes 的 config-map 属性
quarkus.kubernetes.config-map-volumes.my-volume.config-map-name=my-secret

# 定制化 quarkus.kubernetes 的 replicas 属性
quarkus.kubernetes.replicas=3

# 定制化 quarkus.kubernetes 的 hostaliases 属性
quarkus.kubernetes.hostaliases."10.0.0.0".hostnames=business.com,iiit.com

# 定制化 quarkus.kubernetes 的 resources 属性
quarkus.kubernetes.resources.requests.memory=64Mi
quarkus.kubernetes.resources.requests.cpu=250m
quarkus.kubernetes.resources.limits.memory=512Mi
quarkus.kubernetes.resources.limits.cpu=1000m
```

在上述代码中有 quarkus.kubernetes 配置信息的注释，下面就不赘述了。

由于本案例的应用就是一个简单的 Hello 程序，故不多做解释。所有的 Quarkus 应用都可以按照以上模式生成、部署 Kubernetes 的资源文件。

11.2.4　创建 Kubernetes 部署文件并将其部署到 Kubernetes 中

1. 创建 Kubernetes 部署文件

在程序目录下运行命令 mvnw clean package（或 mvn clean package）。

可以看到，在 target/kubernetes/ 目录中，有两个名为 kubernetes.json 和 kubernetes.yml 的文件。

随便查看其中一个文件，会看到它同时包含 Kubernetes 部署和服务内容。

kubernetes.json 文件内容如下（由于内容太多，只选择了部分进行展示）：

```
{
  "apiVersion" : "v1",
  "kind" : "Service",
  "metadata" : {
    "annotations" : {
      "app.quarkus/id" : "42",
      ...
    },
    "labels" : {
      "app.kubernetes.io/name" : "quarkus-sample-kubernetes",
      "app.kubernetes.io/part-of" : "121-quarkus-sample-kubernetes",
      "app.kubernetes.io/version" : "1.0-SNAPSHOT",
      "business" : "hello"
    },
    "name" : "quarkus-sample-kubernetes"
  },
  "spec" : {
    "ports" : [ {
      "name" : "http",
      "port" : 8080,
      "targetPort" : 8080
    } ],
    "selector" : {
      ...
    },
    "type" : "ClusterIP"
  }
}{
  "apiVersion" : "apps/v1",
  "kind" : "Deployment",
  "metadata" : {
    "annotations" : {
```

```json
      ...
    },
    "labels" : {
      ...
    },
    "name" : "quarkus-sample-kubernetes"
  },
  "spec" : {
    "replicas" : 3,
    "selector" : {
      "matchLabels" : {
        ...
      }
    },
    "template" : {
      "metadata" : {
        "annotations" : {
          ...
        },
        "labels" : {
          ...
        }
      },
      "spec" : {
        "containers" : [ {
          "env" : [ {
            "name" : "KUBERNETES_NAMESPACE",
            "valueFrom" : {
              "fieldRef" : {
                "fieldPath" : "metadata.namespace"
              }
            }
          }, {
            "name" : "MY_ENV_VAR",
            "value" : "businessbar"
          }, {
            "name" : "BUSINESS",
            "valueFrom" : {
              "fieldRef" : {
                "fieldPath" : "metadata.name"
              }
            }
          } ],
          "image" : "reng/124-quarkus-sample-kubernetes-customizing:1.0-
```

```
SNAPSHOT",
        "imagePullPolicy" : "IfNotPresent",
        "name" : "quarkus-sample-kubernetes",
        "ports" : [ {
          "containerPort" : 8080,
          "name" : "http",
          "protocol" : "TCP"
        } ],
        "volumeMounts" : [ {
          "mountPath" : "/where/to/mount",
          "name" : "my-volume",
          "readOnly" : false,
          "subPath" : ""
        } ]
      } ],
      "hostAliases" : [ {
        "hostnames" : [ "business.com", "iiit.com" ],
        "ip" : "10.0.0.0"
      } ],
      "volumes" : [ {
        "name" : "my-volume",
        "secret" : {
          "defaultMode" : 384,
          "optional" : false,
          "secretName" : "my-secret"
        }
      }, {
        "configMap" : {
          "defaultMode" : 384,
          "name" : "my-secret",
          "optional" : false
        },
        "name" : "my-volume"
      } ]
    }
  }
}
```

从上面的文件内容可以解析,其中的所有生成信息都是从 application.properties 配置文件中获得的。

2. 将文件部署到 Kubernetes 中

可以在项目根目录下使用 kubectl 命令将上述生成的 kubernetes.json 清单应用到集群,命令如下：

```
kubectl apply -f target/kubernetes/kubernetes.json
```

关于部署需要注意，该部署文件使用 reng/124-quarkus-sample-kubernetes-customizing:1.0-SNAPSHOT 作为容器镜像，容器镜像的名称由 Docker Extension 设置，也可以在 application.properties 中进行定制。

11.3 生成 OpenShift 资源文件

11.3.1 Quarkus 在 OpenShift 中部署云原生应用

Quarkus 提供了基于默认配置或用户提供的配置自动生成 OpenShift 资源的部署能力。OpenShift 扩展组件实际上是一个包装器扩展组件，它将 Kubernetes、container-image-docker 扩展组件与合理的默认值结合在一起，这样用户就可以很容易地在 OpenShift 上使用 Quarkus 了。

虽然 Quarkus 实现 OpenShift 的定制化方式与 Quarkus 实现 Kubernetes 的定制化方式非常相似，但是很多细节是完全不同的。针对 OpenShift 主要进行了大量的扩展和细化工作。

11.3.2 案例简介

本案例介绍基于 Quarkus 框架实现生成 OpenShift 资源文件的功能。OpenShift 是一个向开发者提供构建、测试、运行和管理其应用的 PaaS 平台。通过阅读和分析在 Quarkus 框架中生成可以部署到 OpenShift 上的资源文件等的案例代码，可以理解和掌握如何把 Quarkus 框架与 OpenShift 更友好和高效地协同起来。

基础知识：OpenShift 平台及其基本概念。

OpenShift 是由 Red Hat 推出的一款面向开源开发者的 PaaS 平台。OpenShift 通过在语言、框架和云上为开发者提供更多的选择，使开发者可以构建、测试、运行和管理他们的应用。

OpenShift 因 Kubernetes 而生，Kubernetes 因 OpenShift 而走向企业级 PaaS 平台。在过去的时间里，Red Hat 及各大厂商（例如 Google、华为、中兴、微软、VMware 等）为 Kubernetes 提供了大量的代码。Kubernetes 专注于容器编排，而 OpenShift 基于 Kubernetes 提供了整套的企业级 PaaS 功能，如管理员控制台（网页化）、日志系统、入口流量（route）、镜像仓库、监控、持久存储、应用模板、CI/CD 等。OpenShift 还实现了对 IaaS 的管理功能，也就是说，当 OpenShift 集群资源不足时，可以自动从 IaaS 的机器资源中添加机器至 OpenShift 集群。目前 OpenShift 只支持对 AWS EC2 的管理。

11.3.3 编写程序代码

编写程序代码有 3 种方式。第 1 种方式是通过代码 UI 来实现的,在 Quarkus 官网的生成代码页面中按照指定步骤生成脚手架代码,然后下载文件,将项目引入 IDE 工具中,最后修改程序源码。

第 2 种方式是通过 mvn 来构建程序,通过下面的命令创建 Maven 项目来实现:

```
mvn io.quarkus:quarkus-maven-plugin:1.11.1.Final:create ^
    -DprojectGroupId=com.iiit.quarkus.sample ^
    -DprojectArtifactId=122-quarkus-sample-openshift ^
    -DclassName=com.iiit.quarkus.sample.hello.HelloResource ^
    -Dpath=/hello ^
    -Dextensions=openshift
```

第 3 种方式是直接从 GitHub 上获取代码,可以从 GitHub 上克隆预先准备好的示例代码:

```
git clone https://******.com/rengang66/iiit.quarkus.sample.git (见链接 1)
```

该程序位于"122-quarkus-sample-openshift"目录中,是一个 Maven 工程项目程序。

在 IDE 工具中导入 Maven 工程项目程序,在 pom.xml 的<dependencies>下有如下内容:

```xml
<dependency>
    <groupId>io.quarkus</groupId>
    <artifactId>quarkus-openshift</artifactId>
</dependency>
```

quarkus-openshift 是 Quarkus 整合了 OpenShift 的实现。

quarkus-sample-openshift 程序的配置文件和核心类如表 11-5 所示。

表 11-5 quarkus-sample-openshift 程序的配置文件和核心类

名 称	类 型	简 介
application.properties	配置文件	须定义 OpenShift 配置的信息,是该程序的核心内容
HelloResource	资源类	提供 REST 外部 API,无特殊处理,在本节中将不做介绍

在该程序中,首先看看配置信息的 application.properties 文件:

```
# 定制化 quarkus.openshift 的 labels 属性
quarkus.openshift.name=quarkus-hello-openshift
quarkus.openshift.version=1.0-SNAPSHOT
quarkus.openshift.part-of=122-quarkus-hello-openshift
quarkus.openshift.labels.business=hello

# 定制化 quarkus.openshift 的 annotations 属性
```

```
quarkus.openshift.annotations.business=hello

# 定制化 quarkus.openshift 的 mounts volume 属性
quarkus.openshift.mounts.my-volume.path=/where/to/mount

# 定制化 quarkus.openshift 的 secret-volumes 属性
quarkus.openshift.secret-volumes.my-volume.secret-name=my-secret

# 定制化 quarkus.openshift 的 config-map 属性
quarkus.openshift.config-map-volumes.my-volume.config-map-name=my-secret

# 定制化 quarkus.openshift 的 replicas 属性
quarkus.openshift.replicas=3

# 定制化 quarkus.openshift 的 hostaliases 属性
quarkus.openshift.host=0.0.0.0
```

由于本案例的应用程序就是一个简单的 Hello 程序，故不多做解释。所有的 Quarkus 应用都可以按照以上模式生成、部署 OpenShift 的资源文件。

11.3.4　创建 OpenShift 部署文件并将其部署到 OpenShift 中

1. 创建 OpenShift 部署文件

在程序目录下运行命令 mvnw clean package（或 mvn clean package）。

可以看到，在 target/kubernetes/ 目录中有 4 个文件，分别是 kubernetes.json、kubernetes.yml、openshift.json、openshift.yml。

随便查看其中一个文件，将看到它同时包含 OpenShift 部署和服务内容。

openshift.json 文件内容如下（由于内容太多，只选择了部分进行展示）：

```json
{
  "apiVersion" : "v1",
  "kind" : "Service",
  "metadata" : {
    "annotations" : {
      "business" : "hello",
      ...
    },
    "labels" : {
      "app.kubernetes.io/name" : "quarkus-hello-openshift",
      "app.kubernetes.io/part-of" : "122-quarkus-hello-openshift",
      "app.kubernetes.io/version" : "1.0-SNAPSHOT",
```

```json
      "app.openshift.io/runtime" : "quarkus",
      "business" : "hello"
    },
    "name" : "quarkus-hello-openshift"
  },
  "spec" : {
    "ports" : [ {
      "name" : "http",
      "port" : 8080,
      "targetPort" : 8080
    } ],
    "selector" : {
      ...
    },
    "type" : "ClusterIP"
  }
}, {
  "apiVersion" : "image.openshift.io/v1",
  "kind" : "ImageStream",
  "metadata" : {
    "annotations" : {
      ...
    },
    "labels" : {
      ...
    },
    "name" : "openjdk-11"
  },
  "spec" : {
    "dockerImageRepository" : "registry.access.redhat.com/ubi8/openjdk-11"
  }
}, {
  "apiVersion" : "image.openshift.io/v1",
  "kind" : "ImageStream",
  "metadata" : {
    "annotations" : {
      ...
    },
    "labels" : {
      ...
    },
    "name" : "quarkus-hello-openshift"
  },
  "spec" : { }
```

```
}{
  "apiVersion" : "build.openshift.io/v1",
  "kind" : "BuildConfig",
  "metadata" : {
    "annotations" : {
      ...
    },
    "labels" : {
      ...
    },
    "name" : "quarkus-hello-openshift"
  },
  "spec" : {
    "output" : {
      "to" : {
        "kind" : "ImageStreamTag",
        "name" : "quarkus-hello-openshift:1.0-SNAPSHOT"
      }
    },
    "source" : {
      "binary" : { }
    },
    "strategy" : {
      "sourceStrategy" : {
        "from" : {
          "kind" : "ImageStreamTag",
          "name" : "openjdk-11:latest"
        }
      }
    }
  }
}{
  "apiVersion" : "apps.openshift.io/v1",
  "kind" : "DeploymentConfig",
  "metadata" : {
    "annotations" : {
      ...
    },
    "labels" : {
      ...
    },
    "name" : "quarkus-hello-openshift"
  },
```

```
    "spec" : {
      "replicas" : 3,
      "selector" : {
        ...
      },
      "template" : {
        "metadata" : {
          "annotations" : {
            ...
          },
          "labels" : {
            ...
          }
        },
        "spec" : {
          "containers" : [ {
            "args" : [ ...
            "command" : [ "java" ],
            "env" : [ {
              "name" : "KUBERNETES_NAMESPACE",
              "valueFrom" : {
                "fieldRef" : {
                  "fieldPath" : "metadata.namespace"
                }
              }
            }, {
              "name" : "JAVA_LIB_DIR",
              "value" : "/deployments/target/lib"
            }, {
              "name" : "JAVA_APP_JAR",
              "value" : "/deployments/target/122-quarkus-sample-openshift-1.0-SNAPSHOT-runner.jar"
            } ],
            "image" : "reng/122-quarkus-sample-openshift:1.0-SNAPSHOT",
            "imagePullPolicy" : "IfNotPresent",
            "name" : "quarkus-hello-openshift",
            "ports" : [ {
              "containerPort" : 8080,
              "name" : "http",
              "protocol" : "TCP"
            } ],
            "volumeMounts" : [ {
              "mountPath" : "/where/to/mount",
```

```json
          "name" : "my-volume",
          "readOnly" : false,
          "subPath" : ""
        } ]
      } ],
      "volumes" : [ {
        "name" : "my-volume",
        "secret" : {
          "defaultMode" : 384,
          "optional" : false,
          "secretName" : "my-secret"
        }
      }, {
        "configMap" : {
          "defaultMode" : 384,
          "name" : "my-secret",
          "optional" : false
        },
        "name" : "my-volume"
      } ]
    }
  },
  "triggers" : [ {
    ...
  } ]
 }
}
```

从上面的文件内容可以解析,其中的所有生成信息都是从 application.properties 配置文件中获得的。

2. 将程序部署到 OpenShift 中

可以在项目根目录下使用 kubectl 命令将上述生成的 openshift.json 清单应用到集群,命令如下:

```
kubectl apply -f target/kubernetes/openshift.json
```

对于把应用部署到 OpenShift,用户可能希望使用 oc 命令而不是 kubectl 命令,oc 命令如下:

```
oc apply -f target/kubernetes/openshift.json
```

11.4 生成 Knative 资源文件

11.4.1 Quarkus 生成 Knative 部署文件

Knative 是 Google 公司开源的 Serverless 架构方案，旨在提供一套简单、易用、标准化的 Serverless 方案，目前参与该项目的公司主要有 Google、Pivotal、IBM、Red Hat 和 SAP。

Quarkus 可以生成 Knative 资源文件，需要在 application.properties 文件中进行如下配置：

```
quarkus.kubernetes.deployment-target=knative
```

上述配置表明生成的目标是 Knative 资源文件。同时，还可以定制化生成 Knative 资源文件的参数属性。Knative 定制化参数列表（部分）如表 11-6 所示。

表 11-6　Knative 定制化参数列表（部分）

配置属性	描述	类型	默认值
quarkus.knative.name	quarkus.knative 的名称	String	${quarkus.container-image.name}
quarkus.knative.version	quarkus.knative 的版本	String	${quarkus.container-image.tag}
quarkus.knative.part-of		String	
quarkus.knative.init-containers	quarkus.knative 初始化容器	Map<String, Container>	
quarkus.knative.labels	quarkus.knative 的标签	Map	
quarkus.knative.annotations	quarkus.knative 的注解	Map	
quarkus.knative.env-vars	quarkus.knative 的环境变量	Map<String, Env>	
quarkus.knative.working-dir	quarkus.knative 的工作目录	String	
quarkus.knative.command	quarkus.knative 的命令模式	String[]	
quarkus.knative.arguments	quarkus.knative 的参数	String[]	
quarkus.knative.replicas	quarkus.knative 生成的复本数量	int	1
quarkus.knative.service-account	quarkus.knative 的服务账号	String	

11.4.2 案例简介

本案例介绍基于 Quarkus 框架实现生成 Knative 资源文件的功能。通过阅读和分析在

Quarkus 框架中生成可以部署到 Knative 上的资源文件等的案例代码,可以理解和掌握如何把 Quarkus 框架与 Knative 更友好和高效地协同起来。

基础知识:Knative 平台及其基本概念。

Knative 建立在 Kubernetes 和 Istio 平台上,使用 Kubernetes 提供的容器管理功能(Deployment、ReplicaSet 和 Pod 等)及 Istio 提供的网络管理功能(Ingress、LB、Dynamic Route 等)。对于 Knative 开发,开发者只需编写代码或者函数,以及配置文件(如何构建、运行及访问等声明式信息),然后运行 build 和 deploy 命令就能把应用自动部署到公有云或私有云的集群上。

Knative 的 Serverless 平台会自动处理部署后的操作,这些工作包括:①自动完成代码到容器的构建;②把应用或函数与特定的事件进行绑定,当事件发生时,自动触发应用或函数;③网络的路由和流量控制;④应用的自动伸缩。

Knative 有两个特点:第一个特点是 Knative 的构建是在 Kubernetes 中进行的,和整个 Kubernetes 生态结合更紧密;第二个特点是 Knative 提供了一个通用的标准化构建组件,可以作为其他更大系统中的一部分,其核心目标更多的是定义标准化、可移植、可重用、性能高效的构建方法。

Knative 提供了 Build CRD 对象,让用户可以通过 yaml 文件定义构建过程。一个典型的 Build 配置文件如下:

```
apiVersion: build.knative.dev/v1alpha1
kind: Build
metadata:
  name: example-build
spec:
  serviceAccountName: build-auth-example
  source:
    git:
      url: https://******.com/example/build-example.git(见链接4)
      revision: master
  steps:
  - name: ubuntu-example
    image: ubuntu
    args: ["ubuntu-build-example", "SECRETS-example.md"]
  steps:
  - image: gcr.io/example-builders/build-example
    args: ['echo', 'hello-example', 'build']
```

Quarkus 生成 Knative 资源文件使用的就是这个典型的 Build 配置文件。

11.4.3 编写程序代码

编写程序代码有 3 种方式。第 1 种方式是通过代码 UI 来实现的，在 Quarkus 官网的生成代码页面中按照指定步骤生成脚手架代码，然后下载文件，将项目引入 IDE 工具中，最后修改程序源码。

第 2 种方式是通过 mvn 来构建程序，通过下面的命令创建 Maven 项目来实现：

```
mvn io.quarkus:quarkus-maven-plugin:1.11.1.Final:create ^
    -DprojectGroupId=com.iiit.quarkus.sample ^
    -DprojectArtifactId=123-quarkus-sample-knative ^
    -DclassName=com.iiit.quarkus.sample.hello.HelloResource ^
    -Dpath=/hello  ^
    -Dextensions=resteasy,kubernetes,docker
```

第 3 种方式是直接从 GitHub 上获取代码，可以从 GitHub 上克隆预先准备好的示例代码：

```
git clone https://******.com/rengang66/iiit.quarkus.sample.git（见链接 1）
```

该程序位于"123-quarkus-hello-knative"目录中，是一个 Maven 工程项目程序。

在 IDE 工具中导入 Maven 工程项目程序，在 pom.xml 的<dependencies>下有如下内容：

```xml
<dependency>
    <groupId>io.quarkus</groupId>
    <artifactId>quarkus-kubernetes</artifactId>
</dependency>

<dependency>
    <groupId>io.quarkus</groupId>
    <artifactId>quarkus-container-image-docker</artifactId>
</dependency>
```

quarkus-kubernetes 是 Quarkus 整合了 Kubernetes 的实现。

quarkus-hello-knative 程序的配置文件和核心类如表 11-7 所示。

表 11-7　quarkus-hello-knative 程序的配置文件和核心类

名　称	类　型	简　介
application.properties	配置文件	须定义 Knative 配置的信息，是该程序的核心内容
HelloResource	资源类	提供 REST 外部 API，无特殊处理，在本节中将不做介绍

在该程序中，首先看看配置信息的 application.properties 文件：

```
# 输出为 knative
quarkus.kubernetes.deployment-target=knative
```

```properties
# 定制化 quarkus.knative 的 labels 属性
quarkus.knative.name=quarkus-hello-knative
quarkus.knative.version=1.0-SNAPSHOT
quarkus.knative.part-of=123-quarkus-hello-knative
quarkus.kknative.labels.business=hello

# 定制化 quarkus.knative 的 annotations 属性
quarkus.knative.annotations.business=hello

# 定制化 quarkus.knative 的 mounts volume 属性
quarkus.knative.mounts.my-volume.path=/where/to/mount

# 定制化 quarkus.knative 的 secret-volumes 属性
quarkus.knative.secret-volumes.my-volume.secret-name=my-secret

# 定制化 quarkus.knative 的 config-map 属性
quarkus.knative.config-map-volumes.my-volume.config-map-name=my-secret

# 定制化 quarkus.knative 的 replicas 属性
quarkus.knative.replicas=3

# 定制化 quarkus.knative 的 hostaliases 属性
quarkus.knative.host=0.0.0.0
```

在上述代码中有 quarkus.knative 配置信息的注释，下面就不赘述了。

由于本案例的应用就是一个简单的 Hello 程序，故不多做解释。所有的 Quarkus 应用都可以按照以上模式生成、部署 Knative 平台的资源文件。

11.4.4 创建 Knative 部署文件并将其部署到 Kubernetes 中

1. 创建 Knative 部署文件

在程序目录下运行命令 mvnw clean package（或 mvn clean package）。

可以看到，在 target/kubernetes/ 目录中有两个名为 knative.json 及 knative.yml 的文件。随便查看其中一个文件，将看到它同时包含 Knative 的部署和服务（Service）内容。

knative.json 文件内容如下所示：

```json
{
  "apiVersion" : "serving.knative.dev/v1",
  "kind" : "Service",
  "metadata" : {
```

```
    "annotations" : {
      "app.quarkus.io/build-timestamp" : "2021-01-31 - 03:04:53 +0000",
      "business" : "hello",
      "app.quarkus.io/commit-id" : "027200a87f42e7057fb089cc99900ea7e90b8a30",
      "app.quarkus.io/vcs-url" : ""
    },
    "labels" : {
      "app.kubernetes.io/name" : "quarkus-hello-knative",
      "app.kubernetes.io/part-of" : "123-quarkus-hello-knative",
      "app.kubernetes.io/version" : "1.0-SNAPSHOT"
    },
    "name" : "quarkus-hello-knative"
  },
  "spec" : {
    "template" : {
      "metadata" : {
        "labels" : {
          "app.kubernetes.io/name" : "quarkus-hello-knative",
          "app.kubernetes.io/part-of" : "123-quarkus-hello-knative",
          "app.kubernetes.io/version" : "1.0-SNAPSHOT"
        }
      },
      "spec" : {
        "containers" : [ {
          "image" : "reng/123-quarkus-sample-knative:1.0-SNAPSHOT",
          "imagePullPolicy" : "IfNotPresent",
          "name" : "quarkus-hello-knative",
          "ports" : [ {
            "containerPort" : 8080,
            "name" : "http1",
            "protocol" : "TCP"
          } ],
          "volumeMounts" : [ {
            "mountPath" : "/where/to/mount",
            "name" : "my-volume",
            "readOnly" : false,
            "subPath" : ""
          } ]
        } ]
      }
    }
  }
}
```

从上面的文件内容可以解析,其中的所有生成信息都是从 application.properties 配置文件中获得的。

2. 将程序部署到 Kubernetes 中

可以在项目根目录下使用 kubectl 命令将上述生成的 knative.json 清单应用到集群,命令如下:

```
kubectl apply -f target/kubernetes/knative.json
```

11.5 本章小结

本章主要介绍了 Quarkus 框架的云原生应用和部署,从如下 4 个部分进行讲解。

第一,介绍在 Quarkus 框架中如何构建容器镜像的应用,包含案例的源码、讲解和验证。

第二,介绍在 Quarkus 框架中如何生成 Kubernetes 资源文件的应用,包含案例的源码、讲解和验证。

第三,介绍在 Quarkus 框架中如何生成 OpenShift 资源文件的应用,包含案例的源码、讲解和验证。

第四,介绍在 Quarkus 框架中如何生成 Knative 资源文件的应用,包含案例的源码、讲解和验证。

第 12 章 高级应用——Quarkus Extension

12.1 Quarkus Extension 概述

Quarkus Extension 可以像项目依赖项那样增强应用程序。Quarkus 框架扩展组件的作用是利用 Quarkus 核心将外部大量的开发库无缝地集成到 Quarkus 体系结构中,例如在构建时做更多的事情,这就是你使用已经经过实战验证的生态系统,并充分利用 Quarkus 的高性能和原生编译功能。

12.1.1 Quarkus Extension 的哲学

Quarkus 的任务就是构建比传统方式耗费更少资源的应用程序,可以使用 GraalVM 来构建原生应用程序。因此,需要分析和理解应用程序的完整"封闭世界"。如果没有全面和完整的上下文,可以实现的最佳结果是部分的、有限的和通用的支持。通过使用 Quarkus Extension 扩展方法,Quarkus 可以使 Java 应用程序符合内存占用受限的环境,如 Kubernetes 或云平台环境。即使在不使用 GraalVM 的情况下(例如在 HotSpot 中),Quarkus Extension 也能显著提高资源利用率。

下面列出 Quarkus Extension 在构建过程中执行的操作。

(1) 收集构建时的元数据并生成代码。这一部分与 GraalVM 无关,主要是 Quarkus 如何"在构建时"启动框架。Quarkus Extension 需要读取元数据、扫描类及根据需要生成类。一小部分扩展工作在运行时通过生成的类执行，而大部分扩展工作在构建时（或称为部署时）完成。

（2）基于应用程序的内部视图，强制执行自己确定的且合理的默认值（例如，没有@Entity 的应用程序不需要启动 Hibernate ORM）。

（3）其中一个 Quarkus 扩展组件托管了底层虚拟机代码，这样库可以在 GraalVM 上运行。大多数更改都会被推到上游，以帮助底层库在 GraalVM 上运行，但是并不是所有的更改都可以被推到上游，扩展组件托管的基于虚拟机的替换库可以方便地运行。

（4）替换主机和底层虚拟机代码，帮助消除基于应用需求的死代码。这取决于应用程序，不能在库中真正共享。例如，Quarkus 需要优化 Hibernate 代码，因为 Quarkus 知道 Hibernate 代码只需要提供给程序一个特定的连接池和缓存。

（5）向 GraalVM 发送需要反射的示例类的元数据。这些信息不需要每个库都是静态的（例如 Hibernate），但是框架有语义知识，知道哪些类需要反射（例如@Entity classes）。

总结一下，为了构建扩展组件，Quarkus 框架执行了如下步骤。

- Quarkus 框架从 application.properties 归档并映射到对象。
- Quarkus 框架从类中读取元数据而且不必加载它们，这包括类路径和注解扫描。
- Quarkus 框架根据需要生成字节码（例如代理的实例化）。
- Quarkus 框架将合理的默认值传递给应用程序。
- Quarkus 框架使应用程序与 GraalVM（资源、反射、替换）兼容。
- Quarkus 框架实施重新热加载。

12.1.2　Quarkus Extension 基本概念

下面我们需要从一些基本概念开始。

虚拟机（JVM）模式与原生（Native）模式介绍如下。

- 虚拟机模式：Quarkus 框架首先是一个 Java 框架，这意味着开发者可以开发、打包和运行经典的 JAR 应用程序，这就是常说的 JVM 模式。
- 原生模式：由于 GraalVM 的出现，开发者可以将 Java 应用程序编译为特定的机器代码（如同在 Go 或 C++语言中所做的），这就是原生模式。

将 Java 字节码编译成本机系统的特定机器代码的操作被称为提前编译。

下面是经典 Java 框架中构建时（Building）与运行时（Running）的比较。

- 构建时（Building）代表应用 Java 源文件的所有操作，可以将这些源文件转换为可运行的内容（类文件、jar/war 文件、本机镜像）。通常这个阶段由编译、注解处理、字节码生成等组成，此时一切都在开发者的控制之下。
- 运行时（Running）代表执行应用程序时发生的所有操作。这个阶段显然侧重于启动面向业务的操作，但依赖于许多技术操作，如加载库和配置文件、扫描应用程序的类路径、配置依赖注入、设置对象关系映射、实例化 REST 控制器等。

通常，Java 框架在实际启动应用程序之前、在运行时进行引导。在引导过程中，框架通过扫描类路径来动态收集元数据，以查找配置、定义实体、绑定依赖注入等，通过反射实例化适当的对象。主要结果如下。

- 延迟应用程序的准备：在实际提交业务请求之前，需要等待几秒。
- 引导时有一个资源消耗高峰：在一个受限环境中，需要根据技术引导的需求而不是实际业务需求来调整所需资源的大小。

Quarkus Extension 的哲学是"向左移动"这些操作，并最终在构建时执行这些操作，从而尽可能地防止缓慢和内存密集的动态代码执行。Quarkus Extension 通常是一段 Java 代码，充当常用的开发库或技术的适配器层。

12.1.3 Quarkus Extension 的组成

Quarkus Extension 由如下两部分组成。

运行时（Running）模块表示扩展组件开发者向应用程序开发者公开的功能（如身份验证过滤器、增强的数据层 API 等）。运行时依赖项是用户将（在 Maven POMs 或 Gradle 构建脚本中）添加的应用程序依赖项。

构建时（Building）模块用于构建阶段，构建时（Building）模块描述了如何按照 Quarkus Extension 的哲学"Building"一个库。也就是，在构建期间，将所有 Quarkus 优化应用于应用程序。另外，Building 模块也是为 GraalVM 的本地编译进行准备的地方。

用户不应该将扩展的构建时（Building）模块作为应用程序依赖项添加。构建时（Building）依赖项由 Quarkus 在扩展阶段从应用程序的运行时依赖项解析。

12.1.4 启动 Quarkus 应用程序

Quarkus 应用程序有 3 个不同的引导阶段，分别介绍如下。

(1)**增强（Augmentation）** 在构建期间，Quarkus Extension 将加载并扫描应用程序的字节码（包括依赖项）和配置。在这个阶段，Quarkus Extension 可以读取配置文件、扫描类中的特定注解等。一旦收集到所有元数据，扩展组件就可以预处理库引导操作，比如应用程序的 ORM、DI 或 REST 控制器配置。引导的结果会被直接记录到字节码中，并将成为最终应用程序包的一部分。

(2)**静态初始化（Static Init）** 在运行期间，Quarkus 会首先执行一个静态初始化方法，该方法包含一些扩展操作/配置。当进行原生打包时，这个静态方法将在构建时进行预处理，此阶段生成的对象将被序列化到最终的原生可执行程序中，因此初始化代码不会在原生模式下执行。在 JVM 模式下运行应用程序时，这个静态初始化阶段在应用程序开始时执行。

(3)**运行时初始化（Runtime Init）** 这没什么特别之处，就是执行经典的运行时代码。因此，在上面两个阶段中运行的代码越多，应用程序的启动速度就越快。

12.2 创建一个 Quarkus 扩展应用

12.2.1 案例简介

本案例介绍如何把上述项目管理的内容做成一个 Quarkus 扩展应用，并提供给外部调用。

12.2.2 编写程序代码

编写程序代码有两种方式。第 1 种方式是通过创建 Maven 项目来实现的：

```
mvn io.quarkus:quarkus-maven-plugin:1.9.2.Final:create-extension -N
    -DgroupId=com.iiit
    -DartifactId=quarkus-sample-extension-project
    -Dversion=1.0-SNAPSHOT
    -Dquarkus.nameBase="iiit Project Extension"
```

第 2 种方式是直接从 GitHub 上获取代码，可以从 GitHub 上克隆预先准备好的示例代码：

```
git clone https://******.com/rengang66/iiit.quarkus.sample.git
```
（见链接 1）

该程序位于"110-quarkus-sample-extension-project"目录中，是一个 Maven 工程项目程序。然后在 IDE 工具中导入 Maven 该工程项目程序。

整个程序分为两部分，第 1 部分是部署时 quarkus-sample-extension-project-deployment 程序，第 2 部分是运行时 quarkus-sample-extension-project 程序。这两个部分都属于 quarkus-sample-extension-project-parent 程序。quarkus-sample-extension-project-parent 程序应用架构如图 12-1 所示。

第12章 高级应用——Quarkus Extension

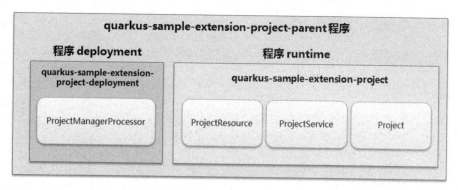

图 12-1 quarkus-sample-extension-project-parent 程序应用架构图

quarkus-sample-extension-parent 程序的应用架构表明,其中包括 3 个项目,分别是父项目(quarkus-sample-extension-project-parent)、部署项目(quarkus-sample-extension-project-deployment)和运行项目(quarkus-sample-extension-project)。

1. 父项目

父项目主要是一个父 pom.xml 文件,该程序的 pom.xml 文件如下:

```xml
<?xml version="1.0" encoding="UTF-8"?>
<project xmlns="http://*****.apache.org/POM/4.0.0(见链接5)"
        xmlns:xsi="http://www.**.org/2001/XMLSchema-instance(见链接6)"
        xsi:schemaLocation="http://*****.apache.org/POM/4.0.0(见链接5)
https://*****.apache.org/xsd/maven-4.0.0.xsd(见链接7)">
    <modelVersion>4.0.0</modelVersion>

    <groupId>com.iiit</groupId>
    <artifactId>quarkus-sample-extension-project-parent</artifactId>
    <version>1.0-SNAPSHOT</version>
    <name>iiit Project Extension - Parent</name>

    <packaging>pom</packaging>

    <properties>
        <project.build.sourceEncoding>UTF-8</project.build.sourceEncoding>
        <project.reporting.outputEncoding>UTF-8</project.reporting.outputEncoding>
        <maven.compiler.source>1.8</maven.compiler.source>
        <maven.compiler.target>1.8</maven.compiler.target>
        <maven.compiler.parameters>true</maven.compiler.parameters>
        <quarkus.version>1.9.2.Final</quarkus.version>
        <compiler-plugin.version>3.8.1</compiler-plugin.version>
        <quarkus.platform.artifact-id>quarkus-universe-bom</quarkus.
```

```xml
platform.artifact-id>
            <quarkus.platform.group-id>io.quarkus</quarkus.platform.group-id>
            <quarkus.platform.version>1.9.0.CR1</quarkus.platform.version>
    </properties>

    <modules>
        <module>deployment</module>
        <module>runtime</module>
    </modules>
    <dependencyManagement>
        <dependencies>
            <dependency>
                <groupId>io.quarkus</groupId>
                <artifactId>quarkus-bom</artifactId>
                <version>${quarkus.version}</version>
                <type>pom</type>
                <scope>import</scope>
            </dependency>

            <dependency>
                <groupId>${quarkus.platform.group-id}</groupId>
                <artifactId>${quarkus.platform.artifact-id}</artifactId>
                <version>${quarkus.platform.version}</version>
                <type>pom</type>
                <scope>import</scope>
            </dependency>
        </dependencies>
    </dependencyManagement>
    <build>
        <pluginManagement>
            <plugins>
                <plugin>
                    <groupId>org.apache.maven.plugins</groupId>
                    <artifactId>maven-compiler-plugin</artifactId>
                    <version>${compiler-plugin.version}</version>
                </plugin>
            </plugins>
        </pluginManagement>
    </build>
</project>
```

程序说明：

① 扩展组件声明了两个子模块部署和运行时。

② quarkus bom 部署将依赖项与 Quarkus 在部署阶段使用的依赖项结合。

③ Quarkus 需要支持 annotationProcessorPaths 配置的最新版本的 Maven 编译器插件。

2. 部署模式项目

下面让我们看看部署的 pom.xml 文件，文件路径为 110-quarkus-sample-extension-project\deployment\pom.xml，文件内容如下：

```xml
<?xml version="1.0" encoding="UTF-8"?>
<project xmlns="http://*****.apache.org/POM/4.0.0（见链接 5）" xmlns:xsi=
"http://www.**.org/2001/XMLSchema-instance（见链接 6）"
    xsi:schemaLocation="http://*****.apache.org/POM/4.0.0（见链接 5）
https://*****.apache.org/xsd/maven-4.0.0.xsd（见链接 7）">
    <modelVersion>4.0.0</modelVersion>
    <parent>
        <groupId>com.iiit</groupId>
        <artifactId>quarkus-sample-extension-project-parent</artifactId>
        <version>1.0-SNAPSHOT</version>
        <relativePath>../pom.xml</relativePath>
    </parent>

    <artifactId>quarkus-sample-extension-project-deployment</artifactId>
    <name>iiit Project Extension - Deployment</name>

    <dependencies>
        <dependency>
            <groupId>io.quarkus</groupId>
            <artifactId>quarkus-core-deployment</artifactId>
        </dependency>

        <dependency>
            <groupId>io.quarkus</groupId>
            <artifactId>quarkus-arc-deployment</artifactId>
        </dependency>

        <dependency>
            <groupId>com.iiit</groupId>
            <artifactId>quarkus-sample-extension-project</artifactId>
            <version>${project.version}</version>
        </dependency>
    </dependencies>

    <build>
        <plugins>
```

```xml
            <plugin>
                <groupId>org.apache.maven.plugins</groupId>
                <artifactId>maven-compiler-plugin</artifactId>
                <configuration>
                    <annotationProcessorPaths>
                        <path>
                            <groupId>io.quarkus</groupId>
                            <artifactId>quarkus-extension-processor</artifactId>
                            <version>${quarkus.version}</version>
                        </path>
                    </annotationProcessorPaths>
                </configuration>
            </plugin>
        </plugins>
    </build>

</project>
```

程序说明：

① 按照惯例，部署模块使用 -deployment 后缀（quarkus-sample-extension-project-deployment）命名。

② 部署模块依赖于 Quarkus 核心部署组件。

③ 部署模块还必须依赖于运行时模块。

④ 需要将 Quarkus 扩展处理器添加到编译器注解处理器。

除了 pom.xml 文件创建扩展外还有 com.iiit.quarkus.sample.extension.project.deployment.ProjectManagerProcessor 类，其代码如下：

```java
package com.iiit.quarkus.sample.extension.project.deployment;

import io.quarkus.deployment.annotations.BuildStep;
import io.quarkus.deployment.builditem.FeatureBuildItem;
import io.quarkus.arc.deployment.AdditionalBeanBuildItem;
import io.quarkus.deployment.annotations.BuildProducer;

import com.iiit.quarkus.sample.extension.project.Project;
import com.iiit.quarkus.sample.extension.project.ProjectService;
import com.iiit.quarkus.sample.extension.project.ProjectResource;

class ProjectManagerProcessor {
    private static final String FEATURE = "quarkus-sample-extension-
```

```
project";

    @BuildStep
    FeatureBuildItem feature() {
        return new FeatureBuildItem(FEATURE);
    }

    @BuildStep
    public AdditionalBeanBuildItem buildProject() {
        return new AdditionalBeanBuildItem(Project.class);
    }

    @BuildStep
    void load(BuildProducer<AdditionalBeanBuildItem> additionalBeans) {
        additionalBeans.produce(new AdditionalBeanBuildItem(ProjectService.class));
        additionalBeans.produce(new AdditionalBeanBuildItem(ProjectResource.class));
    }
}
```

FeatureBuildItem 表示由扩展组件提供的功能。在应用程序引导期间，功能的名称将显示在日志中。扩展组件最多应该提供一个特性。

Quarkus 依赖于构建时生成的字节码，而不是等待运行时代码评估，这是扩展的部署模块的职能。Quarkus 提出了一个高级 API。

这个 io.quarkus.builder.item.BuildItem 表示将生成或使用的对象实例（在某些时候被转换为字节码），这要归功于用@io.quarkus.builder.item.BuildItem 描述了扩展组件的部署任务。

feature 方法用@BuildStep 注解，这意味着它被标识为 Quarkus 在部署期间必须执行的部署任务。BuildStep 方法在扩充时并发运行，以扩充应用程序。它们使用生产者/消费者模型，在这一模型中，有一个步骤可以保证在所有项目被生产出来之前该方法不会运行。

io.quarkus.deployment.builditem.FeatureBuildItem 是表示扩展说明的 BuildItem 实现。Quarkus 将使用该构建项在启动应用程序时向用户显示信息。

有许多 BuildItem 实现，每个实现都代表部署过程的一个方面，以下是一些示例。

- ServletBuildItem：描述在部署过程中要生成的 Servlet（名称、路径等）。
- BeanContainerBuildItem：描述在部署期间用于存储和检索对象实例的容器。

如果找不到要实现的构建项，可以创建自己的实现。请记住，构建项应该尽可能细粒度，代表部署的特定部分。要创建 BuildItem，可以使用的扩展组件如下。

- 如果在部署过程中只需要该 BuildItem 项的单个实例（例如 BeanContainerBuildItem，则只需要一个容器），可以使用 io.quarkus.builder.item.SimpleBuildItem 扩展组件。
- 如果在部署过程中想要多个 BuildItem 实例（例如 ServletBuildItem，可以在部署期间生成许多 Servlet），可以使用 io.quarkus.builder.item.MultiBuildItem 扩展组件。

3. 运行模式项目

最后让我们看看运行时的 pom.xml 文件，文件路径为 110-quarkus-sample-extension-project\runtime\pom.xml，文件内容如下：

```xml
<?xml version="1.0" encoding="UTF-8"?>
<project xmlns="http://*****.apache.org/POM/4.0.0（见链接 5）" xmlns:xsi=
"http://www.**.org/2001/XMLSchema-instance（见链接6）"
    xsi:schemaLocation="http://*****.apache.org/POM/4.0.0（见链接 5）
https://*****.apache.org/xsd/maven-4.0.0.xsd（见链接7）">
    <modelVersion>4.0.0</modelVersion>
    <parent>
        <groupId>com.iiit</groupId>
        <artifactId>quarkus-sample-extension-project-parent</artifactId>
        <version>1.0-SNAPSHOT</version>
        <relativePath>../pom.xml</relativePath>
    </parent>

    <artifactId>quarkus-sample-extension-project</artifactId>
    <name>iiit Project Extension - Runtime</name>

    <dependencies>
    </dependencies>

    <build>
        <plugins>
            <plugin>
                <groupId>io.quarkus</groupId>
                <artifactId>quarkus-bootstrap-maven-plugin</artifactId>
                <version>${quarkus.version}</version>
                <executions>
                    <execution>
                        <goals>
                            <goal>extension-descriptor</goal>
                        </goals>
                        <phase>compile</phase>
                        <configuration>
                            <deployment>${project.groupId}:${project.
```

```xml
                        artifactId}-deployment:${project.version}
                                    </deployment>
                                </configuration>
                            </execution>
                        </executions>
                    </plugin>
                    <plugin>
                        <groupId>org.apache.maven.plugins</groupId>
                        <artifactId>maven-compiler-plugin</artifactId>
                        <configuration>
                            <annotationProcessorPaths>
                                <path>
                                    <groupId>io.quarkus</groupId>
                                    <artifactId>quarkus-extension-processor</artifactId>
                                    <version>${quarkus.version}</version>
                                </path>
                            </annotationProcessorPaths>
                        </configuration>
                    </plugin>
                </plugins>
            </build>
</project>
```

程序说明：

① 按照惯例，运行时模块没有后缀，因为该模块是面向最终用户的公开组件。

② 添加 quarkus-bootstrap-maven-plugin 来生成包含在运行时组件中的 Quarkus 扩展描述符，quarkus-bootstrap-maven-plugin 将与之相应的部署组件连接起来。

③ 将 quarkus-extension-processor 添加到编译器注解处理器中。

下面分别说明 ProjectService 服务类的内容。ProjectService 服务类就是简单提供一个数据服务的功能，其代码如下：

```java
public class ProjectService {
    private Map<Integer, Project> projectMap = new HashMap<>();

    public ProjectService() {
        projectMap.put(1, new Project(1, "项目A", "关于项目A的情况描述"));
        projectMap.put(2, new Project(2, "项目B", "关于项目B的情况描述"));
        projectMap.put(3, new Project(3, "项目C", "关于项目C的情况描述"));
    }

    public List<Project> getAllProject() {
        return new ArrayList<>(projectMap.values());
```

```
        }
    //省略部分代码
    }
```

12.2.3 验证程序

由于扩展组件生成了传统的 jar 文件，共享扩展组件最简单的方法就是将其发布到 Maven 存储库。发布后就可以简单地使用项目依赖项声明了。下面通过创建一个简单的 Quarkus 应用程序来演示这一点。

通过下列几个步骤（如图 12-2 所示）来验证案例程序。

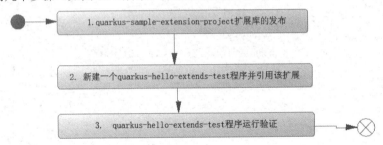

图 12-2　quarkus-sample-extension-project 程序验证流程图

下面对其中涉及的关键点进行说明。

1．quarkus-sample-extension-project 扩展库的发布

通过下面的命令可以将该扩展库发布到本地 Maven 存储库中：

```
mvn clean install
```

quarkus-sample-extension-project 必须安装在本地 Maven 存储库（或网络 Maven 存储库）中，这样才能在应用程序中使用它。

2．创建测试程序

编写程序代码有两种方式。第 1 种方式是通过创建 Maven 项目来实现的：

```
mvn io.quarkus:quarkus-maven-plugin:1.8.1.Final:create ^
    -DprojectGroupId=com.iiit.quarkus.sample ^
    -DprojectArtifactId=114-quarkus-hello-extends-test ^
    -DclassName=com.iiit.quarkus.sample.hello.HelloResource ^
    -Dpath=/hello
```

第 2 种方式是直接从 GitHub 上获取代码，可以从 GitHub 上克隆预先准备好的示例代码：

```
git clone https://******.com/（见链接 3）
```

在 IDE 工具中导入 Maven 工程项目程序 110-quarkus-sample-extension-project。在 pom.xml 文件中，添加如下内容：

```xml
<dependency>
    <groupId>com.iiit</groupId>
    <artifactId>quarkus-sample-extension-project</artifactId>
    <version>1.0-SNAPSHOT</version>
</dependency>
```

3．测试程序运行验证

（1）启动程序

启动程序有两种方式，第 1 种是在开发工具（如 Eclipse）中调用 ProjectMain 类的 run 命令，第 2 种是在程序目录下直接运行命令 mvnw compile quarkus:dev。

（2）通过 API 显示项目的 JSON 格式内容

在命令行窗口中键入如下命令：

```
curl http://localhost:8080/hello/project
```

结果表明已经调用了 quarkus-sample-extension-project 扩展组件的内容。

12.3 一些关于 Quarkus Extension 的说明

12.2 节中的案例只是一个非常简单的 Quarkus Extension 应用案例，实际工作中有很多非常复杂的框架或平台要扩展到 Quarkus 框架中，这就需要掌握更多的知识和技能，更需要了解 Quarkus 框架的一些底层架构和原理。

由于篇幅原因，就不进行详细介绍了。

12.4 本章小结

本章主要介绍了 Quarkus Extension 的相关内容，从如下 3 个部分来进行讲解。

第一，介绍 Quarkus Extension 的概念和内容。

第二，介绍如何在 Quarkus 框架中创建一个 Quarkus 的扩展应用，包含案例的源码、讲解和验证。

第三，给出了一些关于 Quarkus Extension 的说明。

后 记

世界上唯一不变的就是变化，Quarkus 也是这样，时刻处于飞速发展中。笔者当初写相关文章和案例程序时，Quarkus 的版本还是 1.7.1，而现在（2021 年 2 月）Quarkus 的版本已经达到 1.11 了。因此，必须考虑如何应对这样的情况。

首先，介绍一下 Quarkus 的版本运行情况。

Quarkus 框架包括 Quarkus Core、Quarkus Platform 和其他一些辅助部分。

- Quarkus Core 主要是由 Quarkus 基础组件和所有核心扩展组件组成的，quarkus-bom 是 Quarkus Core 之一。Quarkus Maven 插件也是其中的一部分。
- Quarkus Platform 包含了更多的扩展组件，一般包含 Quarkus Core 和其他扩展组件。

Quarkus 开发团队通常会先发布 Quarkus Core 的更新内容，然后发布 Quarkus Platform 的更新内容，两者会相隔几天，这是因为每次发布新的 Quarkus 扩展组件时都需要进行 72 小时投票。当然，更新完 Quarkus 版本，还需要更新对应的文档及其他相关资料。

其次，介绍一下新版本的发布对旧版本的影响。

在新建的 Quarkus 项目中，在 Maven 的 pom.xml 下有如下版本信息：

```
<quarkus-plugin.version>1.1.1.Final</quarkus-plugin.version>
    <quarkus.platform.artifact-id>quarkus-universe-bom</quarkus.platform.artifact-id>
    <quarkus.platform.group-id>io.quarkus</quarkus.platform.group-id>
    <quarkus.platform.version>1.1.1.Final</quarkus.platform.version>
```

解释说明：

① quarkus-plugin.version 是 Quarkus Maven 插件的版本号，该版本号与 Quarkus Core 的版本号一致。

② quarkus.platform.artifact-id 是整个平台的 quarkus-universe-bom，也是 Quarkus Core 的 quarkus-bom。

③ quarkus.platform.version 是 BOM 的版本号。

实际上，在 Quarkus 发布新版本时，只有 quarkus-plugin.version 和 quarkus.platform.version 发生了变化，因此更新新版本时主要升级的是这两个内容。

最后，说明一下本书的案例程序版本。

本书在写作初期采用的 Quarkus 版本是 1.7.0，但随着 Quarkus 版本的更新，后续一些案例使用了 1.8、1.9 等版本，因此本书中使用的 Quarkus 版本很多。

但是各位读者不用担心，在提交本书案例程序时，笔者把全部案例程序的 Quarkus 版本都统一为了 1.11.1.Final，并重新进行了构建、编译、运行、测试和验证。根据笔者的经验，如果是 Red Hat 官方实现的扩展组件，正常情况下直接升级即可，最多进行一些配置上的修改。而如果是非官方（例如其他厂商）实现的扩展组件，则可能出现未及时更新、在 Quarkus 新版本中不可用的情况。

最后，在 Quarkus 版本的后续升级过程中，笔者也会继续把全部案例程序更新到 Quarkus 的最新版本上，并重新进行构建、编译、运行、测试和验证。

参 考 文 献

[1] Quarkus 官网（见链接 8）

[2] Quarkus guides 网址（见链接 9）

[3] Quarkus 源码网址（见链接 10）

[4] Quarkus quickstarts 网址（见链接 11）

[5] Quarkus 中文网站（见链接 12）

[6] Quarkus Workshop（见链接 13）

[7] Quarkus 初探（见链接 14）

[8] 任钢．微服务体系建设和实践．北京：电子工业出版社，2019.

[9] Quarkus：超音速亚原子 Java 体验（见链接 15）

[10] MicroProfile Config（见链接 16）

[11] E.Gamma, R.Helm, R.Johnson, and Vlissides. Design Patterns Elements of Reusable Object Oriented Software. Addison-Wesley, 1995.

[12] E.Gamma, R.Helm, R.Johnson, and Vlissides. 设计模式：可复用面向对象软件的基础. 李英军等译. 北京：机械工业出版社. 2000.9.

[13] Java 官网（见链接 17）

[14] GraalVM 官网（见链接 18）

[15] SubstrateVM（见链接 19）

[16] Maven 官网（见链接 20）

[17] Maven Central（见链接 21）

[18] cURL 官网（见链接 22）

[19] Docker 官网（见链接 23）

[20] Postman 官网（见链接 24）

[21] PostgreSQL 官网（见链接 25）

[22] Redis 官网（见链接 26）

[23] MongoDB 官网（见链接 27）

[24] Apache Kafka 官网（见链接 28）

[25] Apache ActiveMQ Artemis 官网（见链接 29）

[26] Eclipse Mosquitto 官网（见链接 30）

[27] Keycloak 官网（见链接 31）

[28] Kubernetes 官网（见链接 32）

[29] OpenShift 官网（见链接 33）

[30] Knative 官网（见链接 34）

[31] Jakarta EE 规范官网（见链接 35）

[32] MicroProfile 4.0 规范（见链接 36）

[33] UML 官网（见链接 37）

[34] RESTEasy（见链接 38）

[35] JAX-RS 规范网站（见链接 39）

[36] OpenAPI 规范官网（见链接 40）

[37] Eclipse MicroProfile OpenAPI 官网（见链接 41）

[38] Swagger 官网（见链接 42）

[39] Swagger UI 介绍（见链接 43）

[40] GraphQL 知识网站（见链接 44）

[41] MicroProfile GraphQL 规范官网（见链接 45）

[42] WebSocket 规范官网（见链接 46）

[43] JPA 接口规范官网（见链接 47）

[44] Hibernate 官网（见链接 48）

[45] Agroal 官网（见链接 49）

[46] JTA 规范官网（见链接 50）

[47] JMS 规范官网（见链接 51）

[48] Keycloak Doc Guide（见链接 52）

[49] OIDC 官网（见链接 53）

[50] JWT 官网（见链接 54）

[51] OAuth 2.0 协议官网（见链接 55）

[52] Quarkus OAuth2 and security with Keycloak（见链接 56）

[53] 使用响应式消息传递开发响应式微服务（见链接 57）

[54] 关于响应式概念（见链接 58）

[55] 响应流（reactive-streams）官网（见链接 59）

[56] SmallRye 官网（见链接 60）

[57] Eclipse MicroProfile 官网（见链接 61）

[58] Eclipse Vert.x 官网（见链接 62）

[59]. MicroProfile Reactive Messaging（见链接 63）

[60] AMQP 官网（见链接 64）

[61] MicroProfile Fault Tolerance（见链接 65）

[62]. MicroProfile Health（见链接 66）

[63]. MicroProfile Metrics（见链接 67）

[64] Sigelman B H, Barroso L A, Burrows M, et al. Dapper, a large-scale distributed systems tracing infrastructure[J]. 2010.

[65] OpenTracing 官网（见链接 68）

[66] Jaeger 官网（见链接 69）

[67] Spring Framework Core Technologies（见链接 70）

[68] Spring MVC 官网（见链接 71）

[69] Spring Data 官网（见链接 72）

[70] Spring Security 官网（见链接 73）

[71] Spring Boot 官网（见链接 74）

[72] Spring Cloud Config 官网（见链接 75）

[73] How to update the quarkus version used（见链接 76）

反侵权盗版声明

电子工业出版社依法对本作品享有专有出版权。任何未经权利人书面许可，复制、销售或通过信息网络传播本作品的行为；歪曲、篡改、剽窃本作品的行为，均违反《中华人民共和国著作权法》，其行为人应承担相应的民事责任和行政责任，构成犯罪的，将被依法追究刑事责任。

为了维护市场秩序，保护权利人的合法权益，我社将依法查处和打击侵权盗版的单位和个人。欢迎社会各界人士积极举报侵权盗版行为，本社将奖励举报有功人员，并保证举报人的信息不被泄露。

举报电话：(010) 88254396；(010) 88258888

传　　真：(010) 88254397

E-mail：dbqq@phei.com.cn

通信地址：北京市万寿路173信箱
　　　　　电子工业出版社总编办公室

邮　　编：100036